에듀윌과 함께 시작하면,
당신도 합격할 수 있습니다!

대학 졸업 후 취업을 준비하며
산업위생관리기사 자격시험을 공부하는 취준생

안전보건분야로 진로를 정하고 쌍기사 취득을 위해
산업위생관리기사에 도전하는 수험생

낮에는 현장에서 일하면서도 더 나은 미래를 꿈꾸며
산업위생관리기사 교재를 펼치는 주경야독 직장인

누구나 합격할 수 있습니다.
시작하겠다는 '다짐' 하나면 충분합니다.

마지막 페이지를 덮으면,

**에듀윌과 함께
산업위생관리기사 합격이 시작됩니다.**

기술자격증 1위

선임 자격증 **단기 합격**엔, 에듀윌 **안전·보건** 시리즈!

안전 × 보건 쌍기사 취득으로 경쟁력을 강화시켜 보세요!

| Safety | | Health |

산업안전기사(필기/실기)

산업위생관리기사(필기/실기)

건설안전기사(필기/실기)

인간공학기사(필기/실기)

*2023 대한민국 브랜드만족도 기술자격증 교육 1위 (한경비즈니스)

에듀윌이
너를
지지할게

ENERGY

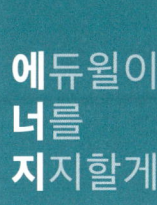

시작하라.

그 자체가 천재성이고,
힘이며, 마력이다.

– 요한 볼프강 폰 괴테(Johann Wolfgang von Goethe)

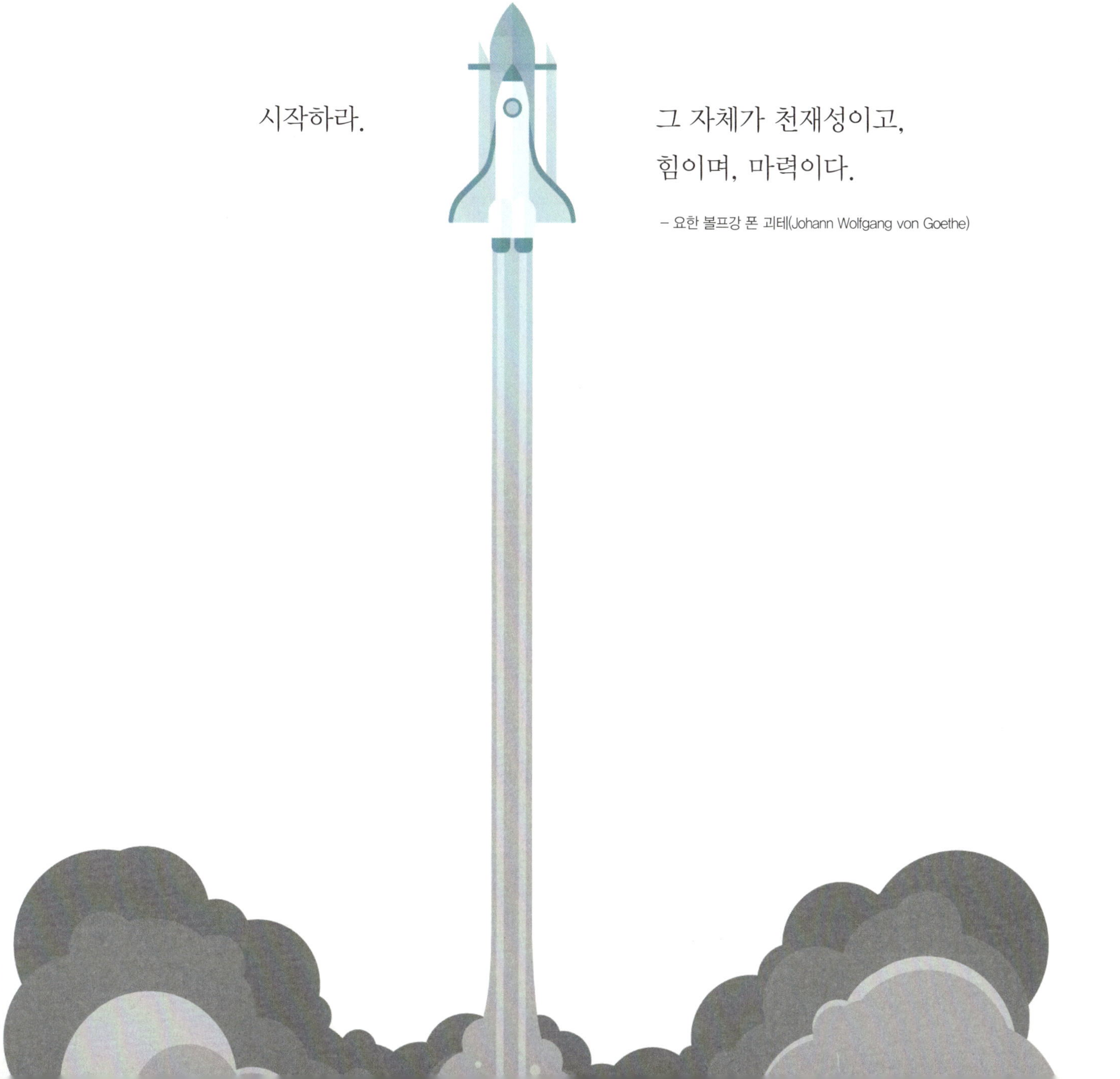

에듀윌
산업위생관리기사

실기 2주끝장

WARMING UP

필수공식 25선

INDUSTRIAL HYGIENE MANAGEMENT

「필수공식 25선」 활용 TIP

「필수공식 25선」은 산업위생관리기사 실기 시험에 자주 출제되는 계산공식만을 모아 놓은 Warming-Up 페이지입니다. 기출중심 플랜을 따른다면 본격적으로 공부를 시작하기 전에 무료특강과 함께 훑어보는 것이 좋고, 개념원리 플랜을 따른다면 기출문제 풀이를 시작하기 전 공식을 복습하며 암기하는 것을 권장합니다.

STEP 01 **10회 이상** 출제된 공식

1 노출지수

$$EI = \frac{C_1}{TLV_1} + \frac{C_2}{TLV_2} + \cdots + \frac{C_n}{TLV_n}$$

여기서, EI: 노출지수
C_n: 노출농도[ppm]
TLV_n: 노출기준[ppm]

개념 UP⁺

C_n과 TLV_n의 단위가 같아야 한다. 보통은 [ppm]을 사용한다.

2 레이놀즈수

$$Re = \frac{\rho DV}{\mu} = \frac{DV}{\nu}$$

여기서, Re: 레이놀즈수
ρ: 밀도[kg/m³]
D: 직경[m]
V: 유속[m/sec]
ν: 동점성계수[m²/sec]

개념 UP⁺

모든 변수의 단위를 [kg], [m], [sec] 또는 [g], [cm], [sec]로 통일한다.

3 [ppm] → [mg/m³] 변환

$$[\text{ppm}] = \text{mg/m}^3 \times \frac{24.1(21[^\circ\text{C}], 1\text{기압})}{M}$$

> **개념 UP⁺**
>
> 24.1이라는 수는 21[°C], 1기압일 때 기체 1[mol]의 부피이다. 따라서, 문제 조건에 따라 언제든지 달라질 수 있으므로 주의한다. 하지만, 대체로 24.1(21[°C], 1기압) 아니면 24.45(25[°C], 1기압)를 사용한다.

4 연속방정식

$$Q = AV$$

여기서, Q: 유량[m³/sec]
A: 단면적[m²]
V: 유속[m/sec]

> **개념 UP⁺**
>
> - 단면적, 유속의 단위에 따라 유량의 단위도 바뀐다.
> - 특히, 유속은 [m/sec]로 주어지고 유량은 [m³/min]으로 묻는 문제에 유의한다.

5 공기유속공식

$$V = 4.043\sqrt{\text{VP}}$$

여기서, V: 유속[m/sec]
VP: 속도압[mmH₂O]

> **개념 UP⁺**
>
> 문제에서 비중량 γ가 주어지지 않고 속도압만으로 유속을 구하여야 할 경우 사용한다.

6 1시간당 필요환기량

$$Q = \frac{24.1 \times s \times G \times 10^6}{M \times \text{TLV}} \times K = \frac{24.1 \times G_g \times 10^3}{M \times \text{TLV}} \times K$$

여기서, Q: 작업시간 1시간당 필요환기량[m³/hr]
s: 비중
K: 안전계수
G: 유해물질의 시간당 사용량[L/hr]
M: 분자량[g]
G_g: 유해물질의 시간당 중량 사용량[g/hr]
TLV: 유해물질의 노출기준[ppm]

> 개념 UP⁺
> - 24.1이라는 수는 21[℃], 1기압일 때 기체 1[mol]의 부피이다. 따라서, 문제 조건에 따라 언제든지 달라질 수 있으므로 주의한다.
> - 시간당 사용량의 단위(부피 또는 질량)에 따라 공식이 달라지므로 유의한다.

7 화재 및 폭발 방지를 위한 필요환기량

$$Q = \frac{24.1 \times s \times G \times 100}{M \times \text{LEL} \times B} \times K$$

여기서, Q: 화재 및 폭발방지를 위한 필요환기량[m³/hr]
s: 비중
G: 시간당 사용량[L/hr]
M: 분자량[g]
LEL: 폭발하한계[%]
B: 상수(120[℃]까지 1, 초과 시 0.7)
K: 안전계수

> 개념 UP⁺
> 24.1이라는 수는 21[℃], 1기압일 때 기체 1[mol]의 부피이다. 따라서, 문제 조건에 따라 언제든지 달라질 수 있으므로 주의한다.

STEP 02 5회 이상 출제된 공식

8 소음저감량

$$NR = 10\log\left(\frac{A_2}{A_1}\right)$$

여기서, NR: 소음저감량[dB]
A_1: 흡음재 부착 전 흡음력[sabins]
A_2: 흡음재 부착 후 흡음력[sabins]

9 후드정압

$$SP_h = VP(1 + F_h)$$

여기서, SP_h: 후드정압[mmH$_2$O]
VP: 속도압[mmH$_2$O]
F_h: 유입손실계수

개념 UP⁺
후드정압의 단위는 속도압의 단위와 같다.

10 유입계수

$$F_h = \frac{1}{C_e^2} - 1$$

여기서, F_h: 유입손실계수
C_e: 유입계수

개념 UP⁺
유입손실계수와 유입계수의 단위는 없다.

11 기하평균(GM)

$$GM = \sqrt[n]{x_1 \times x_2 \times \cdots \times x_n} = \text{누적도수 } 50[\%]\text{에 해당하는 값}$$

여기서, GM: 기하평균
x_n: 측정치

12 습구흑구온도지수(WBGT)

- 태양광선이 내리쬐지 않는 실내 또는 옥외
  $$WBGT = 0.7NWB + 0.3GT$$
- 태양광선이 내리쬐는 옥외
  $$WBGT = 0.7NWB + 0.2GT + 0.1DT$$

여기서, WBGT: 습구흑구온도지수[℃]
NWB: 자연습구온도[℃]
GT: 흑구온도[℃]
DT: 건구온도[℃]

개념 UP⁺

문제에서 주어진 측정 장소를 혼동하지 않도록 한다.

13 체내흡수량(SHD)

$$SHD = C \times t \times V \times R$$

여기서, SHD: 체내흡수량[mg]
C: 공기 중 유해물질 농도[mg/m³]
t: 노출시간[hr]
V: 폐환기율[m³/hr]
R: 체내잔류율(보통 1.0)

개념 UP⁺

C가 [ppm]으로 주어졌을 때는 [mg/m³]으로 변환한다.

14 외부식 후드 필요환기량

외부식 후드	플랜지 있음	플랜지 없음
공중	$Q=0.75V_c(10X^2+A)$	$Q=V_c(10X^2+A)$
바닥면	$Q=0.5V_c(10X^2+A)$	$Q=V_c(5X^2+A)$

여기서, Q: 필요환기량[m³/sec]
V_c: 제어속도[m/sec]
X: 제어거리[m]
A: 개구면의 단면적[m²]

개념 UP⁺

V_c가 [m/sec]으로 주어지고 Q를 [m³/min]으로 구하는 경우를 주의한다.

15 시간가중평균소음수준

$$TWA = 90 + 16.61 \log \frac{D}{12.5 \times t}$$

여기서, TWA: 시간가중평균소음수준[dB(A)]
D: 누적소음폭로량[%]
t: 노출시간[hr]

개념 UP⁺

유해물질의 TWA 공식과 혼동하지 않도록 주의한다.

STEP 03 **3회 이상** 출제된 공식

16 플랜지의 폭

$$W = \sqrt{A} = \sqrt{\frac{\pi d^2}{4}}$$

여기서, W: 플랜지의 폭[cm]
　　　　A: 개구부의 면적[cm²]
　　　　d: 개구부의 직경[cm]

개념 UP⁺
- 모든 변수의 단위를 [m] 또는 [cm]로 통일한다.
- 개구부 직경 d를 사용한 공식은 개구부가 원형이라고 가정할 때 사용 가능하다.

17 발열 시 필요환기량

$$Q = \frac{H_s}{C_p \times \Delta t}$$

여기서, Q: 발열 시 필요환기량[m³/hr]
　　　　H_s: 총 발열량[kcal/hr]
　　　　C_p: 체적비열[kcal/m³·℃]
　　　　Δt: 온도차[℃]

개념 UP⁺
- 모든 변수의 단위를 [kcal], [m], [hr], [℃]로 통일한다.
- 체적비열 C_p가 주어지지 않을 경우 0.3으로 가정한다.

18 외부공기 포함비율

$$\%OA = \frac{C_R - C_S}{C_R - C_O} \times 100$$

여기서, $\%OA$: 외부공기 포함비율[%]
C_R: 재순환 공기 중 CO_2 농도[ppm]
C_S: 급기 중 CO_2 농도[ppm]
C_O: 외부 공기 중 CO_2 농도[ppm]

> 개념 UP⁺
> - 모든 변수의 단위를 [ppm]으로 통일한다.
> - 끝에 곱하기 100을 하지 않으면 백분율[%] 단위로 구할 수 없다.

19 노출수준 보정계수

$$RF = \frac{8}{H} \times \frac{24 - H}{16}$$

여기서, RF: 노출수준 보정계수
H: 노출시간[hr/일]

> 개념 UP⁺
> - 위 공식은 H의 단위가 [hr/일]일 때 성립한다.
> - 만약, H의 단위가 [hr/주]일 경우 $RF = \frac{40}{H} \times \frac{168 - H}{128}$이다.

20 시간가중평균노출기준

$$TWA = \frac{C_1 t_1 + C_2 t_2 + \cdots + C_n t_n}{8}$$

여기서, TWA: 시간가중평균노출기준
C_n: 유해인자의 측정농도[ppm]
t_n: 유해인자의 발생시간[hr]

> 개념 UP⁺
> - 분모 8의 단위가 [hr]이므로, t_n의 단위도 [hr]이어야 한다.
> - TWA의 단위는 C_n의 단위와 같다.

21 차음효과

차음효과 $= (NRR - 7) \times 0.5$

여기서, NRR: 차음평가수

22 침강속도식(스토크스 법칙)

$$V_g = \frac{d_p^2(\rho_p - \rho)g}{18\mu}$$

여기서, V_g: 침강속도[cm/sec]
d_p: 입자상 물질의 직경[cm]
ρ_p: 입자상 물질의 밀도[g/cm³]
ρ: 공기의 밀도[g/cm³]
g: 중력가속도(980[cm/sec²])
μ: 공기의 점성계수[g/cm·sec]

개념 UP⁺
모든 변수의 단위를 [kg], [m], [sec] 또는 [g], [cm], [sec]로 통일한다.

23 PWL(음력수준)

$$PWL = 10 \log \frac{W}{W_o}$$

여기서, PWL: 음력수준[dB]
W: 측정 음력[W]
W_o: 기준 음압(10^{-12}[W])

24 SPL과 PWL의 관계

- 자유공간: $SPL = PWL - 20\log r - 11$
- 반자유공간: $SPL = PWL - 20\log r - 8$

여기서, SPL: 음압수준[dB]
PWL: 음력수준[dB]

25 기하표준편차(GSD)

$$\log(GSD) = \left[\frac{(\log x_1 - \log GM)^2 + (\log x_2 - \log GM)^2 + \cdots + (\log x_n - \log GM)^2}{n-1}\right]^{0.5}$$

$$= \frac{\text{누적분포 84.1[\%]에 해당하는 값}}{\text{누적분포 50[\%]에 해당하는 값}}$$

여기서, GSD: 기하표준편차
x_n: 측정치
GM: 기하평균

2026 산업위생관리기사 실기
2주 합격, eduwill로 단숨에!

1 핵심이론 2026년 개정 출제기준 완벽 반영!

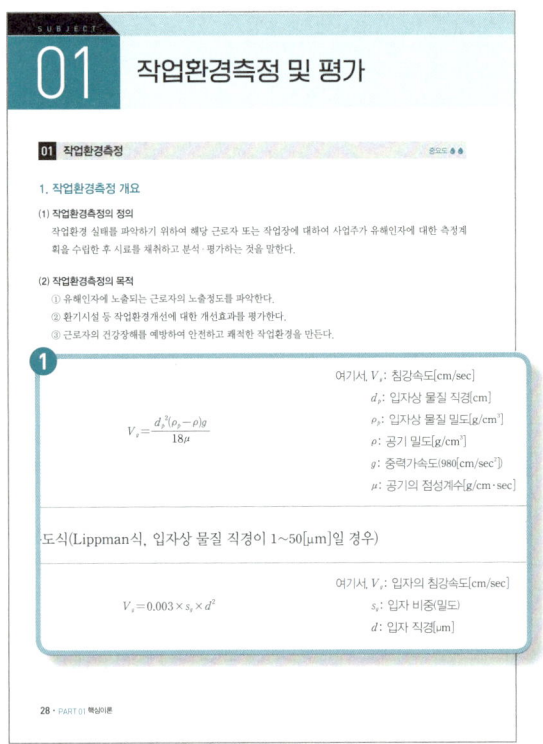

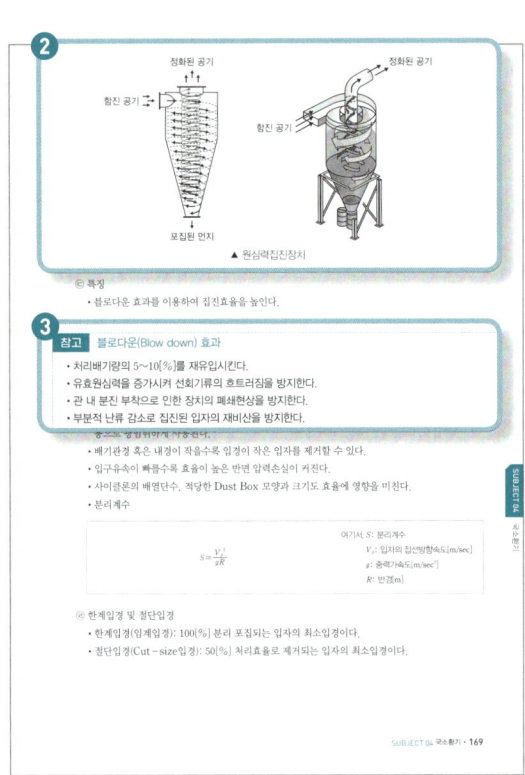

① 모든 수식을 별도의 칸으로 구분하여 가독성을 향상시켰습니다. 또한, 공식의 모든 변수에 단위를 기입하여 혼동 없이 학습할 수 있도록 하였습니다.

② 내용과 연관된 그림을 풍부하게 삽입하여 학습자의 이해를 돕도록 구성하였습니다.

③ '참고' 코너를 통해 심화학습이 가능하도록 하였습니다.

" 학습량을 줄여주는 효율적 핵심이론으로
2주 합격 준비 완료 "

10개년 기출문제 최신 기출문제까지 빈틈 없이 복원!

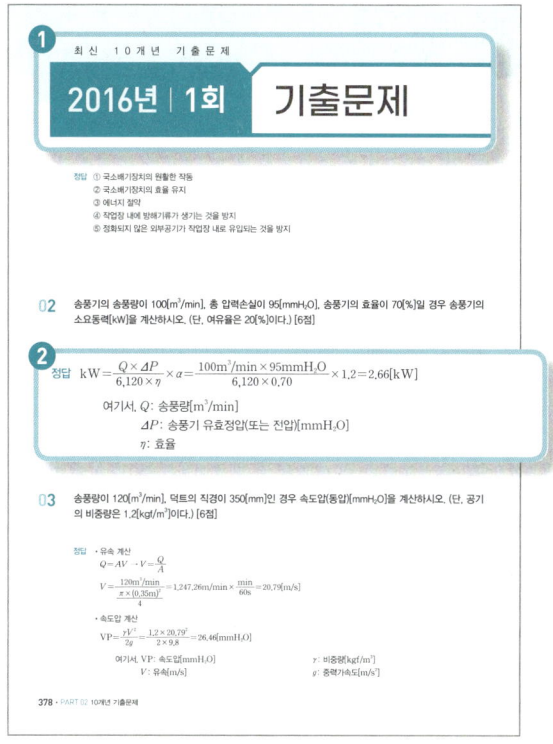

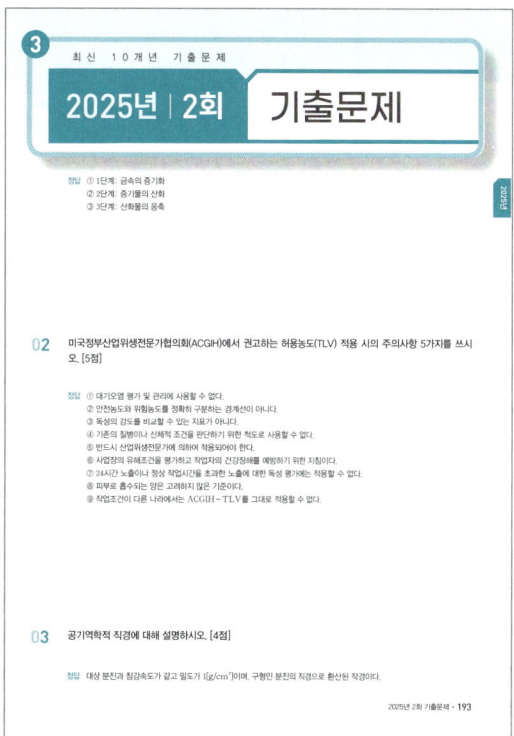

❶ 최신 10개년 기출문제를 누락 없이 제공하여 다양한 기출문제를 반복적으로 학습할 수 있도록 구성하였습니다

❷ 계산형 문제의 해설을 상세하게 풀이하여 공학수학에 익숙하지 않은 학습자도 쉽게 공부할 수 있도록 하였습니다.

❸ 가장 최신에 치러진 2025년 1, 2회 기출문제를 추가 수록하여 최신 출제경향을 파악할 수 있습니다.

" **10개년 기출문제 완벽 수록!** "
최신 출제경향 정면 돌파

2026 산업위생관리기사 실기
2주 합격전략 Ⅰ

> " **필수공식은 암기만이 답!** "

산업위생관리기사 실기 시험에는 다양한 공식이 출제됩니다.
이 공식들은 도출 과정이 복잡하고 완전히 이해하려면 많은 시간이 필요합니다.
따라서 **모든 공식을 이해하려 하기보다는**, 문제에 어떻게 적용되는지를 익히는 **연습이 중요**합니다.

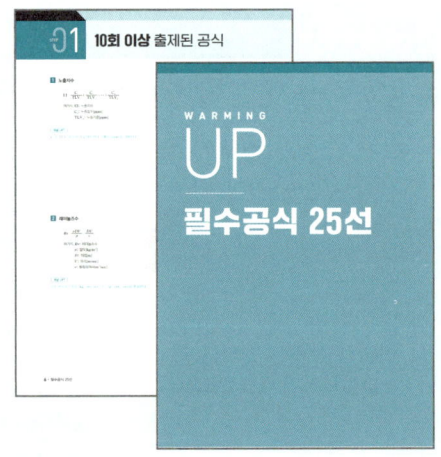

※ 교재 내 수록

필수공식 25선
공식 암기에 집중할 수 있도록, 반드시 알아야 할 핵심공식만을 담은 「필수공식 25선」을 수록하였습니다. 학습의 시작 전 또는 학습을 마친 후 시험에 출제된 필수공식들을 「필수공식 25선」으로 정리해보세요.

「필수공식 25선」 연계
+
산업위생 전문가의
직강 무료 제공

실기 필수공식 특강
학습자의 이해를 돕기 위해 「실기 필수공식 특강」을 무료로 제공합니다. 강의를 통해 산업위생 전문가의 암기 방식과 접근법을 확인할 수 있습니다.

무료특강 수강경로
에듀윌 도서몰(book.eduwill.net) → 동영상강의실
→ '산업위생' 검색
※ 무료특강은 2025년 10월 중 업로드 예정

" 각 변수의 단위에 주의 "

공식의 각 변수는 MKS 단위나 CGS 단위로 통일되지 않은 경우가 더러 있어서,
공식을 적용할 때 반드시 각 변수의 단위에 주의하여야 합니다.
또한, 정답을 쓸 때는 반드시 단위까지 작성하여야 하며 문제에서
특별한 조건이 주어지지 않은 이상 소수점 셋째 자리에서 반올림하여 **둘째 자리까지 표기**합니다.

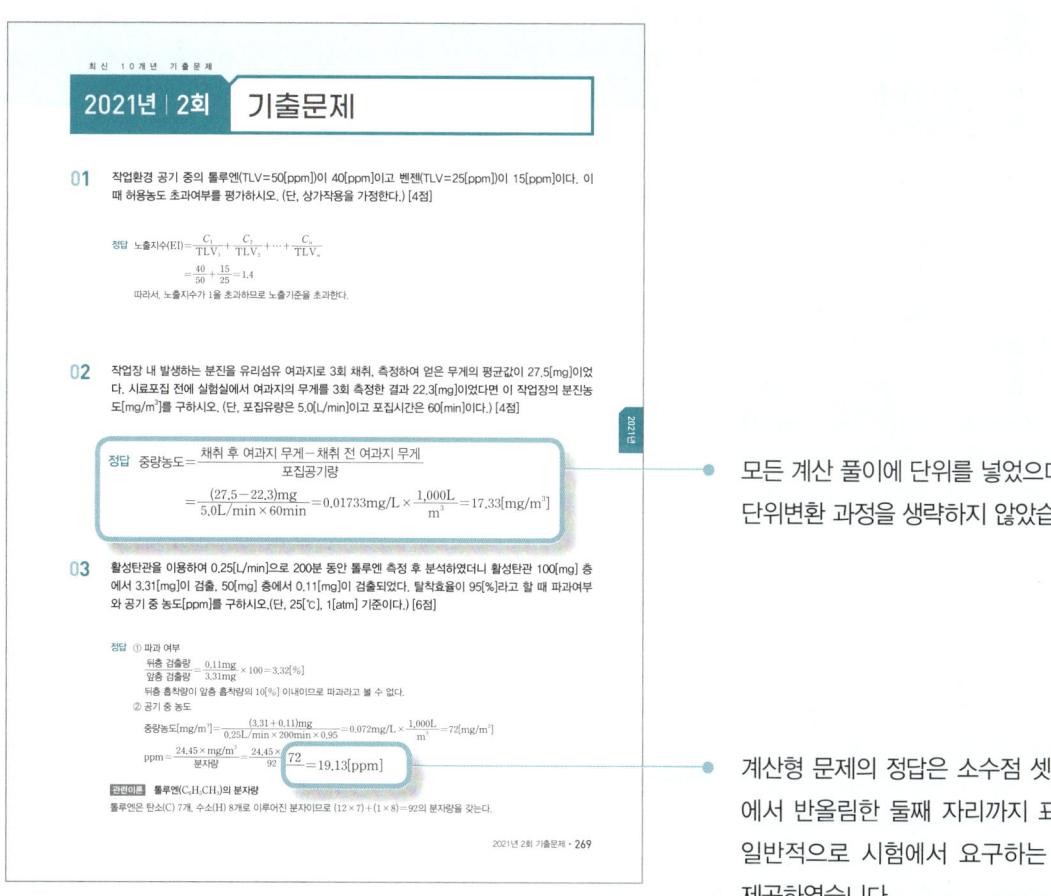

모든 계산 풀이에 단위를 넣었으며,
단위변환 과정을 생략하지 않았습니다.

계산형 문제의 정답은 소수점 셋째 자리
에서 반올림한 둘째 자리까지 표기하여
일반적으로 시험에서 요구하는 형태로
제공하였습니다.

2026 산업위생관리기사 실기
2주 합격전략 II

" 법령문제는 가능한 한 원문 그대로 작성 "

실기 시험의 암기형 문제는 출제 유형이 정해져 있고 난이도도 높지 않으므로, 만점을 목표로 학습하는 것이 바람직합니다. 서술형 문제는 핵심 키워드를 중심으로 작성하되, 법령 문제는 가능하면 법령 원문 그대로 작성하는 것이 좋습니다.

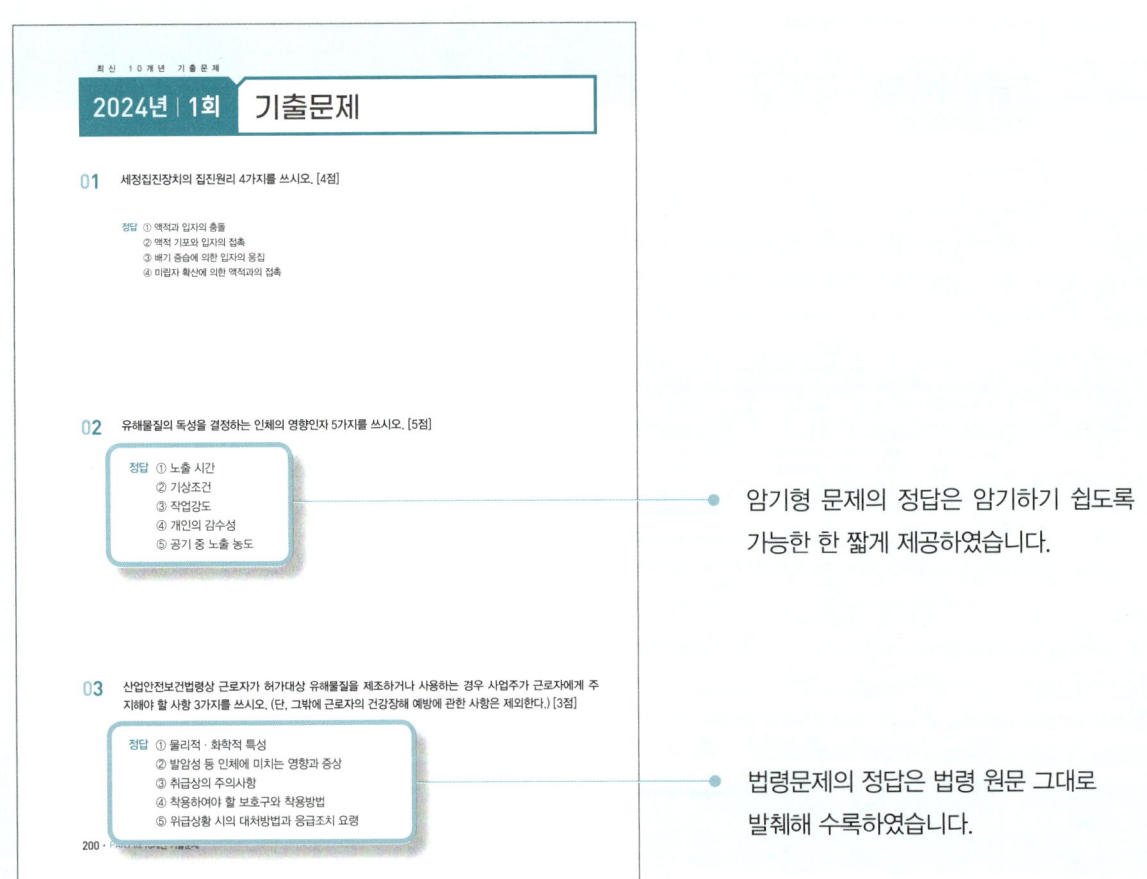

암기형 문제의 정답은 암기하기 쉽도록 가능한 한 짧게 제공하였습니다.

법령문제의 정답은 법령 원문 그대로 발췌해 수록하였습니다.

" 부분점수가 있으므로 포기는 금물 "

암기형 문제는 무응답이든 전부 틀린 답이든 모두 0점입니다.
그러나 일부라도 맞는 내용을 작성하면 부분점수를 받을 수 있으므로,
포기하지 말고 아는 만큼 끝까지 답안을 작성하여야 합니다.

25년 1회 05번 문제

05 여과지 선정 시 구비조건 5가지를 쓰시오. [5점]

정답
① 흡습률이 낮을 것
② 흡인저항이 낮을 것
③ 포집효율이 높을 것
④ 가능한 한 가볍고 1매당 무게의 불균형이 적을 것
⑤ 접거나 구부리더라도 찢어지거나 파손되지 않을 것
⑥ 측정대상물질의 분석에 방해가 되는 불순물의 함유가 적을 것

동일 문제 ⊕ 동일 정답
반복적인 학습과 동시에 키워드 암기가
가능하도록 구성하였습니다.

22년 3회 18번 문제

18 입자상 물질의 여과포집방법에서 여과지 선정 시 구비 조건 5가지를 작성하시오. [5점]

정답
① 흡습률이 낮을 것
② 흡인저항이 낮을 것
③ 포집효율이 높을 것
④ 가능한 한 가볍고 1매당 무게의 불균형이 적을 것
⑤ 접거나 구부리더라도 찢어지거나 파손되지 않을 것
⑥ 측정대상물질의 분석에 방해가 되는 불순물의 함유가 적을 것

2026 산업위생관리기사 실기
실기시험 정보

자격소개

산업위생관리기사 시험은 제조 및 서비스업 현장에서 보건관리자로 선임되거나, 작업환경측정 기관 또는 석면농도측정 기관의 측정자로 활동하기 위한 자격 시험이다. 보건관리자는 사업장을 순회하며 근로자가 안전하게 작업할 수 있도록 점검하고, 사업장의 보건교육계획을 수립하는 등 산업재해가 발생하는 것을 방지하는 업무를 수행한다.

시험일정

실기 원서 접수	실기시험	최종합격자 발표일
2025. 03. 24 ~ 2025. 03. 27	2025. 04. 19 ~ 2025. 05. 09	2025. 06. 13
2025. 06. 23 ~ 2025. 06. 26	2025. 07. 19 ~ 2025. 08. 06	2025. 09. 12
2025. 09. 22 ~ 2025. 09. 25	2025. 11. 01 ~ 2025. 11. 21	2025. 12. 24

※ 정확한 시험일정은 한국산업인력공단(Q-Net) 참고

응시자격

① 보건관리학, 보건위생학 관련학과의 대학졸업자 또는 졸업예정자
② 산업기사 등급 이상의 자격을 취득한 후 응시하려는 종목이 속하는 동일 및 유사 직무분야 에서 1년 이상 실무에 종사한 사람

※ 정확한 응시자격은 한국산업인력공단(Q-Net) 참고

진행방법

검정방법 | 실기는 필답형으로 진행됨(시험시간 3시간)
합격기준 | 100점을 만점으로 하여 60점 이상

출제항목 | 실기 과목명 : 작업환경 관리실무

주요항목	세부항목	
작업환경 측정 및 평가	• 입자상 물질을 측정, 평가하기 • 유해물질을 측정, 평가하기 • 소음 및 진동을 측정, 평가하기	• 극한온도 등 유해인자를 측정, 평가하기 • 산업위생통계에 대하여 기술하기
작업환경 관리	• 입자상 물질의 관리 및 대책을 수립하기 • 유해화학물질의 관리 및 평가하기 • 소음 및 진동을 관리하고 대책 수립하기	• 산업 심리에 대하여 기술하기 • 노동 생리에 대하여 기술하기
환기 일반	• 유체역학에 대하여 기술하기 • 환기량 및 환기방법에 대하여 기술하기 • 기온, 기습, 압력에 대하여 기술하기	
전체 환기	• 전체 환기에 대하여 기술하기 • 전체 환기 시스템 설계, 점검 및 유지관리하기	
국소환기	• 후드에 대하여 기술하기 • 덕트에 대하여 기술하기 • 송풍기에 대하여 기술하기	• 국소환기 시스템 설계, 점검, 유지관리하기 • 공기 정화에 대하여 기술하기
보건관리계획수립평가	• 사업장 보건문제 사정하기 • 안전보건활동 계획수립하기 • 안전보건활동 평가하기	
안전보건관리체제 확립	• 산업안전보건위원회 활동하기 • 관리감독자 지도 및 조언하기	
산업보건정보관리	• 산업안전보건법에 따른 기록 관리하기 • 업무수행기록 관리하기 • 자료보관 활용하기	
위험성평가	• 위험성평가 체계 구축하기 • 위험성평가 과정 관리하기 • 위험성평가 결과 적용하기	
작업관리	• 작업부하관리하기 • 교대제 관리하기 • 보호구 관리하기	• 근골격계질환 예방관리프로그램 운영하기
건강관리	• 건강진단 계획하기 • 건강진단 실시하기 • 건강진단 사후관리하기	• 증상 관리하기
사업장 건강증진	• 건강증진 요구 사정하기 • 건강증진 계획하기 • 건강증진 프로그램 운영하기	
사업장보건교육	• 보건교육 요구 사정하기 • 보건교육 계획하기 • 보건교육 실시하기	

2026 산업위생관리기사 실기
차례

PART 01 핵심이론

SUBJECT 01　작업환경측정 및 평가

01　작업환경측정　28
02　입자상 물질　33
03　유해화학물질　42
04　소음·진동　55
05　이상기압·극한온도 등의 유해인자　63
06　산업위생통계　68
07　산업독성학　72

SUBJECT 02　작업환경관리

01　작업환경개선　77
02　입자상 물질의 관리 및 대책　78
03　유해화학물질의 관리 및 평가　83
04　소음의 관리 및 대책　87
05　진동의 관리 및 대책　89
06　보호구　93
07　산업심리, 직무스트레스, 조직　101
08　노동생리, 산업피로, 근골격계질환 예방관리　108
09　산업안전보건법　118
10　산업안전보건기준에 관한 규칙　126
11　고용노동부고시 등　137

SUBJECT 03　환기일반

01　유체역학　138
02　기온, 습도, 대기　145
03　전체환기와 환기량　147

SUBJECT 04　국소환기

01　국소배기시설　154
02　환기시스템의 설계 및 유지관리　179

PART 02 10개년 기출문제

2025년
1회	186
2회	193

2024년
1회	200
2회	208
3회	215

2023년
1회	222
2회	229
3회	236

2022년
1회	242
2회	249
3회	255

2021년
1회	262
2회	269
3회	276

2020년
1회	284
2회	291
3회	298
4회	305

2019년
1회	312
2회	319
3회	326

2018년
1회	334
2회	341
3회	348

2017년
1회	356
2회	363
3회	370

2016년
1회	378
2회	385
3회	392

PART 01

핵심이론

INDUSTRIAL HYGIENE MANAGEMENT

실기 합격 TIP

산업위생관리기사 실기 시험을 준비할 때는 법규 30%, 계산 70% 정도의 비중을 두고 공부하는 것이 좋습니다. 법규는 핵심 숫자를 정확히 암기하고, 계산형 문제는 「필수공식 25선」을 이용하여 공식을 꾸준하게 정리하면 좋습니다.

맨 앞에 수록된 플래너로 자신의 학습 성향에 따라 학습 계획을 세우고 10개년 기출문제를 반복해서 풀며 출제 패턴을 익히도록 합니다. 틀린 문제는 오답노트로 정리하여 복습까지 완료하면 고득점을 획득할 수 있습니다.

01 작업환경측정 및 평가

01 작업환경측정

1. 작업환경측정 개요

(1) 작업환경측정의 정의

작업환경 실태를 파악하기 위하여 해당 근로자 또는 작업장에 대하여 사업주가 유해인자에 대한 측정계획을 수립한 후 시료를 채취하고 분석·평가하는 것을 말한다.

(2) 작업환경측정의 목적

① 유해인자에 노출되는 근로자의 노출정도를 파악한다.
② 환기시설 등 작업환경개선에 대한 개선효과를 평가한다.
③ 근로자의 건강장해를 예방하여 안전하고 쾌적한 작업환경을 만든다.

(3) 작업환경측정 대상 유해인자

① 화학적인자(183종): 유기화합물(114종), 금속류(24종), 산 및 알칼리류(17종), 가스 상태 물질류(15종), 허가대상 유해물질(12종), 금속가공유(1종)
② 물리적인자(2종): TWA 80[dB] 이상의 소음, 고열
③ 분진(7종): 광물성분진, 곡물분진, 면분진, 목재분진, 석면분진, 용접흄, 유리섬유

> **참고** 작업환경측정 대상에서 제외되는 경우
> - 관리대상 유해물질의 허용소비량을 초과하지 않는 작업장(작업장 체적/15)
> - 임시 작업 및 단시간 작업을 하는 작업장(특별관리물질 및 허가대상 유해물질 제외)
> - 분진작업의 적용 제외 작업장
> - 그 밖에 작업환경측정 대상 유해인자의 노출수준이 노출기준에 비하여 현저히 낮은 경우로서 고용노동부장관이 정하여 고시하는 작업장(e.g. 주유소)

2. 예비조사

작업환경측정의 첫 과정이며 작업장, 작업공정, 작업내용, 발생되는 유해인자와 허용기준, 잠재된 노출가능성과 관련된 기본적인 특성을 조사하여 작업환경측정을 위한 기초자료를 확보하는 과정이다.

(1) 예비조사의 목적
　① 동일노출그룹(HEG; Homogeneous Exposure Group) 또는 유사노출그룹(SEG; Similar Exposure Group)의 설정
　② 올바른 시료채취전략 수립

> **참고** 동일노출그룹(HEG)을 설정하는 이유
> - 시료채취 수를 경제적으로 결정하기 위함이다.
> - 모든 근로자에 대한 노출농도를 평가하기 위함이다.
> - 역학조사 수행 시 질병호소 근로자가 속한 HEG의 노출농도를 근거로 노출원인을 추정하기 위함이다.

(2) 예비조사 포함 항목
　① 원재료의 투입과정부터 최종 제품 생산공정까지 주요 공정 도식
　② 해당 공정별 작업내용, 측정대상 공정 및 공정별 화학물질 사용실태
　③ 측정대상 공정, 측정대상 유해인자 및 발생주기, 측정공정의 종사 근로자 현황
　④ 유해인자별 측정방법 및 측정 소요기간 등 작업환경측정에 필요한 사항

3. 시료의 채취

(1) 단위작업장소
작업환경측정의 대상이 되는 단위공정으로, 작업을 수행하는 동일노출집단의 근로자가 작업을 하는 장소이다.

(2) 시료채취 근로자 수
① 단위작업장소에서 최고노출근로자 2명 이상에 대하여 동시에 측정하되, 단위작업장소에서 근로자가 1명인 경우에는 그러하지 아니하며, 동일 작업근로자 수가 10명을 초과하는 경우에는 매 5명당 1명 이상 추가하여 측정한다.
② 동일 작업근로자 수가 100명을 초과하는 경우에는 최대 시료채취 근로자 수를 20명으로 조정한다.
③ 지역시료채취방법에 따른 측정시료의 개수는 단위작업장소에서 2개 이상에 대하여 동시에 측정하여야 한다. 다만, 단위작업장소의 넓이가 50[m^2] 이상인 경우에는 매 30[m^2]마다 1개 지점 이상을 추가로 측정한다.

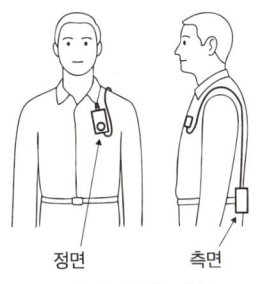

정면　측면
▲ 측정기 착용 예시

4. 노출기준

근로자가 유해인자에 노출되는 경우 노출기준 이하 수준에서는 거의 모든 근로자에게 건강상 나쁜 영향을 미치지 아니하며, 1일 작업시간 동안의 시간가중평균노출기준(TWA), 단시간노출기준(STEL) 또는 최고노출기준(C)으로 표시한다.

(1) 허용농도(TLV) 적용상의 주의사항
① 대기오염 평가 및 관리에 사용할 수 없고 사업장 유해조건의 평가 및 개선을 위해서만 사용되어야 한다.
② 안전농도와 위험농도를 구분하는 정확한 경계선이 아니다.
③ 독성의 강도를 비교할 수 있는 지표가 아니다.
④ 기존의 질병이나 신체적 조건을 판단하기 위한 척도로 사용할 수 없다.
⑤ 반드시 산업보건전문가에 의하여 설명되고 적용되어야 한다.
⑥ 사업장의 유해조건을 평가하고 건강장해를 예방하기 위한 지침이다.
⑦ 24시간 노출이나 정상 작업시간을 초과한 노출에 대한 독성 평가에는 사용할 수 없다.
⑧ 피부로 흡수되는 양은 고려하지 않은 기준이다.(호흡기에 의한 흡수만을 고려)
⑨ 작업조건이 다른 나라에서는 ACGIH-TLV를 그대로 적용할 수 없다.

(2) 노출기준의 종류
① 시간가중평균농도(TWA ; Time Weighted Average)
  ㉠ 1일 8시간 작업을 기준으로 유해인자의 측정치에 발생시간을 곱하여 8시간으로 나눈 값이다.
  ㉡ 1일 8시간 및 1주일 40시간 동안의 평균농도로, 모든 근로자가 나쁜 영향을 받지 않고 노출 가능한 농도이다.

$$TWA = \frac{C_1 t_1 + C_2 t_2 + \cdots + C_n t_n}{8}$$

여기서, TWA : 시간가중평균농도[mg/m³ 또는 ppm]
C_n : 유해인자의 측정농도[mg/m³ 또는 ppm]
t_n : 유해인자의 발생시간[hr]

② 단시간노출농도(STEL ; Short Term Exposure Limits)
  15분간의 시간가중평균노출값으로, 노출농도가 시간가중평균노출기준(TWA)을 초과하고 단시간노출기준(STEL) 이하인 경우에는 1회 노출 지속시간이 15분 미만이어야 하고, 이러한 상태가 1일 4회 이하로 발생하여야 하며, 각 노출의 간격은 60분 이상이어야 한다.

③ 최고노출기준(C ; Ceiling)
  근로자가 작업시간 동안 잠시라도 노출되어서는 안 되는 농도이다.

④ SKIN
  유해화학물질의 노출기준 또는 노출기준에 'Skin'이라는 표시가 있을 경우 그 물질은 점막과 눈 그리고 경피로 흡수되어 전신영향을 일으킬 수 있다는 의미이다.(피부자극성이 아님)

⑤ ACGIH의 노출 상한치와 노출시간 권고
  ㉠ STEL : TWA의 3배(노출시간 30분 이하)
  ㉡ C : TWA의 5배(잠시라도 노출되어서는 안 됨)

(3) 노출기준 설정의 이론적 배경
① 사업장 역학조사(노출기준 설정 시 가장 중요)
② 인체실험자료
③ 동물실험자료
④ 화학구조상의 유사성

5. 노출기준의 종류

(1) 미국정부산업위생전문가협의회(ACGIH)
① TLV(Threshold Limit Values, 허용기준)
② BEI(Biological Exposure Indices, 생물학적 노출지수)

(2) 미국산업안전보건청(OSHA)
① PEL(Permissible Exposure Limits)
② AL(Action Level) : PEL의 1/2

(3) 미국국립산업안전보건연구원(NIOSH)
REL(Recommended Exposure Limits)

(4) 미국산업위생학회(AIHA)
WEEL(Workplace Environmental Exposure Level)

> **참고** 권고사항과 법적 기준
> ACGIH의 TLV, NIOSH의 REL은 권고사항이고 OSHA의 PEL은 법적 기준이다.

6. 표준기구

(1) 1차 표준 보정기구(Primary calibrator)
측정 대상을 물리적으로 직접 측정할 수 있는 기구로써 별도의 보정이 없어도 자체적으로 정확한 값을 얻을 수 있다.
① 비누거품미터(Soap Bubble Meter) : 비교적 단순하고 경제적이며, 작업환경측정에서 가장 많이 이용되는 유량보정기구이다.
② 피토튜브(Pitot tube) : 보정이 필요 없다.

(2) 2차 표준 보정기구(Secondary calibrator)

측정 대상을 물리적으로 측정할 수 없고 1차 표준기구를 기준으로 보정하여야 정확도를 확보할 수 있는 기구이다.

표준기구	종류	일반사용 범위	정확도
1차 표준기구	비누거품미터	1~30[mL/min]	±1[%] 이내
	유리피스톤미터	10~200[mL/min]	±2[%] 이내
2차 표준기구	습식 테스트미터	0.5~200[L/min]	±0.5[%]
	건식 가스미터	10~150[L/min]	±1[%]
	열선기류계	0.1~30[m/sec]	±0.1~0.2[%]

7. 작업환경측정 및 정도관리 등에 관한 고시

(1) 목적

이 고시는 작업환경측정의 방법 및 결과의 보고, 작업환경측정기관 및 작업환경전문연구기관의 지정 및 관리, 정도관리 대상 및 방법 등에 관하여 필요한 사항을 규정함을 목적으로 한다.

(2) 정의

① "액체채취방법"이란 시료공기를 액체 중에 통과시키거나 액체의 표면과 접촉시켜 용해·반응·흡수·충돌 등을 일으키게 하여 해당 액체에 작업환경측정을 하려는 물질을 채취하는 방법을 말한다.

② "고체채취방법"이란 시료공기를 고체의 입자층을 통해 흡입, 흡착하여 해당 고체입자에 측정하려는 물질을 채취하는 방법을 말한다.

③ "직접채취방법"이란 시료공기를 흡수, 흡착 등의 과정을 거치지 아니하고 직접채취대 또는 진공채취병 등의 채취용기에 물질을 채취하는 방법을 말한다.

④ "냉각응축채취방법"이란 시료공기를 냉각된 관 등에 접촉 응축시켜 측정하려는 물질을 채취하는 방법을 말한다.

⑤ "여과채취방법"이란 시료공기를 여과재를 통하여 흡인함으로써 해당 여과재에 측정하려는 물질을 채취하는 방법을 말한다.

⑥ "개인시료채취"란 개인시료채취기를 이용하여 가스·증기·분진·흄(fume)·미스트(mist) 등을 근로자의 호흡위치(호흡기를 중심으로 반경 30[cm]인 반구)에서 채취하는 것을 말한다.

⑦ "지역시료채취"란 시료채취기를 이용하여 가스·증기·분진·흄(fume)·미스트(mist) 등을 근로자의 작업행동 범위에서 호흡기 높이에 고정하여 채취하는 것을 말한다.

⑧ "정확도"란 분석치가 참값에 얼마나 접근하였는가 하는 수치상의 표현을 말한다.

⑨ "정밀도"란 일정한 물질에 대해 반복측정·분석을 했을 때 나타나는 자료 분석치의 변동 크기가 얼마나 작은가 하는 수치상의 표현을 말한다.

02 입자상 물질

1. 입자상 물질 개요

(1) 정의
화학적인자가 공기중으로 분진·흄(fume)·미스트(mist) 등의 형태로 발생되는 물질을 말한다.

(2) 입자상 물질의 상태
① 에어로졸(Aerosol): 공기 중에 미세한 고체나 액체입자가 분산되어 있는 상태이다.
② 먼지(Dust): 약 100[μm] 이하의 고체입자가 공기 중에 부유하고 있는 상태이다.
③ 흄(Fume): 금속이 증기화-산화-응축 등의 반응단계를 거쳐 발생되는 고체입자이다.
④ 미스트(Mist): 분산되어 있는 액체입자이다.(육안으로 볼 수 있음)
⑤ 섬유(Fiber): 5[μm] 이상의 길이와 너비의 비가 3 : 1 이상인 먼지이다.(석면, 유리섬유 등)
⑥ 안개(Fog): 액체입자가 분산되어 있는 에어로졸 상태이다.
⑦ 연기(Smoke): 불완전 연소로 발생하는 에어로졸 상태이다.(주로 고체상태)
⑧ 스모그(Smog): Smoke와 Fog가 결합된 상태이다.

2. 입자상 물질의 축적 및 인체의 방어기전

(1) 입자의 호흡기계 축적 기전
① 관성충돌(impaction)
② 중력침강(sedimentation)
③ 확산(diffusion)
④ 차단(interception)
⑤ 정전기

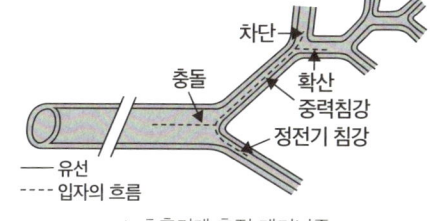

▲ 호흡기계 축적 메커니즘

(2) 인체의 방어기전
① 기관지 섬모운동에 의한 정화
  ㉠ 입자상 물질에 대한 가장 기초적인 방어작용이다.
  ㉡ 입자가 점액층에 달라붙어 기관지의 섬모운동에 의해 외부로 배출된다.
② 대식세포에 의한 정화
  상부 기도로 옮겨지거나 대식세포가 방출하는 효소에 의해 제거된다.(석면, 유리규산 등은 용해되지 않음)

3. 입자상 물질의 크기 표시 및 침강속도

(1) 기하학적(물리적) 직경

현미경을 이용하여 직접 측정한 입자의 직경이다. 마틴 직경, 페렛 직경, 등면적 직경 등의 종류가 있으며 페렛, 등면적, 마틴 직경 순으로 직경 크기가 작아진다.

① 마틴 직경
  ㉠ 입자의 면적을 이등분하는 선의 길이를 직경으로 사용한다.
  ㉡ 실제 직경보다 과소평가되는 경향이 있다.

② 페렛 직경
  ㉠ 입자의 한쪽 끝과 다른 쪽 끝을 잇는 직선을 직경으로 사용한다.
  ㉡ 실제 직경보다 과대평가되는 경향이 있다.

③ 등면적 직경
  ㉠ 입자의 면적과 동일한 원의 직경을 직경으로 사용하는 방법이다.
  ㉡ 가장 정확한 입자크기 측정 방법이다.

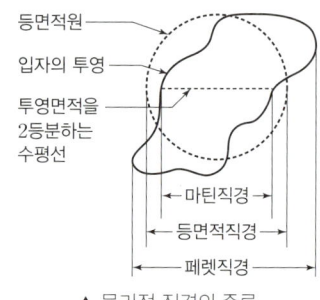

▲ 물리적 직경의 종류

(2) 공기역학적 직경(Aerodynamic Diameter)

대상 입자와 침강속도가 같고 밀도가 1[g/cm³] 인 구형 표준입자의 직경을 대상 입자의 직경으로 사용하는 방법이다.

① 침강속도식(Stoke's식)

$$V_g = \frac{d_p^2(\rho_p - \rho)g}{18\mu}$$

여기서, V_g: 침강속도[cm/sec]
d_p: 입자상 물질 직경[cm]
ρ_p: 입자상 물질 밀도[g/cm³]
ρ: 공기 밀도[g/cm³]
g: 중력가속도(980[cm/sec²])
μ: 공기의 점성계수[g/cm·sec]

② 침강속도식(Lippman식, 입자상 물질 직경이 1~50[μm]일 경우)

$$V_g = 0.003 \times s_g \times d^2$$

여기서, V_g: 입자의 침강속도[cm/sec]
s_g: 입자 비중(밀도)
d: 입자 직경[μm]

(3) ACGIH의 입자 크기에 따른 구분

① 흡입성 입자상 물질(IPM; Inhalable Particulate Mass)

호흡기의 어느 부위에 침착하더라도 독성을 나타내는 물질로서, 비암이나 비중격천공을 일으키는 물질이 여기에 속한다. 평균입경은 100[μm]이다.

② 흉곽성 입자상 물질(TPM; Thoracic Particulate Mass)

기도나 폐포에 침착할 때 독성을 나타내는 물질로서 평균입경은 10[μm]이다.

③ 호흡성 입자상 물질(RPM; Respirable Particulate Mass)

가스교환부위(폐포)에 침착할 때 독성을 나타내는 물질로서 평균입경은 4[μm]이다.

4. 여과지

(1) 여과지 선택 시 고려사항

① 측정대상 입자의 입경분포에 대하여 포집효율이 높아야 하고 특히 입경 크기 0.3[μm] 입자의 포집효율이 95[%] 이상이어야 한다.
② 되도록 가볍고 1개당 무게의 차이가 작아야 한다.
③ 취급 시 쉽게 파손되지 않고 잘 찢어지지 않아야 한다.
④ 압력손실 및 흡습률이 작아야 한다.
⑤ 분석상 방해가 되는 불순물을 함유하지 않아야 한다.

(2) 여과지의 종류

① 유리섬유 여과지
  ㉠ 흡습성이 적고 부서지기 쉽다.
  ㉡ 고온에 견딜 수 있다.
  ㉢ 다량의 공기시료채취에 적합하다.
② MCE(Mixed Cellulose Ester Membrane) 여과지
  ㉠ 여과지 직경은 37[mm] 정도이고, 여과지 기공의 크기가 0.45~0.8[μm]이므로 미세 금속분진과 금속흄의 채취가 가능하여 금속측정 시 사용된다.
  ㉡ 산에 쉽게 용해 및 분해되고 습식회화도 쉽게 이루어져 시료 공기에 함유된 금속을 채취하여 원자흡광광도계(AAS)로 분석하는 데 매우 유리하다.
  ㉢ 여과지의 원료인 셀룰로오스는 흡습성이 있어 중량분석에는 부적합하다.
  ㉣ 석면 및 유리섬유 등의 시료채취에도 사용된다.
③ PVC(Polyvinyl Chloride Membrane) 여과지
  ㉠ 흡습성이 매우 낮아 시료 공기 중 입자상 물질의 중량분석에 유리하다.
  ㉡ 6가 크롬, 아연화합물, 먼지 등의 중량분석에 사용한다.
  ㉢ PVC 막여과지는 여과지 기공직경보다 작은 입자상 물질이 포집되는데, 포집원리는 관성충돌, 간섭, 확산이다.

구분	여과지 종류	특징	주요 포집물질	비고
막여과지	PVC	내염기성, 내산성, 저흡습성	호흡성, 총 분진, 6가 크롬	정전기에 의하여 채취효율 저하
	MCE	회화 용이, 용해성	석면, 중금속	고가이지만 용해성이 좋아 중금속분석에 사용
	PTFE (테플론여과지)	열, 화학물질, 압력에 강함	농약, 콜타르피치, 입자상 PAH	고열공정에서 PAH수소 채취
	은막	유리물질 비함유, 열·화학적 안정성	코크스오븐 배출물질	금속을 소결하여 만듦
	Nucleopore (핵기공여과지)	열안정성, 강도 우수	–	공극이 일직선임
섬유상여과지	유리섬유	저흡습성, 포집 용량 큼	총 분진, 염료분진	강도 낮음, 여과지의 안쪽 층에도 채취됨
	셀룰로오스 섬유여과지	고흡습성, 고장력	실험실 분석용	와트만여과지가 대표적

5. 작업종류에 따른 입자상 물질의 발생

(1) 주물작업
① 실리카: 폐섬유화를 유발시켜 규폐증 및 결핵을 발생시킨다.
② 용융된 금속 취급 시 중금속 흄에 취급 근로자가 노출된다.
③ 일산화탄소, 다환방향족탄화수소 및 소음·진동, 고열, 자외선·적외선에 노출된다.

(2) 조선산업
① 용접과정 중 중금속이 포함된 용접흄이 다량 발생한다.
② 연마 및 조립작업 중 철분진과 같은 금속분진 및 소음이 복합적으로 발생한다.
③ 도장작업 중 휘발성유기화합물을 다량 사용한다.

(3) 용접작업
① 크롬, 니켈, 산화철, 카드뮴 등 중금속 용접흄에 발생하여 용접폐증을 유발한다.
② 용접과정 중 오존, 질소산화물, 일산화탄소, 이산화탄소, 불화수소, 포스겐, 포스핀 등이 발생한다.
③ 차광 보안경 및 용접 보안면을 착용하고, 특급 이상의 방진마스크와 용접용 장갑을 착용한다.

(4) 연마작업
① 절삭 및 연마작업 중 금속가공유(절삭유)를 사용하는 과정에서 오일미스트가 작업장 내에 비산한다.
② 오일미스트 속에 발암성 물질인 니트로소아민, 다핵방향족탄화수소, 염화파라핀, 포름알데히드 등이 포함되어 있다.

(5) 블라스팅 작업
① 블라스팅은 모래나 실리카 또는 금속을 강하게 분사하여 금속 등의 표면에 붙어 있는 녹, 페인트, 각종 이물질을 제거하는 작업이다.
② 규사(Silica sand)나 유리규산으로 인한 규폐증 발생 위험이 있다.

> **참고** 규폐증
> 폐조직에서 섬유상 결절이 생기면서 섬유화가 진행된 상태를 말하며 급성 규폐증은 열, 기침, 체중감소 및 청색증 등이 나타나고 호흡기 장해가 급속도로 진행되어 사망에 이르게 된다. 반면, 만성 규폐증은 10년 이상 지나서 증상이 발견되는 경우도 있다.

6. 입자상 물질의 측정방법

(1) 측정방법
① 석면의 농도는 여과채취방법으로 측정하고 계수방법 또는 이와 동등 이상의 분석방법으로 분석한다.
② 광물성분진은 여과채취방법으로 측정하고 석영, 크리스토바라이트, 트리디마이트를 분석할 수 있는 적합한 방법으로 분석한다.(다만 규산염과 그 밖의 광물성분진은 중량분석방법으로 분석)
③ 용접흄은 여과채취방법으로 측정하되 용접보안면을 착용한 경우에는 그 내부에서 시료를 채취하고 중량분석방법과 원자흡광광도계 또는 유도결합프라스마를 이용한 방법으로 분석한다.
④ 석면, 광물성분진 및 용접흄을 제외한 입자상 물질은 여과채취방법으로 측정한 후 중량분석방법이나 유해물질 종류에 따른 적합한 방법으로 분석한다.
⑤ 호흡성분진은 호흡성분진용 분립장치 또는 호흡성분진을 채취할 수 있는 기기를 이용한 여과채취방법으로 측정한다.
⑥ 흡입성분진은 흡입성분진용 분립장치 또는 흡입성분진을 채취할 수 있는 기기를 이용한 여과채취방법으로 측정한다.

(2) 측정기기
개인시료채취방법으로 측정하는 것이 원칙으로, 측정기기를 작업 근로자의 호흡기 위치에 장착하고, 지역시료채취방법은 측정기기를 분진 발생원의 근접한 위치 또는 작업근로자의 주 작업행동 범위의 작업근로자 호흡기 높이에 설치한다.
① 캐스케이드 임팩터(직경분립충돌기)
　㉠ 원리: 시료 공기의 흐름을 층류 상태로 유도하여 입자가 관성력에 의해 포집판에 충돌되어 포집된다.
　㉡ 장점
　　• 공기흐름속도를 조정하여 포집입자의 크기를 조절할 수 있다.(질량크기분포를 구할 수 있음)
　　• 시료공기 중 흡입성, 흉곽성, 호흡성 분진의 분포와 농도를 추정할 수 있다.
　　• 호흡기 부분별 침착 가능 분진의 분포와 농도를 추정할 수 있다.

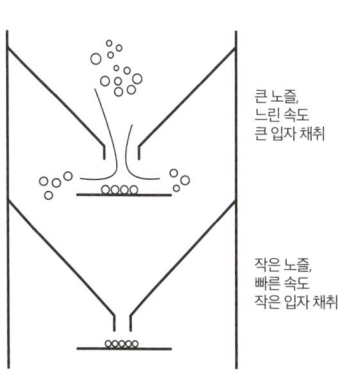

▲ 캐스케이드 임팩터의 원리

ⓒ 단점
- 시료채취가 까다로워 경험이 많은 전문가가 측정해야 한다.
- 비용이 비싸다.
- 시료채취 준비시간이 오래 걸린다.
- 입자의 되튐현상(바운드)으로 농도가 과소평가될 수 있어 이를 예방하기 위해서는 충돌판에 끈적한 물질을 도포해야 한다.

ⓔ D_{50}(Cut Diameter)
- 50[%]의 포집효율을 나타내는 직경이다.
- 캐스케이드 임팩터의 각 충돌판에 포집된 입자의 크기는 D_{50}으로 표시한다.
- D_{50}을 예측하기 위하여 스트로크 수(Strokes Number)를 사용한다.
- 스트로크 수가 클수록 충돌효율이 크다는 것을 의미한다.

② 사이클론(Cyclone)
ⓐ 원리 및 구조
- 사이클론의 원심력을 이용한 호흡성 분진 측정기구이다.
- 시료채취 유량은 1.7[L/min]이다.
- 직경이 10[mm]인 소형 사이클론을 사용한다.
- 입구는 0.7[mm] 정도이다.

ⓑ 장점
- 호흡성 분진을 측정할 때 용이하다.
- 측정방법이 간편하고 비용이 적게 소요된다.
- 되튐현상이 발생하지 않으므로 매체 및 충돌판에 코팅 등 특별한 조치가 필요하지 않다.

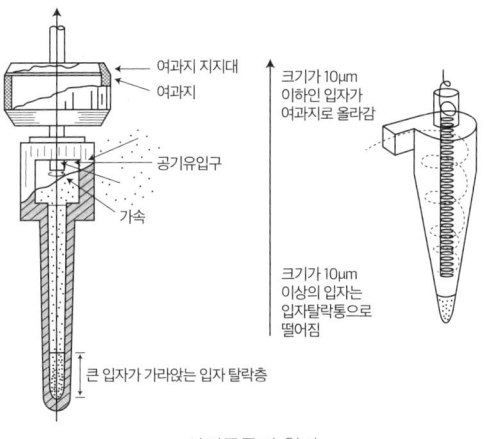

▲ 사이클론의 원리

③ 직독식 분진 측정기기
ⓐ 상대농도계
- 측정 원리는 공기 중 분진의 질량 및 입자수 농도와 같은 1 : 1 관계에 있는 물리량(흡수광량 등)을 측정함으로써 얻어지는 지수로 표현하는 것이다.
- 취급법이 간단하고 취급 시 개인차가 적다.

ⓑ 압전천칭식(Piezobalance) 디지털 분진계
- 포집된 분진에 의하여 압전결정판의 진동주파수가 달라지게 되는데, 이와 같은 원리를 이용하여 분진의 질량농도를 측정하는 방식이다.
- 공명진동을 이용한다.

ⓒ 산란광식(광산란식) 디지털 분진계
- 분진이 빛을 받으면 빛을 반사하면서 발광하는 원리를 이용한 것이다.
- 빛의 종류에 따라 레이저식, 할로겐식으로 구분된다.

④ 석면의 측정 및 분석

석면측정방법	특징
위상차현미경법	• 석면 측정에 가장 많이 사용되는 방법 • MCE여과지를 사용 • 간편하게 사용할 수 있으나 석면의 감별이 어려움
전자현미경법	• 공기 중 석면농도 분석 시 사용 • 석면의 성분분석(정성분석, 감별분석)이 가능 • 가격이 높으며 분석시간이 오래 소요되는 단점 있음
편광현미경법	• 고형시료 분석에 사용 • 석면의 성분분석 가능
X선회절법	• 고형시료 분석에 사용 • 가격이 매우 비싸며 복잡한 조작법으로 인하여 훈련된 전문가에 의함

(3) 여과지 포집기전

여과기전	특성	포집 입자 크기
확산	• 유속이 느릴 때 포집 가능 • 브라운 운동에 의한 포집 원리 **참고** 확산의 영향인자 • 입자의 직경 • 입자의 농도 • 섬유의 직경(섬유여과지) • 섬유로의 접근속도 • 여과지의 기공직경(막여과지)	입경 0.01~0.5[μm]
직접차단(간섭)	미세입자가 섬유와 접촉하여 포집	입경 0.1~0.5[μm]
관성충돌	• 입경이 비교적 크고 입자의 관성 때문에 섬유층에 직접 충돌하여 포집 • 유속이 빠를수록 포집효율 좋음	입경 0.5[μm] 이상
중력침강	입경이 비교적 크고 비중이 큰 입자가 저속기류에서 중력에 의하여 침강되어 포집	입자의 밀도 또는 섬유로의 면속도의 영향 받음
정전기침강	입자의 정전기에 의한 포집	정량화하기 어려움

참고 입경별 주요 여과기전

• 입경 0.1[μm] 미만: 확산
• 입경 0.1~0.5[μm]: 확산, 직접차단(간섭)
• 입경 0.5[μm] 이상: 직접차단(간섭), 관성충돌
※ 입경 0.3[μm]에서 포집효율이 가장 낮다.

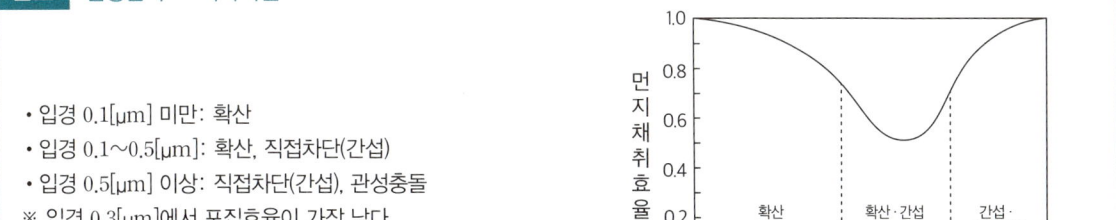

7. 입자상 물질의 분석

(1) 중량분석방법
시료공기 중 함유된 입자상 물질을 여과포집장치를 이용하여 채취한 후 천칭을 이용하여 질량 변화를 측정하여 공기 중 질량농도를 구하는 방법으로 질량농도분석법이라고도 한다.

① 시료채취 시 주의사항
    ㉠ 개인시료채취방법으로 측정하는 경우 측정기기를 작업근로자의 호흡기 위치에 장착한다.
    ㉡ 3단 카세트 및 사이클론은 거꾸로 채취하면 시료 손실이 발생한다.
    ㉢ 측정 중 주기적으로 펌프의 상태를 점검한다.
    ㉣ 시료공기 중 분진의 농도가 높은 경우 여과지의 주기적 교체가 필요하다.

(2) 흡광광도법
① 원리

세기 I_o인 빛이 아래 그림과 같이 농도 c, 길이 l되는 용액층을 통과하면 이 용액에 빛이 흡수되어 입사광의 세기가 감소하며 통과한 직후의 빛의 세기는 I_t가 된다. I_t와 I_o 사이에는 램버트-비어(Lambert-beer)의 법칙에 따라 다음의 관계가 성립한다.

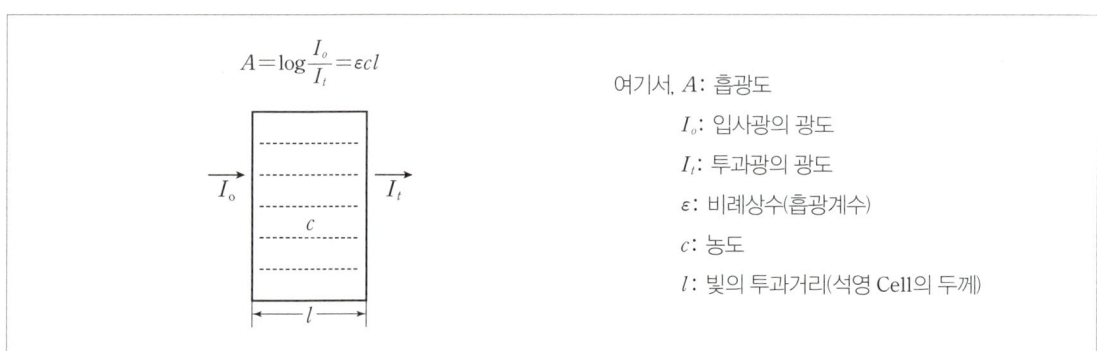

$$A = \log \frac{I_o}{I_t} = \varepsilon c l$$

여기서, A: 흡광도
I_o: 입사광의 광도
I_t: 투과광의 광도
ε: 비례상수(흡광계수)
c: 농도
l: 빛의 투과거리(석영 Cell의 두께)

I_t와 I_o의 관계에서 $t\left(=\dfrac{I_t}{I_o}\right)$를 투과도라 하고 투과도의 역수의 상용대수, 즉 $\log \dfrac{1}{t} = A$를 흡광도라고 한다.

② 구성

광원부 → 파장선택부 → 시료부 → 측광부

    ㉠ 광원
        가시부, 근적외선 영역은 텅스텐 램프를 사용하고, 자외선 영역은 중수소방전관을 사용한다.
    ㉡ 흡수셀의 경우 주로 석영 또는 유리 재질로 구성되어 있다.

(3) 원자흡광광도법(AAS; Atomic Absorption Spectrophotometer)

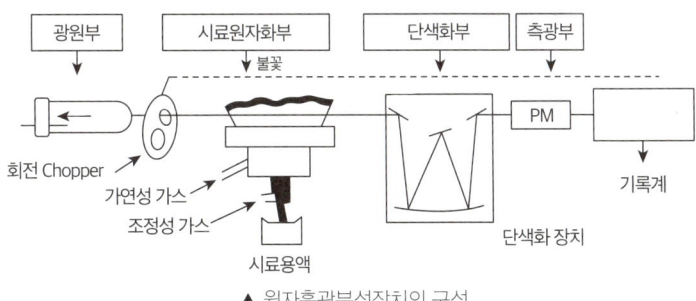

▲ 원자흡광분석장치의 구성

① 원리

분석대상 원소가 포함된 시료를 불꽃이나 전기열에 의해 바닥상태의 원자로 해리시킨다. 이 원자의 증기층에 특정 파장의 빛을 투과시키면 바닥상태의 분석대상 원자가 그 파장의 빛을 흡수하여 들뜬상태의 원자로 되는데 이때 흡수하는 빛의 세기를 측정하는 분석기기로서, 금속 및 중금속의 분석방법에 적용한다.

② 구성

광원 → 시료원자화장치 → 단색화장치 → 검출기(측광부)

㉠ 광원
- 분석 대상 원소가 잘 흡수할 수 있는 특정 파장의 빛을 방출하는 역할을 한다.
- 속빈음극램프(중공음극램프): 원자흡광분석용 광원은 원자흡광 스펙트럼선의 선폭보다 선폭이 좁고 휘도가 높은 스펙트럼을 방사하는 중공음극램프가 많이 사용된다.

㉡ 시료원자화장치
- 금속화합물을 원자화시켜 빛의 통로까지 올리는 역할을 한다.
- 불꽃원자화장치: 빠르고 정밀도가 좋으며 매질효과에 의한 영향이 적다는 장점이 있어서 대부분의 금속물질을 분석하는 데 널리 사용된다.

> **참고** 가연성가스와 조연성가스의 조합
> 아세틸렌+공기, 아세틸렌+이산화질소를 주로 사용하며 분석대상 금속에 따라 적절히 선택한다.

(4) 유도결합플라즈마 분광광도계(ICP; Inductively Coupled Plasma)

① 원리

들뜬상태의 원자들이 특정 파장의 빛을 흡수하는 것처럼, 바닥상태로 돌아갈 때 방출하는 파장도 금속에 따라 고유한 성질을 가진다. 즉, 들뜬상태의 원자가 다시 바닥상태의 원자로 될 때 특정 파장을 방출하게 되는데 이때 방출된 빛을 검출기로 측정하여 시료 중 금속의 함량을 측정하는 분석기기이다.

② 구성

시료주입장치 → 광원부 → 분광장치기 → 검출기

③ 특징

여러 금속을 동시에 분석할 수 있으며, 넓은 농도 범위에서 직선성과 정밀도가 높은 장점이 있지만 높은 온도에서 복사선을 방출하여 분광학적 방해 요소가 존재한다.

④ 장점
　㉠ 대부분 금속에 대해 [ppb] 수준까지 분석 가능하다.
　㉡ 한 번의 시료 주입으로 단시간 내에 여러 종류의 금속을 동시에 분석할 수 있다.
　㉢ 원자흡광광도법보다 정밀도가 높다.
　㉣ 화학물질에 의한 방해요소가 거의 없다.
　㉤ 검량선의 직선성이 좋다.(분석 R^2값이 매우 작음)

8. 농도, 포집공기량 계산

(1) 농도 계산

$$평균농도[mg/m^3] = \frac{(채취\ 후\ 여과지\ 무게 - 채취\ 전\ 여과지\ 무게)[mg]}{포집공기량[m^3] \times 회수율}$$

(2) 포집공기량 계산

$$포집공기량[m^3] = 포집유량\left[\frac{L}{min}\right] \times 포집시간[min] \times \frac{10^{-3}m^3}{L}$$

03 유해화학물질

1. 화학적 유해인자의 측정원리

물질	포집법	사용도구
입자상 물질 또는 금속흄	여과포집	유리섬유, 셀룰로이드 멤브레인 필터
	액체포집	임핀저
가스, 증기 등	액체포집	소형 흡수관, 소형 임핀저, 버블러
	고체포집	실리카겔관, 활성탄관
	직접포집	포집백, 주사통, 진공포집병

2. 가스상 물질의 성질

(1) 보일(Boyle)의 법칙
① 일정한 온도에서 일정한 무게를 갖는 기체의 체적은 압력에 반비례한다.
② 관계식

$$\frac{P_1}{P_2} = \frac{V_2}{V_1} \longrightarrow P_1V_1 = P_2V_2$$

여기서, P_1, P_2: 초기, 최종압력
V_1, V_2: 초기, 최종부피

(2) 샤를(Charles)의 법칙
① 일정한 압력에서 기체가 점유하는 체적은 온도에 비례한다.
② 관계식

$$V \propto T \longrightarrow \frac{V_1}{T_1} = \frac{V_2}{T_2}$$

여기서, T_1, T_2: 초기, 최종온도[K]
V_1, V_2: 초기, 최종부피

(3) 게이뤼삭의 법칙
① 체적이 일정한 경우 이상기체에서 절대압은 절대온도에 비례한다.
② 관계식

$$P \propto T \longrightarrow \frac{P_1}{T_1} = \frac{P_2}{T_2}$$

여기서, P_1, P_2: 초기, 최종압력
T_1, T_2: 초기, 최종온도[K]

> **참고** 그래프로 나타낸 보일·샤를의 법칙
>
>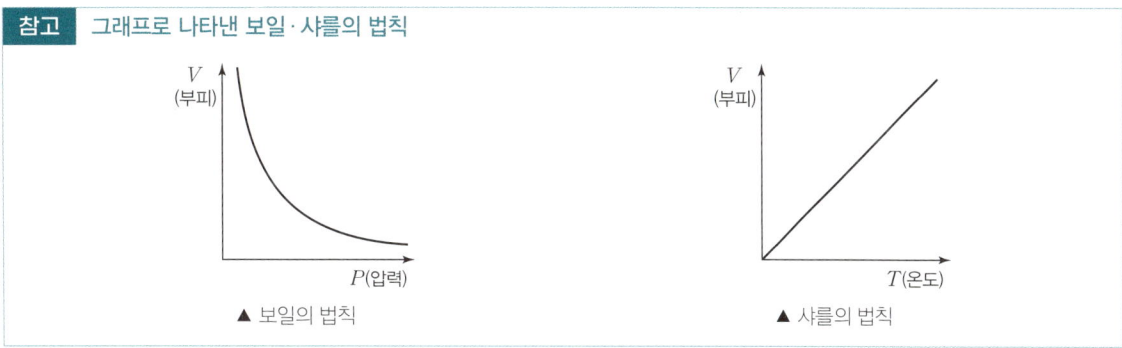
>
> ▲ 보일의 법칙 　　　　　　　　　▲ 샤를의 법칙

(4) 보일-샤를의 법칙

$$VP = nRT \longrightarrow \frac{VP}{T} = nR$$
$$V'P' = nRT' \longrightarrow \frac{V'P'}{T'} = nR$$
$$\frac{VP}{T} = \frac{V'P'}{T'}$$

여기서, V, V': 초기, 최종부피
P, P': 초기, 최종압력
T, T': 초기, 최종온도[K]
n: 기체 mol수
R: 기체상수

(5) 혼합공기의 유효비중 계산

> 혼합공기 유효비중 = 화학물질 부피분율 × 화학물질 증기비중 + 공기 부피분율 × 공기 비중

3. 연속시료채취

(1) 원리
유해물질이 함유된 공기를 흡수제 또는 흡착제 등의 매개물에 통과시키면서 공기 중의 오염물질을 포집하는 방법이다.

(2) 활용
① 오염물질의 농도가 시간에 따라 변하는 경우
② 공기 중 오염물질의 농도가 낮은 경우
③ 시간가중평균농도(TWA)로 구하는 경우

(3) 포집방법
① 액체포집방법: 흡수액에 용해 또는 반응시켜 포집하는 방법이다.
② 고체포집방법: 고체 흡착제에 흡착시켜 포집하는 방법이다.
③ 수동식 시료채취방법(Passive Sampler): 오염물질의 확산원리를 이용하여 포집하는 방법이다.
④ 능동식 시료채취방법
   시료채취 펌프를 사용하여 시료공기를 흡수액 및 흡착제에 통과시키는 방법이다.
   ㉠ 흡수액 시료채취유량: 1[L/min] 이하
   ㉡ 흡착제 시료채취유량: 0.2[L/min] 이하

(4) 장점
① 순간시료채취를 이용할 수 없는 경우 사용 가능하다.
② 정확하게 측정 가능하다.
③ 대부분의 측정대상물질의 측정 표준방법이다.

(5) 단점
① 포집효율이 100[%] 이하이므로 화합물 측정 시마다 포집효율을 측정하여야 한다.
② 포집장치가 복잡하다.
③ 측정 장비의 보정이 필요하다.

4. 순간시료채취

(1) 원리
플라스틱 백, 플라스크, 유리병, 기타 적당한 용기에 순간적으로 짧은 시간 동안 작업장 공기를 직접 넣는 방법이다.

(2) 활용
① 시료공기 중 가스상 물질의 종류를 파악하고자 하는 경우
② 순간 농도의 변화를 파악하고자 하는 경우
③ 오염발생원 여부를 확인하고자 하는 경우

(3) 장점
① 몇 초 또는 몇 분 이내로 빠른 시료포집이 가능하다.
② 피크농도를 알고자 할 때 유용하다.
③ 가스상 물질의 빠른 측정으로 농도에 적합한 보호구를 착용할 수 있다.
④ 오염발생원을 결정하고 밀폐공간의 메탄, 일산화탄소, 산소 농도를 측정하는 데 용이하다.
⑤ 포집효율이 100[%]이다.

(4) 단점
① 시간에 따른 가스상 물질의 농도 변화를 알 수 없다.
② 가스 농도가 낮거나 측정기기의 분석감도가 낮은 경우 정확한 측정이 불가하다.

(5) 적용할 수 없는 경우
① 오염물질의 농도가 시간에 따라 변하는 경우
② 공기 중 오염물질의 농도가 낮은 경우
③ 시간가중평균농도(TWA)로 구하고자 하는 경우

(6) 채취기구의 종류
① 플라스틱 백
② 진공포집병
③ 직독식 기기(가스농도측정기 등)
④ 검지관

(7) 주의사항
① 포집용기 내에서 시료농도의 균일성을 유지한다.
② 누설이 없도록 조치한다.
③ 연결 부위에 그리스 등을 사용하지 않는다.
④ 흡입구는 테프론, 유리 등의 불활성 재료를 사용한다.
⑤ 포집용기 내면의 세척에 주의한다.(보통 질소와 깨끗한 공기를 사용하여 세척)

5. 검출한계 및 정량한계

(1) 검출한계(LOD; Limit of Detection): 표준편차의 3배
① LOD는 공시료와 통계적으로 다르게 결정될 수 있는 가장 낮은 농도를 의미한다.
② LOD는 표준편차의 3배로 정의된다.
③ 기기분석에서 LOD는 신호 대 잡음비가 3 : 1인 경우에 해당한다.
④ LOD 이하는 불검출(Non Detected)로 판단한다.

(2) 정량한계(LOQ; Limit of Quantification): 표준편차의 10배
① LOQ는 정량결과가 신뢰성을 가지고 얻을 수 있는 양이다.
② LOQ 측정치는 '공시료＋(10×표준편차)'로 검량선의 방정식을 계산할 수 있다.
③ 기기분석에서는 신호 대 잡음비가 10 : 1인 경우에 해당
④ LOD와 LOQ 사이는 Trace로 판단한다.

(3) 고용노동부 고시에 따른 계산법
① 검출한계＝3.143×표준편차
② 정량한계＝4×검출한계

6. 흡착에 의한 시료채취

(1) 흡착의 원리
① 고체－액체, 고체－기체 경계면에서 기체 혹은 액체 중 특정 성분이 고체 표면에 농축되는 현상이다.
② 작업환경측정에서는 흡착제 표면에 가스상 물질이 붙는 것을 의미한다.

(2) 흡착의 종류
① 물리적 흡착
  ㉠ 고체 표면에서 가스상 물질을 잡아당기는 힘인 표면장력으로부터 기인하는 것으로, 반데르발스 힘에 의한 결합이다.

> **참고** 반데르발스 힘(Van der Waals Force)
> 공유결합이나 이온의 전기적 상호작용이 아닌 분자 간, 혹은 한 분자 내의 부분 간의 인력이나 척력을 말한다.

  ㉡ 가역적 결합으로 쉽게 탈착 가능하다.
  ㉢ 작업환경측정에서 사용되는 흡착법이다.
  ㉣ 온도와 pH가 높을수록 흡착량이 감소한다.
  ㉤ 가스상 물질의 분자량이 클수록 흡착량이 증가한다.

② 화학적 흡착
ㄱ 고체 표면과 흡착 분자 사이의 전자의 이동이 일어나는 화학적 결합이다.
ㄴ 비가역적 결합으로, 흡착과정 중 열이 발생하고 새로운 종류의 화합물이 생성되기도 한다.

(3) 파과(Breakthrough)
① 흡착제에 연속적으로 오염물질을 흡착시키는 경우, 흡착제의 앞층에 오염물질이 흡착된 후 뒤층에 흡착되다가 오염물질이 흡착제에 흡착되지 않고 빠져나가는 현상을 말한다.
② 파과가 일어나게 되면 시료공기 중 가스상 오염물질의 농도를 과소평가하는 결과를 초래한다. (오염물질이 흡착되지 않기 때문)
③ 파과 여부를 판단하기 위해 흡착관은 앞층과 뒤층으로 구분한다.
④ 분석과정에서 뒤층의 흡착 오염물질의 양이 앞층의 흡착 오염물질의 양과 비교하여 10[%] 이상이면 파과되었다고 판단하고 측정결과로 사용하지 않는다.

(4) 영향인자
① 채취유량이 높을수록 파과 가능성이 높다.
② 시료공기의 온도가 고온일수록 파과 가능성 낮다.
③ 실리카겔 같은 극성흡착제의 경우 습도가 높을수록 파과 가능성이 높다.
④ 시료공기 중 오염물질의 농도가 낮을수록 파과 가능성이 낮다.

(5) 흡착제를 사용하여 시료 채취 시 주의사항
① 온도: 온도가 증가하면 흡착이 감소한다.
② 습도: 수증기는 극성 흡착제에 의하여 쉽게 흡착된다.(극성 흡착제의 파과용량은 습도의 영향을 받음)
③ 유량속도: 유량속도가 크면 파과현상이 빠르게 일어난다.
④ 오염물 농도: 농도가 높으면 파과현상이 빠르게 일어난다.
⑤ 흡착제 결합가능 물질 존재: 흡착제와 강한 결합을 하는 물질에 의하여 치환반응이 발생한다.

> **참고** 치환반응
> 이미 흡착된 분자단이 새로운 분자단에 의해 교체되는 반응이다.

7. 흡착제의 종류

(1) 종류
① 활성탄: 일반적으로 야자수 껍질을 사용하여 800~900[℃]에서 활성화시켜서 제조한다.
② 실리카겔: 규산화나트륨과 황산을 이용하여 제조한다.
③ 다공성 중합체
④ 분자체(Molecular Sieve)

(2) 활성탄관(Charcoal Tube)

① 구조

작업환경측정에 일반적으로 사용하는 활성탄관의 구조는 7[cm]의 유리관에 활성탄을 각각 앞층 100[mg], 뒤층 50[mg]을 충전하여 양끝이 봉인된 형태이다.

▲ 활성탄관의 구조

② 채취 가능 오염물질의 종류

    ㉠ 비극성 유기용제
    ㉡ 방향족 탄화수소
    ㉢ 할로겐화 탄화수소
    ㉣ 에스테르류, 에테르류, 알코올류, 케톤류

③ 분석

   ㉠ 탈착용매
   - 활성탄 흡착제의 탈착용매로는 이황화탄소(CS_2)를 사용한다.
   - 이황화탄소는 독성이 매우 강한 용매로서 신경독성물질이다.

   ㉡ 탈착률을 변동시키는 요인
   - 측정시료의 농도범위가 큰 경우
   - 극성 화합물인 경우
   - 수증기와 다른 오염물질이 함께 있는 경우

④ 탈착 용출액은 가스크로마토그래피(GC)로 분석 정량한다.

(3) 실리카겔관(Silicagel Tube)

규산나트륨과 황산의 반응에 의하여 형성된 무정형 물질로, 극성물질 포집에 적정하며 활성탄과 함께 작업환경측정시 많이 사용한다.

① 채취 가능 오염물질의 종류

    ㉠ 극성 유기용제
    ㉡ 무기산
    ㉢ 방향족·지방족 아민류
    ㉣ 니트로벤젠, 페놀류, 아마이드류

② 실리카겔의 장점

    ㉠ 극성물질 포집에 용이하다.
    ㉡ 물이나 메탄올 등 다양한 용매로 쉽게 탈착이 가능하다.

ⓒ 활성탄관으로 채취가 어려운 아민류 및 무기물질의 채취가 가능하다.
ⓔ 탈착 용매로 독성이 강한 이황화탄소를 사용하지 않는다.
③ 실리카겔의 단점
극성흡착제이므로 공기 중 습도가 높은 경우 물 분자와 결합하여 흡착용량이 감소한다.
④ 실리카겔의 친화력 순서
물＞알코올류＞알데히드류＞케톤류＞에스테르류＞방향족 화합물류＞올레핀류＞파라핀류

(4) 다공성 중합체

다공성 중합체는 활성탄보다 비표면적이 작아 반응할 수 있는 표면적도 작으므로 흡착 용량도 적고 반응성도 더 떨어지지만 특별한 물질에 대해서는 선택성이 좋은 특성이 있어 주로 실내공기의 VOC 측정 시 사용한다.

① 다공성 중합체의 종류
ㄱ Tenax GC   ㄴ Porapak
ㄷ Chromosorb   ㄹ XAD

(5) 흡수제의 채취효율을 높이는 방법

① 흡수액의 온도를 낮추어 가스상 오염물질의 휘발을 낮춘다.
② 두 개 이상의 임핀저 및 버블러를 직렬로 연결하여 채취효율을 증가시킨다.
③ 채취속도를 낮추어 체류시간을 증가시킨다.
④ 작은 구멍이 많은 프리티드 버블러를 사용하여 흡수액과 시료공기의 접촉 면적을 증가시킨다.
⑤ 흡수액의 용량을 증가시킨다.
⑥ 흡수액의 교반을 강하게 한다.

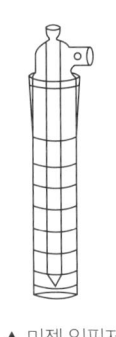

▲ 미젯 임핀저

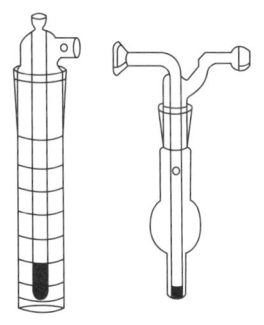

▲ Fritted 버블러

(6) 수동식 시료채취기

① 원리
공기채취용 펌프를 이용하지 않고 작업장에 존재하는 자연적인 기류를 이용하여 확산과 투과라는 물리적인 과정에 의해 가스상 오염물질을 채취기까지 이동시켜 흡착제에 채취하는 장치이다.

② 결핍현상

최소한의 기류(0.05~0.1[m/sec])가 없어 채취기 표면에서 확산에 의하여 오염물질이 제거되면 농도가 없어지거나 감소하는 현상이다.

(7) 탈착

① 개념

흡착질(흡착되는 물질)이 흡착제의 경계면에서 흡착제에 흡착되다가 일부 흡착질이 떨어져 나가 표면의 농도가 감소하는 현상이다.

② 탈착효율 관계식

㉠ 흡착제에 흡착된 성분을 추출과정을 거쳐 분석 시 실제 검출되는 비율로, 결과에 보정하여 사용한다.

㉡ 관계식

$$\text{탈착효율}[\%] = \frac{\text{분석량}}{\text{첨가량}} \times 100$$

③ 탈착방법

㉠ 용매탈착

㉡ 열탈착

8. 노출기준 초과 여부 판단

(1) 혼합물의 허용농도(상가작용 가정)

① 노출지수(EI; Exposure Index)

㉠ 2가지 이상의 독성이 유사한 유해화학물질에 노출되었을 때 유해성이 상가작용을 나타낸다고 가정하고 다음 식으로 계산된 노출지수에 의하여 노출기준 초과 여부를 결정한다.

㉡ 노출지수가 1을 초과하면 노출기준을 초과한다고 평가한다.

㉢ 독성이 서로 다른 물질이 독립작용 할 경우 각 물질에 대하여 개별적으로 노출기준 초과 여부를 결정한다.

$$EI = \frac{C_1}{TLV_1} + \frac{C_2}{TLV_2} + \cdots + \frac{C_n}{TLV_n}$$

여기서, EI: 노출지수
C_n: 농도[ppm]
TLV_n: 허용농도[ppm]

② 액체 혼합물의 구성성분을 알 때 혼합물의 허용농도(노출기준)

$$\text{허용농도} = \frac{1}{\frac{f_1}{TLV_1} + \frac{f_2}{TLV_2} + \cdots + \frac{f_n}{TLV_n}}$$

여기서, f_n: 중량구성비
TLV_n: 노출농도[mg/m^3]

(2) Brief와 Scala의 보정방법

① 전신 중독 또는 기관장애를 발생시키는 물질에 대하여는 노출기준 보정계수(RF; Reduction Factor)를 구한 후 노출기준에 곱하여 보정한다.

② 노출기준 보정계수(RF)

㉠ 1일 노출시간 기준

$$RF = \frac{8}{H} \times \frac{24-H}{16}$$

여기서, RF : 노출농도 보정계수
H : 비정상적인 작업시간[노출시간/일]

㉡ 1주 노출시간 기준

$$RF = \frac{40}{H} \times \frac{168-H}{128}$$

여기서, RF : 노출농도 보정계수
H : 비정상적인 작업시간[노출시간/주]

③ 보정 노출기준 = RF × 노출기준

9. 분석법의 종류

(1) 침전적정법

시료액 중에 이온성분을 침전제의 표준액으로 적정하고 침전 생성을 볼 수 없게 되는 당량점을 구하는 방법이다. 여기에는 모어(Mohr), 볼하드(Volhard) 및 파얀스(Fajans) 방법 등이 있다. 특히 모어법의 경우 당량점을 정하는 지시약으로 크롬산용액(CrO_4^{-2})을 사용하며, 볼하드법의 경우 철염(Fe^{+3}) 용액을 이용한다.

(2) 킬레이트적정법

용액 중에서 킬레이트 생성반응을 이용하여 적정하는 것으로, 킬레이트제로 가장 많이 사용되는 것이 EDTA이며 대부분 금속이온과 1 : 1 킬레이트를 생성한다.
① 직접적정법　　　　　　　　　　　② 역적정법
③ 치환적정법　　　　　　　　　　　④ 간접적정법

(3) 중화적정법

시료액 중의 산 또는 염기를 염기표준액(알칼리표준액) 또는 산표준액으로 적정하는 방법이다. 알칼리표준액을 사용하는 적정을 산적정, 산표준액을 사용하는 적정을 알칼리적정이라 한다.

(4) 산화환원적정법

시료액 중의 목적성분을 산화제 또는 환원제의 표준액으로 적정하는 방법이다.

10. 가스상 물질의 분석

(1) 가스크로마토그래피(GC; Gas Chromatography)

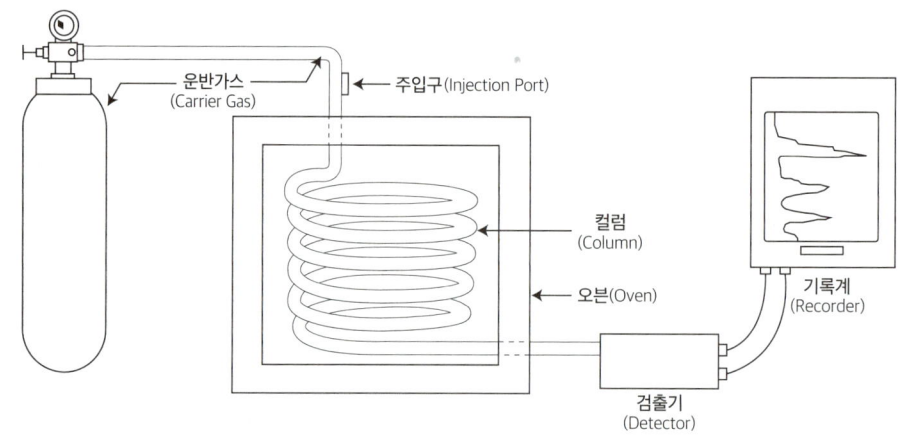

▲ 가스크로마토그래피

① 원리 및 적용범위

기체시료 또는 기화한 액체나 고체 시료를 고정상이 충진된 컬럼(또는 분리관) 내부를 운반가스로 이동시키면서 시료의 각 성분을 분리·전개시켜 정성 및 정량하는 분석기기로서 휘발성 유기화합물의 분석방법에 적용한다.

② 주요 구성

가스크로마토그래피는 가스유로계(Carrier Gas), 주입구(Injector), 분리관(Column) 및 검출기(Detector), 기록계(Recorder)로 구성된다.

㉠ 주입구
- 분석대상 시료를 가열기를 이용하여 기화시켜 분리관으로 보내는 부분이다.
- 기체-고체크로마토그래피법에서는 컬럼(Column)의 안지름에 따라 입도가 고른 흡착성 고체분말을 사용한다.
- 흡착성 고체분말로 실리카겔, 활성탄, 알루미나, 합성제올라이트(Zeolite) 등을 사용한다.

㉡ 분리관(Column)
- 주입된 시료가 각 성분에 따라 분리가 일어나는 부분이다.
- 직경에 따라 충진분리관과 모세분리관으로 구분된다.
  - 충진분리관: 고체지지체에 액상이 1~10[%] 정도의 중량비로 얇게 도포되어 있다.
  - 모세분리관: 고체지지체 없이 액상이 직접 관의 내벽에 얇게 도포되어 있다.
- 분리관에 사용되는 액상의 성질
  - 비휘발성이거나 분리관의 최대온도보다 100[℃] 이상에서 끓는점을 가져야 한다.
  - 열에 대한 안정성이 있어야 한다.
  - 시료성분을 잘 녹일 수 있어야 한다.

ⓒ 검출기

시료로부터 분석대상물질이 주입되어 선택적으로 반응하여 검출기의 특성에 따라 전기적인 신호로 바꾸어 검출하는 장치이다.

종류	특성
불꽃이온화검출기 (FID)	• 유기물질에 대해 고감도이므로 가장 많이 사용됨 • 운반가스는 질소나 헬륨 사용 • 다핵방향족탄화수소, 할로겐탄화수소, 알코올류, 방향족탄화수소 분석에 이용
전자포획검출기 (ECD)	• 유기화학물 분석 시 많이 사용 • 운반가스는 순도 99.8[%] 이상의 헬륨 • 할로겐, 니트로기 등에 고감도(PCB, 유기인계 농약 등) • 할로겐화합물, 니트릴류, 무수물류, 유기금속류 분석에 이용
불꽃광도검출기 (FPD)	이황화탄소, 메르캅탄류 같은 황포함 화합물, 인포함 화합물 분석에 사용
열전도도검출기 (TCD)	• 물질별 열전도도가 다른 성질을 이용하여 분석 • 운반가스는 순도 99.8[%] 이상의 수소, 헬륨 • 벤젠 분석 시 사용
광이온화검출기(PID)	특수파장(UV)에 의해 이온화되는 화합물(알칸계, 방향족, 케톤류, 에스테르류, 알데히드류, 아민류) 분석에 사용
질소인검출기(NPD)	• 보조가스의 안정적인 기체 흐름 필요 • 질소포함 화합물, 인포함 화합물 분석 시 사용

ⓔ 분해능(Resolution)

분석기기 등이 대상을 얼마나 세밀하게 분리할 수 있는지에 대한 수치이다.(인접되는 성분끼리 분리된 정도를 정량적으로 나타낸 값)

- 분해능을 높이는 방법
  - 시료의 양을 적게 한다.
  - 고정상의 양을 적게 한다.
  - 고체지지체의 입자 크기를 작게 한다.
  - 분리관(Column)의 길이를 길게 한다.

(2) 고성능액체크로마토그래피(HPLC; High Performance Liquid Chromatography)

① 원리 및 적용범위

ⓐ 끓는점이 높아 가스크로마토그래피를 적용하기 곤란한 고분자화합물이나 열에 불안정한 물질, 극성이 강한 물질들을 고정상과 액체이동상 사이의 물리화학적 반응성의 차이를 이용하여 분석하는 방법이다.

ⓑ 이동상으로 액체를 사용하며 분자량이 크고 휘발성이 낮은 물질의 분석에 적합하다.

ⓒ 이소시아네이트류, 유기성 생체대사물질의 분석에 적절하다.

② 주요 구성

용매, 탈기장치(degassor), 펌프(용매전달장치), 시료주입장치, 분리관, 검출기, 기록계로 구성된다.

㉠ 용매
- 용매는 HPLC용 등급의 고순도 용매를 사용한다.
- 시료는 반드시 용매(이동상)에 녹아야 하지만 이동상은 고정상을 녹여서는 안 된다.
- 용매는 사용하는 파장에서 흡광이 일어나지 않아야 한다.

㉡ 분리관(Column)

일반적으로 많이 사용되는 컬럼은 길이 10~30[cm], 내경 4.6[mm], 충진제의 크기 5[μm], 이론단수 40,000~60,000[단/m]이다.

㉢ 검출기
- 자외선-가시광선검출기: 특정 파장에서 흡광도의 강도를 측정하는 기기로서, 각 물질별로 흡광도가 가장 높은 파장을 이용한다. HPLC 검출기 중에서 가장 많이 사용되는 검출기이다.
- 형광검출기: 형광을 띠는 물질을 검출하는 기기로, 여기된 파장을 이용한다.
- 전기화학검출기: 고정상을 통과한 물질 중에서 이온을 띠는 물질을 검출한다.

(3) 검지관 측정

오염물질과 반응관 내의 검지제가 반응하여 변색되는 현상을 이용하여 오염물질의 농도를 측정하는 직독식 측정방법이다.

① 검지관을 사용하는 경우

㉠ 예비조사인 경우

㉡ 다른 측정방법이 없는 경우

㉢ 발생하는 가스상 물질이 단일 물질인 경우

② 장점

㉠ 사용하기 간편하다.

㉡ 비전문가도 사용 가능하다.

㉢ 반응시간이 빨라 현장에서 측정결과를 바로 알 수 있다.

㉣ 밀폐공간 작업 전 산소부족 또는 황화수소, 폭발성 가스 등의 위험인자를 단시간에 측정할 수 있다.

③ 단점

㉠ 민감도가 떨어지므로 저농도에서 사용이 불가능하다.

㉡ 특이도가 낮으므로 다른 물질의 영향을 받기 쉽다.

㉢ 단시간 측정만 가능하다.

㉣ 색의 변화를 주관적으로 판단하여야 한다.

㉤ 단일물질 측정이 가능하기에 오염물질에 따른 검지관 선정이 불편하다.

11. 가스상 물질의 분석

(1) 흡착관을 이용한 시료 채취의 경우

① 농도 계산[mg/m³]

$$\text{농도}[mg/m^3] = \frac{\text{분석량}[mg]}{\text{공기채취량}[m^3] \times \text{탈착효율}}$$

② [mg/m³] → [ppm] 변환

$$[ppm] = mg/m^3 \times \frac{24.45(25[℃], 1기압)}{\text{분자량}}$$

04 소음 · 진동

1. 소음의 인체 영향

(1) 청각의 작용기전

공기의 진동 → 기계적 진동 → 액체의 진동 → 신경자극
↓ ↓ ↓ ↓ ↓
고막 이소골 전정창 코르티 신경
(3개) 기관 섬유

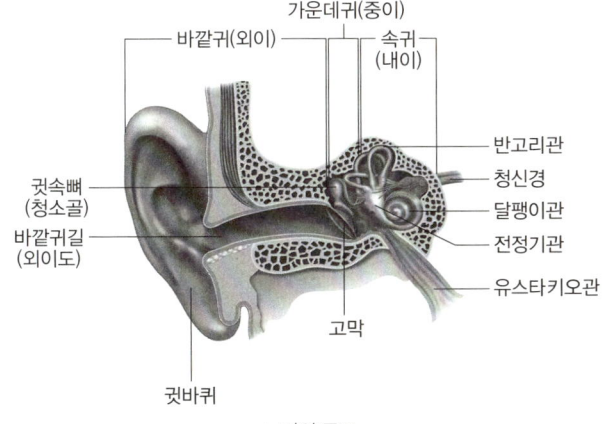

▲ 귀의 구조

(2) 청력에 대한 작용
    ① 일시적 청력장해
        ㉠ 4,000~6,000[Hz]에서 일과성으로 발생하는 청력손실이다.(신경의 전도성 저하)
        ㉡ 폭로 후 2시간 이내 발생하며, 중지 후 1~2시간 내에 회복한다.(수 초~수 일 후 회복)
    ② 영구적 청력장해(소음성 난청)
        ㉠ 심한 소음에 반복하여 노출되면 일시적 청력 변화는 영구적 청력 변화가 되어 회복이 불가능하게 된다. 이러한 현상은 4,000[Hz]에서 가장 크게 발생한다.
        ㉡ 코르티 기관 손상으로 인한 신경의 비가역적 파괴이다.
        ㉢ C_5-dip 현상: 청력손실 주파수 대역인 3,000~6,000[Hz]에 걸쳐 계곡형의 청력 저하가 일어나는 현상으로, 4,000[Hz]에서 특징적인 청력 저하를 보인다.
    ③ 노인성 난청
        ㉠ 노화에 의한 퇴행성 질환이다.
        ㉡ 양 귀에 대칭적이고 점진적인 청력 저하가 발생한다.
        ㉢ 고음 영역(6,000[Hz])에서부터 청력손실이 발생한다.

(3) 소음성 난청에 영향을 미치는 요소
    ① 음압수준: 높을수록 유해하다.
    ② 소음의 특성: 고주파음이 저주파음보다 유해하다.
    ③ 노출시간: 계속적 노출이 간헐적 노출보다 유해하다.
    ④ 개인의 감수성에 따라 영향을 받는 정도가 다르다.

(4) 소음의 영향
    ① 회화방해: 언어소통과 대화에 지장을 초래한다.
    ② 작업방해: 작업능률을 저하시키고 에너지 소비량을 증가시킨다.
    ③ 수면방해: 55[dB(A)]일 때는 30[dB(A)]일 때보다 2배 더 늦게 잠들고, 수면시간을 60[%] 단축시킨다.
    ④ 생리반응: 발한, 혈압 증가, 맥박 증가, 동공 확장, 전신 근육 긴장, 호흡불안정(횟수 증가, 깊이 감소), 위 수축운동 감퇴 등을 유발한다.

(5) 청력손실 평가방법
    ① 4분법

$$\text{평균청력손실[dB]} = \frac{a + 2b + c}{4}$$

여기서, a: 500[Hz]에서의 청력손실
b: 1,000[Hz]에서의 청력손실
c: 2,000[Hz]에서의 청력손실

② 6분법

$$평균청력손실[dB] = \frac{a+2b+2c+d}{6}$$

여기서, a: 500[Hz]에서의 청력손실
b: 1,000[Hz]에서의 청력손실
c: 2,000[Hz]에서의 청력손실
d: 4,000[Hz]에서의 청력손실

2. 진동의 인체 영향

(1) 전신진동(1~80[Hz])의 영향

① 수평·수직 진동이 동시에 가해지면 진동을 2배로 자각한다.
② 인체 부위의 공명주파수
  ㉠ 상체: 5[Hz]
  ㉡ 두부·견부: 20~30[Hz](1차 공진)
  ㉢ 안구: 60~90[Hz](2차 공진)
  ㉣ 내장: 4[kHz]
③ 안구 공진에 의한 시력 저하, 내장의 공진에 의한 위장 장해, 순환기 장해, 말초신경 수축, 혈압 상승, 맥박 증가, 발한 및 피부저항의 저하, 산소소비량 증가, 폐환기 촉진 등에 영향을 준다.
④ 신체의 공진현상은 앉아 있을 때가 서 있을 때보다 심하게 발생한다.

> **참고** 진동의 공명(Resonance)
> 외부에서 주기적 힘을 가할 때 그 힘의 주파수가 시스템의 고유진동수와 같아져 진폭이 크게 커지는 현상이다.

(2) 국소진동의 영향

① 레이노드 증후군(Raynaud's Disease): 손가락의 말초혈관운동장애로 인한 질환으로, 손가락의 감각이 마비되고 창백해지며 추운 환경에서 더욱 심해진다. 착암기 및 해머 등 진동공구 사용작업이 주 원인이다.
② 중추신경계, 특히 내분비계통에 만성적인 영향을 유발한다.

3. 소음의 측정 및 평가

(1) 등감곡선(등청감곡선)

① 정상적인 청력을 가진 18~25세의 사람을 대상으로 순음에 대하여 느끼는 시끄러움의 크기를 실험하여 얻은 곡선이다.
② 같은 크기로 느끼는 순음을 주파수별로 구하여 그래프로 작성한 것이다.
③ 사람의 청력으로는 20~20,000[Hz]의 음압레벨 0~130[dB] 정도를 가청할 수 있고, 이 청감은 4,000[Hz] 주위에서 가장 예민하며 100[Hz] 이하의 저주파음에서는 둔하다.

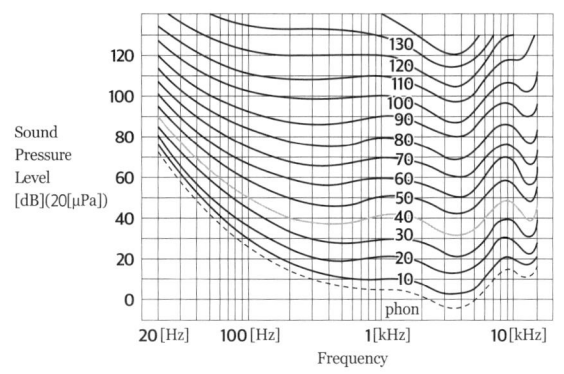

▲ 순음에 대한 등청감곡선

(2) 소음계와 소음노출량계

① 소음계: 소음의 주파수를 분석하지 않고 총 음압수준만을 측정하는 기기이다.
② 소음노출량계: 개인에게 노출된 소음량을 측정하는 기기이다.
③ 청감보정회로: 등청감곡선을 역으로 한 보정회로로, 40/70/100[phon]의 등청감곡선과 비슷하게 주파수에 따른 반응을 보정하여 측정한 음압수준이다.

   ㉠ A특성치: 40[phon] 등감곡선(인간의 청력 특성과 유사)
   ㉡ B특성치: 70[phon] 등감곡선
   ㉢ C특성치: 100[phon] 등감곡선(실제 물리적인 음과 유사)
   ㉣ 어떤 소음을 청감보정회로 A와 C에 두고 측정한 소음레벨에서 두 특성치의 차가 크면(A≪C) 저주파음이고, 차가 작으면(A≈C) 고주파음이다.

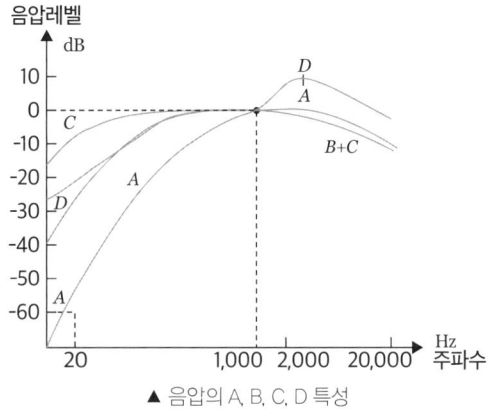

▲ 음압의 A, B, C, D 특성

청감보정회로	신호보정	[phon]	용도
A 특성	저음역대	40	일반적으로 많이 이용(인간청력과 유사)
B 특성	중음역대	70	거의 사용하지 않음
C 특성	고음역대	85	소음등급 평가, 물리적 특성 파악
D 특성	고음역대	—	항공기 소음 평가

(3) 소음의 평가

① SPL(측정시간에 따른 소음평균치) 계산식

$$SPL = 90 + 16.61 \log \frac{D}{12.5t}$$

여기서, SPL: 측정시간에 따른 소음평균치[dB(A)]
D: 소음노출량계로 측정한 노출량[%]
t: 측정시간[hr]

② 시간가중평균소음수준(TWA) 계산식

$$TWA = 90 + 16.61 \log \frac{D}{100}$$

여기서, TWA: 시간가중평균소음수준[dB(A)]
D: 누적소음폭로량[%]

③ 누적소음폭로량(D) 계산식

$$D = \left(\frac{C_1}{TLV_1} + \frac{C_2}{TLV_2} + \cdots + \frac{C_n}{TLV_n} \right) \times 100$$

여기서, D: 누적소음폭로량[%]
C_n: 각 소음에 노출되는 시간[hr]
TLV_n: 각 소음에 따른 허용노출시간[hr]

④ 누적소음노출량측정기의 법적 설정기준
  ㉠ 허용기준(Criteria): 90[dB]
  ㉡ 청력역치(Threshold Level): 80[dB]
  ㉢ 변화율(Exchange Rate): 5[dB]

> **참고** 누적소음노출량측정기로 측정해야 하는 이유
> - 전 작업시간 동안 소음레벨을 누적하여 근로자의 1일 평균소음수준을 측정하기 위함이다.
> - 작업장 내 소음레벨의 차이가 심하고 작업장의 작업범위가 넓을 경우 실질적인 평균 소음수준을 측정하기 위함이다.

⑤ 등가소음레벨(L_{eq})

$$L_{eq} = 16.61 \log \left(\frac{t_1 \times 10^{\frac{LA_1}{16.61}} + t_2 \times 10^{\frac{LA_2}{16.61}} + \cdots + t_n \times 10^{\frac{LA_n}{16.61}}}{t_1 + t_2 + \cdots + t_n} \right)$$

여기서, LA_n: 각 소음레벨의 측정치[dB(A)]
t_n: 소음레벨 발생시간[min]

⑥ 우리나라의 소음노출기준
  ㉠ 연속소음의 노출기준

1일 노출시간[hr]	소음강도[dB(A)]
8	90
4	95
2	100

1	105
0.5	110
0.25	115

ⓒ 충격소음의 노출기준

1일 노출횟수(회)	충격소음의 강도[dB(A)]
10,000	120
1,000	130
100	140

> **참고** 충격소음
> - 최대음압수준에 120[dB(A)] 이상인 소음이 1초 이상의 간격으로 발생하는 것을 말한다.
> - 최대음압수준이 140[dB(A)]를 초과하는 충격소음에 노출되어서는 안 된다.

(4) 소음의 합차

① 소음의 합

$$L_\text{합} = 10\log\left(10^{\frac{SPL_1}{10}} + 10^{\frac{SPL_2}{10}} + \cdots + 10^{\frac{SPL_n}{10}}\right)$$

여기서, $L_\text{합}$: 합산소음[dB]
SPL$_n$: 음압수준[dB]

② 음압차

$$SPL_2 - SPL_1 = 20\log\frac{P_2}{P_1}$$

여기서, SPL$_n$: 음압수준[dB]
P_n: 음압[N/m^2]

(5) 소음의 물리적 특성

① 음향파워레벨(PWL, 음력수준)

㉠ 음원의 출력을 의미한다.

㉡ 동일한 음원의 PWL은 측정하는 장소가 다르더라도 같은 수치를 나타낸다.

㉢ 저감대책 강구 시 PWL이 큰 원인부터 마련한다.

$$PWL = 10\log\frac{W}{W_\circ}$$

여기서, PWL: 음향파워레벨[dB]
W: 측정음력[W]
$W_\circ$: 기준음력(10^{-12}[W])

② SPL과 PWL의 관계

SPL	자유공간(구면파)	반자유공간(반구면파)
점음원	$PWL - 20\log r - 11$	$PWL - 20\log r - 8$
선음원	$PWL - 10\log r - 11$	$PWL - 10\log r - 5$

여기서, PWL: 음력수준
r: 음원으로부터 떨어진 거리[m]

③ 거리감쇠

㉠ 점음원

점음원으로부터 거리가 2배 멀어질 때마다 음압수준이 6[dB]($=20\log 2$)씩 감소한다.

$$SPL_1 - SPL_2 = 20\log \frac{r_2}{r_1}$$

여기서, SPL_n: 음원으로부터 r_n 만큼 떨어진 지점의 음압수준[dB]
r_n: 음원으로부터 떨어진 거리[m]

㉡ 선음원

선음원으로부터 거리가 2배 멀어질 때마다 음압수준이 3[dB]($=10\log 2$)씩 감소한다.

$$SPL_1 - SPL_2 = 10\log \frac{r_2}{r_1}$$

여기서, SPL_n: 음원으로부터 r_n 만큼 떨어진 지점의 음압수준[dB]
r_n: 음원으로부터 떨어진 거리[m]

(6) 주파수 분석

소음특성을 정확히 평가하기 위해 옥타브밴드 분석기를 사용한다.

① 정비형: 대역(band)의 하한 및 상한주파수를 f_L 및 f_U라 할 때, 어떤 대역에서도 f_U/f_L의 비가 일정한 필터이다.

$$\frac{f_U}{f_L} = 2^n$$

여기서, n: 1/1 혹은 1/3

㉠ 1/1 옥타브밴드 분석기

$$f_C = \sqrt{f_L \times f_U} = \sqrt{f_L \times 2f_L} = \sqrt{2}f_L$$

여기서, f_C: 중심주파수
f_L: 하한주파수
f_U: 상한주파수

ⓒ 1/3 옥타브밴드 분석기

$$f_C = \sqrt{f_L \times f_U} = \sqrt{f_L \times 1.26 f_L} = \sqrt{1.26} f_L$$

여기서, f_C: 중심주파수
f_L: 하한주파수
f_U: 상한주파수

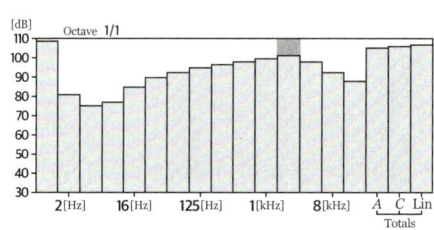

▲ 주파수 분석(1/1 옥타브밴드)의 예

4. 진동의 평가

(1) 전신진동
① 1~80[Hz]에서 가장 심하다.(이 이상은 인체 표면에서 감쇠)
② 수직진동: 4~8[Hz]에서 가장 민감하다.
③ 수평진동 : 1~2[Hz]에서 가장 민감하다.
④ 소음에 등청감곡선이 있듯이 진동에는 등청감각곡선이 있다.
⑤ 진동의 폭로한계는 피로와 능력감퇴경계의 2배이다.(+6[dB])
⑥ 진동의 쾌감감퇴경계는 피로와 능력감퇴경계의 1/3배이다.(-10[dB])

(2) 국소진동
폭로시간이 8시간 이하인 경우 보정한다.

(3) 진동에 의한 생체반응에 관여하는 인자
① 진동의 강도
② 진동수
③ 진동방향
④ 진동 폭로시간

05 이상기압·극한온도 등의 유해인자

1. 이상기압에 의한 인체영향

(1) 고압환경에서의 생체영향
① 1차 압력현상(기계적 장해)
  ㉠ 인체와 환경 사이의 압력 차이로 인한 기계적 작용이다.
  ㉡ 울혈, 부종, 출혈, 동통 등의 증상이 나타난다.
  ㉢ 부비강, 치아가 기압 증가로 인해 압박을 받는다.
  ㉣ 흉곽이 잔기량보다 적은 용량까지 압축되면 폐압박 현상이 나타난다.
② 2차 압력현상(화학적 장해)
  ㉠ 고압에서 대기가스의 독성 때문에 나타나는 현상이다.(체액과 지방조직 내 질소기포 증가)
  ㉡ 질소 마취
    • 4기압 이상에서 공기 중의 질소가스가 마취작용
    • 작업력의 저하, 기분의 변환 등 다행증(euphoria) 유발
  ㉢ 산소 중독
    • 산소분압이 2기압을 넘으면 발생
    • 고압산소에 대한 노출이 중지되면 즉각 증상 호전(가역적)
    • 운동이나 이산화탄소로 인하여 악화
    • 수지와 족지의 작열통, 시력장해, 정신혼란, 근육경련 등의 증상 유발
    • 1기압에서의 순수한 산소는 인후를 자극하나, 비교적 짧은 시간의 노출이라면 중독증상은 나타나지 않음
  ㉣ 이산화탄소
    • 산소 중독과 질소의 마취현상 증강
    • 이산화탄소 분압 증가 시 동통성 관절장해 발생
    • 고압환경에서 이산화탄소의 농도는 0.2[%]를 초과하지 말아야 함

(2) 감압환경에서의 생체영향
① 감압병(케이슨병, 잠함병)
  고압환경에서 체내에 과다하게 용해되었던 질소가 압력이 낮아질 때 과포화상태로 되어 혈액과 조직에 질소기포를 형성하여 혈액의 순환을 방해하거나 조직에 영향을 주는 증상이다.
② 생채작용의 종류
  ㉠ 폐장 내의 가스 팽창
  ㉡ 조직 내 질소 기포 형성
  ㉢ 질소 기포 형성으로 나타나는 증상
    • 급성장해: 동통성 관절장해, 마비
    • 만성장해: 비감염성 골괴사(속발증, 해당 부위 경색), 감염성 골괴사

> **참고 기포 형성량 결정인자**
> • 조직에 용해된 가스량: 체내 지방량, 노출정도, 시간
> • 혈류를 변화시키는 상태: 연령, 기온, 온도, 공포감, 음주 등
> • 감압 속도

(3) 저압환경에서의 생체영향

① 고공성 폐수종

㉠ 진해성 기침과 호흡곤란 증세가 나타나고 폐동맥 혈압이 상승한다.

㉡ 어른보다는 아이들에게서 많이 발생한다.

㉢ 산소공급과 해면 귀환으로 급속히 소실되며 증세는 반복해서 발병하는 경향이 있다.

② 고산병

가역적인 증상이며 우울증, 두통, 오심, 구토, 식욕상실, 흥분을 유발한다.

2. 고열·한랭의 측정 및 평가

(1) 측정방법

고열 측정은 단위작업장소에서 측정대상이 되는 근로자의 주작업 위치의 바닥 면으로부터 50[cm] 이상, 150[cm] 이하의 위치에서 하여야 한다.

(2) 습구흑구온도지수(WBGT)

① 열환경에서 사람의 열피로 정도를 평가하는 지수이다.

② 우리나라 허용기준에서 사용하는 산출 공식

- 태양광선이 내리쬐는 옥외 장소
  WBGT=0온도지수.7NWB+0.2GT+0.1DT
- 태양광선이 내리쬐지 않는 옥내 또는 옥외 장소
  WBGT=0.7NWB+0.3GT

여기서, WBGT: 습구흑구온도지수[℃]
NWB: 자연습구온도[℃]
GT: 흑구온도[℃]
DT: 건구온도[℃]

(3) 고열작업장의 노출기준

작업강도 작업·휴식시간비	경작업 ≤200[kcal/hr]	중등작업 200~350[kcal/hr]	중중작업 350~500[kcal/hr]
계속 작업	30.0	26.7	25.0
매시간 75[%] 작업, 25[%] 휴식	30.6	28.0	25.9
매시간 50[%] 작업, 50[%] 휴식	31.4	29.4	27.9
매시간 25[%] 작업, 75[%] 휴식	32.2	31.1	30.0

(4) 실효온도

① 기온, 습도, 기류의 조건에 따른 체감온도를 의미한다.

② 감각온도, 유효온도와 동일한 개념이다.

③ 기류속도가 0.5[m/sec] 이상일 경우 고온의 영향이 과대평가되는 경향이 있다.

(5) 고열 장해의 종류

① 열사병(Heat Stroke)

고온다습한 환경에서 육체적 노동을 하거나 태양의 복사선을 두부에 직접적으로 받는 경우에 발생하며 발한에 의한 체열방출장해로 체내에 열이 축적된다.

㉠ 증상
- 뇌 온도의 상승으로 체온조절중추 기능장해 발생
- 뜨겁고 마른 피부
- 땀을 흘리지 못해 체열방산이 되지 않으므로 체온이 40[℃] 이상으로 급상승하여 혼수상태에 이르며 사망

㉡ 치료
- 옷을 벗겨 체온을 39[℃]까지 급속히 저하
- 울혈 방지와 체온 저하를 돕기 위한 얼음 마사지 실시
- 호흡 곤란 시 산소 공급
- 체열의 생산을 억제하기 위한 항신진대사제 투여
- 의식이 없을 경우 의료기관으로 이송

② 열허탈(Heat Collapse) 또는 열실신(Heat Syncope)

고열에 순화되지 못한 작업자가 고열작업을 수행할 경우 혈액순환장해로 인하여 신체말단에 혈액이 저류하게 되면서 뇌에도 혈액공급 부족(산소 부족)이 발생하는 질환이다.

㉠ 증상: 체온은 정상이지만, 뇌의 산소부족으로 전신권태, 현기증 및 탈진증상이 발생하며 심할 경우 의식을 상실한다.

㉡ 치료: 시원한 장소에서 휴식하고 물과 염분을 보충한다.(의식이 없을 경우 의료기관으로 이송)

③ 열피로(Heat Exhaustion) 또는 열탈진

고온환경에 장시간 노출되어 말초혈관운동신경의 조절장애와 심박출량의 부족으로 순환부전, 특히 대뇌피질의 혈류량 부족이 원인이다.

㉠ 증상
- 전구증상: 전신의 권태감, 탈력감, 두통, 현기증, 귀울림, 구역질
- 증상: 보행곤란, 의식 저하, 허탈상태, 저혈압

㉡ 치료
- 시원하고 쾌적한 환경에서 휴식을 취하고 탈수가 심하면 5[%] 포도당 용액을 정맥주사
- 뜨거운 커피를 마시게 하거나 강심제 투여
- 며칠 동안 순환기 계통의 이상 유무 관찰

④ 열경련(Heat Cramp)

고온환경에서 심한 육체적 노동을 할 경우 발생하며, 지나친 발한에 의한 탈수와 염분손실로 혈액의 농축현상이 발생하는 것이 원인이다.

㉠ 증상: 수의근에 유통성 경련, 과도한 발한, 일시적 단백뇨
㉡ 치료
- 바람이 잘 통하는 곳에 환자를 눕히고 작업복을 벗겨 체열방출 촉진
- 수분 보충(생리식염수 1~2[L]를 정맥주사), 염분 보충(0.1[%] 식염수를 음용)

(6) 고온순화에 따른 생리적 변화
① 땀 속 염분농도 감소
② 체표면 땀샘 수(한선) 증가
③ 땀의 분비속도 증가
④ 갑상선자극호르몬 감소
⑤ 발한 및 호흡촉진
⑥ 간기능 저하

(7) 한랭장해 예방조치
① 혈액순환을 원활히 하기 위한 운동지도
② 적정한 지방과 비타민 섭취를 위한 영양지도 실시
③ 체온 유지를 위한 더운 물 비치
④ 젖은 작업복 등은 즉시 갈아입도록 할 것

(8) 열평형방정식
작업대사량에서 증발에 의한 열손실은 제외하고, 복사 및 대류는 환경에 따라 열교환이 발생하는 것을 표현한 방정식이다.

$$\Delta S = M \pm C \pm R - E$$

여기서, ΔS: 생체 열용량의 변화
M: 작업대사량
C: 대류에 의한 열교환
R: 복사에 의한 열교환
E: 증발에 의한 열손실

3. 직업성 피부질환의 발생 요인

(1) Fick의 법칙
피부 흡수는 피부를 통과하는 수동확산으로 일어나며, Fick의 법칙에 따라 단위 면적당 흡수속도 A는 투과상수 N_p와 외부농도 C에 비례한다.

$$A = N_p \times C$$

여기서, A: 단위면적당 흡수속도
N_p: 투과상수
C: 농도

(2) 직업성 피부질환의 특징

① 대부분은 화학물질에 의한 접촉성 피부염이다.
② 정확한 발생빈도와 원인물질의 추정은 거의 불가능하다.
③ 접촉성 피부염의 대다수는 자극(용제, 산, 알칼리 등)에 의한 원발성 피부염이다.
④ 간접요인으로 인종, 연령, 계절 등이 있다.

> **참고** 원발성 질환과 속발성 질환
> - 원발성 질환: 다른 원인에 의해서 질병이 생긴 것이 아니라, 그 자체가 질병인 질환이다.
> - 속발성 질환: 다른 질병에 바로 이어서 생기는 질환이다.

(3) 직업성 피부질환의 원인

① 직접요인
  ㉠ 물리적 요인
   - 소음, 진동
   - 유해광선(전리방사선, 비전리방사선)
   - 온도, 이상기압, 조명 등
  ㉡ 화학적 요인
   - 화학물질(유기용제, 타르, 피치, 페놀)
   - 금속흄
  ㉢ 생물학적 요인: 바이러스, 진균 등
  ㉣ 인간공학적 요인: 작업방법, 작업자세, 중량물 취급 등
② 간접요인
  ㉠ 인종, 피부 종류, 연령, 성별
  ㉡ 계절 및 기후, 햇빛, 개인 청결 상태
  ㉢ 기타 비직업성 피부질환의 유무

(4) 직업성 피부질환의 종류

① 접촉성 피부염
  ㉠ 개요
   - 작업장에서 발생빈도가 가장 높은 피부질환
   - 과거 노출경험이 없어도 반응이 나타날 수 있음
   - 습진의 일종이며 주로 손에서 발생

ⓒ 원인인자
- 피부의 습윤작용을 방해하는 수용액
- 계면활성제, 산, 알칼리, 유기용제 등
- 특이체질 근로자에게 영향을 주는 동물 또는 식물

② 자극성 피부염

③ 알레르기성 피부염
㉠ 항원에 노출되고 일정 시간이 지난 후에 다시 노출되었을 때 세포매개성 과민반응에 의하여 나타나는 부작용의 결과이다.
㉡ 알레르기성 반응은 극소량의 노출에 의해서도 나타날 수 있는 것이 특징이다.

④ 첩포시험(Pach Test)
감작된 사람에게만 반응할 정도로 농도를 조절한 알레르겐을 직경 약 8[mm]의 알루미늄 판을 부착한 특수용기에 담아 피부에 붙여 48시간과 96시간 후에 피부에 나타난 반응을 관찰하여 알레르기 피부염 유무를 진단하는 방법이다.

06 산업위생통계

1. 통계의 필요성

산업위생통계는 사업장 내의 유해인자에 대한 원인규명 자료를 제공하며, 보건관리에 대한 문제점을 제시한다. 또한, 필요시 해당 계획의 수립 및 환경시설 개선에 대한 효과 판정에 도움이 된다.

2. 오차

측정값과 참값의 차이를 오차라 하며, 오차가 작을수록 정확도는 높아진다.

(1) 계통오차
① 비교적 규칙성이 있는 오차로, 측정자가 주의하면 오차의 제거와 보정이 용이하다.
② 계통오차가 작을 때 정확하다고 표현한다.
③ 종류: 환경오차, 기기오차, 개인오차

(2) 우발오차

① 계통오차와 달리 임의적이다.
② 우발오차가 작을 때는 정밀하다고 표현한다.
③ 측정횟수를 증가시켜 오차의 분포를 살펴 가장 확실한 값을 추정할 수 있다.
④ 오차의 제거 또는 보정이 용이하지 않다.

(3) 상대오차

측정오차를 참값으로 나눈 수치이다.

(4) 누적오차

여러 가지 오차 요소의 합이다.

$$E_C = \sqrt{E_1^2 + E_2^2 + \cdots + E_n^2}$$

여기서, E_C: 누적오차
E_n: 각 요소별 오차

3. 용어의 이해

(1) 대표치

① 산술평균: $x_1, x_2, \cdots, x_n$인 n개의 측정치가 있을 때 이들 값의 총합을 측정치의 개수로 나눈 것이 산술평균이다.

$$\bar{x} = \frac{x_1 + x_2 + \cdots + x_n}{n} = \frac{\sum_{i=1}^{n} x_i}{n}$$

여기서, $\bar{x}$: 산술평균
x_n: 측정치
n: 측정치의 개수

② 기하평균(Geometrical Mean): n개의 측정치 $x_1, x_2, \cdots, x_n$이 있을 때 이들 곱의 n제곱근을 기하평균이라고 하며, GM으로 나타낸다. 기하평균은 생화학적 측정치와 유해물질농도의 평가를 산출하는 데 흔히 사용된다.

기하평균은 누적도수 50[%]에 해당하는 값과 같다.

$$GM = \sqrt[n]{x_1 \times x_2 \times \cdots \times x_n}$$

여기서, GM: 기하평균
x_n: 측정치
n: 측정치의 개수

③ 중앙치(Median)

n개의 측정치를 오름차순으로 배열하였을 때 중앙에 오는 값을 중앙치 또는 중위수라고 한다.

④ 최빈치(Mode)

측정치 중에서 빈도가 가장 많은 것을 최빈치 또는 유행치라고 한다.

(2) 산포도

측정치의 대표치로서 평균과 함께 잘 쓰이는 것은 산포도이다. 산포도는 평균 가까이에 모여 분포하고 있는지 혹은 흩어져 분포하고 있는 것인지를 측정하는 것이다.

그림에서 B는 A보다 넓게 흩어져 있으므로 A보다 산포도가 크다.

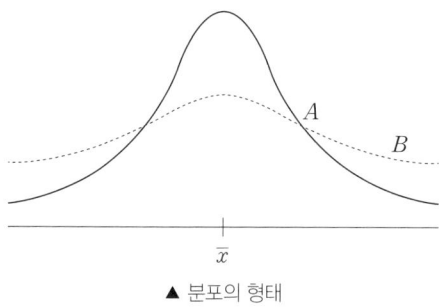

▲ 분포의 형태

① 표준편차(SD; Standard Deviation)

자료의 산포도를 나타내는 수치이다.

$$SD = \sqrt{\frac{\sum_{i=1}^{n}(x_i - \bar{x})^2}{n-1}}$$

여기서, SD: 표준편차
x_i: 측정치
$\bar{x}$: 산술평균
n: 측정치의 개수

② 기하표준편차(GSD)

대수변환된 변화량의 표준편차를 역대수화한 값이다.

$$\log(\text{GSD}) = \sqrt{\frac{(\log x_1 - \log \text{GM})^2 + (\log x_2 - \log \text{GM})^2 + \cdots + (\log x_n - \log \text{GM})^2}{n-1}}$$

여기서, GSD: 기하표준편차
x_n: 측정치
GM: 기하평균
n: 측정치의 개수

누적도수를 알 때에는 다음 방법으로 구할 수도 있다.

$$\text{GSD} = \frac{84.1[\%]\text{에 해당하는 값}}{50[\%]\text{에 해당하는 값(GM)}} = \frac{50[\%]\text{에 해당하는 값(GM)}}{15.9[\%]\text{에 해당하는 값}}$$

③ 범위(Range)

범위는 변량의 최대치와 최소치의 차를 말한다. 최대치와 최소치는 각각 이를 x_{max}, x_{min}으로 표현하며, 범위의 계산식은 다음과 같다.

$$R = x_{max} - x_{min}$$

여기서, R: 범위
x_{max}: 최대치
x_{min}: 최소치

④ 변이계수(CV: Coefficient of Variation)

비교집단 자료들의 평균값이 같다면 표준편차를 이용하여 산포도를 나타낼 수 있으나, 평균값이 다를 경우 산포도를 비교하기가 곤란하므로 이때 변이계수를 사용한다.

㉠ 변이계수는 측정값에 대한 정밀성, 균일성을 표현하는 것으로 상대적인 산포도이다.
㉡ 표준편차를 평균으로 나누어 변이계수를 구할 수 있다.

$$CV = \frac{SD}{\bar{x}}$$

여기서, CV: 변이계수
SD: 표준편차
$\bar{x}$: 산술평균

4. 자료의 분포

(1) 정규분포(Normal Distribution)

평균을 중심으로 좌우대칭인 종모양을 이루는 분포이다.

(2) 대수(로그)정규분포(Log Normal Distribution)

① 자료 분포의 형태가 좌측 또는 우측 방향으로 비대칭이며, 한쪽으로 무한히 뻗어 있는 분포형태를 가진다.
② 누적분포를 대수정규확률지에 그리면 직선으로 나타난다.
③ 산업위생통계에서 많이 이용된다.(입자상 물질, 가스상 물질, 방사성 물질 농도 등)

07 산업독성학

1. 공기 중 혼합물질의 상호작용

혼합물질의 상호작용	작용내용	예시
상가작용 (Additive Action)	2종 이상의 화학물질이 혼재하는 경우 인체의 같은 부위에 작용함으로써 그 유해성이 가중되는 작용	2+4=6
상승작용 (Synergism)	각각의 단일물질에 노출되었을 때보다 훨씬 큰 독성을 발휘하는 작용	1+3=10
가승작용, 잠재작용 (Potentiation)	인체에 영향을 나타내지 않은 물질이 다른 독성물질과 노출되어 그 독성이 커지는 작용	2+0=5
길항작용 (Antagonism)	2종 이상의 화합물이 있을 때 서로의 작용을 방해하는 작용	4+6=8

참고 길항작용의 종류

종류	길항작용	예시
화학적 길항작용	두 화학물질이 반응하여 저독성의 물질로 변화되는 경우	수은의 독성은 Dimercaprol이 수은 이온을 킬레이팅시킴으로써 감소
기능적 길항작용	동일한 생리적 기능에 길항작용을 나타내는 경우	삼켜진 독은 위 속에 모탄을 삽입하여 흡수시킴
배분적 길항작용	독성물질의 생체과정인 흡수, 분포, 배설 등의 변화를 일으켜 독성이 낮아지는 경우	바비투레이트의 과량투여로 인한 혈압의 극심한 강하현상은 혈관수축제를 투여하여 혈압을 증가시킴으로써 복귀시킬 수 있음
수용적 길항작용	두 화학물질이 같은 수용체에 결합하여 독성이 저하되는 경우	일산화탄소 중독은 고압산소를 이용하여 헤모글로빈 수용체로부터 일산화탄소를 치환시킴으로써 치료

2. 안전흡수량(SHD)

① 어떠한 작업환경에서 근로자에게 안전하다고 판단되는 흡수량으로, 일정 시간 동안 일정 농도의 유해 화학물질에 노출되었을 때 체내에 흡수되는 양을 의미한다.

$$SHD = C \times t \times V \times R$$

여기서, SHD: 안전흡수량[mg]
C: 공기 중 유해물질농도[mg/m³]
t: 노출시간[hr]
V: 폐환기율[m³/hr]
R: 체내 잔류율

② 유해물질의 독성 결정 인자
　㉠ 공기 중 노출농도
　㉡ 노출시간 및 노출횟수
　㉢ 작업강도
　㉣ 개인의 감수성
　㉤ 기상조건

3. 생물학적 모니터링

화학물질에 노출된 근로자의 생물학적 검체(소변, 혈액, 호기, 머리카락 등)의 측정을 통하여 노출의 정도나 건강위험을 평가하는 방법이다.

(1) 생체시료
① 소변: 가급적 신속하게 분석한다.
② 혈액
　㉠ 특정 물질의 단백질 결합을 고려하여 분석한다.
　㉡ 휘발성 물질에 대한 BEI는 정맥혈 기준이며, 모세혈액에는 적용할 수 없다.
③ 호기: 폐포 공기가 혼합된 호기 시료를 채취하여 분석한다.

(2) 생물학적 모니터링의 장점 및 단점
① 장점
　㉠ 공기 중 개인시료채취보다 건강상의 악영향을 보다 직접적으로 평가할 수 있다.
　㉡ 건강상의 위험에 대하여 정확한 모니터링이 쉽다.
　㉢ 소화기, 피부에 대한 노출뿐만 아니라, 호흡기에 대한 노출도 평가할 수 있다.
② 단점
　㉠ 시료채취가 어렵다.
　㉡ 분석이 어렵고 및 분석 시 오염에 노출될 수 있다.
　㉢ 혈액 채취 시 고무마개에 의한 혈액 흡착을 고려해야 한다.
　㉣ 소변을 통한 시료채취의 경우 소변배설량에 대한 크레아티닌 농도 보정이 필요하다.

(3) 생물학적 노출지표(일부)

구분	유해물질	생물학적 노출지표물질		시료채취시기
금속류	납	혈액 중 납		수시
		요 중 납, $\sigma-ALA$		
	수은	요 중 수은		작업 전
	카드뮴	혈액 중 카드뮴		수시
유기화합물	벤젠	0.5[ppm] 기준	혈액 중 벤젠	당일
			요 중 뮤콘산	
		10[ppm] 기준*	요 중 페놀	
	톨루엔	요 중 o-크레졸		당일
	크실렌	요 중 메틸마뇨산		당일
	스티렌	요 중 만델릭산+페닐글리옥실산		당일
		요 중 스티렌		
	트리클로로에틸렌	요 중 삼염화초산		주말
	퍼클로로에틸렌	요 중 삼염화초산(주말)		주말
	1, 1, 1-트리클로로에탄 (메틸클로로포름)	요 중 삼염화초산		주말
		요 중 총삼염화에탄올		
	디메틸포름아미드	요 중 N-메틸포름아미드		당일
	p-니트로클로로벤젠	혈액 중 메트헤모글로빈		수시
	메틸 n-부틸케톤	요 중 2,5-헥산디온		당일
	이황화탄소	요 중 TTCA		당일
	n-헥산 (노말헥산)	요 중 2,5-헥산디온		당일
가스 상태 물질류	일산화탄소	혈액 중 카복시헤모글로빈		당일 (작업 전-후를 측정하여 비교)
		호기 중 일산화탄소		
산 및 알칼리류	불화수소	요 중 불화물		당일 (작업 전-후를 측정하여 비교)

* 작업환경 노출기준 10[ppm](1999)이 0.5[ppm]으로 강화되어 10[ppm] 기준의 벤젠노출지표인 소변 중 페놀은 사용하지 않으려는 경향이 있다.

4. 발암성 물질의 구분

기관	구분	
국제암연구위원회 (IARC)	Group 1	확실한 발암물질(인체 발암성 확인물질)
	Group 2A	가능성이 높은 발암물질(인체 발암성 예측, 추정 물질)
	Group 2B	가능성 있는 발암물질(인체 발암성 가능 물질, 동물 발암성 확인물질)
	Group 3	발암성이 불확실한 물질(인체 발암성 미분류 물질)
	Group 4	발암성이 없는 물질(인체 미발암성 추정 물질)
미국산업위생전문가협의회 (ACGIH)	A1	인체발암 확정 물질
	A2	인체발암이 의심되는 물질(발암 추정물질)
	A3	동물 발암성 확인물질
	A4	인체 발암성 미분류 물질, 인체 발암성이 확인되지 않은 물질
	A5	인체 발암성 미의심 물질
대한민국 고용노동부	1A	사람에게 충분한 발암성 증거가 있는 물질
	1B	시험동물에서 발암성 증거가 충분히 있거나, 시험동물과 사람 모두에서 제한된 발암성 증거가 있는 물질
	2	사람이나 동물에서 제한된 증거가 있지만, 구분1로 분류하기에는 증거가 충분하지 않은 물질

5. 산업역학

(1) 상대위험비

요인에 노출된 집단에서의 질병발생률을 비노출군의 질병발생률로 나눈 값이다.

$$상대위험비 = \frac{노출군에서의 발생률}{비노출군에서의 발생률}$$

> **참고** 상대위험비의 해석
> - 상대위험비 > 1 → 위험의 증가
> - 상대위험비 = 1 → 노출과 질병 사이의 연관성 없음
> - 상대위험비 < 1 → 질병에 대한 방어효과 있음

(2) 표준화사망비(SMR; Standardized Mortality Ratio)

일반 인구에서의 사망률과 작업장에서의 사망률의 비이다. 직업으로 인한 사망의 위험도를 간접적으로 측정할 수 있다.

$$SMR = \frac{\text{작업장에서의 사망률}}{\text{일반인구에서의 사망률}} = \frac{\text{어떤 집단에서 관찰된 사망자 수}}{\text{표준집단에서 관찰되는 기대사망자 수}}$$

> **참고** 표준화사망비의 해석
> - 표준화사망비＞1 → 표준집단보다 더 많은 사망자 발생
> - 상대위험비＝1 → 표준집단과 사망률 차이 없음
> - 상대위험비＜1 → 표준집단보다 더 적은 사망자 발생

(3) 노출인년(Person-years of exposure)

근로자의 노출을 1년 기준으로 환산한 값이다.

$$\text{노출인년} = \text{노출인원} \times \frac{\text{노출개월 수}}{12}$$

SUBJECT 02 작업환경관리

01 작업환경개선

1. 작업환경개선의 4원칙

(1) 대치(Substitution)

① 공정의 변경
- 예) 금속을 톱으로 자른다.(소음 감소)
  금속표면을 블라스팅할 때 모래 대신 철구슬을 사용한다.

② 시설의 변경
- 예) 가연성 물질을 철제통에 저장하지 않는다.(화재방지)

③ 물질의 대치
- 예) 성냥 제조 시 황린을 적린으로 대치한다.
  야광시계 자판에 라듐을 인으로 대치한다.
  벤젠을 크실렌으로 대치한다.
  보온재로 석면 대신 유리섬유나 암면 등을 사용한다.

(2) 격리(Isolation)

① 저장물질의 격리
- 예) 인화성 물질을 탱크에 저장 시 탱크 사이로 도랑을 파고 제방을 만든다.(확산 방지)

② 시설의 격리
- 예) 방사성 물질을 원격조정 및 자동화 감시체제로 취급하는 경우
  시끄러운 기계에 방음 커버를 씌운 경우

③ 공정의 격리
  일반적으로 비용이 많이 든다.
- 예) 고압이나 고속회전 기계, 방사능 물질은 원격조정이나 자동화 감시체제를 사용한다.
  포위식 후드를 사용하여 유해물질의 확산을 원천 차단한다.

④ 작업자의 격리
- 예) 보호구 사용

(3) 환기(Ventilation)
① 국소배기
  ㉠ 배기관의 성능이 확실해야 한다.
  ㉡ 공기 속도를 조절하고 개구부에 난류가 생기지 않아야 한다.
  ㉢ 유해물질의 성질, 발생양상에 따라 설계되어야 한다.
② 전체환기
  유독물질에는 큰 효과가 없으므로 주로 고온·다습을 조절하거나 분진, 냄새, 가스를 희석하는 데 사용한다.

(4) 교육(Education)
① 작업자가 위험요인과 안전수칙을 이해하고 스스로 안전하게 행동하도록 훈련한다.
② 단순한 지식 전달이 아니라, 실제 행동 변화와 습관화를 목표로 한다.
  예) 보호구 착용법 교육, 안전작업 절차 훈련, 비상 대피 훈련

02 입자상 물질의 관리 및 대책

1. 입자상 물질의 축적 기전

(1) 호흡기계 축적 메커니즘
① 관성충돌(직경 5~30[μm])
  공기의 흐름이 기관에서 기관지로 바뀔 때 입자상 물질의 관성력에 의해 충돌하여 호흡기계에 축적되는 것으로, 호흡기계의 가지 부분에 입자상 물질이 가장 많이 축적된다.
② 침강(직경 1~5[μm])
  가지 기관을 지난 후 입자가 가지고 있는 자체 무게에 의해 중력침강이 발생한다.
③ 확산(직경 1[μm] 이하)
  매우 미세한 입자의 경우 확산에 의해 침착된다.
④ 차단
  기도 표면에 섬유 입자의 한쪽 끝이 표면에 접촉하면 간섭받게 되어 침착된다.
⑤ 정전기

2. 인체의 방어기전

(1) 기관지 섬모운동에 의한 정화
① 입자상 물질에 대한 가장 기초적인 방어작용이다.
② 흡입된 입자들은 호흡상피의 점액층에 달라붙어 구강 쪽으로 향하는 섬모운동에 의해 외부로 배출된다.(객담)
③ 섬모운동 방해물질
  ㉠ 담배연기
  ㉡ 카드뮴, 니켈, 수은
  ㉢ 암모니아 등

(2) 대식세포에 의한 정화
① 기관지나 세기관지에 침착된 먼지는 섬모운동에 의해 상부 기도로 옮겨지거나 대식세포가 방출하는 효소에 의해 제거된다.
② 석면, 유리규산 등은 대식세포의 효소로 용해되지 않는다.

3. 직업성 천식

(1) 정의
작업장에서 흡입되는 물질에 의해 발생하는 천식을 말한다.

(2) 특징
처음 얼마 동안은 증상 없이 지내다가 수개월 혹은 수년 후에 천식증상이 나타난다. 일단 질환에 이환되면 추후 동일한 물질에 소량만 노출되더라도 증상이 발생한다. 주말이나 휴가 시엔 증상이 완화되고 직장에 복귀하면 악화되는 특징을 갖고 있다.

(3) 유발물질
① TDI(Toluene Diisocyanate)
② TMA(Trimelitic Anhydride)
③ 디메틸에탄올아민

4. 입자상 물질의 노출기준

유해물질의 명칭	노출기준 TWA [ppm]	노출기준 TWA [mg/m³]	노출기준 STEL [ppm]	노출기준 STEL [mg/m³]	비고 (CAS번호 등)
산화규소(결정체 석영)	—	0.05	—	—	발암성 1A, 호흡성
산화규소 (결정체 크리스토바라이트)	—	0.05	—	—	발암성 1A, 호흡성
산화규소 (결정체 트리디마이트)	—	0.05	—	—	발암성 1A, 호흡성
산화철(흄)	—	5	—	—	—
석면(모든 형태)	—	0.1[개/cm³]	—	—	발암성 1A
석탄분진	—	1	—	—	호흡성
용접 흄 및 분진	—	5	—	—	발암성 2
활석(석면 불포함)	—	2	—	—	호흡성
흑연(천연 및 합성, Graphite 섬유 제외)	—	2	—	—	호흡성
기타분진 (산화규소 결정체 1[%] 이하)	—	10	—	—	발암성 1A (산화규소 결정체 0.1[%] 이상)

5. 진폐증(Pneumoconiosis)

(1) 정의

유리규산, 석면 등 분진에 의해 폐조직이 섬유화되는 질병으로, 폐포, 폐포관, 모세기관 등을 이루고 있는 세포 사이에 콜라겐 섬유가 증식하여 폐기능이 저하된다.

① 흡입성 분진의 종류에 따른 분류

무기성 분진에 의한 진폐증	유기성 분진에 의한 진폐증
• 규폐증(Silicosis) • 탄광부진폐증(Coal Worker's Pneumoconiosis) • 용접공폐증(Welders Lung) • 활석폐증(Talcosis) • 베릴륨폐증(Berylliosis) • 석면폐증(Asbestosis) • 흑연폐증(Graphite Lung) • 알루미늄폐증(Aluminium Lung) • 탄소폐증(Carbon Lung) • 철폐증(Siderosis) • 규조토폐증(Diatomaceous-earth Pneumoconiosis) • 주석폐증(Stanosis) • 칼륨폐증(Calcitosis) • 바륨폐증(Baritosis)	• 면폐증(Byssinosis) • 설탕폐증(Bagassosis) • 농부폐증(Farmers Lung) • 목재분진폐증(Suberosis) • 연초폐증(Tabacosis) • 모발분진폐증(Theosurosis)

② 병리적 변화에 따른 분류
  ㉠ 교원성 진폐증
    • 폐포조직의 비가역적 변화 또는 파괴가 발생한다.
    • 폐조직의 병리적 반응이 영구적이며 교원성 간질반응이 명백하고 그 정도가 심하다.
  ㉡ 비교원성 진폐증
    • 폐조직이 정상이며 간질반응이 경미하다.
    • 망상섬유로 구성되어 있고 조직반응이 가역적인 경우가 많다.
③ 흉부사진 상 진행 정도에 따른 분류
  ㉠ 소음영
  ㉡ 큰 음영

(2) 주요 진폐증의 종류
① 규폐증
  ㉠ 유리규산(이산화규소, SiO_2) 분진 흡입으로 폐에 발생한 만성 섬유증식이 원인이다.
  ㉡ 폐 조직에서 섬유상 결절이 발견된다.
  ㉢ 분진입자의 크기가 2~5[μm]일 때 유리규산 분진에 의한 규폐성 결정과 폐포벽 파괴 등 망상내피계 반응이 일어난다.
  ㉣ 합병증으로 폐결핵이 폐하엽부위에 많이 생긴다.
  ㉤ 자각증상 없이 서서히(10년 이상) 진행된다.
② 석면폐증
  석면폐증은 폐의 기능 저하뿐만 아니라 폐암을 유발한다.
③ 석탄폐증
  석탄폐증은 석탄 분진으로 인하여 발생하는 진폐증으로, 폐의 섬유화나 증상의 정도가 다른 물질에 의한 진폐증보다 훨씬 덜하다. 석탄을 캐는 광부에게 주로 발생하는 것으로 알려져 있다.

(3) 진폐증 발생에 관여하는 요인
① 분진농도
② 분진크기
③ 노출기간 및 작업강도
④ 개인차

(4) 진폐증의 예방대책
① 물질의 대치
② 습식작업
③ 국소배기장치 설치
④ 전체환기장치 설치
⑤ 방진마스크 착용

6. 석면작업 관리대책

(1) 석면의 종류
① 석면은 백석면(Chrysotile), 갈석면(Amosite), 청석면(Crocidolite), 트레모라이트(Tremolite), 악티노라이트(Actinolite) 및 안소필라이트(Anthophyllite) 등으로 구분된다.
② 석면의 발암성은 청석면 > 갈석면 > 백석면 순으로 크다.

(2) 석면작업 개선원칙
① 대치(Substitution)
  ㉠ 공정의 변경
    예 건식 작업을 습식으로 전환하여 석면의 비산을 방지한다.
  ㉡ 시설의 변경
    예 HEPA 필터가 있는 음압기를 사용하여 작업장의 음압을 유지한다.
  ㉢ 물질의 대치
    예 석면 보온재를 유리섬유나 암면 보온재로 교체한다.
② 격리(Isolation)
  ㉠ 발생원과 작업자 사이를 격리한다.
  ㉡ 발생원을 밀폐한다.
  ㉢ 작업에 적합한 방진마스크(특급 이상) 및 보호복을 사용한다.
③ 환기(Ventilation): 국소배기장치를 설치한다.
④ 교육(Education)
  ㉠ 석면취급근로자에 대해 특별안전보건교육을 실시한다.
  ㉡ 교육내용
    • 석면의 특성과 위험성
    • 석면해체·제거 작업방법에 관한 사항
    • 장비 및 보호구에 관한 사항
    • 호흡용 보호구(방진마스크) 사용방법

(3) 작업환경측정
① 석면 사용 사업장: 6개월에 1회 이상 공기 중 석면 농도를 측정하여야 한다.
② 석면해체·제거작업: 해체작업 종료 후, 보양 설비 철거 전 공기 중 석면 농도를 측정하여야 한다.

(4) 석면해체·제거작업 계획 수립 시 포함하여야 하는 내용
① 석면해체·제거작업의 절차와 방법
② 석면 흩날림 방지 및 폐기방법
③ 근로자 보호조치

03 유해화학물질의 관리 및 평가

중요도 ●●

1. 유해화학물질의 정의

제조금지물질, 허가대상유해물질, 관리대상유해물질, 사고대비물질 등 화재·폭발 또는 근로자에게 건강장해를 일으키는 화학물질을 말한다.

(1) 지속기간에 의한 분류

① 급성독성(Acute Toxicity)

㉠ 노출 후 단기간(1~14일) 안에 발생하는 독성으로, 가역적인 영향을 준다.

㉡ 순간 접촉, 흡입, 섭취 등 단기간에 걸친 영향이다.

② 만성독성(Chronic Toxicity)

㉠ 장기간에 걸쳐서 발생하는 독성으로, 비가역적인 영향을 준다.

㉡ 반복투여 후 중·장기간 내에 나타나는 독성을 질적·양적으로 확인한다.

㉢ 만성독성을 유발하는 화학물질 노출을 예방하기 위한 기준이 TWA이다.

> **참고** 만성독성에 해당하는 기간
> 실험동물에 외인성 물질을 투여하는 경우 만성독성에 해당하는 기간은 3개월~1년 정도이다.

(2) 작용부위에 의한 분류

① 국부독성(Local Toxicity)

국부독성은 최초로 노출된 부위에서만 독성이 나타나며 피부, 눈, 호흡기 계통의 노출로 인한 자극 및 괴사 등이 나타난다.

② 전신독성(Systemic Toxicity)

독성물질 흡수 후 혈액의 흐름을 따라 표적장기로 이동하여 독성이 발생하는 현상이다. 전신독성으로 판단하기 위해서는 독성물질의 노출부위에서 멀리 떨어진 장기에서도 독성이 관찰되어야 한다.

㉠ 1차 표적장기: 독성물질에 의하여 직접적으로 혹은 아주 심하게 영향을 받는 장기

㉡ 2차 표적장기: 간접적으로 혹은 다소 약하게 영향을 받는 장기

(3) 유기용제

① 정의

상온·상압에서 휘발성이 있는 탄소계 액체로서, 다른 물질을 녹이는 성질이 있는 물질이다.

② 유기용제의 독성과 반응 기전

㉠ 중추신경계 억제작용 및 자극작용

- 유기용제의 공통적인 독성은 중추신경계의 억제작용이다.

- 유기용제 같은 지용성 화학물질은 지방에 대한 친화력이 높아서 신체의 지방조직에 축적될 가능성이 높다.
- 신경세포의 지질막에 축적되어 정상적인 신경전달을 방해한다.

ⓒ 중추신경계 독성기전
- 탄소사슬의 길이가 길수록 지용성이 커져 중추신경계 억제작용도 커진다.
- 할로겐 기능기가 첨가되면 마취작용이 증가하여 중추신경계에 대한 억제작용이 증가한다.
- 불포화화합물(이중결합, 삼중결합 등)은 포화화합물(단일결합)보다 더욱 강한 중추신경 억제작용을 보인다.(자극성이 더 큼)

ⓒ 할로겐화 탄화수소의 특성
- 중추신경계 억제작용에 의한 마취작용이 나타난다.
- 점막에 대한 중등도의 자극작용을 보인다.
- 중독성을 가진다.
- 화합물의 분자량이 클수록, 할로겐원소의 원자량이 클수록 할로겐화 탄화수소의 독성이 증가한다.

ⓔ 중추신경계 억제작용 및 자극작용 크기 순서

할로겐화 화합물 > 에테르 > 에스테르 > 유기산 > 알코올 > 알켄 > 알칸

ⓜ 생체막과 조직에 대한 자극
- 대부분의 유기화학물질은 자극적인 특성을 갖고 있다.
- 단백질과 지질로 된 격막의 세포가 유기용매에 의하여 지방이나 지질이 추출되면 자극이 생기고 손상되어 피부나 허파, 눈까지 상하게 할 수 있다.
- 자극작용 크기 순서: 아민류 > 유기산 > 알데히드 또는 케톤 > 알코올 > 알칸

ⓗ 유기용제 응급처치
- 유기용제가 묻은 작업복 등을 벗긴다.
- 의식을 잃었을 때에는 산소를 흡입시킨다.
- 유기용제 흡입 시 환기가 잘 되는 곳으로 이동시킨다.

ⓢ 유기용제 그룹별 특징
- 방향족 화합물: 쇄상화합물보다 독성이 강하고 주로 조혈기관에 영향을 미친다.
- 지방족 탄화수소: 마취작용이 있고 저급지방족보다 고급지방족일수록 마취작용이 강하다.
- 할로겐화 탄화수소: 어미화합물보다 독성이 증가하고, 간장·신장·심장 등의 내장기관에 침투한다.
- 방향족 니트로·아미노 화합물: 메트헤모글로빈을 생성한다.

> **참고** 메트헤모글로빈(methemoglobin)
>
> 메트헤모글로빈은 정상 헤모글로빈 내 철이온(Fe^{2+})이 산화되어 Fe^{3+} 상태로 존재하는 형태이다. 소량 존재하는 것은 정상이지만, 과량 존재할 시 조직에 저산소증과 청회색 피부색을 유발한다.

ⓞ 유기용제별 대표적 독성
- 벤젠: 조혈장애
- 염화탄화수소, 트리클로로메탄: 간장애
- 이황화탄소: 중추신경 및 말초신경장애
- 메탄올: 시신경장애
- 메틸부틸케톤: 말초신경장애
- 노말헥산: 다발성신경장애
- 에틸렌글리콜, 에테르류: 생식기장애

2. 유해화학물질의 표시

(1) 표준상태
① 산업위생: 25[℃], 1기압 / 기체 1[mol]의 부피 24.45[L]
② 산업환기: 21[℃], 1기압 / 기체 1[mol]의 부피 24.1[L]
③ 환경분야: 0[℃], 1기압 / 기체 1[mol]의 부피 22.4[L]

(2) [ppm]과 [mg/m³] 간의 단위변환
① $[mg/m^3] \rightarrow [ppm]$

$$[ppm] = mg/m^3 \times \frac{24.45(25[℃], 1기압)}{분자량}$$

② $[ppm] \rightarrow [mg/m^3]$

$$[mg/m^3] = \frac{ppm \times 분자량}{24.45(25[℃], 1기압)}$$

(3) 화학물질 노출기준의 표기
① 'Skin' 표시 물질은 점막과 눈 그리고 경피로 흡수되어 전신 영향을 일으킬 수 있는 물질을 의미한다. (피부자극성을 뜻하는 것이 아님)
② 발암성 정보물질의 표기는 「화학물질의 분류·표시 및 물질안전보건자료에 관한 기준」에 따라 표기한다.
③ 생식세포 변이원성 정보물질의 표기는 「화학물질의 분류·표시 및 물질안전보건자료에 관한 기준」에 따라 다음과 같이 구분한다.
  ㉠ 1A
  ㉡ 1B
  ㉢ 2

3. 유해화학물질 개선원칙

(1) 대치
① 공정의 변경
　㉠ 공정의 자동화
　㉡ 분무식 공정을 담그거나 전기흡착식 공정으로 변경
② 시설의 변경
　흄 배출 후드에 안전유리창 설치(제어풍속 향상)
③ 물질의 변경
　상대적으로 독성이 낮은 물질로 대체
　예 벤젠 → 크실렌, 벤지딘 → 디클로로벤지딘, 석유나프타 → 퍼클로로에틸렌

(2) 격리
① 저장물질의 격리
　고인화성물질 저장탱크 주변에 제방 설치
② 시설의 격리
　㉠ 원격조정 및 자동화 감시체제 구축
　㉡ 작업시설의 부분 또는 일시적인 밀폐
③ 공정의 격리
④ 작업자의 격리
　호흡용 보호구, 유기화합물용 보호복, 유기화합물용 안전장갑 등 해당 작업에 적합한 보호구 착용

(3) 환기
① 국소배기
　발생원으로부터 공기 중으로 확산되기 전 흡입·배출하는 방법이다. 경제성이 높아 산업환기에서 주로 채택한다.
　• 유해물질의 성질, 발생 양상에 따라 설계
② 전체환기
　이동성 작업, 저독성 물질 사용 작업, 화재·폭발 방지 및 온열 관리에 사용

(4) 교육
① 관리감독자 정기 안전보건교육 실시 및 취급근로자에 대해 특별 안전보건교육 실시
② 교육내용
　㉠ 유해물질의 명칭 및 물리적·화학적 특성
　㉡ 인체에 미치는 영향과 증상
　㉢ 취급상 주의사항
　㉣ 착용하여야 할 보호구와 착용방법

(5) 작업환경측정
① 산업안전보건법에 따른 주기적인 노출농도 측정(보통 6개월에 1회 이상)
② 노출농도에 따른 개선대책 마련 및 시행

(6) 행정적 대책
① 물질안전보건자료(MSDS) 게시 및 비치
② 해당 물질에 대한 특별 안전보건교육 실시
③ 작업 전환, 작업방법 및 절차의 표준화
④ 작업장 순회점검 및 감독
⑤ 저장 및 사용 화학물질의 종류, 양을 최소화

04 소음의 관리 및 대책

1. 소음대책

발생원대책	• 저소음형 기계 사용, 작업방법 변경, 기기 변경 • 소음원 밀폐, 방음커버 설치 • 소음기 사용 • 방진 및 제진 • 기초중량의 부가 및 경감 • 불평형력의 균형
전파경로대책	• 건물 내벽 흡음처리 • 지향성 변환(음원방향 변경) • 방음벽 및 차음벽 사용 • 거리 감쇠
공정변경대책	• 병타법을 용접법으로 대치 • 단조법을 프레스법으로 대치 • 노즐, 버너 개량 또는 공명부분 차단 • 압축공기 구동기기를 전동기기로 대체
고체음감소대책	• 방사면 축소 • 공명방지 • 가진력 억제

2. 흡음대책

(1) 소음감소량(NR)

$$NR = 10\log\frac{A_2}{A_1}$$

여기서, NR: 소음감소량[dB]
A_1: 흡음물질을 처리하기 전의 총 흡음량[sabins]
A_2: 흡음물질을 처리한 후의 총 흡음량[sabins]

(2) 잔향시간

잔향시간이란 실내의 음원을 정지한 순간부터 음압수준이 60[dB] 감쇠하는 데 소요되는 시간이다.

$$T = 0.161\frac{V}{A}$$

여기서, T: 잔향시간[sec]
V: 작업공간 부피[m³]
A: 흡음력[sabin, m²]

3. 차음대책

(1) 벽의 투과손실

투과손실은 소음이 물체를 통과할 때 잃어버리는 소음량이다.

$$\Delta L_t = 10\log\frac{1}{\tau}$$

여기서, ΔL_t: 투과손실[dB]
τ: 투과율

> **참고** 음파가 수직입사, 난입사할 때의 투과손실
> - 음파가 수직입사할 때: $\Delta L_t = 20\log(m \times f) - 43$
> - 음파가 난입사할 때: $\Delta L_t = 18\log(m \times f) - 44$
>
> 여기서, m: 투과재료의 면적밀도[kg/m²]
> f: 주파수[Hz]

(2) 차음효과

① 차음 시 저주파는 2~5[dB], 고주파는 10~15[dB] 정도 감쇠시킬 수 있다.
② 밀도가 높은 차음물질을 사용할수록 효과적이다.
③ 단일벽보다 2중, 3중벽을 사용하면 효과적이다.
④ 부분밀폐보다 완전밀폐방식을 선택한다.

4. 소음원에 대한 격리와 밀폐

(1) 차음값

$$TL = 10\log\frac{P_2}{P_1}$$

여기서, TL: 차음값
P_1: 차음벽을 통과하기 전의 음력[W]
P_2: 차음벽을 통과한 후의 음력[W]

5. 흡음재료 선택 및 사용상 주의사항

① 흡음재료를 부착할 때에는 한 곳에 집중하는 것보다는 고루 분산하여 부착하는 것이 효과적이다.
② 실내의 모서리나 가장자리 부분에 흡음재를 부착시키면 흡음효과가 상승한다.
③ 다공질 재료는 산란되기 쉬우므로 표면을 얇고 밀도가 큰 직물로 씌운다.
④ 저주파 성분이 큰 공장이나 기계실은 판상재료, 타공판 구조체, 슬라브 구조체, 단일레즈레이터 등을 사용한다.
⑤ 흡음효과를 높이기 위해서는 흡음재를 실내의 틈이나 가장자리에 부착하는 것이 좋다.

05 진동의 관리 및 대책

1. 진동 개요

(1) 진동의 정의

① 진동: 물체의 전후 및 상하로 물체의 중심이 흔들리는 현상이다.
② 진동의 강도: 정상정지위치로부터 최대변위를 말한다.
③ 최소 진동역치: 55±5[dB]
④ 공명: 외부에서 주기적 힘을 가할 때, 그 힘의 주파수가 시스템의 고유진동수와 같아져 진폭이 크게 커지는 현상이다.

(2) 진동의 생체반응 관계 4인자

① 진동 강도
② 진동수
③ 진동방향
④ 진동 노출시간

(3) 진동의 종류
   ① 정현진동
   ② 충격진동
   ③ 감쇠진동
   ④ 강제진동
   ⑤ 자유진동

2. 진동의 물리적 성질

(1) 변위
시간 t에서 진동 물체가 평형(중심) 위치로부터 얼마나, 어느 방향으로 떨어져 있는지 나타내는 값이다.

$$X = A_o \times \sin\omega t$$

여기서, X: 변위
A_o: 진폭
ω: 각주파수($2\pi f$)
t: 시간

(2) 진동속도
물체가 특정 순간에 가지는 속도로, 변위의 미분값이다.

$$v = A_o \times \cos\omega t$$

여기서, v: 속도
A_o: 진폭
ω: 각주파수($2\pi f$)
t: 시간

(3) 진동가속도
물체의 속도가 얼마나, 어느 방향으로 변하고 있는지 나타내는 값이다. 음수일 시 변위 방향과 반대로 가속이 작용함을 의미한다.

$$a = A_o \times \omega^2 \times \sin\omega t$$

여기서, a: 가속도
A_o: 진폭
ω: 각주파수($2\pi f$)
t: 시간

(4) 진동가속도레벨(VAL; Vibration Acceleration Level)

$$\text{VAL} = 20\log\frac{A_s}{A_r}$$

여기서, VAL: 진동가속도레벨
A_s: 측정 진폭
A_r: 기준 진폭

3. 전신진동대책

발생원대책	• 진동원 제거 • 탄성지지 • 기초 중량의 부가 및 경감	• 저진동 기계로 교체 • 가진력 감쇠 • 동적 흡인
전파경로대책	• 수진점 근방에 방진구 설치(전파경로차단) • 진동원과의 거리 증가 • 전파경로로부터 수용자의 위치 변경	
수진 측 대책	• 수진 측 탄성지지 • 진동방지장갑 착용	• 수진 측 강성변경 • 수용자 격리
피해 최소화 대책	• 폭로기간 최소화 • 작업 중 적절한 휴식 • 인간공학적 설계 • 진동의 감수성을 촉진시키는 물리적, 화학적 유해인자 제거	

4. 국소진동의 대책

① 진동공구에서의 진동 발생을 줄인다.

　　예 Chain Saw의 설계를 Motor Driven Machine으로 변경한다.

② 진동공구의 무게를 10[kg] 이상 초과하지 않는다.

③ 손에 진동이 도달하는 것을 감소시키며, 진동의 감폭을 위하여 방진장갑을 사용한다.

④ 작업 중간마다 휴식을 적절히 취한다.

5. 방진재료

(1) 금속스프링

① 장점

　㉠ 다른 방진재료에 비해 훨씬 큰 변위를 허용할 수 있다.

　㉡ 저주파 차진에 효과적이다.

　㉢ 설계요소가 명확하여 처짐량이 크다.

　㉣ 환경요소에 대한 저항성이 높다.

　㉤ 다양한 형상으로 제작이 가능하며 내구성이 좋다.

② 단점

　㉠ 감쇠가 거의 없다.

　㉡ 공진 시 전달률이 매우 높다.

　㉢ 공진점의 진폭을 억제하려면 오일댐퍼 등의 저항요소가 필요하다.

　㉣ 용수철코일 자체의 종진동에 의하여 저항이 발생한다.

(2) 공기스프링
    ① 장점
        ㉠ 차량에 많이 쓰이며 구조가 복잡하여도 성능이 좋다.
        ㉡ 정밀기계나 특수실험실 등의 고급 방진지지용으로 사용한다.
        ㉢ 부하능력이 광범위하다.
        ㉣ 하중의 변화에 따라 고유진동수를 일정하게 유지할 수 있다.
        ㉤ 높이 조정변으로 높이 조절이 가능하다.
    ② 단점
        ㉠ 사용진폭이 작아 별도의 댐퍼가 필요하다.
        ㉡ 압축기 등 부대시설이 필요하다.

(3) 방진고무
    ① 장점
        ㉠ 형상의 선택이 비교적 자유롭다.
        ㉡ 자체 마찰에 의하여 저항을 얻을 수 있어 고주파진동의 차진에 효과적이다.
        ㉢ 공진 시에도 진폭이 지나치게 커지지 않는다.
        ㉣ 여러 가지 형태로 된 철물로 튼튼하게 부착이 가능하다.
        ㉤ 용수철정수를 다양하게 선택 가능하다.
    ② 단점
        내약품성, 내후성 및 내유성이 떨어지고 공기 중 오존에 의해 산화된다.

(4) 코르크
    ① 재질이 균일하지 않으므로 정확한 설계가 곤란하고 처짐을 크게 할 수 없다.
    ② 고유진동수가 10[Hz] 전후밖에 되지 않아 진동방지보다는 고체음의 전파방지에 유리하다.

(5) 펠트(Felt)
    ① 경미한 진동 이외에는 사용하지 않는다.
    ② 방진재료라기보다는 강체 간의 고체음 전파를 전열시키는 지지용으로 주로 사용된다.

> **참고** 방진재료 간의 특성 비교

구분	코일용수철	방진고무	코르크	펠트(Felt)
정적처짐 제한	설계 자유	최대두께의 10[%]까지	최대두께(10[cm])의 6[%]까지	-
정적처짐 할증률	1	1.1~1.6	1.8~5	9~17
유효범위[Hz]	5[Hz] 이하	5[Hz] 이하	40[Hz] 이상	100[Hz] 이상
허용하중[kg/cm^2]	설계 자유	2~6	2.5~4	0.2~1.5

06 보호구

1. 호흡용 보호구

(1) 방진마스크

분진 등이 발생하는 작업장소 내 자연환기가 불충분하거나 밀폐된 공간인 경우에는 송풍기 등을 이용하여 계속 환기하도록 한다. 또한, 작업 전에 산소농도가 18[%] 이상인지 확인한 후에 방진마스크를 착용하도록 한다.

① 방진마스크가 갖추어야 할 조건
  ㉠ 분진포집효율(여과효율)이 좋을 것
  ㉡ 흡배기저항이 낮을 것
  ㉢ 중량이 가벼울 것
  ㉣ 시야가 넓을 것
  ㉤ 얼굴에 밀착성이 좋을 것

참고 방진마스크의 성능기준

등급	포집효율 (염화나트륨 및 파라핀 오일 시험[%])		사용장소
	분리식	안면부여과식	
특급	99.95 이상	99.0 이상	• 베릴륨 등과 같이 독성이 강한 물질들을 함유한 분진 등 발생장소 • 석면 취급장소(안면부 누설률 0.05[%] 이하인 경우에 한함)
1급	94.0 이상	94.0 이상	• 전동식 특급 착용 장소를 제외한 분진 등 발생장소 • 금속흄 등과 같이 열적으로 생기는 분진 등 발생장소 • 기계적으로 생기는 분진 등 발생장소(규소 등과 같이 전동식 2급을 착용하여도 무방한 경우는 제외)
2급	80.0 이상	80.0 이상	전동식 특급 및 전동식 1급 착용장소를 제외한 분진 등 발생장소

② 보호구 보호계수
  ㉠ 보호계수(PF ; Protection Factor)
    보호구를 착용함으로써 유해물질로부터 얼마나 보호해 줄 수 있는지를 의미한다.

$$보호계수(PF) = \frac{보호구\ 밖의\ 농도(Q_o)}{보호구\ 안의\ 농도(Q_i)}$$

  ㉡ 할당보호계수(APF ; Assigned Protection Factor)
    일반적인 보호구 보호계수(PF)의 특별한 적용으로, 훈련된 착용자들이 작업장에서 보호구 착용 시 기대되는 최소보호 정도 수준을 의미한다.
    할당보호계수는 위해비보다 커야 한다.

$$\text{할당보호계수(APF)} \geq \frac{\text{기대되는 공기 중 농도}}{\text{노출기준}} = \text{위해비(HR)}$$

> **참고** APF 50
>
> 보호구를 착용할 시 작업자는 유해물질로부터 적어도 50배만큼 보호를 받을 수 있다는 의미로, 할당보호계수가 가장 큰 것은 양압식 공기호흡기 중 공기공급식(SCBA, 압력식) 전면형이다.

ⓒ 최대사용농도(MUC; Maximum Use Concentrations)
보호구에 대한 유해물질의 최대사용농도를 의미한다.

$$\text{최대사용농도(MUC)} = \text{노출기준(TWA)} \times \text{할당보호계수(APF)}$$

(2) 방독마스크

산소농도가 부족한 지역에서 사용할 경우 질식에 의한 사고가 발생할 수 있으므로 공기 중의 산소농도가 18[%] 미만이면 방독마스크를 사용할 수 없다. 이 경우 반드시 공기호흡기 또는 송기마스크 등의 공기공급식 보호구를 착용하여야 한다.

① 유효사용시간

방독마스크는 흡수제의 종류인 각 제품의 형태에 따라 그 수명이 다른데, 어느 정도 시간이 경과하면 흡수제의 수명이 다하므로 반드시 흡수제의 파과시간을 고려하여 착용하여야 한다.

$$\text{유효사용시간} = \frac{\text{표준유효시간} \times \text{시험가스농도}}{\text{공기 중 유해가스농도}}$$

② 방독마스크 흡수제의 종류
  ㉠ 활성탄
    • 보통 야자수의 불완전연소로 제조되며, 일반적으로 방독마스크 필터에 가장 많이 사용됨
    • 비극성 유기용제의 제조 및 취급 작업에 적합
    • 활성탄의 표면 코팅을 통해 특정 물질에 대한 흡착성 향상 가능
  ㉡ 실리카겔 : 극성 유기용제의 제조 및 취급 작업에 적합
  ㉢ 호프칼라이트(Hopcalite) : 일산화탄소 제거용
  ㉣ 큐프라마이트 : 암모니아 제거용
  ㉤ 소다라임 : 할로겐 및 산성가스 제거용
  ㉥ 제올라이트
  ㉦ 염화칼슘

② 방독마스크의 형태 및 구조

형태		구조
격리식	전면형	• 정화통, 연결관, 흡기밸브, 안면부, 배기밸브 및 머리끈으로 구성 • 정화통에 의해 가스 또는 증기를 여과한 청정공기를 연결관을 통하여 흡입하고 배기는 배기밸브를 통하여 외기 중으로 배출하는 것으로 안면부 전체를 덮는 구조
	반면형	• 정화통, 연결관, 흡기밸브, 안면부, 배기밸브 및 머리끈으로 구성 • 정화통에 의해 가스 또는 증기를 여과한 청정공기를 연결관을 통하여 흡입하고 배기는 배기밸브를 통하여 외기 중으로 배출하는 것으로 코 및 입 부분을 덮는 구조
직결식	전면형	• 정화통, 흡기밸브, 안면부, 배기밸브 및 머리끈으로 구성 • 정화통에 의해 가스 또는 증기를 여과한 청정공기를 흡기밸브를 통하여 흡입하고 배기는 배기밸브를 통하여 외기 중으로 배출하는 것으로 정화통이 직접 연결된 상태로 안면부 전체를 덮는 구조
	반면형	• 정화통, 흡기밸브, 안면부, 배기밸브 및 머리끈으로 구성 • 정화통에 의해 가스 또는 증기를 여과한 청정공기를 흡기밸브를 통하여 흡입하고 배기는 배기밸브를 통하여 외기 중으로 배출하는 것으로 안면부와 정화통이 직접 연결된 상태로 코 및 입 부분을 덮는 구조

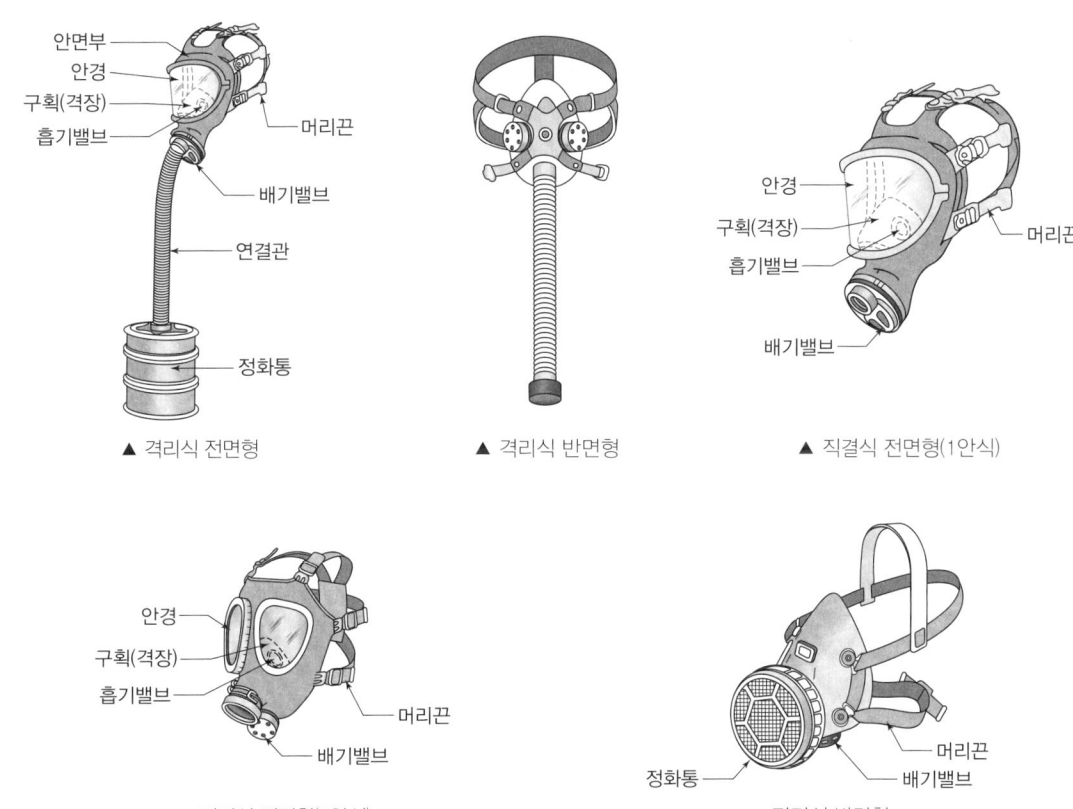

▲ 격리식 전면형   ▲ 격리식 반면형   ▲ 직결식 전면형(1안식)

▲ 직결식 전면형(2안식)   ▲ 직결식 반면형

③ 방독마스크의 일반구조
　㉠ 착용 시 이상한 압박감이나 고통을 주지 않을 것
　㉡ 착용자의 얼굴과 방독마스크의 내면 사이의 공간이 너무 크지 않을 것
　㉢ 전면형은 호흡 시에 투시부가 흐려지지 않을 것
　㉣ 격리식 및 직결식 방독마스크는 정화통·흡기밸브·배기밸브 및 머리끈을 쉽게 교환할 수 있고 착용자 스스로 안면부와의 밀착성 여부를 수시로 확인할 수 있을 것

④ 방독마스크의 종류별 시험가스 및 정화통 표시색

종류	시험가스	정화통 표시색
유기화합물용	시클로헥산(C_6H_{12})	갈색
할로겐용	염소가스 또는 증기(Cl_2)	회색
황화수소용	황화수소가스(H_2S)	
시안화수소용	시안화수소가스(HCN)	
아황산용	아황산가스(SO_2)	노랑색
암모니아용	암모니아가스(NH_3)	녹색
복합용	–	해당 가스 모두 표시
겸용	–	백색과 해당가스 모두 표시

(3) 송기마스크 및 공기호흡기

① 송기마스크: 신선한 공기 또는 공기원(공기압축기, 압축공기관, 고압공기용기 등)을 사용하여 송기함으로써 산소결핍으로 인한 질식 위험을 방지한다.

② 공기호흡기: 압축공기를 충전시킨 소형 고압공기용기를 사용하여 공기를 공급함으로써 산소결핍으로 인한 질식 위험을 방지한다.

③ 송기마스크의 종류 및 등급

종류	등급		구분
호스마스크	폐력흡인형		안면부
	송풍기형	전동	안면부, 페이스실드, 후드
		수동	안면부
에어라인마스크	일정유량형		안면부, 페이스실드, 후드
	디맨드형		안면부
	압력디맨드형		안면부
복합식 에어라인마스크	디맨드형		안면부
	압력디맨드형		안면부

④ 송기마스크의 종류에 따른 형상 및 사용범위

종류	등급	형상 및 사용범위
호스 마스크	폐력 흡인형	호스의 끝을 신선한 공기 중에 고정시키고 호스, 안면부를 통하여 착용자가 자신의 폐력으로 공기를 흡입하는 구조로서, 호스는 원칙적으로 안지름 19[mm] 이상, 길이 10[m] 이하이어야 한다.
	송풍기형	전동 또는 수동의 송풍기를 신선한 공기 중에 고정시키고 호스, 안면부 등을 통하여 송기하는 구조로서, 송기풍량의 조절을 위한 유량조절 장치(수동 송풍기를 사용하는 경우는 공기조절 주머니도 가능) 및 송풍기에는 교환이 가능한 필터를 구비하여야 하며, 안면부를 통해 송기하는 것은 송풍기가 사고로 정지된 경우에도 착용자가 자기 폐력으로 호흡할 수 있는 것이어야 한다.
에어라인 마스크	일정 유량형	압축공기관, 고압공기용기 및 공기압축기 등으로부터 중압호스, 안면부 등을 통하여 압축공기를 착용자에게 송기하는 구조로서, 중간에 송기 풍량을 조절하기 위한 유량조절장치를 갖추고 압축공기 중의 분진, 기름미스트 등을 여과하기 위한 여과장치를 구비한 것이어야 한다.
	디맨드형 및 압력 디맨드형	일정유량형과 같은 구조로서 공급밸브를 갖추고 착용자의 호흡량에 따라 안면부 내로 송기하는 것이어야 한다.
복합식 에어라인 마스크	디맨드형 및 압력 디맨드형	보통의 상태에서는 디맨드형 또는 압력디맨드형으로 사용할 수 있으며, 급기의 중단 등 긴급 시 또는 작업상 필요시에는 보유한 고압공기용기에서 급기를 받아 공기호흡기로서 사용할 수 있는 구조로서, 고압공기 용기 및 폐지밸브는 KS P 8155(공기 호흡기)의 규정에 의한 것이어야 한다.

(4) 전동식 호흡보호구

① 전동식 호흡보호구의 분류

분류	사용 구분
전동식 방진마스크	분진 등이 호흡기를 통하여 체내에 유입되는 것을 방지하기 위하여 고효율 여과재를 전동장치에 부착하여 사용하는 것
전동식 방독마스크	유해물질 및 분진 등이 호흡기를 통하여 체내에 유입되는 것을 방지하기 위하여 고효율 정화통 및 여과재를 전동장치에 부착하여 사용하는 것
전동식 후드 및 전동식 보안면	유해물질 및 분진 등이 호흡기를 통하여 체내에 유입되는 것을 방지하기 위하여 고효율 정화통 및 여과재를 전동장치에 부착하여 사용함과 동시에 머리, 안면부, 목, 어깨부분까지 보호하기 위해 사용하는 것

② 전동식 방진마스크의 형태 및 구조

형태	구조
전동식 전면형	전동기, 여과재, 호흡호스, 안면부, 흡기밸브, 배기밸브 및 머리끈으로 구성되며 허리 또는 어깨에 부착한 전동기의 구동에 의해 분진 등이 여과된 깨끗한 공기가 호흡호스를 통하여 흡기밸브로 공급되고 호흡에 의한 공기 및 여분의 공기는 배기밸브를 통하여 외기 중으로 배출하게 되는 것으로 안면부 전체를 덮는 구조

전동식 반면형	전동기, 여과재, 호흡호스, 안면부, 흡기밸브, 배기밸브 및 머리끈으로 구성되며 허리 또는 어깨에 부착한 전동기의 구동에 의해 분진 등이 여과된 깨끗한 공기가 호흡호스를 통하여 흡기밸브로 공급되고 호흡에 의한 공기 및 여분의 공기는 배기밸브를 통하여 외기 중으로 배출하게 되는 것으로 코 및 입 부분을 덮는 구조
사용조건	산소농도 18[%] 이상인 장소에서 사용하여야 한다.

(5) 호흡용 보호구의 유지관리

① 균열이 생겼거나 찢어지거나 깨어진 것, 부속이 빠지거나 닳은 모든 부품은 교체한다.
② 유지관리를 위하여 제조업자의 지시와 법적 기준을 준수하고 사용가능시간을 조사한다.
③ 보호구의 흡기 및 배기밸브 및 밸브 자리에 효율성을 저하시키고 밀착성을 나쁘게 할 수 있는 티끌, 분진, 세척 잔류물이 없는지 확인한다.
④ 결함이 있거나 잘 맞지 않는 밸브 덮개는 교체한다.
⑤ 필터와 마스크가 유해성에 견딜 수 있는지 조사한다.

2. 청력보호구

(1) 귀마개

2,000[Hz]에서 20[dB], 4,000[Hz]에서 25[dB]의 차음력을 보인다.

▲ 폼타입 귀마개　　　　　　　　　　▲ 재사용 귀마개

① 1종(EP-1): 저음(회화음)~고음 차음
② 2종(EP-2): 고음 차음
③ 귀마개의 장단점

장점	단점
• 작아서 편리하다. • 안경, 귀걸이, 머리카락, 모자 등에 의해 방해를 받지 않는다. • 고온에서 착용해도 불편이 없다. • 좁은 공간에서도 고개를 움직이는 데 불편이 없다. • 가격이 귀덮개보다 저렴하다.	• 귀에 맞도록 조절하는 데 많은 시간과 노력이 필요하다. • 좋은 귀마개라도 차음효과가 귀덮개보다 떨어지고 사용자 간의 개인차가 크다. • 귀마개에 묻은 오염물질이 귀에 들어갈 수 있다. • 잘 보이지 않아 귀마개의 착용 여부를 확인하는 데 어려움이 있다. • 귀가 건강한 사람만 착용할 수 있다.

(2) 귀덮개

저음일 경우 20[dB], 고음일 경우 45[dB]의 차음력을 보인다.

▲ 귀덮개의 종류

① 귀덮개의 장단점

장점	단점
• 귀마개보다 차음효과가 일관적이다. • 사이즈의 구분 없이 사용 가능하다. • 멀리서도 착용 여부를 확인하기 쉽다. • 귀에 염증이 있어도 사용할 수 있다. • 크기가 커서 잃어버릴 염려가 적다.	• 운반과 보관이 쉽지 않고 고온일 때 불편하다. • 안경, 귀걸이, 머리카락 등이 착용에 불편을 준다. • 귀덮개 밴드에 의해 차음효과가 감소될 수 있다. • 좁은 공간에서 고개를 움직이는 데 불편하다. • 가격이 귀마개보다 비싸다.

② 120[dB] 이상의 소음에서는 귀마개와 귀덮개 모두를 사용하여야 한다.

(3) 귀마개 차음효과의 예측(미국 OSHA의 계산방법)

$$차음효과 = (NRR - 7) \times 0.5$$

차음평가지수(NRR; Noise Reduction Rating)는 귀마개 제조사별로 값이 정해져 있다.

3. 안전모

(1) 안전모 명칭

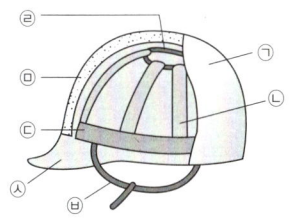

번호	명칭	
㉠	모체	
㉡	착장체	머리받침끈
㉢		머리고정대
㉣		머리받침고리
㉤	충격흡수재	
㉥	턱끈	
㉦	챙(차양)	

(2) 안전모 종류

종류	사용구분	비고
AB	물체의 낙하 또는 비래 및 추락에 의한 위험을 방지 또는 경감시키기 위한 것	—
AE	물체의 낙하 또는 비래에 의한 위험을 방지 또는 경감하고, 머리부위 감전에 의한 위험을 방지하기 위한 것	내전압성
ABE	물체의 낙하 또는 비래 및 추락에 의한 위험을 방지 또는 경감하고, 머리부위 감전에 의한 위험을 방지하기 위한 것	내전압성

4. 눈 보호구

(1) 차광 및 비산물 위험방지용 보안경

① 사용구분에 따른 차광보안경의 종류

종류	사용구분
자외선용	자외선이 발생하는 장소
적외선용	적외선이 발생하는 장소
복합용	자외선 및 적외선이 발생하는 장소
용접용	산소용접작업 등과 같이 자외선, 적외선 및 강렬한 가시광선이 발생하는 장소

> **참고** 차광도
>
> 차광도 = (보호구1의 차광도 + 보호구2의 차광도) − 1

② 보안경의 종류
　㉠ 차광안경
　㉡ 유리보호안경
　㉢ 플라스틱보호안경
　㉣ 도수렌즈보호안경

(2) 용접용 보안면

형태	구조
헬멧형	안전모나 착용자의 머리에 지지대나 헤드밴드 등을 이용하여 적정 위치에 고정, 사용하는 형태(자동용접필터형, 일반용접필터형)
핸드실드형	손에 들고 이용하는 보안면으로 적절한 필터를 장착하여 눈 및 안면을 보호하는 형태

(3) 착용 및 선택시 주의사항

① 안경의 유리는 외부의 강한 압력이나 충격에 견딜 수 있는 재질을 사용하여야 한다.
② 평소에 안경을 끼는 사람을 위하여 도수렌즈 안경을 별도로 준비하여야 한다.
③ 차광안경의 경우 해당되는 유해광선을 차광할 수 있는 적당한 차광도를 가져야 한다.
④ 보안경의 경우 안면부에 밀착이 잘 되어 틈새 등으로 이물질이 들어오지 못하도록 하여야 한다.
⑤ 투시력이 높아야 하고 굴절이 되지 않아야 한다.
⑥ 안경태의 재질이 화학물질 등에 견딜 수 있는 것이어야 한다.

5. 화학물질용 보호복

형식		형식구분 기준
1형식	1a형식	보호복 내부에 개방형 공기호흡기와 같은 대기와 독립적인 호흡용 공기공급이 있는 가스 차단 보호복
	1a형식 (긴급용)	긴급용 1a 형식 보호복
	1b형식	보호복 외부에 개방형 공기호흡기와 같은 호흡용 공기공급이 있는 가스 차단 보호복
	1b형식 (긴급용)	긴급용 1b 형식 보호복
	1c형식	공기라인과 같은 양압의 호흡용 공기가 공급되는 가스 차단 보호복
2형식		공기라인과 같은 양압의 호흡용 공기가 공급되는 가스 비차단 보호복
3형식		액체 차단 성능을 갖는 보호복. 만일 후드, 장갑, 부츠, 안면창(visor) 및 호흡용보호구가 연결되는 경우에도 액체 차단 성능을 가져야 한다.
4형식		분무 차단 성능을 갖는 보호복. 만일 후드, 장갑, 부츠, 안면창(visor) 및 호흡용보호구가 연결되는 경우에도 분무 차단 성능을 가져야 한다.
5형식		분진 등과 같은 에어로졸에 대한 차단 성능을 갖는 보호복
6형식		미스트에 대한 차단 성능을 갖는 보호복

07 산업심리, 직무스트레스, 조직

1. 산업심리

(1) 산업심리의 정의

산업현장에 종사하는 근로자들의 심리적 특성과 이와 연관된 조직의 특성을 연구·고찰·해결하려는 응용심리학의 한 분야이다.

(2) 산업심리검사의 조건
① 타당성: 검사하려고 하는 것을 얼마나 정확하게 측정할 수 있는가
② 신뢰성: 검사하려고 하는 것을 얼마나 일관성있게 측정하였는가
③ 실용성: 검사의 실시가 간편하고, 결과의 해석이 간단하거나 저비용인가
④ 표준화: 검사의 조건과 절차가 일관성이 있는가

(3) 산업심리검사 분류
① 지능검사
② 성격검사
③ 학력검사
④ 흥미검사
⑤ 적성검사

> **참고** 적성의 요인 4가지
> - 직업적성
> - 흥미
> - 지능
> - 인간성
>
> ※ 개인차 및 연령은 적성의 요인이 될 수 없다.

㉠ 적성검사의 분류

적성검사 분류	검사항목
신체검사	체격검사 등
생리적 기능검사	감각기능검사, 심폐기능검사, 체력검사
심리학적 기능검사	지능검사(언어, 기억), 지각동작검사(운동속도, 수족협조), 기능검사(직무에 관련된 기본지식, 숙련도, 사고력), 인성검사(성격, 태도)

㉡ 심리학적 기능검사 분류

심리학적 기능검사 분류	검사항목
인성검사	성격, 태도, 정신상태
기능검사	직무에 관련된 기본지식, 숙련도, 사고력
지능검사	언어, 기억, 추리, 귀납
지각동작검사	수족협조능, 운동속도능, 형태지각능

2. 개성, 욕구 및 사회행동의 기본 형태

(1) 개성
성격, 능력, 기질 등 3가지 요소의 유기적 결합으로 생성되며, 생활환경과 인간관계가 개인의 생리적 조건과 조화되어 형성된다.

(2) 의식적으로 통제가 힘든 욕구 순서
호흡욕구 > 안전욕구 > 해갈욕구 > 배설욕구 > 수면욕구 > 식욕구 > 활동욕구

(3) 사회행동의 기본 형태
① 협력
② 대립
③ 도피
④ 융합

3. 직무스트레스

(1) 직무스트레스의 정의
적응하기 어려운 환경에 처할 때 느끼는 심리적·신체적 긴장상태로, 적당한 직무스트레스는 직무의욕과 생산성을 향상시키지만 과도하게 되면 생산성 감소, 사고의 직접적인 원인이 된다. 직무스트레스의 요인으로는 작업속도, 근무시간, 업무 반복성 등이 있다.

(2) 스트레스의 특징
① 환경의 요구가 개인의 능력한계를 벗어날 때 발생하는 개인과 환경의 불균형 상태로, 위협적인 환경 특성에 대한 개인의 반응이다.
② 스트레스를 지속적으로 받게 되면 인체는 자기조절능력을 상실한다.
③ 스트레스가 아주 없거나 너무 많을 때 역기능 스트레스로 작용한다.

(3) 스트레스의 요인
① 일반 요인

시간적 압박	장시간 노동, 연장근무, 교대근무 내 능동적인 업무 통제가 불가능한 경우
업무구조	업무요구가 높고, 재량권이 없거나 조직의 변화, 이동이 있는 경우
물리적 환경	부족한 조명, 소음, 비좁고 비위생적인 공간, 불편한 책상 및 부적절한 온도인 경우
조직 내	업무요구사항이 불명확하고 역할이 모호한 경우, 관계 갈등 및 차별이 있는 경우
조직 외	직업 안정과 승진, 실업 등 직무안정성이 결여된 경우
비직업성	개인, 가족, 지역사회가 처한 환경 등이 부적절한 경우

② NIOSH(미국산업안전보건연구원) 직무스트레스 요인

작업요인	작업부하, 작업속도, 교대근무
환경요인	소음·진동, 고온·한랭, 환기상태 불량 및 부적절한 조명 조건
조직요인	관리유형, 역할요구, 역할갈등, 직무안정성

(4) 직무스트레스 평가지표
① 물리환경: 작업위험성, 비위생적 환경 등
② 직무요구: 업무량 증가, 과도한 책임과 부담 등
③ 직무자율: 업무의 예측 가능, 직무 수행의 권한 및 재량 등
④ 관계갈등: 직장 내 동료와 상사의 지지 및 도움 등
⑤ 조직체계: 조직의 운영, 의사소통, 조직 갈등 등
⑥ 직무불안정: 실업, 타 직장 구직 등
⑦ 보상부적절: 내적 동기, 존중 등
⑧ 직장문화: 비합리적 의사소통, 비공식적인 직장문화 등

(5) 직무스트레스의 개인적 및 집단적 차원의 관리

개인적 차원 관리	집단적 차원 관리
• 유산소 운동 • 상담, 요가, 마사지 등 • 긴장이완훈련 • 상사에 대한 건의 및 수정	• 업무와 근로자의 능력 일치 • 개인의 적응수준 제고 • 사회적 지원의 제공 • 의사소통 증가

(6) 산업안전보건법상 직무스트레스 대책
① 작업환경, 작업내용, 근로시간 등 직무스트레스 요인에 대하여 평가하고 근로시간 단축, 장·단기 순환작업 등 개선대책을 마련하여 시행하여야 한다.
② 작업량, 작업일정 등 작업계획 수립 시 해당 근로자의 의견을 반영하여야 한다.
③ 작업과 휴식을 적정하게 배분하는 등 근로시간과 관련된 근로조건을 개선하여야 한다.
④ 근로시간 외의 근로자 활동에 대한 복지 차원의 지원에 최선을 다하여야 한다.
⑤ 건강진단결과, 상담자료 등을 참고하여 적절하게 근로자를 배치하고 직무스트레스 요인, 건강문제 발생가능성 및 대비책 등에 대하여 해당 근로자에게 충분히 설명하여야 한다.
⑥ 뇌혈관 및 심장질환 발병위험도를 평가하여 금연, 고혈압관리 등 건강증진 프로그램을 시행하여야 한다.

(7) 직무스트레스 관리 프로그램 평가항목
① 객관적 지표
  ㉠ 보건의료비용 감소
  ㉡ 결근율 감소
  ㉢ 이직률 감소
  ㉣ 생산성 향상

② 주관적 지표
  ㉠ 삶의 질 증진
  ㉡ 근로자 간 인간관계 개선
  ㉢ 스트레스 대응능력의 향상
  ㉣ 조직과의 관계 개선

4. 조직과 집단

(1) 조직의 유형 및 특성

① 안전보건조직의 목적

기업 내 안전관리조직의 구성 목적은 근로자의 안전과 설비의 안전을 확보하여 생산합리화에 기여하는 것이다.

② 안전관리조직의 3대 기능
  ㉠ 위험제거기능
  ㉡ 생산관리기능
  ㉢ 손실방지기능

(2) 라인(Line)형 조직

소규모 기업에 적합한 조직으로서 안전관리에 관한 계획에서부터 실시에 이르기까지 모든 안전업무를 생산라인을 통하여 직선적으로 이루어지도록 편성된 조직이다.

① 규모: 소규모(100명 이하)
② 장점
  ㉠ 안전에 관한 지시 및 명령계통이 철저하다.
  ㉡ 안전대책의 실시가 신속하다.
  ㉢ 명령과 보고가 상하관계뿐으로 간단 명료하다.
③ 단점
  ㉠ 안전에 대한 지식 및 기술축적이 어렵다.
  ㉡ 안전에 대한 정보수집 및 신기술 개발이 미흡하다.
  ㉢ 라인에 과중한 책임을 지우기 쉽다.

④ 구성도

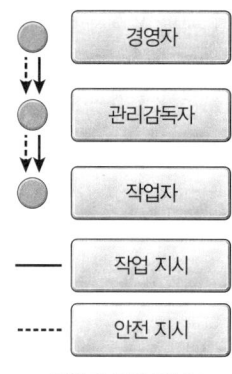

▲ 라인형 조직 구성도

(3) 스태프(Staff)형 조직

중소규모 사업장에 적합한 조직으로, 안전업무를 관장하는 참모(Staff)를 두고 안전관리에 관한 계획 조정·조사·검토·보고 등의 업무와 현장에 대한 기술지원을 담당하도록 편성된 조직이다.

① 규모: 중규모(100~500명 이하)
② 장점
　㉠ 사업장 특성에 맞는 전문적인 기술연구가 가능하다.
　㉡ 경영자에게 조언과 자문역할을 할 수 있다.
　㉢ 안전정보 수집이 빠르다.
③ 단점
　㉠ 안전지시나 명령이 작업자에게까지 신속·정확하게 전달되지 못한다.
　㉡ 생산부분은 안전에 대한 책임과 권한이 없다.
　㉢ 권한 다툼이나 조정 때문에 시간과 노력이 소모된다.
④ 구성도

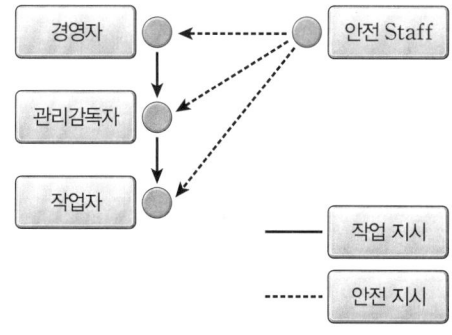

▲ 스태프형 조직 구성도

(4) 라인-스태프(Line-Staff)형 조직(직계참모조직)

대규모 사업장에 적합한 조직으로, 라인형과 스태프형의 장점만을 채택한 형태이며 안전업무를 전담하는 스태프를 두고 생산라인의 각 계층에서도 각 부서장으로 하여금 안전업무를 수행하도록 하여 스태프에서 안전에 관한 사항이 결정되면 라인을 통하여 실천하도록 편성된 조직이다.

라인-스태프형 조직은 라인과 스태프가 협조를 이루어 나갈 수 있고 라인에게는 생산과 안전보건에 관한 책임을 동시에 지우므로 안전보건업무와 생산업무가 균형을 유지할 수 있는 이상적인 조직이다.

① 규모: 대규모(1,000명 이상)
② 장점
  ㉠ 안전에 대한 기술 및 경험축적이 용이하다.
  ㉡ 사업장에 맞는 독자적인 안전개선책을 강구할 수 있다.
  ㉢ 안전지시나 안전대책이 신속하고 정확하게 하달될 수 있다.
③ 단점
  명령계통과 조언의 권고적 참여가 혼동되기 쉽다.
④ 구성도

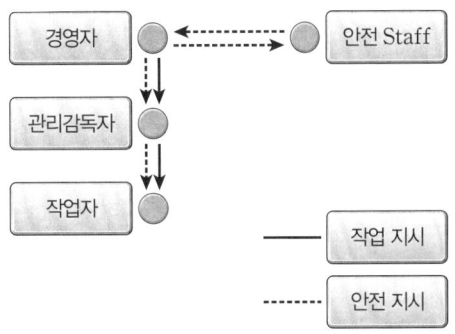

▲ 라인 - 스태프형 조직 구성도

(5) 집단의 유형 및 특성

집단이란 공통의 목표를 달성하기 위한 집합체로 응집력, 행동의 규범, 집단의 목표에 의해 기능한다.

① 공식집단(Formal Group)
  구체적 목적을 달성하기 위해 조직된 집단이다.
  ㉠ 지명 또는 선발에 의한 가입, 구조적 안정성
  ㉡ 투표 또는 공식적 지명
  ㉢ 과업의 정확한 범위 설정
  ㉣ 집단 유지기간의 사전 결정
② 비공식집단(Informal Group)
  공동 관심사 또는 인간관계에 의해 자연 발생적으로 조직된 집단이다.
  ㉠ 자의적 또는 자연적인 가입   ㉡ 구조적 불안정성
  ㉢ 과업의 범위가 불명확   ㉣ 집단 유지기간의 사전 미결정

08 노동생리, 산업피로, 근골격계질환 예방관리

1. 노동생리

(1) 노동에 사용하는 에너지원

포도당(Glucose)은 혐기성 및 호기성 대사에 모두 에너지원으로 사용된다.

혐기성 대사 (Anaerobic Metabolism)	호기성 대사 (Aerobic Metabolism)
• 저장된 글리코겐이나 포도당을 산소 없이 분해하여 에너지 생성 • 혐기성 대사 순서 　ATP(아데노신삼인산) → CP(크레아틴인산) → Glycogen(글리코겐) or Glucose(포도당)	• 산소를 이용하여 에너지를 생성하는 대사과정 • 호기성 대사 과정 　포도당, 단백질, 지방+산소 → 에너지원

(2) 영양소

① 5대 영양소: 열량 공급원(단백질, 탄수화물, 지방), 무기질, 비타민
② 생활기능조절: 비타민, 무기질
③ 칼슘: 치아와 골격 구성
④ 비타민 B1: 작업강도가 높은 근로자의 근육에 호기적 산화를 보조하여 노동 시 섭취 필요
⑤ 비타민 결핍증
　㉠ 비타민 A: 야맹증
　㉡ 비타민 B1: 각기병, 신경염
　㉢ 비타민 D: 구루병

(3) 작업에 따른 영양관리

① 근육작업자의 에너지 공급은 당질 위주로 한다.
② 고온작업자에게 식수와 식염을 우선적으로 공급한다.
③ 중작업자에게는 단백질을 공급한다.
④ 저온작업자에게는 지방질을 공급한다.

(4) 노동의 적응

① 직업성변이: 직업에 따라 신체 형태와 기능에 국소적 변화가 발생하는 현상이다.
② 순화: 외부의 환경변화가 반복되면 신체의 조절기능이 원활해지며 숙련·습득되는 현상이다.

2. 산업피로

(1) 산업피로의 정의
고단하다는 주관적인 느낌이 있으면서 작업능률이 떨어지고 생체기능의 변화를 가져오는 현상이다. 그러나 비가역적이지는 않고 가역적이다.

(2) 피로의 특징
① 피로는 질병이 아니고 가역적이며 건강장해에 대한 경고반응이다.
② 정신피로와 신체피로는 일반적으로 함께 나타나기에 구별이 어렵다.
③ 정신피로는 중추신경계의 피로이고, 근육피로는 말초신경계의 피로이다.
④ 피로는 개인의 감수성이 다르므로 객관적으로 판단하기 어렵다.
⑤ 작업시간이 등차급수적으로 늘어나면 피로회복에 필요한 시간은 등비급수적으로 증가한다.

(3) 피로의 3단계
① 보통피로: 하룻밤 이후에 완전히 회복한다.
② 과로: 다음날까지 피로 지속 및 단기간 휴식으로 회복 가능한 단계이다.(발병 아님)
③ 곤비: 과로의 축적으로 단기간에 회복이 불가능한 병적인 상태이다.

(4) 피로의 발생기전
① 산소, 영양소 등 에너지원의 소모
② 물질대사에 의한 노폐물, 젖산, 초성포도당, 잔여질소 등 피로물질의 체내 축적
③ 항상성 상실
④ 신체조절기능의 저하

(5) 전신피로의 생리학적 원인
① 산소 공급 부족
산소소비량은 서서히 증가하다가 작업 시간에 따라 일정한 수준에 도달하고 작업이 끝난 후 서서히 감소하는데, 작업이 끝난 후에도 산소가 소비된 이유는 작업을 시작할 때 발생한 산소부채(Oxygen Debt)를 갚기 위한 것으로, 아래 그림에서 ①은 산소부채, ②는 산소부채 보상 구간을 나타낸다.

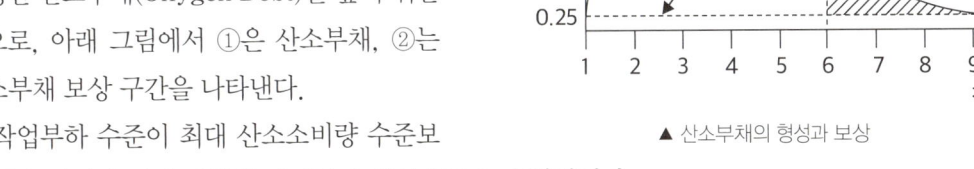

▲ 산소부채의 형성과 보상

㉠ 작업부하 수준이 최대 산소소비량 수준보다 높아지게 되면 젖산의 제거보다 생성속도가 더 빨라진다.
㉡ 작업이 끝난 후에도 맥박과 호흡수가 작업개시 수준으로 즉시 돌아오지 않고 서서히 감소한다.

② 혈중 포도당 농도의 저하(주요 원인)
③ 근육 내 글리코겐의 감소
④ 혈중 젖산농도의 증가

(6) 피로의 증상
① 순환기능: 맥박이 빨라지고, 혈압은 초기에 높아지나 피로가 진행되면 낮아진다.
② 호흡기능: 호흡이 얕고 빨라지며 심할 때는 호흡곤란이 발생한다.
③ 신경기능: 지각기능이 둔해지고 반사기능이 감소한다. 판단력이 떨어지고 권태감, 졸음이 발생한다.
④ 혈액 및 소변: 혈당치가 낮아지고 젖산과 탄산량이 증가하여 산혈증이 발생한다. 소변의 양이 줄고 진한 갈색을 나타낸다. 단백질 또는 교질물질의 배설량이 증가한다.
⑤ 체온: 체온이 높아지나 피로 정도가 심해지면 도리어 낮아진다. 체온조절기능에 장해가 나타나며, 에너지소모량이 증가한다.

(7) 국소피로와 전신피로의 평가

구분	국소피로	전신피로
평가방법	피로한 근육에서 측정된 EMG와 정상근육의 EMG 비교	작업을 마친 직후 회복기의 심박수 $HR_{30\sim60}$, $HR_{60\sim90}$, $HR_{150\sim180}$을 측정하여 산출
결과	· 저주파수(0~40[Hz]) 영역 힘의 증가 · 고주파수(40~200[Hz]) 영역 힘의 감소 · 평균 주파수 영역 힘의 감소 · 총 전압 증가	심한 전신피로 상태일 때, · $HR_{30\sim60}$: 110을 초과 · $HR_{150\sim180} - HR_{60\sim90} = 10$ 미만

> **참고** $HR_{a\sim b}$
> 작업종료 후 a~b초 사이의 평균 맥박수를 의미한다.

(8) 산업피로의 측정 방법

생리학적 방법	생화학적 방법	심리학적 방법
· 근전도(EMG) · 심전도(ECG) · 뇌전도(EEG) · 점멸융합주파수(Flicker Test) · 산소소비량	· 혈액 농도 측정 · 혈액 수분 측정 · 요단백검사	· 연속반응시간 · 동작분석 · 집중력

(9) 산업피로의 예방대책
① 장시간 한 번 휴식하는 것보다 단시간의 휴식을 여러 번 부여한다.
② 불필요한 동작을 줄이고 에너지 소모를 적게 한다.

③ 너무 정적인 작업은 피로를 더하므로 가능하면 동적인 작업으로 전환한다.
④ 유해한 작업환경(소음, 분진, 유해가스, 조명불량 등)은 작업피로를 가중시키므로 개선한다.
⑤ 커피, 홍차, 엽차 및 비타민 B1은 피로회복에 도움을 준다.

3. 작업강도·시간과 휴식

(1) 산소소비량
① 휴식 중 산소소비량: 0.25[L/min]
② 운동 중 산소소비량: 5[L/min](산소소비량 1[L]≒5[kcal]의 에너지)

(2) 에너지대사율(RMR; Relative Metabolic Rate)
작업강도를 가늠할 수 있는 수치로, 작업 시 소비되는 열량이다. RMR이 클수록 작업강도가 높다.

$$작업대사율(RMR) = \frac{작업대사량}{기초대사량} = \frac{작업\ 시\ 대사량 - 안정\ 시\ 대사량}{기초대사량}$$

$$= \frac{작업\ 시\ 산소소비량 - 안정\ 시\ 산소소비량}{기초대사\ 시\ 산소소비량}$$

여기서, 남성 기초대사량: 0.95[kcal/min](1,350[kcal/day]), 여성 기초대사량: 0.80[kcal/min](1,150[kcal/day])

(3) 작업강도(%MS) 및 적정작업시간
① 작업강도(%MS)

$$\%MS = \frac{RF(Required\ Force)}{MS(Maximum\ Strength)} \times 100$$

여기서, %MS: 작업강도[%]
RF: 작업이 요구하는 힘[kgf]
MS: 근로자가 가지고 있는 최대힘[kgf]

② 작업강도별 RMR

작업강도	RMR	실노동률[%]	비고
경작업	0~1	80 이상	독서 등 앉아서 하는 작업
중등작업	1~2	80~76	쉬지 않고 6시간 이상 하는 작업, 지적작업
강작업	2~4	76~67	전형적인 지속작업
중작업	4~7	67~50	휴식 필요
격심작업	7 이상	50 이하	수시적 휴식 필요

③ 적정작업시간[sec]

$$적정작업시간 = 671,120 \times \%MS^{-2.222}$$

(4) 실동률(사이또-오시마공식)[%]

$$실동률(실노동률) = 85 - (5 \times RMR)$$

(5) 계속작업 한계시간(CMT)[hr]

$$\log(CMT) = 3.724 - 3.25\log(RMR)$$

(6) 육체적 작업능력(PWC)

① 피로를 느끼지 않고 하루 동안 지속할 수 있는 작업강도이다.

② 8시간 작업강도($E_{\max}$)

작업강도는 개인 심폐기능에 따라서 달라질 수 있다.

> **참고** 남성과 여성의 PWC
> - 남성평균: 16[kcal/min]
> - 여성평균: 12[kcal/min]

$$E_{\max} = PWC \times \frac{1}{3}$$

③ 육체적 작업능력(PWC)에 영향을 미치는 요소
  ㉠ 정신적 요소: 태도, 동기 등
  ㉡ 육체적 요소: 연령, 성별, 체력 등
  ㉢ 환경 요소: 온도, 압력 등
  ㉣ 작업특징 요소: 강도, 시간, 위치 등

④ 피로예방 허용작업시간 관계식

$$\log(T_{end}) = 3.720 - 0.1949E$$

여기서, T_{end}: 허용작업시간[min]
E: 작업대사량[kcal/min]

⑤ 피로예방 적정휴식시간(Hertig식)

$$T_{rest} = \frac{E_{max} - E_{task}}{E_{rest} - E_{task}} \times 100$$

여기서, T_{rest}: 피로예방을 위한 적정 휴식시간 비[%]
E_{max}: 1일 8시간 작업에 적합한 작업대사량 $\left(\frac{PWC}{3}\right)$
E_{task}: 해당 작업의 작업대사량
E_{rest}: 휴식 중 소모대사량

4. 교대작업

(1) 교대작업 관리원칙
① 긴 근무는 최대 연속 2~3일로 하고 각 반의 근무시간은 8시간이 바람직하다.
② 야간근무 종료 후 휴식은 48시간 이상 부여한다.
③ 야간근무 시 가면은 적어도 1시간 30분 이상, 보통 2~4시간이 적합하다.
④ 교대시간은 되도록 자정 이전에 한다.
⑤ 3조 3교대, 4조 3교대 근무가 바람직하다.(불가피한 2교대 근무는 연속 2~3일을 초과하지 않을 것)
⑥ 교대방식은 정교대로 편성하는 것이 바람직하다.(낮근무 → 저녁근무 → 밤근무 → 낮근무 ⋯)
⑦ 일반적으로 오전 근무의 개시 시간은 오전 9시로 한다.(오전 5~6시를 피하여야 함)

(2) 야간근무의 생체부담
① 체중의 감소가 발생한다.
② 야간근무 시 체온상승은 주간작업 시 보다 낮다.
③ 주간 수면의 효율이 좋지 않다.
④ 주간근무에 비하여 피로가 쉽게 온다.

(3) Flex Time 제
근로자들의 자유로운 출퇴근을 위하여 전 근로자가 일하는 중추시간을 제외하고 출퇴근 시간을 융통성 있게 운영하는 제도이다.

(4) 교대제도의 운영 목적
① 공공사업에서 국민생활과 편의를 위하여(의료, 방송 등)
② 생산과정이 주야로 연속되어야 하는 경우(화학공업, 석유정제 등)
③ 시설투자의 상각 달성을 위해 생산설비를 완전 가동하는 경우(기계공업, 방직공업 등)

5. 근골격계질환

(1) 근골격계질환 개요
① 근골격계질환의 정의
반복적인 동작, 부적절한 작업자세, 무리한 힘의 사용, 날카로운 면과의 신체접촉, 진동 및 온도 등의 요인에 의하여 발생하는 건강장해로써 목, 어깨, 허리, 팔·다리의 신경·근육 및 그 주변 신체조직 등에 나타나는 질환이다.
② 근골격계질환의 특성
㉠ 자각증상이 발생하며 환자발생이 집단적이다.
㉡ 손상의 정도를 측정하기 어렵다.
㉢ 단편적인 개선으로 좋아지지 않는다.
㉣ 회복과 악화가 반복된다.

③ 근골격계질환의 종류
　㉠ 근육의 질환: 근막통증증후군, 근육염좌
　㉡ 결합조직의 질환: 건염, 건초염, 활액낭염, 결절종
　㉢ 신경의 질환: 수근관증후군(손목뼈터널증후군), 기용터널증후군
④ 근골격계질환 발생요인
　㉠ 부적절한(부자연스러운) 작업자세

▲ 무릎을 굽히거나 쪼그리는 자세에서 작업

▲ 팔꿈치를 반복적으로 머리 위 또는 어깨 위로 들어올리는 작업

▲ 목, 허리, 손목 등을 과도하게 구부리거나 비트는 작업

　㉡ 무리한 힘의 사용(중량물, 수공구 취급)

▲ 반복적인 중량물 취급

▲ 어깨 위에서 중량물 취급

▲ 허리를 구부린 상태에서 수공구 취급

　㉢ 날카로운 면과의 신체접촉(접촉 스트레스 발생)
　㉣ 진동공구 취급작업
　㉤ 반복적인 동작

▲ 목, 어깨, 팔, 팔꿈치, 손가락 등을 반복하는 작업

(2) 근골격계부담작업

단순반복작업 또는 인체에 과도한 부담을 주는 작업으로 작업량·작업속도·작업강도 및 작업장 구조 등에 따라 고용노동부장관이 정하여 고시하는 작업이다.

호수	부담작업			
제1호	하루에 4시간 이상 집중적으로 자료입력 등을 위해 키보드 또는 마우스를 조작하는 작업			
제2호	하루에 총 2시간 이상 목, 어깨, 팔꿈치, 손목 또는 손을 사용하여 같은 동작을 반복하는 작업			
	신체부위	어깨	팔꿈치	손목/손
	반복작업 횟수	2.5회/분	10회/분	10회/분
제3호	하루에 총 2시간 이상 머리 위에 손이 있거나, 팔꿈치가 어깨 위에 있거나, 팔꿈치를 몸통으로부터 들거나, 팔꿈치를 몸통 뒤쪽에 위치하도록 하는 상태에서 이루어지는 작업			
제4호	지지되지 않은 상태이거나 임의로 자세를 바꿀 수 없는 조건에서, 하루에 총 2시간 이상 목이나 허리를 구부리거나 트는 상태에서 이루어지는 작업			
제5호	하루에 총 2시간 이상 쪼그리고 앉거나 무릎을 굽힌 자세에서 이루어지는 작업			
제6호	하루에 총 2시간 이상 지지되지 않은 상태에서 1[kg] 이상의 물건을 한 손의 손가락으로 집어 옮기거나, 2[kg] 이상에 상응하는 힘을 가하여 한 손의 손가락으로 물건을 쥐는 작업			
제7호	하루에 총 2시간 이상 지지되지 않은 상태에서 4.5[kg] 이상의 물건을 한 손으로 들거나 동일한 힘으로 쥐는 작업			
제8호	하루에 10회 이상 25[kg] 이상의 물체를 드는 작업			
제9호	하루에 25회 이상 10[kg] 이상의 물체를 무릎 아래에서 들거나, 어깨 위에서 들거나, 팔을 뻗은 상태에서 드는 작업			
제10호	하루에 총 2시간 이상, 분당 2회 이상 4.5[kg] 이상의 물체를 드는 작업			
제11호	하루에 총 2시간 이상, 시간당 10회 이상 손 또는 무릎을 사용하여 반복적으로 충격을 가하는 작업			

(3) 근골격계질환 예방관리 프로그램

유해요인 조사, 작업환경 개선, 의학적 관리, 교육·훈련, 평가에 관한 사항 등이 포함된 근골격계질환을 예방·관리하기 위한 종합적인 계획이다.

① 근골격계질환 예방관리 프로그램 수립대상
  ㉠ 근골격계질환으로 「산업재해보상보험법 시행령」에 따라 업무상 질병으로 인정받은 근로자가 연간 10명 이상 발생한 사업장 또는 5명 이상 발생한 사업장으로서 발생 비율이 그 사업장 근로자 수의 10[%] 이상인 경우
  ㉡ 근골격계질환 예방과 관련하여 노사 간 이견이 지속되는 사업장으로 고용노동부장관이 필요를 인정하여 근골격계질환 예방관리 프로그램을 수립하여 시행할 것을 명령한 경우

(4) 유해요인조사

사업주는 근로자가 근골격계부담작업을 하는 경우에 공정 및 부서의 유해요인을 제거·감소시키기 위해 3년마다 다음의 사항에 대한 유해요인조사를 하여야 한다. 다만, 신설되는 사업장의 경우에는 신설일부터 1년 이내에 최초의 유해요인 조사를 하여야 한다.
① 설비·작업공정·작업량·작업속도 등 작업장 상황
② 작업시간·작업자세·작업방법 등 작업조건
③ 작업과 관련된 근골격계질환 징후와 증상 유무 등

6. NIOSH 들기작업지침

(1) 적용범위
① 보통속도로 두 손으로 들어올리는 작업이어야 한다.
② 물체의 폭이 75[cm] 이하로서 두 손을 적당히 벌리고 작업할 수 있어야 한다.
③ 물체를 들어올리는 자세가 자연스러워야 한다.
④ 신발이 작업장 바닥에 닿을 때 미끄럽지 않아야 하며 손으로 물체를 잡을 때 불편이 없어야 한다.(박스의 경우는 손잡이가 있어야 함)
⑤ 작업장 내의 온도가 적절해야 한다.

(2) 감시기준(AL; Action Limit) 설정 기준
에너지대사량은 3.5[kcal/min]으로, 남성의 99[%], 여성의 75[%]가 작업이 가능하다.

$$AL = 40 \times \left(\frac{15}{H}\right)(1 - 0.004|V - 75|)\left(0.7 + \frac{7.5}{D}\right)\left(1 - \frac{F}{F_{max}}\right)$$

여기서, AL: 감시기준
H: 대상물체의 수평거리
V: 대상물체의 수직거리(바닥으로부터 물체의 중심까지의 거리)
D: 물체의 이동거리
F: 작업의 빈도[회/min]
F_{max}: 최빈수

(3) 들기작업지침의 최대허용기준(MPL; Maximum Permissible Limit)
① 에너지대사량은 5[kcal/min]를 초과하여 남성의 25[%], 여성의 1[%] 미만에서 작업이 가능하다.
② 대부분의 근로자들에게 근육·골격장애가 발생하는 기준이다.

$$MPL = 3AL$$

여기서, MPL: 최대허용기준[kg]
AL: 감시기준[kg]

(4) 권장무게한계(RWL; Recommended Weight Limit)

건강한 작업자가 실제 작업시간 동안 요통의 위험 없이 들 수 있는 무게의 한계이다.

$$RWL = LC(23) \times HM \times VM \times DM \times AM \times FM \times CM$$

여기서, RWL: 권장무게한계
　　　 HM: 수평계수
　　　 DM: 거리계수
　　　 FM: 빈도계수
　　　 LC: 중량상수(23[kg])
　　　 VM: 수직계수
　　　 AM: 비대칭계수
　　　 CM: 커플링계수

(5) 중량물취급지수(LI; Lifting Index)

$$LI = \frac{L}{RWL}$$

여기서, LI: 중량물취급지수
　　　 L: 실제 작업무게
　　　 RWL: 권장무게한계

(6) 요통 발생 요인

① 작업빈도, 물체 특성 등 물리적 환경요인
② 잘못된 작업방법, 작업자세
③ 근로자의 육체적인 조건
④ 작업습관과 생활태도

(7) NIOSH 권고기준에 의한 중량물취급작업의 분류

① 최대허용기준(MPL)을 초과하는 경우
　→ 반드시 공학적 방법을 적용하여 중량물 취급작업을 재설계한다.
② 권장무게한계(RWL)와 최대허용기준(MPL) 사이의 영역
　→ 근로자를 적정하게 배치 및 훈련한다. 또는, 작업방법을 개선한다.
③ 권장무게한계(RWL) 이하의 영역
　→ 권고치 이하로서 대부분의 정상 근로자에게 적합한 작업조건이다.

(8) 중량물을 들어올리는 작업에 관한 특별조치

사업주는 5[kg] 이상의 중량물을 들어올리는 작업에 근로자를 종사하도록 하는 때에는 다음의 조치를 하여야 한다.

① 주로 취급하는 물품에 대하여 근로자가 쉽게 알 수 있도록 물품의 중량과 무게중심에 대하여 작업장 주변에 안내표시할 것
② 취급하기 곤란한 물체에 대하여 손잡이를 붙이거나 갈고리, 진공빨판 등 적절한 보조도구를 활용할 것

09 산업안전보건법

1. 산업안전보건법 개요

(1) 목적

산업안전·보건에 관한 기준을 확립하고 그 책임의 소재를 명확하게 하여 산업재해를 예방하고 쾌적한 작업환경을 조성함으로써 근로자의 안전과 보건을 유지·증진하는 것이다.

(2) 용어의 정의

① 산업재해

노무를 제공하는 사람이 업무에 관계되는 건설물·설비·원재료·가스·증기·분진 등에 의하거나 작업 또는 그 밖의 업무로 인하여 사망 또는 부상하거나 질병에 걸리는 것

② 근로자

직업의 종류와 관계없이 임금을 목적으로 사업이나 사업장에 근로를 제공하는 사람

③ 사업주

근로자를 사용하여 사업을 하는 자

④ 근로자대표

근로자의 과반수로 조직된 노동조합이 있는 경우에는 그 노동조합을, 근로자의 과반수로 조직된 노동조합이 없는 경우에는 근로자의 과반수를 대표하는 자

⑤ 안전보건진단

산업재해를 예방하기 위하여 잠재적 위험성을 발견하고 그 개선대책을 수립할 목적으로 조사·평가하는 것

⑥ 중대재해

㉠ 사망자가 1명 이상 발생한 재해

㉡ 3개월 이상의 요양이 필요한 부상자가 동시에 2명 이상 발생한 재해

㉢ 부상자 또는 직업성 질병자가 동시에 10명 이상 발생한 재해

⑦ 작업환경측정

작업환경의 실태를 파악하기 위하여 해당 근로자 또는 작업장에 대해 사업주가 유해인자에 대한 측정계획을 수립한 후 시료를 채취하고 분석·평가하는 것

(3) 적용범위

모든 사업에 적용한다. 다만, 유해위험의 종류, 사업 종류, 상시근로자 수(5인 미만) 등 대통령령으로 정하는 사업에 대해 이 법의 일부만 적용하거나 전부 적용하지 않을 수 있다.

2. 보건관리자 및 산업보건지도사

(1) 보건관리자 자격
① 산업보건지도사
② 「의료법」에 따른 의사
③ 「의료법」에 따른 간호사
④ 「국가기술자격법」에 따른 산업위생관리산업기사 또는 대기환경산업기사 이상의 자격을 취득한 사람
⑤ 「국가기술자격법」에 따른 인간공학기사 이상의 자격을 취득한 사람
⑥ 「고등교육법」에 따른 전문대학 이상의 학교에서 산업보건 또는 산업위생 분야의 학위를 취득한 사람(법령에 따라 이와 같은 수준 이상의 학력이 있다고 인정되는 사람을 포함)

(2) 보건관리자의 업무
① 산업안전보건위원회에서 심의·의결한 업무와 안전보건관리규정 및 취업규칙에서 정한 업무
② 의무안전인증대상 기계·기구 등과 자율안전확인대상 기계·기구 등 중 보건과 관련된 보호구 구입 시 적격품 선정
③ 위험성 평가에 관한 보좌 및 지도·조언
④ 물질안전보건자료의 게시 또는 비치에 관한 보좌 및 지도·조언
⑤ 산업보건의의 직무(「의료법」상 의사로 한정)
⑥ 보건교육 계획의 수립 및 실시에 관한 보좌 및 지도·조언
⑦ 근로자를 보호하기 위한 응급처치 등의 의료행위(「의료법」상 의사 또는 간호사로 한정)
⑧ 작업장 내에서 사용되는 전체 환기장치 및 국소 배기장치 등에 관한 설비의 점검과 작업방법의 공학적 개선에 관한 보좌 및 지도·조언
⑨ 사업장 순회점검·지도 및 조치의 건의
⑩ 산업재해 발생의 원인 조사·분석 및 재발 방지를 위한 기술적 보좌 및 지도·조언
⑪ 산업재해에 관한 통계의 유지·관리·분석을 위한 보좌 및 지도·조언
⑫ 법 또는 법에 따른 명령으로 정한 보건에 관한 사항의 이행에 관한 보좌 및 지도·조언
⑬ 업무수행 내용의 기록·유지
⑭ 그 밖에 보건과 관련된 작업관리 및 작업환경관리에 관한 사항으로서 고용노동부장관이 정하는 사항

(3) 보건관리자 선임 대상 사업의 종류 및 보건관리자의 수

업종	상시근로자 수	보건관리자 수
• 광업 • 섬유제품 염색업, 석유정제품 제조 • 신발 및 신발부품 제조업 • 화학물질 및 화학제품 제조업(의약품 제외) • 1차 금속 제조업 • 자동차 및 트레일러 제조업 등	2,000명 이상	2명 이상(의사 또는 간호사 1명 이상 포함)
	500명 이상 2,000명 미만	2명 이상
	50명 이상 500명 미만	1명 이상

일반 제조업	3,000명 이상	2명 이상(의사 또는 간호사 1명 이상 포함)
	1,000명 이상 3,000명 미만	2명 이상
	50명 이상 1,000명 미만	1명 이상
• 농업, 임업 및 어업 • 전기, 가스, 증기공급업 및 수도처리업 • 도·소매업 및 숙박·음식점업	5,000명 이상	2명 이상(의사 또는 간호사 1명 이상 포함)
	50명 이상 5,000명 미만	1명 이상
건설업	1,400억원이 증가할 때마다 또는 상시 근로자 600명이 추가될 때마다	1명씩 추가
	공사금액 800억 이상(토목공사업은 1,000억) 또는 상시근로자 600명 이상	1명 이상

(4) 산업보건지도사의 역할

① 작업환경의 평가 및 개선 지도
② 작업환경개선과 관련된 계획서 및 보고서 작성
③ 근로자 건강 진단에 따른 사후관리 지도
④ 직업성 질병 진단(「의료법」에 따른 의사인 산업보건지도사만 해당) 및 예방 지도
⑤ 산업보건에 관한 조사·연구
⑥ 그 밖에 산업보건에 관한 사항으로서 대통령령으로 정하는 사항

3. 산업안전보건위원회

(1) 산업안전보건위원회의 설치 대상

상시근로자 수	설치 대상
50명 이상	• 토사석 광업, 목재 및 나무제품 제조업(가구 제외) • 화학물질 및 화학제품 제조업(의약품 제외) • 비금속 광물제품 제조업, 1차 금속 제조업 • 금속 가공제품 제조업(기계 및 가구 제외) • 자동차 및 트레일러 제조업 • 타 기계 및 장비 제조업(사무용 기계 및 장비 제조업 제외) • 기타 운동장비 제조업(전투용 차량 제조업 제외)
300명 이상	• 농업, 어업, 소프트웨어 개발 및 공급업 • 컴퓨터 프로그래밍, 시스템 통합 및 관리업 • 정보서비스업, 금융 및 보험업, 임대업(부동산 제외) • 전문 과학 및 기술 서비스업(연구 및 개발업 제외) • 사업지원 서비스업, 사회복지 서비스업
120억 원 이상 (토목공사업의 경우 150억 원 이상)	건설업
100명 이상	「산업안전보건법 시행령」 별표9에서 명시된 사업을 제외한 기타 사업

(2) 산업안전보건위원회의 구성

① 근로자위원
  ㉠ 근로자 대표
  ㉡ 명예산업안전감독관
  ㉢ 근로자 대표가 지명하는 9명 이내의 해당 사업장의 근로자

② 사용자위원
  ㉠ 해당 사업의 대표자
  ㉡ 안전관리자 1명(안전관리위탁사업장 안전관리전문기관 담당자)
  ㉢ 보건관리자 1명(보건관리위탁사업장 보건관리전문기관 담당자)
  ㉣ 산업보건의(해당 사업장에 선임되어 있는 경우로 한정)
  ㉤ 해당 사업의 대표자가 지명하는 9명 이내의 해당 사업장 부서의 장

4. 물질안전보건자료

(1) 물질안전보건자료의 작성 및 제출

① 화학물질 또는 이를 포함한 혼합물로서 물질안전보건자료대상물질을 제조하거나 수입하려는 자는 다음사항을 적은 물질안전보건자료를 고용노동부령으로 정하는 바에 따라 작성하여 고용노동부장관에게 제출하여야 한다.
  ㉠ 제품명
  ㉡ 물질안전보건자료대상물질을 구성하는 화학물질 중 분류기준에 해당하는 화학물질의 명칭 및 함유량
  ㉢ 안전 및 보건상의 취급 주의 사항
  ㉣ 건강 및 환경에 대한 유해성, 물리적 위험성
  ㉤ 물리·화학적 특성 등 고용노동부령으로 정하는 사항

② 물질안전보건자료대상물질을 양도하거나 제공하는 자는 이를 양도받거나 제공받는 자에게 물질안전보건자료를 제공하여야 한다.

③ 물질안전보건자료대상물질을 취급하려는 사업주는 제공받은 물질안전보건자료를 고용노동부령으로 정하는 방법에 따라 물질안전보건자료대상물질을 취급하는 작업장 내에 이를 취급하는 근로자가 쉽게 볼 수 있는 장소에 게시하거나 갖추어 두어야 한다.

④ 물질안전보건자료대상물질을 양도하거나 제공하는 자는 고용노동부령으로 정하는 방법에 따라 이를 담은 용기 및 포장에 경고표시를 하여야 한다.

⑤ 사업주는 사업장에서 사용하는 물질안전보건자료대상물질을 담은 용기에 고용노동부령으로 정하는 방법에 따라 경고표시를 하여야 한다.

(2) 물질안전보건자료의 작성·제출 제외 대상 화학물질 등

① 「건강기능식품에 관한 법률」 제3조제1호에 따른 건강기능식품
② 「농약관리법」 제2조제1호에 따른 농약
③ 「마약류 관리에 관한 법률」 제2조제2호 및 제3호에 따른 마약 및 향정신성의약품
④ 「비료관리법」 제2조제1호에 따른 비료
⑤ 「사료관리법」 제2조제1호에 따른 사료
⑥ 「생활주변 방사선 안전관리법」 제2조제2호에 따른 원료물질
⑦ 「생활화학제품 및 살생물제의 안전관리에 관한 법률」 제3조제4호 및 제8호에 따른 안전확인대상생활화학제품 및 살생물제품 중 일반소비자의 생활용으로 제공되는 제품
⑧ 「식품위생법」 제2조제1호 및 제2호에 따른 식품 및 식품첨가물
⑨ 「약사법」 제2조제4호 및 제7호에 따른 의약품 및 의약외품
⑩ 「원자력안전법」 제2조제5호에 따른 방사성물질
⑪ 「위생용품 관리법」 제2조제1호에 따른 위생용품
⑫ 「의료기기법」 제2조제1항에 따른 의료기기
⑬ 「총포·도검·화약류 등의 안전관리에 관한 법률」 제2조제3항에 따른 화약류
⑭ 「폐기물관리법」 제2조제1호에 따른 폐기물
⑮ 「화장품법」 제2조제1호에 따른 화장품
⑯ 제1호부터 제15호까지의 규정 외의 화학물질 또는 혼합물로서 일반소비자의 생활용으로 제공되는 것(일반소비자의 생활용으로 제공되는 화학물질 또는 혼합물이 사업장 내에서 취급되는 경우를 포함)
⑰ 고용노동부장관이 정하여 고시하는 연구·개발용 화학물질 또는 화학제품
⑱ 그 밖에 고용노동부장관이 독성·폭발성 등으로 인한 위해의 정도가 적다고 인정하여 고시하는 화학물질

(3) 제조, 수입, 양도, 제공 또는 사용이 금지되는 유해물질

① β-나프틸아민과 그 염(포함된 중량의 비율이 1[%] 이하인 것은 제외)
② 4-니트로디페닐과 그 염(포함된 중량의 비율이 1[%] 이하인 것은 제외)
③ 백연을 함유한 페인트(포함된 중량의 비율이 2[%] 이하인 것은 제외)
④ 벤젠을 함유하는 고무풀(포함된 중량의 비율이 5[%] 이하인 것은 제외)
⑤ 석면(Asbestos)(포함된 중량의 비율이 1[%] 이하인 것은 제외)
⑥ 폴리클로리네이티드 터페닐(포함된 중량의 비율이 1[%] 이하인 것은 제외)
⑦ 황린 성냥
⑧ 제1호, 제2호, 제5호 또는 제6호에 해당하는 물질을 함유한 혼합물
⑨ 「화학물질관리법」 제2조제5호에 따른 금지물질(같은 법 제3조제1항제1호부터 제12호까지의 규정에 해당하는 화학물질은 제외)
⑩ 그 밖에 보건상 해로운 물질로서 산업재해보상보험 및 예방심의위원회의 심의를 거쳐 고용노동부장관이 정하는 유해물질

5. 작업환경측정

(1) 개요
① 사업주는 유해인자로부터 근로자의 건강을 보호하고 쾌적한 작업환경을 조성하기 위하여 인체에 해로운 작업을 하는 작업장으로서 고용노동부령으로 정하는 작업장에 대하여 고용노동부령으로 정하는 자격을 가진 자로 하여금 작업환경측정을 하도록 하여야 한다.
② 사업주는 작업환경측정을 한 경우에는 작업환경측정 결과보고서에 작업환경측정 결과표를 첨부하여 법령에 따른 시료채취방법으로 시료채취를 마친 날부터 30일 이내에 관할 지방고용노동관서의 장에게 제출해야 한다.
③ 작업환경측정 결과를 기록한 서류는 보존기간을 5년으로 한다. 다만, 고용노동부장관이 정하여 고시하는 물질에 대한 기록이 포함된 서류는 그 보존기간을 30년으로 한다.
④ 사업주는 작업환경측정 결과를 해당 작업장의 근로자에게 알려야 하며, 그 결과에 따라 근로자의 건강을 보호하기 위하여 해당 시설·설비의 설치·개선 또는 건강진단의 실시 등의 조치를 하여야 한다.

(2) 측정방법
① 예비조사를 실시한다.
② 작업이 정상적으로 이루어져 작업시간과 유해인자에 대한 근로자의 노출 정도를 정확히 평가할 수 있을 때 실시한다.
③ 개인시료채취방법으로 하되, 개인시료채취방법이 곤란한 경우에는 지역시료채취방법으로 실시한다.

(3) 측정횟수
① 신규로 가동, 변경되어 측정 대상 작업장이 된 경우 30일 이내 측정하고 6개월에 1회 이상 정기측정
② 3개월에 1회 이상 작업환경측정
　㉠ 화학적 인자 중 특별관리물질, 허가대상 유해물질의 측정치가 노출기준을 초과하는 경우
　㉡ 화학적 인자(특별관리물질 및 허가대상 유해물질 제외)의 측정치가 노출기준을 2배 이상 초과하는 경우
③ 1년에 1회 이상 작업환경측정
　㉠ 작업공정 내 소음 작업환경측정 결과가 최근 2회 연속 85[dB] 미만인 경우
　㉡ 작업공정 내 소음 외 다른 모든 인자의 작업환경측정 결과가 최근 2회 연속 노출기준 미만(특별관리물질 및 허가대상 유해물질은 제외)인 경우

(4) 측정시간

① 「화학물질 및 물리적 인자의 노출기준」에 시간가중평균기준(TWA)이 설정되어 있는 대상물질을 측정하는 경우에는 1일 작업시간 동안 6시간 이상 연속 측정하거나 작업시간을 등간격으로 나누어 6시간 이상 연속분리하여 측정하여야 한다. 다만, 다음 어느 하나에 해당하는 경우에는 대상물질의 발생시간 동안 측정 할 수 있다.
  ㉠ 대상물질의 발생시간이 6시간 이하인 경우
  ㉡ 불규칙작업으로 6시간 이하의 작업을 하는 경우
  ㉢ 발생원에서 발생시간이 간헐적인 경우

② 노출기준 고시에 단시간노출기준(STEL)이 설정되어 있는 물질로서 노출이 균일하지 않은 작업특성으로 인하여 단시간 노출평가가 필요하다고 자격자 또는 작업환경측정기관이 판단하는 경우에는 제1항의 측정에 추가하여 단시간 측정을 할 수 있다. 이 경우 1회에 15분간 측정하되 유해인자 노출특성을 고려하여 측정횟수를 정할 수 있다.

③ 노출기준 고시에 최고노출기준(Ceiling, C)이 설정되어 있는 대상물질을 측정하는 경우에는 최고노출수준을 평가할 수 있는 최소한의 시간동안 측정하여야 한다. 다만 시간가중평균기준(TWA)이 함께 설정되어 있는 경우에는 제1항에 따른 측정을 병행하여야 한다.

(5) 시료채취 근로자 수

① 단위작업 장소에서 최고 노출근로자 2명 이상에 대하여 동시에 개인 시료채취 방법으로 측정하되, 단위작업 장소에 근로자가 1명인 경우에는 그러하지 아니하며, 동일 작업근로자수가 10명을 초과하는 경우에는 매 5명당 1명 이상 추가하여 측정하여야 한다. 다만, 동일 작업근로자수가 100명을 초과하는 경우에는 최대 시료채취 근로자수를 20명으로 조정할 수 있다.

② 지역 시료채취 방법으로 측정을 하는 경우 단위작업장소 내에서 2개 이상의 지점에 대하여 동시에 측정하여야 한다. 다만, 단위작업 장소의 넓이가 50평방미터 이상인 경우에는 매 30평방미터마다 1개 지점 이상을 추가로 측정하여야 한다.

(6) 유해인자의 단위

① 화학적 인자의 가스, 증기, 분진, 흄(fume), 미스트(mist) 등의 농도는 피피엠[ppm] 또는 세제곱미터당 밀리그램[mg/m³]으로 표시한다. 다만, 석면의 농도 표시는 세제곱센티미터 당 섬유개수[개/cm³]로 표시한다.

② 소음수준의 측정단위는 데시벨[dB(A)]로 표시한다.

③ 고열(복사열 포함)의 측정단위는 습구·흑구 온도지수(WBGT)를 구하여 섭씨온도[℃]로 표시한다.

6. 건강진단의 종류 및 실시주기

건강진단의 종류	주요내용 및 실시주기
일반건강진단	• 상시근로자의 건강관리를 위하여 주기적으로 실시하는 건강진단 • 사무직: 2년에 1회, 비사무직: 1년에 1회
특수건강진단	• 특수건강진단 대상 유해인자에 노출되는 업무 종사 근로자 • 해당 유해인자별 주기에 따름
배치전 특수건강진단	• 특수건강진단 대상업무에 종사할 근로자에 대하여 배치 예정업무 적합성 평가를 위하여 실시하는 건강진단(특수건강진단의 한 종류) • 소음, 자외선 및 적외선, 저기압 및 관리대상 유해물질 등에 노출되는 특수건강진단 대상업무에 근로자를 배치하려는 경우에는 해당 작업에 배치하기 전에 실시
수시건강진단	해당 유해인자에 의한 건강장해를 의심하게 하는 증상을 보이거나 의학적 소견이 있는 근로자에 대하여 실시하는 건강진단
임시건강진단	다음 어느 하나에 해당하는 경우 표시하는 건강진단 • 같은 부서에 근무하는 근로자 또는 같은 유해인자에 노출되는 근로자에게 유사한 질병의 자각·타각 증상이 발생한 경우 • 직업병 유소견자가 발생하거나 여러 명이 발생할 우려가 있는 경우 • 지방고용노동관서의 장이 필요하다고 판단하는 경우

구분	유해인자	시기*	주기
1	• N.N-디메틸아세트아미드 • 디메틸포름아미드	1개월 이내	6개월
2	벤젠	2개월 이내	6개월
3	• 1,1,2,2-테트라클로로에탄 • 사염화탄소 • 아크릴로니트릴 • 염화비닐	3개월 이내	6개월
4	석면, 면분진	12개월 이내	12개월
5	• 광물성분진, 목재분진 • 소음 및 충격소음	12개월 이내	24개월
6	1~5번 제외한 특수건강진단 대상 유해인자	6개월 이내	12개월

*첫 번째 특수건강진단 실시시기

10 산업안전보건기준에 관한 규칙

1. 작업장

(1) 조도

사업주는 근로자가 상시 작업하는 장소의 작업면 조도를 다음 기준에 맞도록 하여야 한다.
① 초정밀작업: 750[lux] 이상
② 정밀작업: 300[lux] 이상
③ 보통작업: 150[lux] 이상
④ 그 밖의 작업: 75[lux] 이상

2. 보호구

(1) 보호구의 제한적 사용

사업주는 보호구를 사용하지 아니하더라도 근로자가 유해·위험작업으로부터 보호를 받을 수 있도록 설비개선 등 필요한 조치를 하여야 하고 조치가 어려운 경우에만 제한적으로 해당 작업에 맞는 보호구를 사용하도록 하여야 한다.

(2) 보호구의 지급 등

① 물체가 떨어지거나 날아올 위험 또는 근로자가 추락할 위험이 있는 작업: 안전모
② 높이 또는 깊이 2[m] 이상의 추락할 위험이 있는 장소에서 하는 작업: 안전대
③ 물체의 낙하·충격, 물체에의 끼임, 감전 또는 정전기의 대전에 의한 위험이 있는 작업: 안전화
④ 물체가 흩날릴 위험이 있는 작업: 보안경
⑤ 용접 시 불꽃이나 물체가 흩날릴 위험이 있는 작업: 보안면
⑥ 감전의 위험이 있는 작업: 절연용 보호구
⑦ 고열에 의한 화상 등의 위험이 있는 작업: 방열복
⑧ 선창 등에서 분진이 심하게 발생하는 하역작업: 방진마스크
⑨ 섭씨 영하 18도 이하인 급냉동어장에서 하는 하역작업: 방한모·방한복·방한화·방한장갑
⑩ 물건을 운반하거나 수거·배달하기 위하여 「도로교통법」에 따른 이륜자동차 또는 원동기장치자전거를 운행하는 작업: 「도로교통법 시행규칙」기준에 적합한 승차용 안전모
⑪ 물건을 운반하거나 수거·배달하기 위해 「도로교통법」에 따른 자전거등을 운행하는 작업: 「도로교통법 시행규칙」 제32조제2항의 기준에 적합한 안전모

3. 환기장치

(1) 후드
① 유해물질이 발생하는 곳마다 설치한다.
② 유해인자의 발생형태와 비중, 작업방법 등을 고려하여 발산원을 제어할 수 있는 구조로 설치한다.
③ 후드(Hood) 형식은 가능하면 포위식 또는 부스식 후드를 설치한다.
④ 외부식 또는 리시버식 후드는 해당 분진등의 발산원에 가장 가까운 위치에 설치한다.

(2) 덕트
① 가능하면 길이는 짧게 하고 굴곡부의 수는 적게 한다.
② 접속부의 안쪽은 돌출된 부분이 없도록 한다.
③ 청소구를 설치하는 등 청소하기 쉬운 구조로 한다.
④ 덕트 내부에 오염물질이 쌓이지 않도록 이송속도를 유지한다.
⑤ 연결 부위 등은 외부 공기가 들어오지 않도록 한다.

(3) 전체환기장치
① 송풍기 또는 배풍기는 가능하면 해당 분진등의 발산원에 가장 가까운 위치에 설치한다.
② 송풍기 또는 배풍기는 직접 외부로 향하도록 개방하여 실외에 설치하는 등 배출되는 분진등이 작업장으로 재유입되지 않는 구조로 한다.

4. 휴게시설 등

(1) 휴게시설
① 사업주는 근로자들이 신체적 피로와 정신적 스트레스를 해소할 수 있도록 휴식시간에 이용할 수 있는 휴게시설을 갖추어야 한다.
② 휴게시설은 인체에 해로운 분진이나 유해물질을 취급하는 장소와 격리된 곳에 설치하여야 한다.

(2) 세척시설 등
사업주는 근로자로 하여금 다음 업무에 상시적으로 종사하도록 하는 경우 근로자가 접근하기 쉬운 장소에 세면·목욕시설, 탈의 및 세탁시설을 설치하고 필요한 용품과 용구를 갖추어 두어야 한다.
① 환경미화 업무
② 음식물쓰레기·분뇨 등 오물의 수거·처리 업무
③ 폐기물·재활용품의 선별·처리 업무
④ 그 밖에 미생물로 인하여 신체 또는 피복이 오염될 우려가 있는 업무

5. 보건기준

(1) 정의

① 관리대상 유해물질: 근로자에게 상당한 건강장해를 일으킬 우려가 있어 건강장해를 예방하기 위한 보건상의 조치가 필요한 원재료·가스·증기·분진·흄, 미스트로서 별표12에서 정한 유기화합물, 금속류, 산·알칼리류, 가스상태 물질류를 말한다.

② 유기화합물: 상온·상압에서 휘발성이 있는 액체로서 다른 물질을 녹이는 성질이 있는 유기용제를 포함한 탄화수소계화합물 중 별표12 제1호에 따른 물질을 말한다.

③ 금속류: 고체가 되었을 때 금속광택이 나고 전기·열을 잘 전달하며, 전성과 연성을 가진 물질 중 별표 12 제2호에 따른 물질을 말한다.

④ 산·알칼리류: 수용액 중에서 해리하여 수소이온을 생성하고 염기와 중화하여 염을 만드는 물질과 산을 중화하는 수산화화합물로서 물에 녹는 물질 중 별표 12 제3호에 따른 물질을 말한다.

⑤ 가스상태 물질류: 상온·상압에서 사용하거나 발생하는 가스 상태의 물질로서 별표 12 제4호에 따른 물질을 말한다.

⑥ 특별관리물질: 「산업안전보건법 시행규칙」 별표 18 제1호나목에 따른 발암성 물질, 생식세포 변이원성 물질, 생식독성 물질 등 근로자에게 중대한 건강장해를 일으킬 우려가 있는 물질로서 별표 12에서 특별관리물질로 표기된 물질을 말한다.

⑦ 유기화합물 취급 특별장소: 유기화합물을 취급하는 다음 어느 하나에 해당하는 장소를 말한다.
　㉠ 선박의 내부
　㉡ 차량의 내부
　㉢ 탱크의 내부(반응기 등 화학설비 포함)
　㉣ 터널이나 갱의 내부
　㉤ 맨홀의 내부
　㉥ 피트의 내부
　㉦ 통풍이 충분하지 않은 수로의 내부
　㉧ 덕트의 내부
　㉨ 수관의 내부
　㉩ 그 밖에 통풍이 충분하지 않은 장소

⑧ 임시작업: 일시적으로 하는 작업 중 월 24시간 미만인 작업을 말한다. 다만, 월 10시간 이상 24시간 미만인 작업이 매월 행하여지는 작업은 제외한다.

⑨ 단시간작업: 관리대상 유해물질을 취급하는 시간이 1일 1시간 미만인 작업을 말한다. 다만, 1일 1시간 미만인 작업이 매일 수행되는 경우는 제외한다.

(2) 유기화합물의 설비 특례

사업주는 전체환기장치가 설치된 유기화합물 취급작업장으로서 다음 요건을 모두 갖춘 경우 밀폐설비나 국소배기장치를 설치하지 아니할 수 있다.

① 유기화합물의 노출기준이 100[ppm] 이상인 경우
② 유기화합물의 발생량이 대체로 균일한 경우
③ 동일한 작업장에 다수의 오염원이 분산되어 있는 경우
④ 오염원이 이동성이 있는 경우

6. 국소배기장치의 성능

① 사업주는 국소배기장치를 설치하는 경우에 다음 표에 따른 제어풍속을 낼 수 있는 성능을 갖춘 것을 설치하여야 한다.

물질의 상태	후드 형식	제어풍속[m/sec]
가스상태	포위식 포위형	0.4
	외부식 측방흡인형	0.5
	외부식 하방흡인형	0.5
	외부식 상방흡인형	1.0
입자상태	포위식 포위형	0.7
	외부식 측방흡인형	1.0
	외부식 하방흡인형	1.0
	외부식 상방흡인형	1.2

② 국소배기장치 후드형식별 제어풍속(허가대상 유해물질)

물질의 상태	제어풍속[m/sec]
가스상태	0.5
입자상태	1.0

③ 국소배기장치 후드형식별 제어풍속(분진작업)

분진작업장소	제어풍속[m/sec]			
	포위식	외부식 후드		
		측방흡인형	하방흡인형	상방흡인형
암석 등 탄소원료 또는 알루미늄박을 체로 거르는 장소	0.7	—	—	—
주물모래를 재생하는 장소	0.7	—	—	—
주형을 부수고 모래를 터는 장소	0.7	1.3	1.3	—
그 밖의 분진작업장소	0.7	1.0	1.0	1.2

7. 전체환기장치의 성능 등

(1) 작업시간 1시간당 필요환기량(21[℃], 1기압 기준)

$$Q = \frac{24.1 \times s \times G \times 10^6}{M \times \text{TLV}} \times K$$

여기서, Q: 작업시간 1시간 당 필요환기량[m³/hr]
s: 비중
G: 유해물질의 시간당 사용량[L/hr]
K: 안전계수
M: 분자량[g]
TLV: 유해물질의 노출기준[ppm]

8. 허가대상 유해물질 및 석면에 의한 건강장해의 예방

(1) 명칭 등의 게시

사업주는 허가대상 유해물질을 제조하거나 사용하는 작업장에 다음 사항을 보기 쉬운 장소에 게시하여야 한다.
① 허가대상 유해물질의 명칭
② 인체에 미치는 영향
③ 취급상의 주의사항
④ 착용하여야 할 보호구
⑤ 응급처치와 긴급 방재 요령

(2) 석면해체·제거작업 계획 수립

사업주는 석면해체·제거작업을 하기 전에 일반석면조사 또는 기관석면조사 결과를 확인한 후 다음 사항이 포함된 석면해체·제거작업 계획을 수립하고, 이에 따라 작업을 수행하여야 한다.
① 석면해체·제거작업의 절차와 방법
② 석면 흩날림 방지 및 폐기방법
③ 근로자 보호조치

(3) 개인보호구의 지급·착용

사업주는 석면해체·제거작업에 근로자를 종사하도록 하는 경우에 다음 개인보호구를 지급하여 착용하도록 하여야 한다.
① 방진마스크(특등급만 해당)나 송기마스크 또는 전동식 호흡보호구
② 고글형 보호안경
③ 신체를 감싸는 보호복, 보호장갑 및 보호신발

(4) 위생설비의 설치 등

사업주는 석면해체·제거작업장과 연결되거나 인접한 장소에 평상복 탈의실, 샤워실 및 작업복 탈의실 등의 위생설비를 설치하고 필요한 용품 및 용구를 갖추어 두어야 한다.

(5) 석면해체·제거작업 시의 조치

사업주는 석면해체·제거작업에 근로자를 종사하도록 하는 경우에 다음 구분에 따른 조치를 하여야 한다.

① 분무된 석면이나 석면이 함유된 보온재 또는 내화피복재의 해체·제거작업
  ㉠ 창문·벽·바닥 등은 비닐 등 불침투성 차단재로 밀폐하고 해당 장소를 음압으로 유지하고 그 결과를 기록·보존할 것(작업장이 실내인 경우에만 해당)
  ㉡ 작업 시 석면분진이 흩날리지 않도록 고성능 필터가 장착된 석면분진 포집장치를 가동하는 등 필요한 조치를 할 것(작업장이 실외인 경우에만 해당)
  ㉢ 물이나 습윤제를 사용하여 습식으로 작업할 것
  ㉣ 평상복 탈의실, 샤워실 및 작업복 탈의실 등의 위생설비를 작업장과 연결하여 설치할 것(작업장이 실내인 경우에만 해당)

② 석면이 함유된 벽체, 바닥타일 및 천장재의 해체·제거작업
  ㉠ 창문·벽·바닥 등은 비닐 등 불침투성 차단재로 밀폐할 것
  ㉡ 물이나 습윤제를 사용하여 습식으로 작업할 것
  ㉢ 작업장소를 음압으로 유지할 것(석면함유 벽체·바닥타일·천장재를 물리적으로 깨거나 기계 등을 이용하여 절단하는 작업인 경우에만 해당)

③ 석면이 함유된 지붕재의 해체·제거작업
  ㉠ 해체된 지붕재는 직접 땅으로 떨어뜨리거나 던지지 말 것
  ㉡ 물이나 습윤제를 사용하여 습식으로 작업할 것(습식 작업 시 안전상 위험이 있는 경우 제외)
  ㉢ 난방이나 환기를 위한 통풍구가 지붕 근처에 있는 경우에는 이를 밀폐하고 환기설비의 가동을 중단할 것

④ 석면이 함유된 그 밖의 자재의 해체·제거작업
  ㉠ 창문·벽·바닥 등은 비닐 등 불침투성 차단재로 밀폐할 것(작업장이 실내인 경우에만 해당)
  ㉡ 석면분진이 흩날리지 않도록 석면분진 포집장치를 가동하는 등 필요한 조치를 할 것(작업장이 실외인 경우에만 해당)
  ㉢ 물이나 습윤제를 사용하여 습식으로 작업할 것

9. 소음 및 진동에 의한 건강장해의 예방

(1) 강렬한 소음작업
강렬한 소음작업이란 다음 어느 하나에 해당하는 작업을 말한다.

발생시간	소음강도[dB(A)]
8시간 이상	90 이상
4시간 이상	95 이상
2시간 이상	100 이상
1시간 이상	105 이상
30분 이상	110 이상
15분 이상	115 이상

(2) 충격소음작업
충격소음작업이란 소음이 1초 이상의 간격으로 발생하는 작업으로서 다음 어느 하나에 해당하는 작업을 말한다.

1일 노출횟수[회]	소음강도[dB(A)]
100 이상	140 초과
1,000 이상	130 초과
10,000 이상	120 초과

최대음압수준이 140[dB(A)]를 초과하는 충격소음에 노출되어서는 안 된다.

(3) 소음수준의 주지 등
사업주는 근로자가 소음작업, 강렬한 소음작업 또는 충격소음작업에 종사하는 경우에 다음 사항을 근로자에게 알려야 한다.
① 해당 작업장소의 소음 수준
② 인체에 미치는 영향과 증상
③ 보호구의 선정과 착용방법
④ 그 밖에 소음으로 인한 건강장해 방지에 필요한 사항

(4) 청력보존 프로그램 시행 등
사업주는 다음 어느 하나에 해당하는 경우에 청력보존 프로그램을 수립하여 시행해야 한다.
① 근로자가 소음작업, 강렬한 소음작업 또는 충격소음작업에 종사하는 사업장
② 소음으로 인하여 근로자에게 건강장해가 발생한 사업장

10. 이상기압에 의한 건강장해의 예방

(1) 정의
① 고압작업: 고기압(1[kg/cm²] 이상인 기압)에서 잠함공법이나 그 외의 압기공법으로 하는 작업을 말한다.
② 압력: 게이지압력을 말한다.

(2) 공기조
① 사업주는 잠수작업자에게 공기압축기에서 공기를 보내는 경우에 공기량을 조절하기 위한 공기조와 사고 시에 필요한 공기를 저장하기 위한 공기조(예비공기조)를 설치하여야 한다.
② 예비공기조 및 예비 호흡용 기체통은 다음 기준에 맞는 것이어야 한다.
  ㉠ 예비공기조등 안의 기체압력은 항상 최고 잠수심도 압력의 1.5배 이상일 것
  ㉡ 예비공기조등의 내용적은 다음의 계산식으로 계산한 값 이상일 것

$$V = \frac{60(0.3D + 4)}{P}$$

여기서, V: 예비공기조 등의 내용적[L]
D: 최고 잠수심도[m]
P: 예비공기조 등 내의 기체압력[kg/cm²]

(3) 감압 시의 조치
사업주는 기압조절실에서 고압작업자 또는 잠수작업자에게 감압을 하는 경우에 다음 조치를 하여야 한다.
① 기압조절실 바닥면의 조도를 20럭스 이상이 되도록 할 것
② 기압조절실 내의 온도가 섭씨 10도 이하가 되는 경우에 고압작업자 또는 잠수작업자에게 모포 등 적절한 보온용구를 지급하여 사용하도록 할 것
③ 감압에 필요한 시간이 1시간을 초과하는 경우에 고압작업자 또는 잠수작업자에게 의자 또는 그 밖의 휴식용구를 지급하여 사용하도록 할 것

11. 온도에 의한 건강장해의 예방

(1) 고열장해 예방 조치
사업주는 근로자가 고열작업을 하는 경우에 열경련·열탈진 등의 건강장해를 예방하기 위하여 다음 조치를 하여야 한다.
① 근로자를 새로 배치할 경우에는 고열에 순응할 때까지 고열작업시간을 매일 단계적으로 증가시키는 등 필요한 조치를 할 것
② 근로자가 온도·습도를 쉽게 알 수 있도록 온도계 등의 기기를 작업장소에 상시 갖추어 둘 것

(2) 한랭장해 예방 조치

사업주는 근로자가 한랭작업을 하는 경우에 동상 등의 건강장해를 예방하기 위하여 다음 조치를 하여야 한다.

① 혈액순환을 원활히 하기 위한 운동지도를 할 것
② 적절한 지방과 비타민 섭취를 위한 영양지도를 할 것
③ 체온 유지를 위하여 더운물을 준비할 것
④ 젖은 작업복 등은 즉시 갈아입도록 할 것

(3) 보호구의 지급 등

① 다량의 고열물체를 취급하거나 매우 더운 장소에서 작업하는 근로자: 방열장갑과 방열복
② 다량의 저온물체를 취급하거나 현저히 추운 장소에서 작업하는 근로자: 방한모, 방한화, 방한장갑, 방한복

12. 방사선에 의한 건강장해의 예방

(1) 정의

① 방사선: 전자파나 입자선 중 직접 또는 간접적으로 공기를 전리하는 능력을 가진 것으로서 알파선, 중양자선, 양자선, 베타선, 그 밖의 중하전입자선, 중성자선, 감마선, 엑스선 및 50,000[eV] 이상(엑스선 발생장치의 경우에는 5,000[eV] 이상)의 에너지를 가진 전자선을 말한다.
② 방사선관리구역: 방사선에 노출될 우려가 있는 업무를 하는 장소를 말한다.

(2) 방사성물질 취급 작업실의 구조

사업주는 방사성물질 취급 작업실 안의 벽·책상 등 오염 우려가 있는 부분을 다음 구조로 하여야 한다.

① 기체나 액체가 침투하거나 부식되기 어려운 재질로 할 것
② 표면이 편평하게 다듬어져 있을 것
③ 돌기가 없고 파이지 않거나 틈이 작은 구조로 할 것

13. 분진에 의한 건강장해의 예방

(1) 정의

① 분진: 근로자가 작업하는 장소에서 발생하거나 흩날리는 미세한 분말 상태의 물질(황사, 미세먼지(PM-10, PM-2.5) 포함)을 말한다.
② 분진작업: 별표16에서 정하는 작업을 말한다.
③ 호흡기보호 프로그램: 분진노출에 대한 평가, 분진노출기준 초과에 따른 공학적 대책, 호흡용 보호구의 지급 및 착용, 분진의 유해성과 예방에 관한 교육, 정기적 건강진단, 기록·관리 사항 등이 포함된 호흡기질환 예방·관리를 위한 종합적인 계획을 말한다.

(2) 호흡기보호 프로그램 시행 등

사업주는 다음 어느 하나에 해당하는 경우에 호흡기보호 프로그램을 수립하여 시행하여야 한다.
① 분진의 작업환경 측정 결과 노출기준을 초과하는 사업장
② 분진작업으로 인하여 근로자에게 건강장해가 발생한 사업장

14. 밀폐공간 작업으로 인한 건강장해의 예방

(1) 정의
① 밀폐공간: 산소결핍, 유해가스로 인한 질식·화재·폭발 등의 위험이 있는 장소로서 별표 18에서 정한 장소를 말한다.
② 유해가스: 이산화탄소·일산화탄소·황화수소 등의 기체로서 인체에 유해한 영향을 미치는 물질을 말한다.
③ 적정공기: 산소농도의 범위가 18[%] 이상 23.5[%] 미만, 이산화탄소의 농도가 1.5[%] 미만, 일산화탄소의 농도가 30[ppm] 미만, 황화수소의 농도가 10[ppm] 미만인 수준의 공기를 말한다.
④ 산소결핍: 공기 중의 산소농도가 18[%] 미만인 상태를 말한다.
⑤ 산소결핍증: 산소가 결핍된 공기를 들이마심으로써 생기는 증상을 말한다.

(2) 밀폐공간 작업 프로그램의 수립·시행

사업주는 밀폐공간에서 근로자에게 작업을 하도록 하는 경우 다음 내용이 포함된 밀폐공간 작업 프로그램을 수립하여 시행하여야 한다.
① 사업장 내 밀폐공간의 위치 파악 및 관리 방안
② 밀폐공간 내 질식·중독 등을 일으킬 수 있는 유해·위험 요인의 파악 및 관리 방안
③ 밀폐공간 작업 시 사전 확인이 필요한 사항에 대한 확인 절차
④ 안전보건교육 및 훈련
⑤ 그 밖에 밀폐공간 작업 근로자의 건강장해 예방에 관한 사항

(3) 산소 및 유해가스 농도의 측정
① 사업주는 밀폐공간에서 근로자에게 작업을 하도록 하는 경우 작업을 시작하기 전에 밀폐공간의 산소 및 유해가스 농도의 측정 및 평가에 관한 지식과 실무경험이 있는 자를 지정하여 그로 하여금 해당 밀폐공간의 산소 및 유해가스 농도를 측정하여 적정공기가 유지되고 있는지를 평가하도록 해야 한다.
② 사업주는 밀폐공간의 산소 및 유해가스 농도를 측정 및 평가하는 자에 대하여 밀폐공간에서 작업을 시작하기 전에 다음 사항의 숙지여부를 확인하고 필요한 교육을 실시해야 한다.
　㉠ 밀폐공간의 위험성
　㉡ 측정장비의 이상 유무 확인 및 조작 방법
　㉢ 밀폐공간 내에서의 산소 및 유해가스 농도 측정방법
　㉣ 적정공기의 기준과 평가 방법

③ 사업주는 산소 및 유해가스 농도를 측정한 결과 적정공기가 유지되고 있지 아니하다고 평가된 경우에는 작업장을 환기시키거나, 근로자에게 공기호흡기 또는 송기마스크를 지급하여 착용하도록 하는 등 근로자의 건강장해 예방을 위하여 필요한 조치를 하여야 한다.

(4) 환기 등
사업주는 근로자가 밀폐공간에서 작업을 하는 경우에 작업을 시작하기 전과 작업 중에 해당 작업장을 적정공기 상태가 유지되도록 환기하여야 한다.

(5) 감시인의 배치 등 및 인원의 점검
① 사업주는 근로자가 밀폐공간에서 작업을 하는 동안 작업상황을 감시할 수 있는 감시인을 지정하여 밀폐공간 외부에 배치하여야 한다.
② 사업주는 근로자가 밀폐공간에서 작업을 하는 경우에 그 장소에 근로자를 입장시킬 때와 퇴장시킬 때마다 인원을 점검하여야 한다.

(6) 안전대 등
① 사업주는 밀폐공간에서 작업하는 근로자가 산소결핍이나 유해가스로 인하여 추락할 우려가 있는 경우에는 해당 근로자에게 안전대나 구명밧줄, 공기호흡기 또는 송기마스크를 지급하여 착용하도록 하여야 한다.
② 사업주는 안전대나 구명밧줄을 착용하도록 하는 경우에 이를 안전하게 착용할 수 있는 설비 등을 설치하여야 한다.

(7) 긴급 구조훈련
사업주는 긴급상황 발생 시 대응할 수 있도록 밀폐공간에서 작업하는 근로자에 대하여 비상연락체계 운영, 구조용 장비의 사용, 공기호흡기 또는 송기마스크의 착용, 응급처치 등에 관한 훈련을 6개월에 1회 이상 주기적으로 실시하고, 그 결과를 기록하여 보존하여야 한다.

11 고용노동부고시 등

1. 사무실 공기관리 지침

(1) 오염물질 관리기준

오염물질	관리기준
미세먼지(PM10)	100[μg/m³]
초미세먼지(PM2.5)	50[μg/m³]
일산화탄소(CO)	10[ppm]
이산화탄소(CO_2)	1,000[ppm]
이산화질소(NO_2)	0.1[ppm]
포름알데히드(HCHO)	100[μg/m³]
총 휘발성 유기화합물(TVOC)	500[μg/m³]
라돈	148[Bq/m³]
총부유세균	800[CFU/m³]
곰팡이	500[CFU/m³]

(2) 사무실의 환기기준

공기정화시설을 갖춘 사무실에서 근로자 1인당 필요한 최소 외기량은 0.57[m³/min]이며, 환기횟수는 시간당 4회 이상으로 한다.

(3) 사무실 공기관리 상태평가

① 근로자가 호소하는 증상(호흡기, 눈·피부 자극 등) 조사
② 공기정화설비의 환기량이 적정한지 여부 조사
③ 외부의 오염물질 유입경로 조사
④ 사무실 내 오염원 조사 등

(4) 시료채취 및 측정지점

공기의 측정시료는 사무실 안에서 공기질이 가장 나쁠 것으로 예상되는 2곳 이상에서 채취하고, 측정은 사무실 바닥면으로부터 0.9[m] 이상 1.5[m] 이하의 높이에서 한다. 다만, 사무실 면적이 500[m²]를 초과하는 경우에는 500[m²]마다 1곳씩 추가하여 채취한다.

(5) 측정결과의 평가

사무실 공기질의 측정결과는 측정치 전체에 대한 평균값을 오염물질별 관리기준과 비교하여 평가한다. 다만, 이산화탄소는 각 지점에서 측정한 측정치 중 최고값을 기준으로 비교·평가한다.

03 환기일반

01 유체역학

1. 단위, 밀도, 점성

(1) 기체압력의 단위

유체에 작용하는 힘은 압력단위로 나타내는데, 대기압은 기압계로 측정된 압력으로 보통 [mmHg]로 표시된다. 특히 표준대기압의 경우 760[mm]의 수은주에 작용하는 압력이다.

[atm]	[bar]	[Pa]	[kgf/cm²]	[kgf/m²]	[lb/in²]	Hg(0[℃])		H₂O(15[℃])	
						[mm]	[in]	[m]	[ft]
1	1.01325	101,325	1.03323	10,332	14.6960	760.00	29.921	10.332	33.929

게이지압력(Guage Pressure)은 흔히 대기압을 포함하지 않는 압력을 말하며 게이지로 측정되는 압력으로서 측정압력과 대기압의 차를 나타낸다. 만약 측정한 압력이 대기압보다 크면 양압, 적으면 음압을 나타낸다. 아울러 절대압은 대기압과 게이지압의 합을 의미한다.

(2) 밀도(Density)

단위체적당 질량을 말하며 [g/mL], [kg/m³], [lb/ft³] 등의 단위로 표시한다. 통상 기체의 밀도는 표준상태(0[℃], 1[atm])에서의 값을 의미한다. 4[℃], 1기압에서 순수한 물의 밀도는 1,000[kg/m³]이며, 0[℃], 1기압의 건조한 공기의 밀도는 1.293[kg/m³]이다.

(3) 점성(Viscosity)

① 유체가 운동하고 있을 때 분자의 혼합 및 분자 간의 인력이 유체와 유체 사이 또는 유체와 고체 사이에 발생한다. 즉, 유체의 운동을 방해하고자 하는 마찰력이 작용하게 되며, 이러한 성질을 점성 또는 유체마찰이라고 한다.

② 점성계수(μ, kgf·sec/m² 또는 kg/m·sec): 점성계수가 크면 점성의 작용이 크다는 의미이다. 따라서 점성계수가 크면 마찰력이 크게 작용하여 유체의 흐름이 느려지게 된다.

③ 동점성계수(ν, m²/sec): 점성계수를 유체의 밀도로 나눈 값으로, 유체의 저항을 조사하는 데 매우 중요하다.

$$\nu = \frac{\mu}{\rho}$$

여기서, ν: 동점성계수[m²/sec]
μ: 점성계수[kg/m·sec]
ρ: 밀도[kg/m³]

2. 비중량, 비체적, 비중

(1) 비중량(γ, kgf/m³ 또는 N/m³)

유체의 단위체적당 중량을 의미한다.

$$\gamma = \frac{W}{V} = \frac{mg}{V}$$

여기서, γ: 비중량[kgf/m³]
W: 유체의 중량[kgf]
V: 유체의 체적[m³]
m: 유체의 질량[kg]
g: 중력가속도[m/sec²]

(2) 밀도(ρ, kg/m³)

유체의 단위체적당 질량을 의미한다.

$$\rho = \frac{m}{V}$$

여기서, ρ: 밀도[kg/m³]
m: 유체의 질량[kg]
V: 유체의 체적[m³]

(3) 밀도의 관계

$$\gamma = \frac{W}{V} = \frac{mg}{V} = \rho g$$

(4) 비체적(ν, m³/kg)

유체의 단위질량당 체적을 의미하며 밀도의 역수이다.

$$\nu = \frac{V}{m} = \frac{1}{\rho}$$

여기서, ν: 비체적[m³/kg]
m: 유체의 질량[kg]
V: 유체의 체적[m³]

(5) 비중(s)

해당 물질의 밀도와 물의 밀도비로 정의된다.

기체의 비중은 동일 온도, 동일 압력에서의 건조상태공기에 대한 비로 표시되며 보통 0[℃], 1기압에 대한 값을 의미한다.

$$s = \frac{\text{해당 물질의 밀도}}{\text{물의 밀도}}$$

3. 유량, 유속

(1) 덕트 내 유속과 유량의 관계(연속방정식)

비중량이 일정한 비압축성 유체의 흐름은 덕트 내 임의의 단면에 대하여 그 단면적과 평균속도를 곱한 값이 언제나 같다. 단면적과 평균속도의 곱을 유량이라고 한다.

$$Q = AV$$

여기서, Q: 유량[m³/sec]
V: 유체의 평균속도[m/sec]
A: 단면적[m²]

(2) 유체 질량보존의 법칙

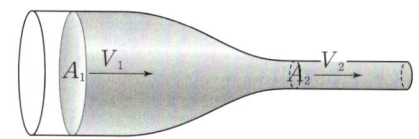

▲ $Q = A_1V_1 = A_2V_2$: 단면적에 따라 유속은 변하지만 유량은 동일함

정상류로 흐르고 있는 유체가 임의의 한 단면을 통과하는 질량은 다른 임의의 단면을 통과하는 단위시간당 질량과 같아야 한다.

$$Q = A_1V_1 = A_2V_2$$

4. 속도압, 정압, 전압, 증기압

(1) 속도압(VP; Velocity Pressure)

정지상태의 공기를 일정한 속도로 가속시키는 데 필요한 압력이다.

$$VP = \frac{\gamma V^2}{2g}$$

여기서, VP: 속도압[mmH₂O]
γ: 유체의 비중량[kgf/m³]
V: 유속[m/sec]
g: 중력가속도[m/sec²]

(2) 정압(SP; Static Pressure)

일정 공간에 있는 유체가 모든 방향의 공간 벽에 동일한 크기로 미치는 압력이다. 공간 벽을 팽창시키려는 압력을 양압(+)이라고 하고, 수축시키려는 방향으로 미치는 압력을 음압(-)이라고 한다.

환기시설에서 송풍기 앞쪽에 있는 덕트에는 안으로 수축시키려는 압력이므로 음압이 되지만 송풍기 뒤쪽에 있는 덕트에는 밖으로 팽창시키려는 압력이므로 양압이 된다. 정압은 환기장치 내 이동공기의 초기 속도를 부여하고 이동 시 발생하는 마찰과 난류로 인한 유체저항을 극복하여 공기 이동을 지속시키는 데 필요한 국소배기장치 내 잠재에너지이다.

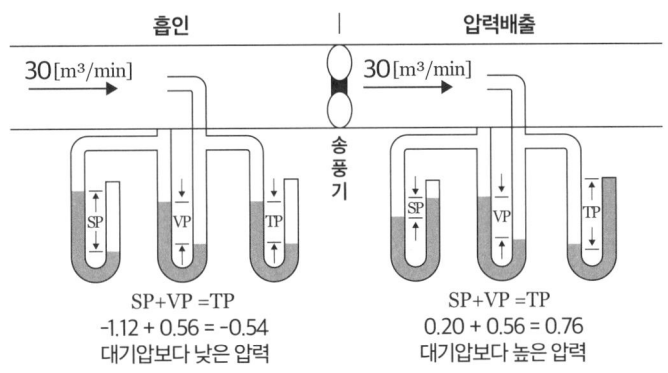

▲ 정압, 속도압, 전압 측정의 원리

(3) 전압(TP; Total Pressure)

전압은 정압과 속도압의 합으로 표현되며, 장치 내에서 필요한 전체에너지이다.

정압이나 속도압은 상호 변환이 가능하다. 즉, 정압이 큰 곳(속도가 느린 곳)에서는 속도압이 작아지고 그 반대도 성립된다.

$$TP = VP + SP$$

여기서, TP: 전압
VP: 속도압
SP: 정압

(4) 증기압

어떤 밀폐된 공간 속에서 액체의 증발이 일어날 때 기화된 분자의 운동에 의해서 생기는 압력을 그 액체의 증기압이라고 한다. 증기압은 온도가 상승함에 따라 급격히 증가하며, 밀폐된 공간에 액체를 방치해두면 액체가 증발하며 그 온도에서 공기 중 최고농도에 이르게 되는데 이때의 농도를 포화증기농도(SVC; Saturated Vapour Concentration)라고 한다.

$$SVC[\text{ppm}] = \frac{\text{해당 온도에서 물질의 증기압}[\text{mmHg}]}{\text{대기압}[\text{mmHg}]} \times 10^6$$

5. 밀도보정계수

산업환기분야는 21[℃], 0기압을 표준으로 한다.

$$d = \frac{273+21}{273+T} \times \frac{P}{760}$$

여기서, d: 밀도보정계수(무차원수)
P: 실제압력[mmHg]
T: 실제온도[℃]

6. 압력손실

(1) 정의

공기를 후드 내로 유입하기 위해서는 정지상태의 공기를 일정한 속도로 움직이도록 가속하고, 공기가 후드나 덕트로 유입될 때 발생되는 난류에 의한 압력손실을 극복해야 한다.

(2) 압력손실 발생 위치

구분	특징
후드	후드 유입, 가속, 필터 등으로 인한 압력손실
덕트 내	마찰, 곡관, 합류관, 축소판, 플렉시블 덕트 등으로 인한 압력손실
공기정화장치	집진기 종류에 따른 압력손실(가장 큼)
배기구	비마개굴뚝형 등 형태에 따른 압력손실

7. 베르누이의 정리

(1) 개요

덕트 내에서 유체가 흐를 때 유체와 덕트 내부 재질에 따른 마찰 또는 유체 내부의 소용돌이에 의한 에너지 손실로 유체가 갖는 에너지의 형태는 바뀌어도 전체 에너지 합은 변하지 않는다. 즉, 동압이 떨어지면 정압의 형태로 환원되는 등 유체가 갖는 에너지는 일정불변하다.

> **참고** 베르누이 방정식
>
> 압력에너지(P_S) + 속도에너지$\left(\frac{1}{2}\rho V^2\right)$ + 위치에너지(ρgh) = 일정
>
> $P_S + \frac{1}{2}\rho V^2 + \rho gh =$ 일정(constant)
>
> 유체가 관에서 흐를 때 위치에너지는 매우 작으므로 무시하고 비중량($\gamma = \rho g$)을 이용하여 식을 정리하면,
>
> $P_S + \frac{\gamma}{2g} \times V^2 =$ constant
>
> 여기서, P_S: 정압[mmH$_2$O]
> γ: 유체의 비중량[kgf/m^3]
> g: 중력가속도[m/sec^2]
> V: 유속[m/sec]

베르누이 방정식에서 $\dfrac{\gamma V^2}{2g}(=\mathrm{VP})$는 유속과 속도압의 관계를 나타내는 것으로, 표준상태(0[℃], 1기압)에서 공기의 비중량을 1.203[kgf/m³], 중력가속도를 9.8[m/sec²]이라 전제하면 다음과 같이 표현할 수 있다.

$$V = \sqrt{\dfrac{2g \times \mathrm{VP}}{\gamma}} = \sqrt{\dfrac{2 \times 9.8}{1.203}} \times \sqrt{\mathrm{VP}} \fallingdotseq 4.043\sqrt{\mathrm{VP}}$$

여기서, V: 유속[m/sec]
VP: 속도압[mmH₂O]

즉, 동압을 측정하면 위 식을 이용하여 덕트 내 유속을 계산할 수 있으므로 흔히 피토튜브(Pitot Tube)를 사용하여 덕트 내 동압을 측정한다.

피토튜브를 이용하여 유속을 측정할 경우 피토관계수(C)를 고려하여 측정하여야 한다. 산업위생에서 흔히 사용하는 L자형 피토튜브의 피토관계수는 1.0015±0.01이며 흔히 1.0으로 계산한다.

$$V = C\sqrt{\dfrac{2g \times \mathrm{VP}}{\gamma}}$$

여기서, V: 유속[m/sec]
C: 피토관계수

(2) 법칙 적용의 조건

환기시설 내 기류는 두 가지의 기본적인 유체역학적 원리, 즉 질량보존의 법칙과 에너지보존의 법칙에 의하여 지배된다. 이러한 법칙이 성립되기 위해서는 다음과 같은 전제조건을 만족하여야 한다.

① 환기시설 내·외의 열교환은 무시한다. 그러나, 덕트 내의 온도가 외부 온도와 크게 다를 때에는 덕트 내외에 열교환이 일어날 수 있고, 덕트 내의 온도 변화에 따라 공기유량도 변할 수 있다.
② 공기의 압축이나 팽창을 무시한다. 그러나, 환기시설의 입구로부터 마지막 송풍기까지 이동하는 동안 20[inH₂O] 이상의 압력손실이 발생하면 공기의 밀도가 5[%] 이상 달라지고 동시에 유량도 변하므로 보정이 필요하다.
③ 공기는 건조하다고 가정한다. 만약, 다량의 수증기가 포함되어 있다면 이에 대한 밀도 보정이 요구된다.
④ 대부분의 환기시설에서는 공기 중에 포함된 유해물질의 무게와 용량을 무시한다. 다만, 유해물질의 농도가 높아서 화재나 폭발 위험의 수준에 도달했을 경우에는 이에 대한 보정이 필요하다.

8. 레이놀즈수

(1) 레이놀즈수(Re; Reynolds Number)

$$Re = \dfrac{\text{관성력}}{\text{점성력}} = \dfrac{\rho DV}{\mu} = \dfrac{DV}{\nu}$$

여기서, Re: 레이놀즈수
ρ: 유체의 밀도[kg/m³]
D: 관의 직경[m]
V: 평균 유속[m/sec]
μ: 점성계수[kg/m·sec]
ν: 동점성계수[m²/sec]

① 층류(Laminar Flow): 유체 입자가 서로 층과 층을 이루며 유체의 분자들이 상하 뒤섞임 없이 질서 정연하게 흐르는 형태이다.

② 난류(Turbulent Flow): 덕트 내 유체가 빠르게 흐를 때 나타나는 나선형 흐름의 혼합 상태이다.

> **참고** 마찰계수
>
> - 층류: $f = \dfrac{64}{Re}$
>
> - 난류: $f = \dfrac{0.314}{\sqrt[4]{Re}}$ 또는 $\dfrac{e}{D}$와 Re를 통하여 찾음
>
>   여기서, e: 절대조도 D: 직경

③ 레이놀즈수는 유체의 흐름 형태를 결정하는 중요한 잣대이다. 일반적으로 원형 덕트에 대한 임계 레이놀즈수를 2,100으로 잡는다.

　㉠ $Re < 2,100$: 층류

　㉡ $2,100 < Re < 4,000$: 천이영역

　㉢ $Re > 4,000$: 난류

환기시설에서 사용하는 덕트 내의 Re는 보통 $10^5 \sim 10^6$이므로 난류를 형성하고 있다. 따라서 아무리 작은 경우에도 $Re = 3 \times 10^4$ 정도이기 때문에 대게 난류인 상태이다. 한편, 표준공기에서 동점성계수 $\nu = 1.5 \times 10^{-5} [\text{m}^2/\text{sec}]$이므로 다음과 같이 통상적으로 표현할 수 있다.

$$Re = \dfrac{DV}{\nu} = \dfrac{DV}{1.5 \times 10^{-5}} = 0.666 DV \times 10^5$$

(2) 조도(거칠기)

덕트의 조도는 상대조도(Relative Roughness)로 표시하며, 상대조도는 절대조도(Absolute Surface Roughness, 표면돌기의 평균 높이)를 덕트 직경으로 나눈 값이다.

$$\text{상대조도} = \dfrac{e}{D}$$

여기서, e: 절대조도 D: 덕트 직경

(3) 덕트 내 마찰손실

① Darcy – Weisbach 마찰계수 방정식에 의한 마찰손실

$$\Delta P = f_d \times \frac{l}{D} \times VP$$

여기서, ΔP: 마찰손실[mmH$_2$O]
f_d: 덕트마찰계수(달시마찰계수)
l: 덕트 길이[m]
D: 덕트 직경[m]
VP: 속도압[mmHg]

② Wright의 등거리 환산법에 의한 마찰손실

$$\Delta P = 5.3845 \times \frac{V^{1.9}}{D^{1.22}}$$

여기서, ΔP: 단위길이당 압력손실[mmH$_2$O]
V: 유속[m/sec]
D: 덕트 직경[mm]

02 기온, 습도, 대기

1. 기온(Air Temperature)

(1) 지적온도(Optimum Temperature)
① 인간 활동에 가장 좋은 상태인 이상적인 온열조건이다.(통상 16~20[℃])
② 작업량이 많을수록 체열 생산량도 많아지므로 지적온도는 낮아진다.
③ 여름이 겨울보다 지적온도가 높다.
④ 뜨거운 음식, 알코올, 기름진 음식 등을 섭취하면 지적온도는 낮아진다.
⑤ 노인보다 젊은 사람의 지적온도가 낮다.
⑥ 여성보다 남성의 지적온도가 낮다.

> **참고** 절대온도[K]와 화씨온도[℉]
> - K = 273 + 섭씨온도[℃]
> - ℉ = $\left[\frac{9}{5} \times 섭씨온도[℃]\right] + 32$

(2) 감각온도(실효온도)
① 기온, 습도, 기류의 조건에 따른 체감온도이다.
② 기류속도가 0.5[m/sec] 이상일 경우 고온의 영향이 과대평가된다.
③ 통상 습구흑구온도지수(WBGT)를 사용하여 감각온도를 평가한다.

2. 습도(Humidity)

(1) 정의
공기 중에 있는 수증기의 포화도를 의미하며, 작업환경과 밀접한 관계가 있다.(40~70[%]의 상대습도가 적정) 포화습도는 기온이 높을 때 높아지고 기온이 낮을 때 낮아진다.

(2) 종류
① 절대습도: 공기 1[m³] 중에 포함되어 있는 수증기의 양 또는 수증기의 압력이다.
② 포화습도: 일정 공기 중의 수증기량이 한계를 넘을 때 공기 중의 수증기량이나 압력이다. 즉, 공기 1[m³]이 포화상태에서 함유할 수 있는 수증기량 또는 압력이다.
③ 상대습도(비교습도): 포화습도에 대한 절대습도의 비를 [%]로 나타낸 것이다.

$$상대습도 = \frac{절대습도}{포화습도} \times 100$$

(3) 습도 측정방법
① 측정기 종류: 아스만 통풍온습도계, 아우구스트 건습계, 회전습도계, 모발습도계, 자기습도계
② 아스만 통풍온습도계: 습구의 거즈를 스포이드로 적시고 팬을 회전시킨 후 4~5분이 경과한 후 건습구 온도를 읽어 습도표를 사용하여 습도를 구한다.

3. 대기

공기는 질소(78.09[%]), 산소(20.95[%]), 아르곤(0.93[%]), 이산화탄소(0.03[%]) 및 기타 가스, 먼지 등으로 구성되어 있으며, 질량을 가지고 있다.

(1) 표준상태의 정의
① 산업환기분야: 21[℃], 1기압
② 산업위생분야: 25[℃], 1기압
③ 일반화학분야: 0[℃], 1기압

(2) 공기의 성질
① 공기밀도(0[℃], 1기압): 1.3[kg/m³]
② 기체의 비중: 해당 기체의 질량 대 공기질량(28.97)의 비율
③ 유효비중: 증기나 가스의 비중으로 물질 간의 상대적인 무게를 비교

03 전체환기와 환기량

1. 전체환기의 개요

(1) 전체환기의 정의

실외의 신선한 공기를 공급하고 실내의 오염공기를 실외로 배출하여 오염공기를 희석하는 방법이다.

(2) 전체환기의 목적

① 신선한 공기를 공급하고 유해물질을 배출하여 농도를 희석한다.
② 화재나 폭발이 발생하지 않도록 농도를 폭발하한계 미만으로 낮춘다.
③ 온·습도를 조절한다.

(3) 전체환기 설치의 기본원칙

① 배출공기를 보충하기 위하여 신선한 공기를 공급한다.
② 오염물질 배출구는 가능한 한 오염발생원으로부터 가까운 곳에 설치하여 점환기의 효과를 얻는다.
③ 공기배출구와 근로자의 작업위치 사이에 오염발생원이 위치하도록 한다.
④ 공기가 배출되면서 오염장소를 통과하도록 공기배출구와 유입구의 위치를 선정한다.
⑤ 배출된 공기가 재유입되지 않도록 배출구 높이를 설계하고 창문이나 출입문 위치를 피한다.

2. 전체환기의 종류

(1) 강제환기방법

① 급기는 루버나 창문을 이용한 자연급기 또는 팬을 이용한 강제급기를 모두 사용한다.
② 지붕 또는 벽면에 배기팬을 설치하여 오염물질을 환기시키는 방법이다.

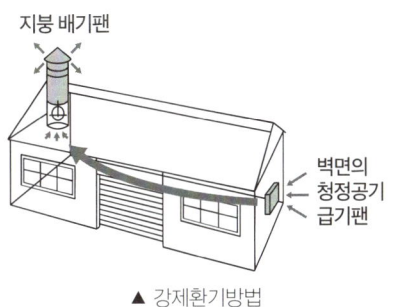

▲ 강제환기방법

(2) 자연환기방법

① 자연환기는 실내외 온도차 및 풍력 등 자연적인 힘을 이용한 환기방법이다.
② 지붕 모니터 등을 이용하여 공장 내 오염물질을 배출시킨다.

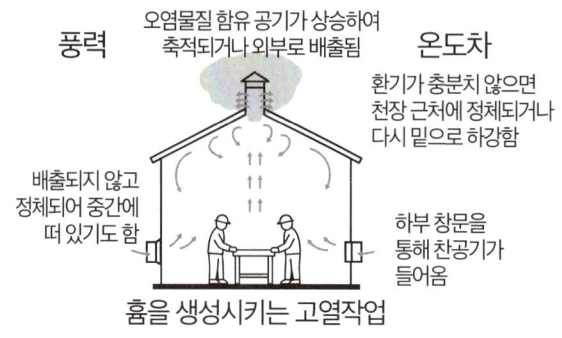
▲ 자연환기방법

구분	장점	단점
강제환기	• 필요환기량을 송풍기 용량으로 조절 • 작업환경을 일정하게 유지	송풍기 가동에 따른 소음, 진동뿐만 아니라 에너지 비용 발생
자연환기	• 소음 및 운전비가 없음 • 적당한 온도차와 바람이 있다면 기계환기보다 효과적임 • 효율적인 자연환기는 냉방비 절감효과가 있음	• 환기량의 변화가 심함(기상조건, 작업장 내부 조건) • 환기량 예측자료가 없음 • 벤틸레이터 형태에 따른 효율평가자료가 없음

3. 건강보호를 위한 전체환기

(1) 전체환기의 조건
① 오염발생원에서 발생하는 유해물질의 양이 적어 국소배기장치 설치가 비경제적인 경우
② 작업장이 오염발생원으로부터 멀리 떨어져 있어 유해물질의 농도가 허용기준 이하인 경우
③ 오염물질의 독성이 낮은 경우
④ 오염물질의 발생량이 균일한 경우
⑤ 한 작업장 내에 오염발생원이 분산되어 있는 경우
⑥ 오염발생원이 이동성인 경우
⑦ 국소배기장치 설치가 불가능한 경우

(2) 전체환기 시스템을 설계할 때 고려사항
① 필요환기량은 오염물질을 충분히 희석하기 위하여 실제 데이터를 사용해야 한다.
② 오염발생원의 근처에 배기구를 설치한다.
③ 급기구나 배기구는 환기용 공기가 오염영역을 통과하도록 위치시킨다.
④ 충만실 등을 이용하여 배기하는 공기량만큼 보충한다.
⑤ 작업자와 배기구 사이에 오염발생원을 위치시킨다.
⑥ 배기한 공기가 재유입되지 않게 한다.
⑦ 인접한 작업공간이 존재할 경우에는 배기를 급기보다 약간 많이 하고, 존재하지 않을 경우 급기를 배기보다 약간 많이 한다.

4. 전체환기 시스템 설계 방정식(Mass Balance)

$$V\frac{dC}{dt} = G(\text{발생량}) - Q'C(\text{제거량})$$

여기서, V: 작업장의 체적[m^3]
C: 오염물질의 농도[m^3/m^3]
G: 오염물질 발생량[m^3]
Q': 유효환기량[m^3]

(1) 정상상태에서의 방정식

오염물질의 발생량과 환기에 의해 제거되는 양이 같을 경우(즉, 오염물질의 발생량만큼 환기하였을 경우, $\frac{dC}{dt} = 0$)

$$G = Q'C$$

$$Q' = \frac{G}{C}$$

불완전혼합을 고려하여 혼합계수(Mixing Factor, K)를 도입한다.
(보통 $1 \leq K \leq 10$)

$$Q = \left(\frac{G}{C}\right)K$$

여기서, Q': 유효환기량
Q: 실제환기량

(2) 시간에 따른 오염물질 농도의 변화

$$VdC = Gdt - Q'Cdt$$

$$\frac{dC}{G - Q'C} = \frac{dt}{V}$$

$$\int_{C_1}^{C_2} \frac{dC}{G - Q'C} = \int_{t_1}^{t_2} \frac{dt}{V}$$

$$\ln\left(\frac{G - Q'C_2}{G - Q'C_1}\right) = -\frac{Q'}{V}(t_2 - t_1)$$

초기농도 $C_1 = 0$일 때, 시간 t가 경과한 후의 농도 C_2는 다음과 같이 구할 수 있다.

$$C_2 = \frac{G\left[1 - e^{\left(\frac{-Q'\Delta t}{V}\right)}\right]}{Q'}$$

(3) 오염물질의 발생이 정지되어 환기에 의해 오염물질의 농도가 감소될 경우($Gdt = 0$)

$$VdC = -Q'Cdt$$

$$\int_{C_1}^{C_2} \frac{dC}{C} = -\frac{Q'}{V}\int_{t_1}^{t_2} dt$$

$$\ln\left(\frac{C_2}{C_1}\right) = -\frac{Q'}{V}(t_2 - t_1)$$

(4) 혼합물질 발생 시의 환기량

혼합물질이 존재할 경우 혼합물 각각의 유해성보다는 복합적 유해성이 중요하다. 이러한 작용의 종류로는 상가작용, 상승작용, 독립작용, 길항작용 등이 있다.

① 상가작용: 각 유해물질의 농도를 허용농도기준 이하로 유지되도록 각각에 대한 환기량을 계산한 후 각각의 환기량을 모두 합하여 필요환기량을 구한다.

② 독립작용: 각 물질에 대한 환기량 중에서 가장 큰 값을 필요환기량으로 구한다.

5. 환기량 산정방법

(1) 화재 및 폭발방지를 위한 전체환기량

환기량을 구한 후 보일-샤를의 법칙으로 온도를 보정해야 한다.

$$Q = \frac{24.1 \times s \times G \times 100}{M \times \text{LEL} \times B} \times K$$

여기서, Q: 화재 및 폭발방지를 위한 전체환기량[m³/hr]
s: 비중
G: 시간당 사용량[L/hr]
K: 안전계수
M: 분자량[g]
LEL: 폭발방지 최저농도[%]
B: 상승온도에서 LEL의 감소를 나타내는 상수로써, 120[℃]까지는 1, 120[℃] 초과 시 0.7

$$Q' = Q \times \left(\frac{273 + t}{273 + 21} \right)$$

여기서, Q': 보정 후 환기량
Q: 표준공기(21[℃]) 환기량
t: 실제 온도[℃]

> **참고** K(안전계수) 결정 요인
> - 노출기준
> - 환기방식의 효율성 및 실내유입 보충용공기의 혼합과 기류 분포
> - 유해물질의 발생률
> - 공정 중 근로자의 위치와 근로자-발생원 사이의 거리
> - 작업장 내 유해물질 발생원의 위치와 수

(2) 혼합물질 발생 시의 전체환기량

① 단일물질의 시간당 필요환기량

$$Q = \frac{24.1 \times s \times G \times 10^6}{M \times \text{TLV}} \times K$$

여기서, Q: 작업시간 1시간당 필요환기량[m³/hr]
s: 비중
G: 유해물질의 시간당 사용량[L/hr]
K: 안전계수
M: 분자량[g]
TLV: 유해물질의 노출기준[ppm]

② 혼합물질의 시간당 필요환기량
  ㉠ 상가작용일 경우: 각 유해물질의 환기량을 모두 합한 환기량을 적용
  ㉡ 독립작용일 경우: 각 유해물질의 환기량 중 가장 큰 값을 적용

(3) 온열관리와 환기

① 인적환기(Human ventilation)

온도, 습도 및 공기유동에 의해 결정되는 온감을 조절함으로써 근로자가 불쾌감을 느끼지 않고 생리적 장애를 일으키지 않도록 하기 위한 전체환기를 말한다.

② 환경요소지수
  ㉠ WBGT(습구흑구온도, Wet-Bulb Glove Temperature)
  ㉡ ET(실효온도, Effective Temperature)

③ 수증기 발생 시 필요환기량

$$Q = \frac{W}{\gamma \Delta G} = \frac{W}{1.2 \Delta G}$$

여기서, Q: 필요환기량[m³/hr]
W: 수증기 발생량[kgf/hr]
γ: 공기의 비중량(1.2[kgf/m³])
ΔG: 급배기의 절대습도차($=G_i-G_O$)
G_i: 셀 내의 중량절대습도[kgf/kgf건기]
G_O: 외부의 중량 절대습도[kgf/kgf건기]

④ 발열 시 필요환기량

$$Q = \frac{H_S}{C_p \times \Delta t} = \frac{H_S}{0.3 \Delta t}$$

여기서, Q: 필요환기량[m³/hr]
H_S: 작업장 내 열부하[kcal/hr]
C_p: 체적비열[kcal/m³·℃]
Δt: 급배기(실내외) 온도차[℃]

(4) 레시버식 캐노피(천개형)후드 설계

레시버식 캐노피후드는 배출원의 크기(E)에 대한 후드면과 배출원 간의 거리(H)의 비(H/E)를 0.7 이하로 설계하는 것이 바람직하다.

① 소요송풍량(난기류가 있을 경우)

$$Q' = Q\{1+(m \times K_L)\} = Q(1+K_D)$$

여기서, Q': 소요송풍량
Q: 필요환기량(열상승기류량)
m: 누출안전계수
K_L: 누입한계유량비
K_D: 설계유량비

② 소요송풍량(난기류가 없을 경우)

$$Q' = Q(1+K_L)$$

여기서, Q': 소요송풍량
Q: 열상승기류량
K_L: 누입한계유량비

6. 실내환기량 평가

(1) 공기교환횟수(ACH; Air Change per Hour)

시간당 공기교환횟수 또는 교환율은 실내환기량을 평가하는 데 사용될 수 있다.

$$\text{ACH} = \frac{Q}{V}$$

여기서, ACH: 공기교환횟수[회/hr]
Q: 필요환기량[m³/hr]
V: 실내 용적[m³]

① CO_2 농도를 이용하는 방법

$$\text{ACH} = \frac{\ln(C_1 - C_O) - \ln(C_2 - C_O)}{t}$$

여기서, C_1: 측정 초기 이산화탄소 농도[ppm]
C_2: t시간 후 이산화탄소 농도[ppm]
C_O: 외부공기 중 이산화탄소 농도[ppm]
t: 환기시간[hr]

② 트레이서(Tracer) 가스를 이용하는 방법

$$\text{ACH} = \frac{\ln C_1 - \ln C_2}{t} \times 100$$

여기서, C_1: 시간 t_1에서의 트레이서 가스 농도[%]
C_2: 시간 t_2에서의 트레이서 가스 농도[%]

(2) 급기 중 외부공기의 함량 측정방법(OA, Outdoor Air)

$$\text{외부공기함량}[\%] = \frac{C_R - C_S}{C_R - C_O} \times 100$$

여기서, C_R: 재순환 공기 중 CO_2 농도[ppm]
C_S: 급기 중 공기 중 CO_2 농도[ppm]
C_O: 외부 공기 중 CO_2 농도[ppm]

(3) 실내 CO_2 발생 시 필요환기량

$$\text{필요환기량}[m^3/hr] = \frac{CO_2 \text{ 발생량}[m^3/hr]}{\text{실내 } CO_2 \text{ 기준농도}[\%] - \text{실외 } CO_2 \text{ 기준농도}[\%]} \times 100$$

에듀윌이
너를
지지할게

ENERGY

길이 가깝다고 해도 가지 않으면 도달하지 못하며,
일이 작다고 해도 행하지 않으면 성취되지 않는다.

– 순자

04 국소환기

01 국소배기시설

1. 국소배기장치

발생원에서 발생되는 유해물질을 후드, 덕트, 공기정화장치, 배풍기 및 배기구를 설치하여 배출하거나 처리하는 장치로 전체환기보다 작업자의 건강장해 예방에 더 효율적이다.

(1) 국소배기시설의 구성

후드 → 덕트 → 공기정화장치 → 송풍기 → 배기구(굴뚝) 순으로 구성된다.

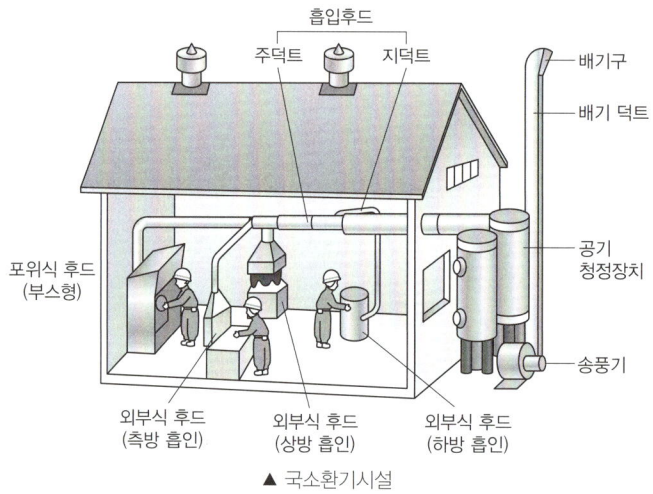

▲ 국소환기시설

(2) 국소배기시설의 역할

① 발생원에서 유해물질을 포집하여 제거하므로 전체환기보다 환기효율이 좋다.
② 필요송풍량이 전체환기보다 적어 경제적이다.
③ 분진의 제거도 가능하다.

2. 후드

(1) 후드의 선정조건

① 필요환기량을 최소화 한다.
  ㉠ 발생원을 가능한 한 포위하는 형태인 포위식 형식의 구조로 하고, 발생원을 포위할 수 없을 때는 발생원과 가장 가까운 위치에 외부식 후드를 설치한다.
  ㉡ 발생/배출되는 오염물질의 절대량을 감소시키는 것이 필요환기량을 감소시키는 방법이다.

ⓒ 방해기류를 최소화하여 후드 개구면에서 기류가 균일하게 분포되도록 설계한다.
ⓔ 한 부분의 최소설계속도를 맞추려고 다른 후드나 개구부보다 높은 속도로 설계하지 않는다.
② 후드의 흡입방향은 유해물질이 작업자의 호흡영역을 통과하지 않도록 설계한다.
③ 후드의 형태는 작업에 방해되지 않도록 설치한다.
④ 유해물질의 성상 및 후드의 형태에 따른 적정 제어풍속을 만족하도록 설치한다.
⑤ 변형 등이 발생하지 않는 충분한 강도를 지닌 내마모성 또는 내부식성 등의 재질을 사용한다.
⑥ 오염발생원의 흡인거리, 물질, 비중 등 일반적인 오류를 범하지 말아야 한다.
  ㉠ 후드의 개구면에서 멀리 떨어진 곳에서도 공기를 흡입할 수 있다는 착각을 주의한다.
  ㉡ 후드 개구면에서 60[cm] 이상 벗어나면 충분한 포집이 불가능하다.
  ㉢ 작업장 내 방해기류는 오염물질을 공기 중으로 비산시켜 바닥으로 가라앉지 않게 한다.
⑦ ACGIH 또는 OSHA의 설계나 KOSHA(한국산업안전보건공단)의 표준환기모델을 따른다.

(2) 후드와 관련된 용어

① 플랜지(Flange)

흡인 시 후드 뒤에서 돌아오는 공기의 흐름을 방지하고 흡입속도를 증가시키기 위해 후드 개구부에 부착하는 판을 말한다.

② 테이퍼(Taper)

후드와 덕트가 연결되는 부위에 급격한 단면의 변화로 인한 손실을 방지하고 배기를 균일하게 하기 위하여 점진적인 경사를 두는 부위이다.

▲ 플랜지

③ 차단판(차폐막, Baffle)

사각형 후드나 포위형 부스의 내부에 설치하여 개구면의 유속을 균일하게 해주는 판 또는 기류배분판이다.

④ 슬롯(Slot)

후드 개방부분이 길이는 길고 높이(폭)가 좁은 형태로, 높이와 길이의 비가 0.2 이하인 경우를 말하며 유속이 개구부 전체에 균일하게 분포되게 할 목적으로 사용한다.

⑤ 충만실(Plenum)

슬롯후드의 뒤쪽에 위치하여 압력을 균일화시키는 공간이다.

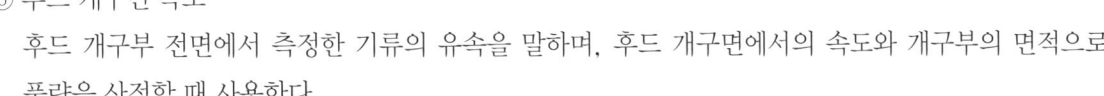
▲ 슬롯형

⑥ 후드 개구면 속도

후드 개구부 전면에서 측정한 기류의 유속을 말하며, 후드 개구면에서의 속도와 개구부의 면적으로 풍량을 산정할 때 사용한다.

⑦ Null Point

후드 방향의 제어속도와 후드 반대쪽으로 비산하는 오염물질의 속도합이 0이 되는 지점이다.

⑧ 제어풍속

발생원이 작업자에게 노출되지 않도록 후드 내로 유입시키기 위한 최소속도이다.

3. 후드의 종류

(1) 포위식 후드(포위형, 장갑부착상자형, 건축부스형, 드래프트 챔버형)
유해물질 발생원이 후드로 완전히 포위되어 후드 내부에 유해물질 발생원이 위치하는 형태의 후드이다.

▲ 포위형

(2) 외부식 후드(레시버형, 포집형, 그리드형, 푸쉬-풀형)
유해물질 발생원을 후드 외부에 두고 송풍기에 의한 흡인력으로 후드 개구부로 유해물질을 흡인한 후 제거하는 후드이다.

① 레시버식 후드(그라인더커버형, 캐노피형)

방향성을 가진 기류에 의해 유해물질을 흡인한 후 제거하는 후드로, 회전 연삭기에서 입자상 물질이 연삭기 회전방향으로 배출되고, 가열로의 열에 의해 기류가 상승하는 후드 등이 있다.

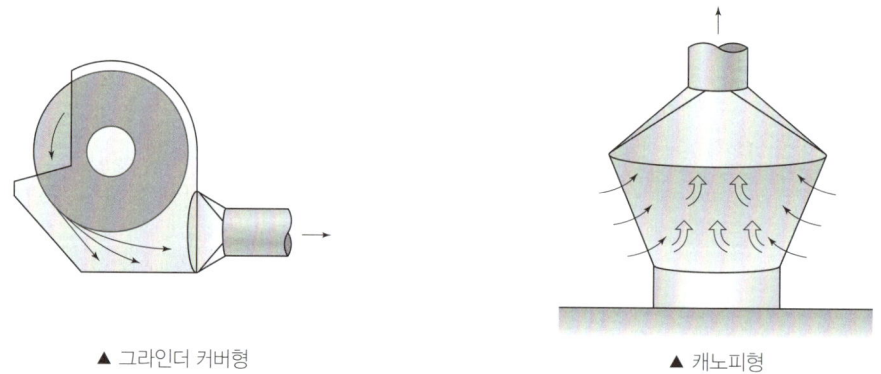

▲ 그라인더 커버형   ▲ 캐노피형

② 푸쉬-풀형(Push-Pull) 후드

오염발생원이 있는 개방조의 한 면에서 압축공기를 분사하고 반대면에서는 슬롯형 후드로 흡인하는 국소배기방법이다.

㉠ 도금조와 같이 상부가 개방되어 있고 그 면적이 넓어 한쪽 방향에 후드를 설치하는 것으로는 충분한 흡인력이 발생되지 못하는 경우에 포집효율을 증가시키면서 필요 유량을 대폭 감소시킬 수 있다.

㉡ 작업자의 방해가 적고 적용이 용이하다.

㉢ 원료의 손실이 크고 설계법이 어려우며 효과적으로 성능을 발휘하지 못하는 경우가 있다.

㉣ 공정에서 작업물체를 처리조에 넣거나 꺼내는 중에 공기막이 파괴되어 오염물질이 발생하는 단점이 있다.

㉤ 노즐의 전체면적은 기류분포를 고르게 하기 위해 노즐 충만실 단면적의 50[%]를 넘지 않도록 하여야 한다.

③ 포집형 후드

오염발생원의 외부에 설치하여 송풍기의 흡인력을 이용하여 오염물질을 처리하는 후드로 상방형, 측방형, 하방형 및 슬롯형 등의 종류가 있다.

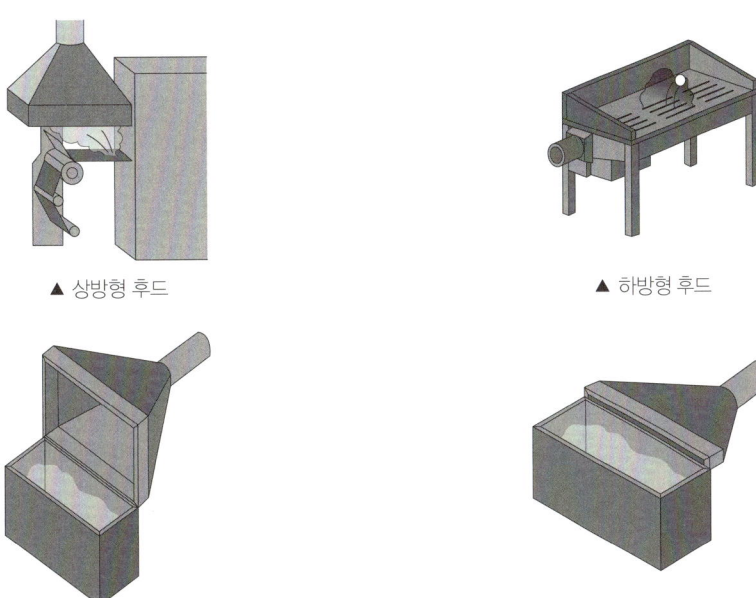

▲ 상방형 후드　　　　　　　　　　▲ 하방형 후드

▲ 측방형 후드　　　　　　　　　　▲ 슬롯후드

(3) 후드의 종류별 장단점

구분	장점	단점
포위식	• 오염발생원이 후드 내에 있어 작업장의 완전한 오염방지 가능 • 최소 필요환기량으로 유해물질 제거가 가능 • 난기류 등의 영향을 거의 받지 않아 효율적 • 독성이 높은 물질을 취급하는 작업장에 적합	• 상황에 따라 작업방해가 클 수 있음 • 개구부가 클수록 적정 제어풍속 설계가 어려움
외부식	다른 종류의 후드보다 작업방해가 적음	• 포위형 후드에 비해 필요송풍량이 많음 • 난기류의 영향을 포위형에 비해 많이 받음 • 후드 주변의 기류속도가 빠르기 때문에 쉽게 흡인될 수 있는 물질은 손실됨
레시버식 (그라인더커버형)	유해물질이 발생원에서 관성기류 등 일정방향의 흐름을 이용하여 효율적임	• 연삭작업시 발생분진의 대부분은 받침대 위에서 수반기류에 휘말려서 커버 하부의 개구부로 흡인되지 않고 발진하게 됨 • 분진의 비산방향이 개구면으로 향하지 않기 때문에 흡입이 잘 되지 못함
푸쉬-풀형	• 다른 종류의 후드보다 작업방해가 적음 • 포집효율을 증가시키면서 필요환기량 감소 가능 • 발생원이 넓은 개방조 등에 적용이 가능	• 푸쉬-풀 형태로 설계가 어려움 • 설계 오류 시 유해물질 비산의 위험이 있음 • 원료 손실이 큼

4. 후드 형태별 필요환기량

(1) 후드 형태별 필요환기량

후드 형태		W : L	필요환기량	비고
복수 슬롯형		0.2 이상	$Q = V_c(10X^2 + A)$	
복수 슬롯형 (플랜지 부착)		0.2 이상	$Q = 0.75V_c(10X^2 + A)$	
슬롯형		0.2 이하	$Q = 3.7LXV_c$	
슬롯형 (플랜지 부착)		0.2 이하	$Q = 2.6LXV_c$	Q : 필요환기량[m³/sec] V_c : 제어속도[m/sec] X : 포착점까지의 거리[m] A : 면적[m²] L : 장변의 길이[m] W : 단변의 길이[m]
원형, 사각형 외부식		0.2 이상 및 원형	$Q = V_c(10X^2 + A)$	
원형, 사각형 외부식 (플랜지 부착)		0.2 이상 및 원형	$Q = 0.75V_c(10X^2 + A)$	
작업대 위 원형, 사각형 외부식		0.2 이상 및 원형	$Q = V_c(5X^2 + A)$	
작업대 위 원형, 사각형 외부식 (플랜지 부착)		0.2 이상 및 원형	$Q = 0.5V_c(10X^2 + A)$	

(2) 후드 개구면 속도

후드 개구면에서 균일한 유속분포가 생성되어야 오염물질을 성공적으로 포집할 수 있다. 따라서, 다음 방법을 통해 후드 개구면 속도를 균일하게 유지한다.

① 플랜지 부착
② 테이퍼 부착
③ 분리날개 설치
④ 슬롯 사용
⑤ 차단판 사용

(3) 후드의 기류 구분

① 잠재중심부: 분사구에서 5d(d: 분사구 직경)까지 분사속도가 변하지 않는 부분이다.
② 천이부: 분사구에서 5d로부터 30d까지 분사속도의 50[%]가 줄어드는 부분이다.
③ 완전개구부: 분사구에서 30d 이후 부분이다.

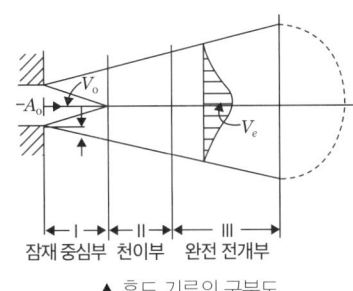
▲ 후드 기류의 구분도

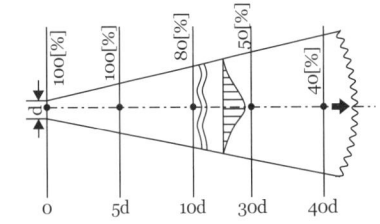
▲ 분사구 직경과 분사 길이에 의한 기류의 감소

(4) 후드를 사용하여 흡인할 때의 유의사항

① 후드는 오염발생원 포집에만 집중할 수 있도록 가능한 한 발생원에 가까이 접근시킨다.
② 발생원과 후드 간의 장해물에 의한 기류의 흐름을 충분히 고려한다.(필요 시 에어커튼 활용)
③ 후드의 개구면적을 작게 하여 흡인 개구부의 포착속도를 높인다.
④ 오염발생원을 충분히 포집할 수 있는 제어풍속을 유지한다.

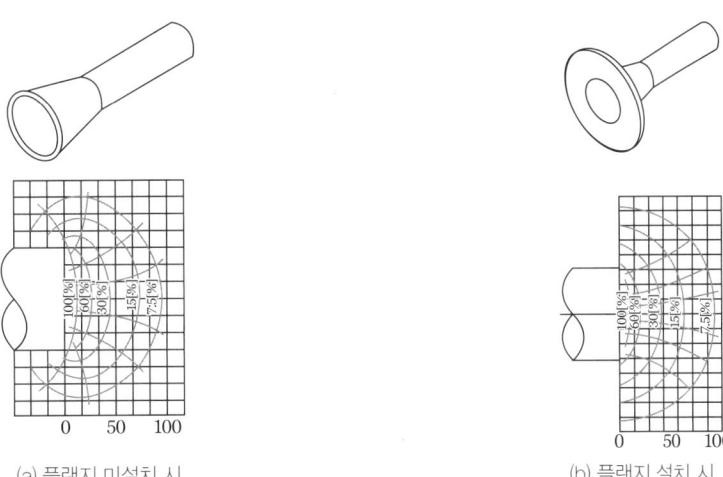

(a) 플랜지 미설치 시   (b) 플랜지 설치 시
▲ 플랜지 설치 유무에 따른 원형 후드의 등속흡인선 분포

5. 후드의 정압

공기가속에 필요한 에너지와 난류에 의한 압력손실을 합하여 후드정압(Hood Static Pressure, SP_h)이라 하며 다음 식으로 표시한다.

$$SP_h = VP + h_e = VP + F_h \times VP = VP(1 + F_h)$$

$$F_h = \frac{1 - C_e^2}{C_e^2} = \frac{1}{C_e^2} - 1$$

여기서, SP_h: 후드정압
VP: 속도압(가속손실)
h_e: 후드유입손실
F_h: 유입손실계수
C_e: 유입계수

6. 덕트

후드에서 흡인한 오염물질을 공기정화장치와 송풍기를 거쳐 배기구까지 운반하는 관이다.

(1) 통기저항 및 반송속도

① 통기저항: 송풍관의 내부를 흐르는 공기 흐름을 방해하는 저항이다.
② 반송속도: 덕트를 통하여 이동하는 유해물질이 덕트 내에서 퇴적이 일어나지 않는 상태로 이동시키기 위하여 필요한 최소 풍속이다.

발생형태	유해물질 종류	반송속도[m/sec]
증기·가스·연기	모든 증기, 가스 및 연기	5.0~10.0
흄	아연흄, 산화알미늄흄, 용접흄 등	10.0~12.5
미세하고 가벼운 분진	미세한 면분진, 미세한 목분진, 종이분진 등	12.5~15.0
건조한 분진이나 분말	고무분진, 면분진, 가죽분진, 동물털분진 등	15.0~20.0
일반 산업분진	그라인더 분진, 일반적인 금속분말분진, 모직물분진, 실리카분진, 주물분진, 석면분진 등	17.5~20.0
무거운 분진	젖은 톱밥분진, 입자가 혼입된 금속분진, 샌드블라스트분진, 납분진	20.0~22.5
무겁고 습한 분진	습한 시멘트분진, 작은 칩이 혼입된 납분진, 석면덩어리	22.5 이상

③ 반송속도 결정요소
  ㉠ 작업 종류
  ㉡ 분진 종류
  ㉢ 분진 성질
  ㉣ 배관 형태

(2) 덕트 배치 시 유의사항

① 가능하면 길이는 짧게 하고 굴곡부의 수는 적게 할 것
② 접속부의 안쪽은 돌출된 부분이 없도록 할 것
③ 청소구를 설치하는 등 청소하기 쉬운 구조로 할 것
④ 덕트 내부에 오염물질이 쌓이지 않도록 이송속도를 유지할 것
⑤ 연결 부위 등은 외부 공기가 들어오지 않도록 할 것

(3) 덕트 설치 시 고려사항

① 가급적 원형 덕트를 사용하는 것이 좋다.
② 덕트의 굴곡과 접속은 공기흐름의 저항이 최소화될 수 있도록 한다.
③ 덕트 내부는 가능한 한 매끄러워야 하며, 마찰손실을 최소화 한다.
④ 마모성, 부식성 유해물질을 반송하는 덕트는 충분한 강도를 지녀야 한다.
　㉠ 아연도금강판(함석판): 부식, 마모의 우려가 없는 것
　㉡ 스테인리스강판, 경질염화비닐판: 강산이나 염산을 유리하는 염소계 용제
　㉢ 강판: 가성소다 등의 알칼리 용제
　㉣ 흑피강판: 주물사와 같이 마모의 우려가 있는 입자나 고온가스의 배기
　㉤ 중질콘크리트: 전리·방사성물질
⑤ 덕트 내부에는 분진, 흄, 미스트 등이 퇴적할 수 있으므로 청소가 가능한 부위에 청소구를 설치한다.
⑥ 수증기 등 응축이 일어날 수 있는 유해물질이 통과하는 덕트에는 드레인밸브를 설치한다.
⑦ 덕트 내 반송속도를 측정할 수 있는 측정구를 적절한 위치에 설치한다.
⑧ 덕트의 진동이 심한 경우 진동전달을 감소시키기 위하여 지지대 등을 설치한다.
⑨ 덕트 길이가 1[m] 이상인 경우 견고한 구조로 지지대 등을 설치한다.
⑩ 덕트 형태가 변형될 때 가능한 한 압력손실이 크지 않도록 설치한다.
⑪ 주름관 덕트는 가능한 한 사용하지 않는 것이 원칙이나 필요 시 최소한으로 설치한다.
⑫ 덕트 내 퇴적을 방지하기 위해 유해물질의 발생형태에 따른 적정 반송속도를 유지한다.
⑬ 덕트 내 공기흐름은 압력손실이 가능한 한 최소가 되도록 설계한다.

(4) 덕트의 접속 등

① 접속부의 내면은 돌기물이 없도록 하여야 한다.
② 주덕트와 가지덕트의 접속은 30° 이내가 되도록 하여야 한다.
③ 확대 또는 축소되는 덕트의 관은 경사각을 15° 이하로 하거나, 확대 또는 축소 전후의 덕트 지름 차이가 5배 이상 되도록 한다.
④ 접속부는 덕트 소용돌이(Vortex) 기류가 발생하지 않는 구조로 한다.
⑤ 가지덕트가 2개 이상인 경우 주덕트와의 접속은 각각 적절한 방향과 간격을 두고 접속한다.
⑥ 직경이 다른 덕트를 연결할 때에는 경사 30° 이내의 테이퍼를 부착한다.
⑦ 플랜지를 이용한 덕트 연결 시에는 개스킷을 사용하여 공기의 누설을 방지한다.

⑧ 주덕트와 가지덕트의 연결점에서 각각 압력손실 차가 10[%] 이내가 되도록 압력평형을 유지한다.
⑨ 송풍기를 연결할 때에 최소 덕트직경의 6배 정도는 직선구간으로 한다.

[권장함]　　　　　　　　　　　　　[피할 것]

(5) 원형/장방형 덕트의 직경

① 원형 덕트의 연속방정식

$$Q = AV = \frac{\pi}{4}d^2 \times V$$

여기서, Q: 유량[m³/sec]
A: 개구부의 면적[m²]
V: 제어속도[m/sec]
d: 원형 덕트의 직경[m]

② 장방형 덕트의 상당직경(등가직경)

$$d_e = \frac{2ab}{a+b}$$

여기서, a, b: 장방형 덕트 각 변의 길이

(6) 베나 수축(Vena Contracta)

공기가 덕트로 유입될 때 개구부 바로 뒤쪽에서 난류 발생으로 기류의 단면적이 수축되는 현상이다.

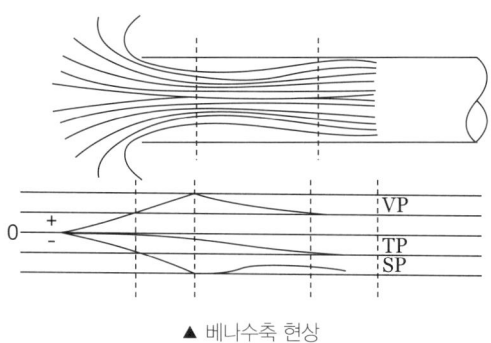

▲ 베나수축 현상

① 베나수축이 일어나는 기류의 단면적이 가장 좁은 부분의 직경은 덕트 직경의 88[%]에 해당한다.
② 이 지점에서의 속도는 동일한 양의 공기가 더 좁은 단면적을 통과하므로 더 빠르다.
③ 베르누이 법칙에 따라 속도압은 증가하고 정압은 감소한다.
④ 공기가 베나수축 지점을 통과하면 기류는 덕트를 채우게 되고 속도는 다시 감소한다.
⑤ 이러한 속도 감소는 난류를 형성하게 되고 일부 에너지가 손실된다.
⑥ 이와 같은 압력손실을 후드 유입손실이라고 하며 베나 수축이 심할수록 후드 유입손실은 증가한다.
⑦ 베나 수축 현상 중 덕트단면에서 유체의 유속이 가장 빠른 부분은 덕트의 중심부이다.

7. 덕트의 압력손실

(1) 덕트 형태에 따른 압력손실

곡관, 덕트의 축소나 확대 및 가지 덕트의 연결부위 등에서 발생되는 압력손실은 속도압에 비례하며, 다음 식으로 나타낼 수 있다.

$$\Delta P = F \times VP$$

여기서, ΔP: 압력손실
F: 마찰손실계수(덕트의 형태에 따라 다름)
VP: 속도압

① 원형관인 경우의 압력손실

직경이 $d[m]$인 수평상의 원형 관 내를 비중량 $\gamma[kgf/m^3]$인 유체가 평균속도 $V[m/sec]$로 흐를 때, 거리 $l[m]$만큼 떨어진 두 공간 점 사이에서 단위체적당 유체가 잃는 에너지, 즉 압력손실$[kgf/m^2]$은 다음과 같다.

$$\Delta P = f_d \times \frac{l}{d} \times \frac{\gamma V^2}{2g} = f_d \times \frac{l}{d} \times VP \text{ 또는 } \Delta P = 4f \times \frac{l}{d} \times \frac{\gamma V^2}{2g} = 4f \times \frac{l}{d} \times VP$$

여기서, ΔP: 압력손실$[mmH_2O]$
l: 관의 길이$[m]$
γ: 유체의 비중량$[kgf/m^3]$
g: 중력가속도$(9.8[m/sec^2])$
f: 페닝마찰계수(표면마찰계수, Moody차트에서 구한 마찰계수)
f_d: 덕트마찰계수(달시마찰계수, $f_d = 4f$)
d: 관의 직경$[m]$
V: 유체의 속도$[m/sec]$
VP: 속도압$[mmH_2O]$

② 사각형관인 경우의 압력손실

관의 모양이 원형이 아닌 경우는 사각형관과 동일한 유체역학적 특성을 갖는 원형관의 직경을 이용해야 하는데, 이를 등가직경(Equivalent Diameter)이라고 한다. 직사각형관은 철판으로 쉽게 제작할 수 있고 비용도 저렴하므로 보통 공기조화, 난방, 환기장치에 많이 쓰인다. 그러나 압력손실이 원형관보다 20[%] 정도 커지므로 특별한 경우가 아니면 권장하지 않는다.

$$\Delta P = f_d \times \frac{l}{d_e} \times \frac{\gamma V^2}{2g} = f_d \times \frac{l}{d_e} \times VP$$

여기서, ΔP: 압력손실$[mmH_2O]$
d_e: 등가직경$[m]$

③ 곡관의 각이 90°일 때 압력손실

직각인 관의 압력손실은 송풍관의 크기, 모양, 속도, 관경과 곡률반경의 비(r/d), 곡관에 연결된 송풍관의 상태에 좌우된다. 곡관의 새우등은 덕트 직경이 15[cm] 이하일 경우 3개 이상, 직경이 15[cm] 초과일 경우 5개 이상 설치한다.

$$\Delta P = \zeta \times VP$$

여기서, ζ: r/d에 의해 정해지는 값
장방형 곡관의 경우는
$\dfrac{l}{l_2} = \dfrac{\text{장방형 덕트 단면적의 폭[m]}}{\text{장방형 덕트 단면적의 길이[m]}}$ 와
$\dfrac{r}{l_2} = \dfrac{\text{장방형 덕트의 곡률반경}}{\text{장방형 덕트 단면적의 길이[m]}}$ 에
의해 정해지는 값

④ 곡관의 각이 90°가 아닐 때

$$\Delta P = \zeta \times VP \times \dfrac{\theta}{90}$$

여기서, ζ: 곡관의 압력손실계수
θ: 곡관의 각

⑤ 확대관의 압력손실

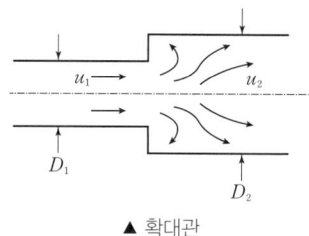

▲ 확대관

㉠ 압력손실 확대관 측정압(정압회복량)

$$(SP_2 - SP_1) = (VP_1 - VP_2) - \zeta(VP_1 - VP_2) = \zeta'(VP_1 - VP_2)$$

여기서, ζ': 정압회복계수($= 1 - \zeta$)

• 압력손실계수 ζ로 구하는 방법

$$\Delta P = \zeta(VP_1 - VP_2)$$
$$(VP_1 - VP_2) = \dfrac{\Delta P}{\zeta} = \dfrac{\Delta P}{1 - \zeta'}$$

여기서, ζ: 곡선각 θ에 의해 정해지는 값

• 정압회복계수 ζ'로 구하는 방법

$$\Delta P = (SP_2 - SP_1) + \zeta'(VP_1 - VP_2)$$

여기서, ζ': 곡선각 θ에 의해 정해지는 값

⑥ 축소관의 압력손실

▲ 축소관

㉠ 압력손실 축소관 측정압

$$(SP_2 - SP_1) = -(VP_2 - VP_1) - \zeta(VP_2 - VP_1)$$

여기서, ζ: 곡선각 θ에 의해 정해지는 값

- 압력손실계수 ζ로 구하는 방법

$$\Delta P = \zeta(VP_2 - VP_1)$$

여기서, ζ: 곡선각 θ에 의해 정해지는 값

(2) 댐퍼의 압력손실

$$\Delta P = \zeta \times VP$$

여기서, ζ: 원형 나비형 댐퍼(0.2)
사각형 나비형 댐퍼, 평행익댐퍼(0.3)

(3) 공기정화장치의 압력손실

$$\Delta P_a = \Delta P_c \times \frac{Q_a}{Q_c}$$

$$\Delta P_c = \zeta \times VP_c$$

여기서, ΔP_a: Q_a일 때의 압력손실
ΔP_c: Q_c일 때의 압력손실
Q_a: 실제 처리풍량
Q_c: 정격 처리풍량
ζ: 송풍기 사양서 상의 압력손실계수
VP_c: 정격처리풍량일 때의 속도압

(4) 배기구의 압력손실

① 직관형: $\Delta P = \zeta \times VP$ 여기서, ζ: 1.0
② 웨더캡 부착: $\Delta P = \zeta \times VP$ 여기서, ζ: h/d에 의해 정해지는 값
③ 엘보형: $\Delta P = \zeta \times VP$ 여기서, ζ: 1 + 댐퍼의 f
④ 루버형: $\Delta P = \zeta \times VP$ 여기서, ζ: a/A에 의해 정해지는 값

8. 환기시스템의 총 압력손실

(1) 총 압력손실 계산 목적
① 각 후드마다 발생원을 적절히 포집할 수 있는 적정 제어풍속을 만족하기 위함이다.
② 덕트 내부에 퇴적물이 생기지 않는 적정 반송속도를 만족하기 위함이다.
③ 국소배기장치 전체의 압력손실에 맞는 송풍기 동력, 형식 및 규모를 정하기 위함이다.

(2) 압력손실 산출법

구분	설명	
유속조절평형법 (정압조절평형법)	• 분지관이 적고 분진을 대상으로 하는 경우에 사용하는 방법이다. • 저항이 큰 쪽의 덕트관을 약간 크게 하여 저항을 줄이든지 저항이 작은 쪽의 덕트관을 약간 가늘게 하여 저항을 증가시키든지 또는 양쪽을 병용해서 저항의 밸런스를 잡는 방법이다. • 가지덕트 간의 정압차가 20[%] 이상인 경우: 압력손실이 큰 덕트의 크기를 다시 설계한다. • 가지덕트 간의 정압차가 20[%] 미만인 경우: 압력손실이 작은 덕트의 송풍량을 증가시킨다.	
	장점	단점
	• 유속의 범위가 적절히 선택되면 침식, 부식, 분진퇴적으로 인한 덕트 폐쇄현상이 일어나지 않는다. • 분지관과 최대저항경로 선정이 잘못 설계되어 있어도 쉽게 발견할 수 있다. • 설계가 정확할 때는 가장 효율적인 시설이 될 수 있다.	• 잘못 설계된 유량을 수정하기 어렵다. • 임의로 유량을 조절할 수 없다. • 설계가 복잡하고 시간이 많이 걸린다. • 유량산정 설계가 잘못되었을 경우 덕트의 크기 변경을 필요로 한다. • 필요한 최소유량보다 초과할 우려가 있다. • 설치 후 변경이나 확장이 어렵다.
저항조절평형법	• 배출원이 많아서 여러 개의 후드를 배관에 연결하는 경우에 사용하는 방법, 즉 배관의 압력손실이 많을 때 사용하는 압력손실의 계산방법이다. • 저항이 작은 쪽의 송풍관에 댐퍼를 설치하여 저항이 같아지도록 조여주는 방법이다.	
	장점	단점
	• 시설 설치 후 변경이 쉽다. • 최소 설계풍량으로 평형유지가 가능하다. • 설계계산이 간편하고 작업공정에 따라 덕트 위치의 변경이 가능하다. • 임의로 유량을 조절하기가 용이하다. • 덕트의 크기를 변경할 필요가 없어 이송속도를 설계값 그대로 유지할 수 있다.	• 댐퍼를 잘못 설치 시 평형상태가 깨질 수 있다. • 최대 저항경로의 선정이 잘못되어도 설계 시 쉽게 발견할 수 없다. • 임의의 댐퍼 조정 시 평형상태가 깨질 수 있다. • 댐퍼조절을 누구나 쉽게 할 수 있어 정상기능을 저해할 수 있다.

9. 공기정화장치

(1) 흡수법, 흡착법, 연소법

① 흡수법: 흡수액을 사용하여 분진 및 유해물질을 제거하는 방법이다. 이때, 흡수효율을 높이기 위해 흡수액과 처리가스의 접촉면적을 넓혀주는 충진재를 사용한다.

흡수액 조건	용해도↑	휘발성↓	독성↓	가격↓	화학적 안정↑
충진재 조건	표면적↑	내식성↑	공극률↑	내구성↑	압력손실↓

② 흡착법: 가스 또는 증기 상의 오염물질을 활성탄 등의 흡착제 표면에 흡착시키는 처리법으로, 반데르발스 힘을 이용한다. 흡착은 화학적 흡착과 물리적 흡착으로 구분되는데, 각각의 특성은 다음과 같다.

구분	물리적 흡착	화학적 흡착
흡착온도	저온에서 활발	고온에서 활발
흡착질	비선택적	선택적
흡착열	작음	큼
탈착	가능	불가능
흡착속도	빠름	느림

오염물질을 처리하기 위해서 높은 탑에 흡착제를 채워 넣고 처리가스를 통과시키며 흡착시키는데, 이러한 처리시설을 흡착탑(A/C Tower)이라고 하며 설계 시 다음 사항을 고려하여야 한다.

㉠ 제거하고자 하는 유기화합물질의 종류 및 흡착 가능 여부
㉡ 처리가스의 통과 속도(보통 0.5[m/sec])
㉢ 활성탄의 교체 주기
㉣ 흡착층의 두께
㉤ 압력손실
㉥ 폭발방산구의 설치

③ 연소법: 오염물질의 농도가 낮은 가연성가스를 연소시켜 제거하는 방법이다.

㉠ 불꽃연소법

장점	단점
• 고농도 오염물질 제거에 효과적 • 구조가 간단하고 유지보수가 용이 • 오염물질의 완전한 제거 가능	• 높은 온도로 에너지 소비가 큼 • 질소산화물 등 2차 오염물질 발생 우려 • 폭발위험성 있음

㉡ 촉매산화법

장점	단점
• 점화온도 저하 가능(300[℃]~500[℃]) • 2차 오염물질 발생 우려 적음 • 효율이 높고 압력손실이 적음 • 불꽃이 필요 없으며 촉매표면에서 산화 및 제거 가능	• 촉매독(철, 납, 인)의 처리가 곤란함 • 고온에서는 촉매의 활성이 떨어짐 • 촉매 수명이 한정적이고 촉매 교체비용 발생 • 고농도 오염물질에는 효과가 떨어짐

(2) 제진장치별 설계 특성

원리	한계입경[μm]	압력손실[mmAq]	제거율[%]	설비비	운전비
중력	50	10~15	40~60	小	小
관성력	10	30~70	50~70	小	小
원심력	3	50~150	85~95	中	中
세정	0.1	300~380	80~95	中	中
여과	0.1	100~200	90~99	中	中
전기	0.05	10~20	80~99.9	大	小~中

(3) 제진장치별 장단점

제진장치의 종류	장점	단점
중력, 원심력	• 설치비용이 저렴함 • 고온에서도 운전이 가능 • 간단한 구조로 유지보수 비용이 저렴함 • 다른 장치에 비해 압력손실이 낮음	• 미세입자에 대한 포집효율이 낮음 • 설치면적이 큼 • 미세입자 재비산 우려
세정	• 가연성 및 폭발성 분진 처리 가능 • 단일장치에서 분진과 가스 동시 처리 가능 • 미스트 형태의 물질 처리 가능 • 고온가스를 냉각시킬 수 있음 • 포집효율 조정 가능 • 부식성 가스와 분진 중화가능	• 부식의 잠재성이 큼 • 유출 시 수질오염 우려 • 포집된 분진은 회수할 수 없음
전기	• 미세입자에 대한 집진효율이 높음 • 낮은 압력손실로 대량의 가스 처리 가능 • 고온가스 등 광범위한 온도범위 설계 가능 • 건식 및 습식으로 집진 가능 • 운영비용 저렴	• 초기 설치비용이 큼 • 가연성입자 처리 불가능 • 운전조건 변화에 유연성 낮음 • 설치면적이 큼 • 저항이 너무 크거나 너무 작은 분진에는 적용하기 어려움
여과	• 미세입자에 대한 포집효율이 높음 • 여러가지 형태의 분진 포집 가능 • 다양한 용량 처리 가능 • 압력손실이 낮음	• 설치면적이 큼 • 화재 및 폭발 위험성 존재 • 습도 높으면 사용불가(막힘) • 여과재는 고온, 부식성물질에 취약

(4) 공기정화장치의 종류

① 원심력집진장치

㉠ 원리

처리가스를 사이클론의 입구로 유입시켜 선회류를 형성시키면 처리가스 내의 크고 작은 입경을 가진 분진은 원심력을 얻어 선회류를 벗어나 원심력 집진기 본체 내벽에 충돌·집진된다.

ⓛ 구조

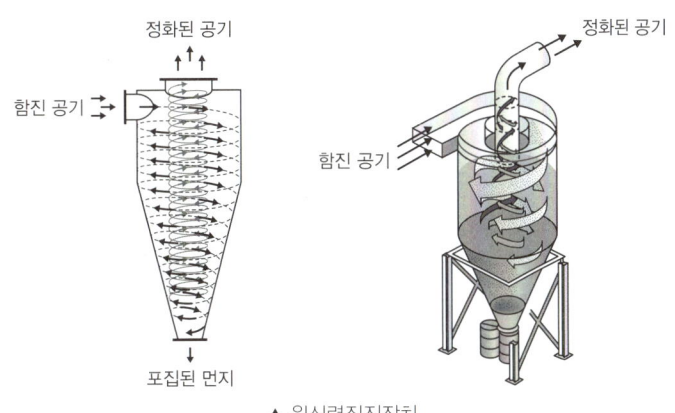

▲ 원심력집진장치

ⓒ 특징
- 블로다운 효과를 이용하여 집진효율을 높인다.

> **참고** 블로다운(Blow down) 효과
> - 처리배기량의 5~10[%]를 재유입시킨다.
> - 유효원심력을 증가시켜 선회기류의 흐트러짐을 방지한다.
> - 관 내 분진 부착으로 인한 장치의 폐쇄현상을 방지한다.
> - 부분적 난류 감소로 집진된 입자의 재비산을 방지한다.

- 구조가 간단하며 설치비용도 저렴하고 유지관리도 편하므로 단독 장치 또는 다른 장치의 전처리용으로 광범위하게 사용된다.
- 배기관경 혹은 내경이 작을수록 입경이 작은 입자를 제거할 수 있다.
- 입구유속이 빠를수록 효율이 높은 반면 압력손실이 커진다.
- 사이클론의 배열단수, 적당한 Dust Box 모양과 크기도 효율에 영향을 미친다.
- 분리계수

$$S = \frac{V_p^2}{gR}$$

여기서, S: 분리계수
V_p: 입자의 접선방향속도[m/sec]
g: 중력가속도[m/sec^2]
R: 반경[m]

ⓓ 한계입경 및 절단입경
- 한계입경(임계입경): 100[%] 분리 포집되는 입자의 최소입경이다.
- 절단입경(Cut-size입경): 50[%] 처리효율로 제거되는 입자의 최소입경이다.

② 세정집진장치

㉠ 원리

흄, 미스트, 부유 분진을 액체와 직접적인 접촉에 의해 제거하는 장치로 입자의 포집원리는 다음과 같다.

- 액적에 입자가 충돌하여 부착한다.
- 미립자 확산에 의해 액적과 접촉을 쉽게 한다.
- 배기의 증습에 의하여 입자가 서로 응집한다.
- 입자를 핵으로 한 증기 응결로 응집성을 촉진시킨다.
- 액막, 기포에 입자가 접촉하여 부착한다.

> **참고** 세정집진장치의 제진효율 증가 방법
> - 분무시킨 액적(물방울)의 크기를 작게 한다.
> - 충전재의 표면적과 충진밀도를 크게 한다.
> - 수압을 높인다.
> - 공탑 내 체류시간을 길게 한다.(=배기속도를 낮춘다.)

㉡ 구조 및 종류

- 유수식: 제진실 내에 일정한 양 또는 액체를 채워 놓고 처리 배기의 유입에 의해 다량의 액적, 액막, 기포를 형성시켜 함진배기를 세정한다.
- 가압수식: 물을 가압공급하여 함진배기를 세정하는 방법이다.

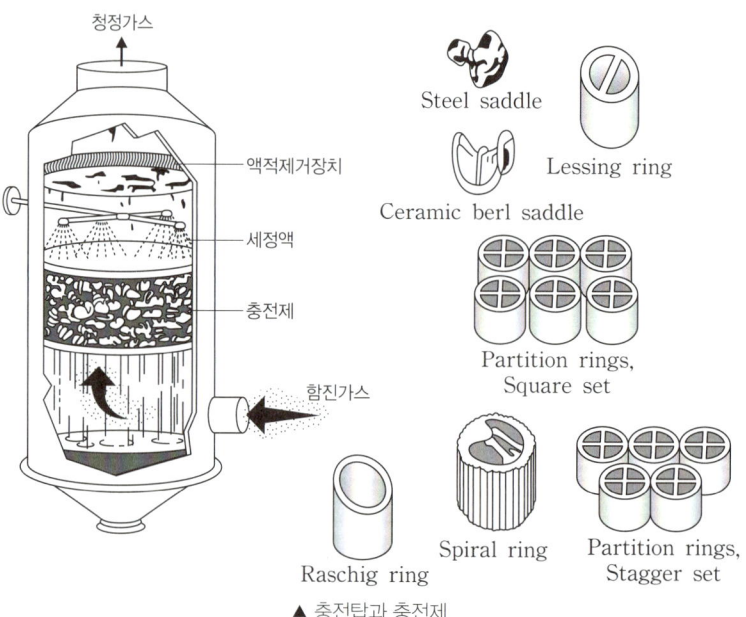

▲ 충전탑과 충전제

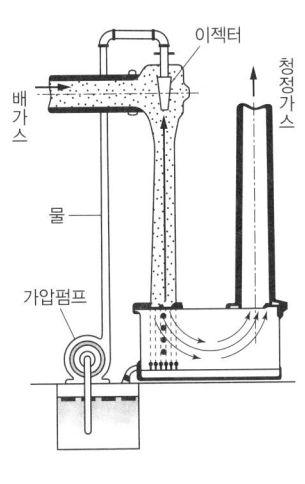
▲ 제트스크러버

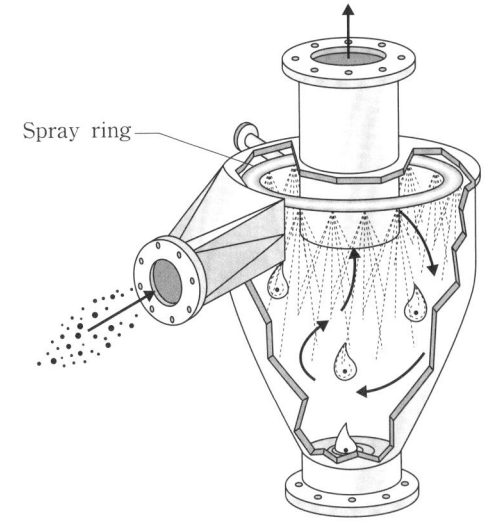
▲ 사이클론스크러버

ⓒ 특징
- 충전탑에서 공탑 내의 배기속도가 작을수록 좋다.
- 분무압력이 높을수록 물방울의 입경은 작아지며 세정효과는 높아진다. 또한, 사용 수량이 많고 액적, 액막 등의 표면적이 클수록 제진효율은 커진다.
- 충전재의 표면적, 충진 밀도는 크고 처리가스의 체류시간이 길수록 집진효율은 높다.
- 충전재는 플라스틱과 같이 가벼운 재질로 보통 직경이 1~1.5[in]이고 표면이 매끈한 것을 충진층에 넣어 배기가스와 액체의 접촉면적을 크게 함으로써 함진배기를 세정한다.

③ 여과제진장치
ⓐ 원리
여과재의 여과섬유 사이 구멍으로 처리가스가 통과할 때 분진은 분진입경, 운동량 등에 따라 여과재를 구성하는 섬유와 관성충돌(Impaction), 직접차단(Interception), 확산(Diffusion), 중력 및 정전기력에 의해서 부착되어 가교(Bridge) 형성 및 일차층을 형성하여 여과집진을 가능하게 한다.

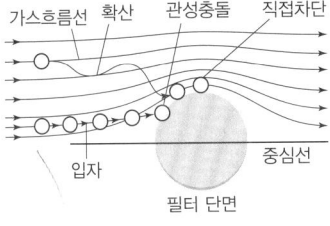
▲ 여과집진장치의 원리

ⓑ 구조와 기능
- 여과재
  비교적 얇은 여과재를 써서 표면에 처음에 부착된 입자층을 여과층으로 하여 미립자를 포집한다. 이 Bag Filter 방식에서는 입자가 일정량이 되었을 때 털어서 떨어뜨린다. 그러나 초층의 먼지는 거의 떨어지지 않아서 일단 초층이 형성되면 1[μm] 이하의 미립자가 포집된다.

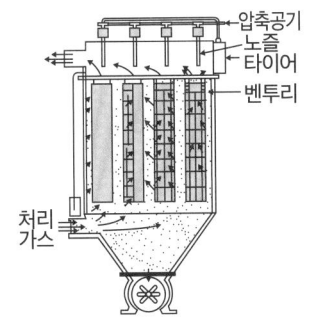
▲ 여과집진장치

- 여과속도

    처리배기량(Q)을 여포의 총 면적(A)으로 나눈 것을 여과속도(V_f)라고 한다. 그 관계는 다음과 같다.

$$V_f = \frac{Q}{A}$$

여기서, V_f: 여과속도[m/sec]
Q: 처리배기량[m³/sec]
A: 여과재 총 면적[m²]

여과속도는 처리 분진의 성상, 소요제진율에 따라 다르지만 보통 0.3~10[cm/sec]의 범위로 한다. 그러나 미세한 1[μm] 전후의 입자를 처리할 때는 보통 1~2[cm/sec] 정도로 한다.

④ 전기집진장치

정전력을 사용하여 입자를 집진하는 장치로서, 입경이 10~20[μm]보다 작은 입자의 제진에 효과적이다. 전기집진기의 주요 구성성분은 그림에서와 같이 방전극(Discharge Electrode), 집진극(Collection Electrode), 타봉(Rapper) 및 호퍼(Hopper)로 이루어진다.

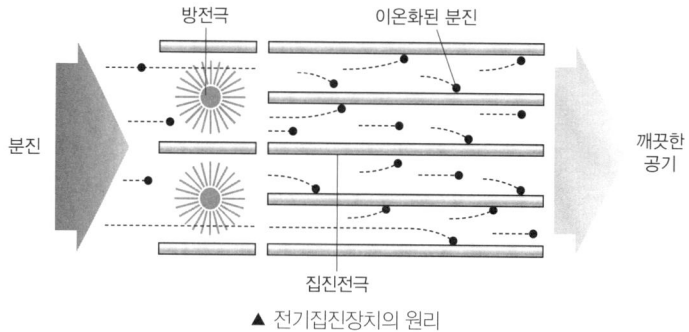

▲ 전기집진장치의 원리

(5) 집진효율

① 집진효율

$$\eta = \frac{S_c}{S_i} \times 100$$

여기서, η: 집진효율[%]
S_c: 집진장치에 포집된 분진량[g/hr]
S_i: 집진장치에 유입된 분진량[g/hr]

② 1차 집진 후 2차 집진 시 총 집진율(직렬연결)

$$\eta_T = \eta_1 + \eta_2(1 - \eta_1)$$

여기서, η_T: 총 집진율
η_1: 1차 집진기 집진율
η_2: 2차 집진기 집진율

10. 송풍기

(1) 정의
오염된 공기를 후드에서 덕트 내부로 유동시켜서 옥외로 배출하는 원동력을 만들어내는 흡인장치를 말한다. Fan, Blower 등으로 불리며 통상적으로 압력상승 한계가 1,000[mmH₂O] 미만인 것을 Fan이라 하고 그 이상인 것을 Blower라고 한다.

송풍기		압축기
Fan	Blower	
1,000[mmH₂O] 미만	1,000[mmH₂O]~10,000[mmH₂O]	10,000[mmH₂O] 이상

(2) 송풍기의 종류
① 유동의 특성에 따른 분류
  ㉠ 축류형 송풍기(Axial-flow Fan)
   - 공기의 유동이 날개차의 회전축과 평행방향으로 발생하여 입구와 출구의 유동방향이 모두 회전축과 일치하는 형식이다.
   - 동력은 주로 유체의 속도를 증가시키는 데 사용된다.
   - 많은 유량이 필요하지만 높은 압력이 필요하지 않은 곳에 사용하는 것이 바람직하며 프로펠러형 송풍기, 가정용 선풍기 등이 해당된다.
   - 축류형 송풍기의 종류별 특징

구분	설명
프로펠러 송풍기	• 구조가 간단하고 저렴하여 화장실, 흡연실 등의 벽면에 부착하여 사용 • 적은 비용으로 많은 양의 공기를 이송시킬 수 있음 • 압력손실이 많이 걸리는 곳에 사용할 경우 송풍량이 급격하게 떨어짐 • 국소배기용보다 압력손실이 약 25[mmH₂O] 이하인 전체환기용으로 주로 사용
송풍관이 붙은 축류 송풍기	• 작은 압력손실(최대 75[mmH₂O]) 환경에서 사용 가능 • 전체환기용 또는 국소배기용으로 사용 가능 • 밀폐작업공간의 급배기용으로 사용
안내깃이 붙은 축류 송풍기	• 높은 압력손실(약 250[mmH₂O])에 견딜 수 있음 • 축류 송풍기 전동기에 안내깃을 장착하여 회전날개를 통과한 후의 소용돌이를 감소시켜 효율 상승 가능 • 소음이 심하고 고농도 분진을 이송시키기 어려움

  ㉡ 방사류형 송풍기(Radial-flow Fan)
   - 원심력에 의한 압력증가가 주된 목적인 경우 사용한다.
   - 유량보다는 압력이 필요한 곳에 주로 사용한다.
   - 유동을 안내하는 케이싱(Casing)의 형식에 따라 나선형과 튜브형으로 구분하며 원심력 송풍기가 이에 해당한다.

- 원심력 송풍기의 종류별 특징

구분	설명
방사날개형 송풍기(평판형)	• 깃이 평판이며 강도가 높고, 깃의 구조가 분진을 자체 정화할 수 있음 • 구조가 간단하고 보수가 쉬움 • 고농도 분진을 함유한 공기나 부식성이 강한 가스를 이송시키는 데 사용 • 터보 송풍기와 다익 송풍기의 중간 정도의 성능(효율)을 가짐
전향날개형 송풍기(다익형)	• 임펠러가 다람쥐 쳇바퀴 모양이며, 송풍기의 회전날개가 회전방향과 동일한 방향으로 설계 • 비교적 저가이나, 높은 압력손실에서 송풍량이 급격히 감소 • 동일한 송풍량을 발생시키기 위한 임펠러 회전속도가 상대적으로 낮아 소음 문제가 거의 발생하지 않음 • 압력손실이 적게 걸리거나 이송시켜야 하는 공기량이 많은 전체환기, 공기조화용으로 사용
후향날개형 송풍기(터보형)	• 회전날개가 회전방향 반대편으로 경사지게 설계 • 충분한 압력을 발생시킬 수 있으며 효율이 좋음 • 송풍량이 증가하여도 동력이 증가하지 않는 장점이 있어 한계부하송풍기라고도 함

- 송풍기 종류별 효율 및 여유율

  원심력 송풍기는 축류형 송풍기보다 기류의 변동조건에 적절히 대처가 가능하여 국소배기시설에 많이 사용되나 효율이 낮은 단점이 있다.

송풍기 형식	송풍기 효율(η)	여유율(a)
평판형	0.60~0.77	1.15~1.25
다익형	0.40~0.77	1.15~1.25
터보형	0.65~0.80	1.10~1.5

② 날개형상에 따른 분류

㉠ 다익형 송풍기

- 앞쪽으로 굽은 날개를 가지고 있으며, 시로코팬(Sirocco Fan)이라고도 한다.
- 회전수가 많지 않고 진동도 적지만 방진을 필요로 할 때는 방진고무나 스프링을 사용하여 설치한다.
- 100[mmAq] 이하의 저압용으로 사용하며 팬코일유닛(FCU; Fan Coil Unit)에 적합하다.

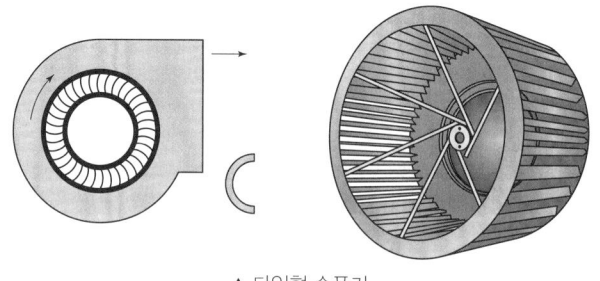

▲ 다익형 송풍기

㉡ 후곡형 송풍기

- 블레이드의 끝부분이 회전방향의 뒤쪽으로 굽은 후곡형과 날개가 직선으로 된 것이 있다.

- 효율이 높고 고속회전에서도 비교적 조용한 운전을 할 수 있는 것으로, 터보형 송풍기(Turbo Fan)에 적용되며 날개의 매수도 다익형 송풍기보다 적고 높은 압력에 사용된다.

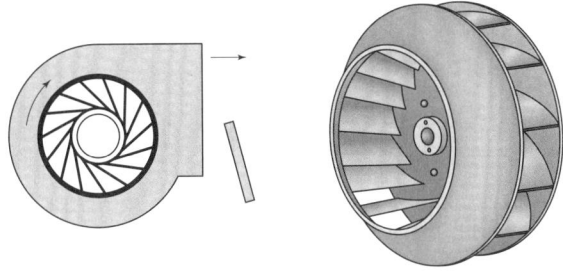

▲ 터보형 송풍기

ⓒ 익형 송풍기(Air Foil)
- 후곡형과 다익형을 개량한 것으로, 박판을 접어서 유선형의 날개를 형성한 것은 고속회전이 가능하고 소음이 적다.
- 다익형 송풍기는 풍량이 증가하면 축동력이 급격히 증가하여 과부하가 되므로 이를 보완한 것이다.

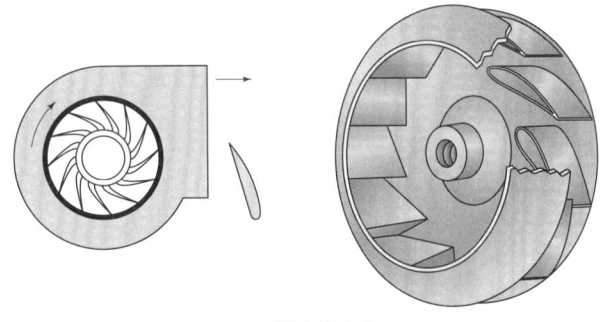

▲ 익형 송풍기

ⓔ 방사형 송풍기
- 날개가 방사형으로서 평판형과 전곡형(Forward)이 있고 플레이트형 송풍기라고도 한다.
- 자가청소의 특성이 있어 분진의 퇴적이 심하고 송풍기 날개 손상이 우려되는 현장에 적합하다.
- 압력손실이 커서 효율이 떨어지고 소음이 큰 편이다.

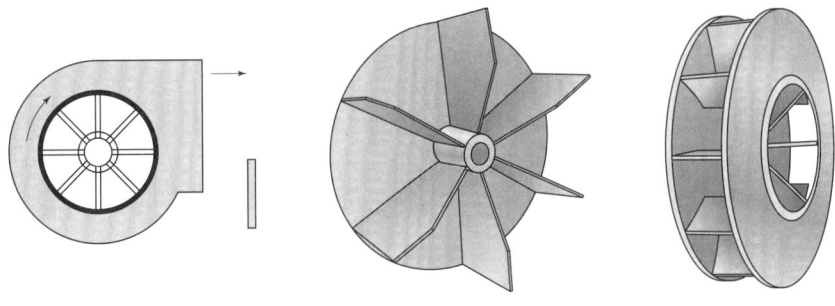

▲ 레디얼형 송풍기

ⓜ 축류형 송풍기
프로펠러형의 블레이드가 기체를 축방향으로 송풍하는 형식으로, 낮은 풍압으로 많은 공기를 송풍하는 데 적합하다.

(3) 송풍기의 전압과 정압

$$TP = (SP_2 - SP_1) + (VP_2 - VP_1)$$

여기서, VP_1, SP_1: 흡입구측 속도압, 정압
VP_2, SP_2: 토출구측 속도압, 정압

(4) 송풍기의 상사법칙(Law of Similarity)

① 송풍기 크기, 공기의 비중이 일정할 때

㉠ 풍량은 회전수에 비례한다.

$$\frac{Q_2}{Q_1} = \frac{N_2}{N_1}$$

여기서, Q_1: 변경 전 풍량
Q_2: 변경 후 풍량
N_1: 변경 전 회전수
N_2: 변경 후 회전수

㉡ 풍압(전압)은 회전수의 제곱에 비례한다.

$$\frac{P_2}{P_1} = \left(\frac{N_2}{N_1}\right)^2$$

여기서, P_1: 변경 전 풍압
P_2: 변경 후 풍압

㉢ 동력은 회전수의 세제곱에 비례한다.

$$\frac{W_2}{W_1} = \left(\frac{N_2}{N_1}\right)^3$$

여기서, W_1: 변경 전 동력
W_2: 변경 후 동력

② 송풍기 회전수, 공기의 비중이 일정할 때

㉠ 풍량은 송풍기 직경의 세제곱에 비례한다.

$$\frac{Q_2}{Q_1} = \left(\frac{D_2}{D_1}\right)^3$$

여기서, Q_1: 변경 전 풍량
Q_2: 변경 후 풍량
D_1: 변경 전 송풍기의 직경
D_2: 변경 후 송풍기의 직경

㉡ 풍압(전압)은 송풍기 크기의 제곱에 비례한다.

$$\frac{P_2}{P_1} = \left(\frac{D_2}{D_1}\right)^2$$

여기서, P_1: 변경 전 풍압
P_2: 변경 후 풍압

ⓒ 동력은 송풍기 크기의 다섯 제곱에 비례한다.

$$\frac{W_2}{W_1} = \left(\frac{D_2}{D_1}\right)^5$$

여기서, W_1: 변경 전 동력
W_2: 변경 후 동력

③ 송풍기 회전수, 송풍기 크기가 일정할 때
  ⓐ 풍량은 비중의 변화에 무관하다.

$$Q_1 = Q_2$$

여기서, Q_1: 비중 변경 전 풍량
Q_2: 비중 변경 후 풍량

ⓑ 풍압(전압)과 동력은 비중에 비례, 절대온도에 반비례한다.

$$\frac{P_2}{P_1} = \frac{W_2}{W_1} = \frac{s_2}{s_1} = \frac{T_1}{T_2}$$

여기서, P_1, P_2: 변경 전후의 풍압
W_1, W_2: 변경 전후의 동력
s_1, s_2: 변경 전후의 비중
T_1, T_2: 변경 전후의 절대온도

(5) 성능곡선, 시스템곡선 및 작동점(가동점)

① 성능곡선(정압곡선): 송풍기 정압에 따라 송풍량이 변하는 경향을 나타내는 곡선이다.
② 시스템 곡선: 송풍량에 따라 송풍기 정압이 변하는 경향을 나타내는 곡선이다.
③ 작동점: 송풍기 성능곡선과 시스템 요구곡선이 만나는 점이다.

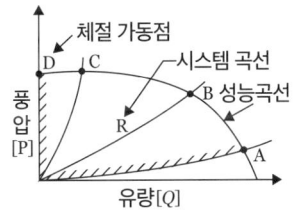
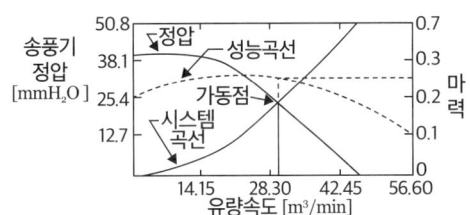

▲ 송풍기 성능곡선

왼쪽 그림에서 두 곡선이 만나는 점이 송풍기가 공급해야 할 송풍량으로 작동점이라고 한다. 작동점은 밸브의 개폐정도가 큰 쪽에서 작은 쪽으로 이동함에 따라 밸브저항이 커지게 되므로 A → B → C → D로 이동하게 된다. 완전밀폐가 되는 D점을 체절(Shut off)점이라고 한다.

(6) 소요동력

① 일반적인 송풍기 소요동력

$$kW = \frac{Q \times \Delta P}{6,120 \times \eta} \times a$$

$$HP = \frac{Q \times \Delta P}{4,500 \times \eta} \times a$$

여기서, Q: 송풍량[m³/min]
ΔP: 송풍기 유효정압(또는 전압)[mmH₂O]
η: 효율
a: 여유율

② 송풍기 전압(FTP)

$$FTP = TP_{out} - TP_{in}$$
$$= (SP_{out} + VP_{out}) - (SP_{in} + VP_{in})$$

여기서, FTP: 송풍기 유효전압
TP_{in}, SP_{in}, VP_{in}: 흡입구 측 전압, 정압, 속도압
TP_{out}, SP_{out}, VP_{out}: 토출구 측 전압, 정압, 속도압

③ 송풍기 유효정압(FSP)

$$FSP = FTP - VP_{out}$$
$$= (SP_{out} + VP_{out}) - (SP_{in} + VP_{in}) - VP_{out}$$
$$= SP_{out} - TP_{in}$$

여기서, FSP: 송풍기 유효정압
TP_{in}, SP_{in}, VP_{in}: 흡입구 측 전압, 정압, 속도압
TP_{out}, SP_{out}, VP_{out}: 토출구 측 전압, 정압, 속도압

02 환기시스템의 설계 및 유지관리

1. 환기시스템 설계

(1) 설계 개요

국소배기장치의 설계는 생산, 관리, 안전보건, 소방, 환경 등 모든 관련부서도 함께 참여하는 것이 바람직하다. 설계 전에는 반드시 작업장 배치도, 설비 배치도 등 필요한 도면을 확보해야 하며, 특히 공기정화장치의 위치나 송풍기의 위치, 배출구의 위치는 미리 정해야 한다.

(2) 설계의 목적

필요한 유량을 배기시킬 때 시스템에 걸리는 압력손실을 계산하여 적정한 규격의 송풍기를 선정하는 것이다.
① 국소배기시스템 설정: 후드에서 필요한 제어풍속으로 오염발생원을 포집하여 작업자를 보호한다.
② 송풍기의 규격: 필요한 배기유량과 송풍기 정압의 적정 여부를 판단한다.

(3) 설계의 순서

① 후드의 형식 선정
② 제어속도 결정
③ 소요송풍량 계산
④ 반송속도 결정
⑤ 덕트 내경 산출
⑥ 후드의 크기 결정
⑦ 덕트의 배치와 설치장소 선정
⑧ 공기정화장치 선정: 배출허용기준을 만족하는 장치로 선정
⑨ 계통도와 배치도 작성: 후드, 덕트, 공기정화장치, 송풍기, 굴뚝 등의 계통도와 배치도 작성
⑩ 총 압력손실량 계산: 환기시스템으로 인한 총 압력손실 합계 산출
⑪ 송풍기 선정: 총 압력손실량과 총 배기량으로 송풍기 풍량과 동력을 결정

(4) 공기공급시스템

환기시설에 의해 작업장 내에서 배기된 만큼의 공기를 작업장 내로 재공급하는 시스템을 말한다. 즉, 효과적인 국소배기장치는 후드를 통해 배출되는 양의 공기만큼 외부로부터 보충되어야 한다.
① 공기공급시스템이 필요한 이유
  ㉠ 국소배기장치의 원활한 작동을 위하여
  ㉡ 국소배기장치의 효율 유지를 위하여
  ㉢ 작업장 내 음압 발생에 의한 안전사고를 예방하기 위하여
  ㉣ 에너지(연료)를 절약하기 위하여
  ㉤ 작업장 내의 방해기류(교차기류)가 생기는 것을 방지하기 위하여
  ㉥ 정화되지 않은 외부공기가 작업장 내로 유입되는 것을 방지하기 위하여

② 공기공급(Make-up Air)을 위한 고려사항
  ㉠ 공기공급량은 배기량의 약 10[%] 정도가 넘게 공급되어야 한다.
  ㉡ 공기공급은 작업장 내 깨끗한 지역의 공기가 오염물질이 존재하는 지역으로 흐르도록 유지해야 한다.
  ㉢ 공기는 바닥에서부터 2.4~3.0[m] 높이인 작업자가 머무는 영역으로 유입되도록 조절해야 한다.
  ㉣ 공기 유입구는 배출된 오염물질의 재유입을 막을 수 있도록 위치시켜야 한다.

(5) 흡기와 배기

개구면에서 공기를 불어내는 경우 개구면으로부터 상당한 거리까지 영향을 줄 수 있으나 반대로 공기를 흡인하는 경우 개구면으로부터 영향을 주는 범위가 매우 제한적이다.

불어내는 공기의 경우 개구면 직경을 d라고 했을 때 개구면 직경의 30배인 $30d$만큼 떨어진 곳에서도 개구면 유출속도의 10[%]에 해당하는 속도를 유지하고 있는 반면, 흡인하는 경우 개구면 직경 d와 같은 $1d$의 거리에서 개구면 속도의 10[%]에 해당하는 속도밖에 유지하지 못함을 알 수 있다. 그러므로 국소배기장치를 설치할 때 오염발생원에서 가능한 한 가까운 위치에 후드를 설치하지 않으면 만족할 만한 효과를 기대하기 어렵다.

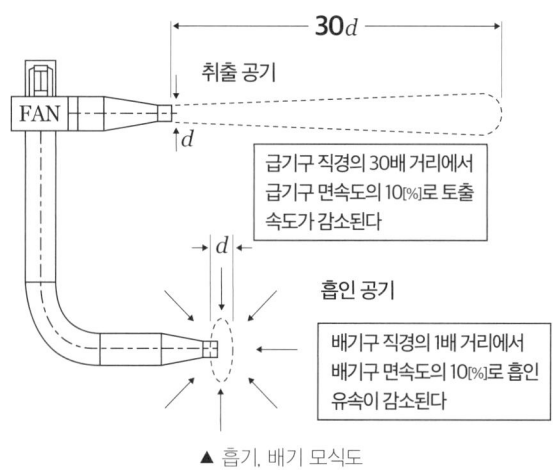

▲ 흡기, 배기 모식도

흡입기류의 특성은 후드 개구면의 풍속을 100이라 했을 때의 풍속을 백분율로 표시하며 그 분포의 등속선으로 표시할 수 있는데 다음의 그림은 원형 후드에 있어서 등속선에 관한 표시이다.

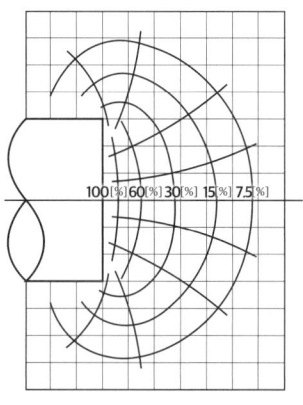

▲ 후드의 흡입기류 특성

2. 점검 및 관리

(1) 점검의 목적
환기장치의 성능(제어풍속, 반송속도, 집진능력 등)을 유지하여 유해인자에 노출되는 근로자의 건강장해를 예방하기 위함이다.

(2) 점검 및 검사 형태
① 자체점검
② 안전검사: 최근 2년간 작업환경측정 결과 노출기준 50[%] 이상일 경우 실시한다.

(3) 점검 및 검사사항
① 덕트, 공기정화장치 배풍기의 분진 상태
② 덕트 접속부가 헐거워졌는지 여부
③ 흡기 및 배기 능력
④ 그 밖에 국소배기장치의 성능을 유지하기 위하여 필요한 사항
    ㉠ 후드나 덕트의 마모·부식, 그 밖의 손상 여부 및 정도
    ㉡ 공기정화장치의 처리능력
    ㉢ 전동기와 배풍기를 연결하는 벨트의 작동 상태
    ㉣ 송풍기와 배풍기의 주유 및 청결 상태

(4) 점검방법
① 후드: 후드의 형식과 취급물질의 성상을 고려하여 제어풍속 등을 점검한다.
② 덕트: 점검구를 통해 반송속도의 적정성과 재질, 댐퍼 위치, 주름관 상태, 청소구 위치, 유출 여부 등을 점검한다.
③ 공기정화장치: 공기정화장치의 압력손실(차압)과 표면상태, 접속부 등을 점검한다.
④ 송풍기: 배풍량, 정압, 회전수를 측정하여 효율을 점검하고 표면상태, 벨트, 캔버스, 전동기, 배선, 접지, 배기구 등이 적정한지 점검한다.

(5) 국소배기장치 성능시험 필수장비
① 발연관(Smoke Tester)
② 청음기 또는 청음봉
③ 절연저항계
④ 표면/초자온도계
⑤ 줄자

⑥ 풍속 측정장비
　㉠ 피토관
　㉡ 회전날개형 풍속계
　㉢ 그네날개형 풍속계
　㉣ 열선풍속계 : 유속을 측정하는 데 가장 많이 쓰이는 장비 중 하나로서, 기류가 빠를수록 손실되는 열량이 커지는 원리를 이용한다.
　㉤ 카타온도계
　㉥ 풍향풍속계
　㉦ 풍차풍속계(옥외용으로 기류 1[m/sec] 이상인 경우 사용)

(6) 압력/회전수 측정장비

① 압력 측정장비
　㉠ 피토관 : 덕트에서 속도압과 정압을 측정하는 표준기기이다.
　㉡ U자 마노미터(피토관의 정확성 한계 시 사용)
　㉢ 경사 마노미터(피토관의 정확성 한계 시 사용)
　㉣ 아네로이드 게이지
　㉤ 마크네헬릭 게이지

② 회전수 측정장비
　㉠ RPM 측정기
　㉡ 타코미터

(7) 필요에 따라 갖추어야 할 장비

① 테스트 해머
② 나무봉 또는 대나무봉
③ 초음파 두께측정기
④ 마노미터 : 유체 흐름에 대한 압력을 측정하는 데 가장 손쉽고 많이 사용하는 것으로, 유리관에 액체를 넣은 구조로 되어 있으며 피토관 등 압력 측정용 도구를 고무관이나 비닐관으로 연결하여 압력을 측정하는 데 사용된다.
⑤ 스크레이퍼
⑥ 시계

에듀윌이 너를 지지할게

ENERGY

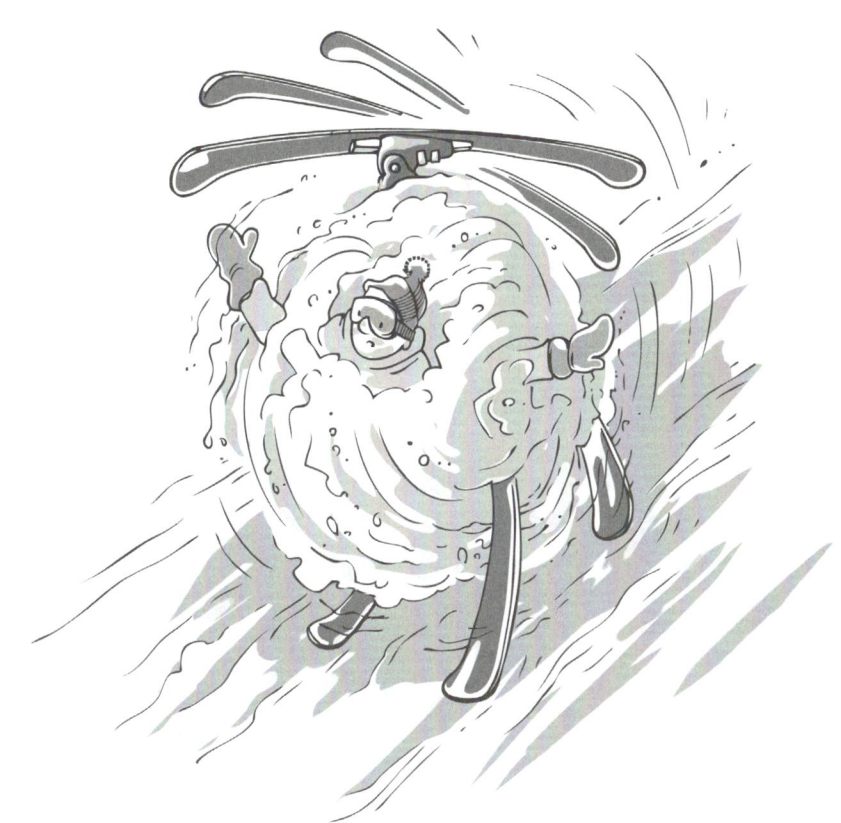

경험이란 사람들이
자신의 실수를 일컫는 말이다.

PART 02

10개년 기출문제

1회독

처음에는 모든 문제를 빠짐 없이 풀면서 시험의 전체적인 흐름을 파악하세요. 정답 여부보다는 문제 유형, 풀이 과정을 익히는 데 집중하세요. 모르는 문제는 과감히 표시하고 넘어가세요.

2회독

2회독에서는 중요 개념과 자주 출제되는 문제를 중심으로 학습하세요. 1회독 때 틀린 문제를 반드시 다시 풀어보고 계산형 문제는 풀이 과정을 단계별로 정리해두세요. 이 시점에서 오답노트를 만들어두면 효과적입니다.

3회독

3회독은 실전처럼 제한 시간 내에 풀어보는 훈련에 집중하세요. 틀린 문제는 다시 복습하고, 취약한 문제는 최소 2~3회 반복하세요. '시험장에서 어떻게 풀 것인가'를 가정하고 연습하면 실전감각을 익히는 데 큰 도움이 됩니다.

2025년 1회 기출문제

01 국소배기장치를 사용하기 전(새로 설치 또는 수리 후) 점검하여야 하는 사항 3가지를 쓰시오. [6점]

> **정답** ① 흡기 및 배기 능력
> ② 덕트 접속부의 연결 상태
> ③ 덕트와 배풍기의 분진 상태

02 작업환경측정 및 정도관리 등에 관한 고시상 다음 [보기]는 용접흄에 관한 내용일 때 빈칸을 채우시오. [4점]

| 보기 |
| 용접흄은 (①)방법으로 하되 용접보안면을 착용한 경우에는 그 내부에서 채취하고, 중량분석방법과 원자흡광광도계 또는 (②)를 이용한 방법으로 분석한다. |

> **정답** ① 여과채취
> ② 유도결합플라스마

03 작업환경에서의 물리적 유해인자 4가지를 쓰시오. [4점]

> **정답** ① 소음 ② 진동 ③ 방사선 ④ 이상기압 ⑤ 이상기온

04 산업안전보건법령상 산업재해가 발생할 때 사업주가 기록·보존해야 하는 사항 3가지를 쓰시오. (단, 산업재해조사표의 사본을 보존하거나 요양신청서의 사본에 재해 재발방지 계획을 첨부하여 보존한 경우는 제외) [6점]

정답 ① 사업장의 개요 및 근로자의 인적사항
② 재해 발생의 일시 및 장소
③ 재해 발생의 원인 및 과정
④ 재해 재발방지 계획

05 여과지 선정 시 구비조건 5가지를 쓰시오. [5점]

정답 ① 흡습률이 낮을 것
② 흡인저항이 낮을 것
③ 포집효율이 높을 것
④ 가능한 한 가볍고 1매당 무게의 불균형이 적을 것
⑤ 접거나 구부리더라도 찢어지거나 파손되지 않을 것
⑥ 측정대상물질의 분석에 방해가 되는 불순물의 함유가 적을 것

06 사업장 위험성평가에 관한 지침상 다음 [보기]는 위험성평가 절차에 따른 내용일 때 순서대로 나열하시오. [4점]

보기
ㄱ. 사전준비
ㄴ. 유해·위험요인 파악
ㄷ. 위험성 결정
ㄹ. 위험성 감소대책 수립 및 실행
ㅁ. 위험성평가 실시내용 및 결과에 관한 기록 및 보존

정답 ㄱ - ㄴ - ㄷ - ㄹ - ㅁ

07 원심력 송풍기 중 국소배기장치에서 유해물질을 흡입하고 배출하는 데 사용되는 주요 장치이며, 회전수가 크고 최대 효율의 60~70[%]까지 증가하다가 감소하는 경향을 띠며, 소음이 크다는 단점이 있고 한계부하 송풍기(Limit Load Fan)라고 불리는 송풍기의 명칭을 쓰시오. [4점]

정답 후향날개형(터보형) 송풍기

관련이론 원심력 송풍기의 특징

구분	설명
방사날개형 송풍기(평판형)	• 깃이 평판이며 강도가 높고, 깃의 구조가 분진을 자체 정화할 수 있음 • 구조가 간단하고 보수가 쉬움 • 고농도 분진을 함유한 공기나 부식성이 강한 가스를 이송시키는 데 사용 • 터보 송풍기와 다익 송풍기의 중간 정도의 성능(효율)을 가짐
전향날개형 송풍기(다익형)	• 임펠러가 다람쥐 쳇바퀴 모양이며, 송풍기의 회전날개가 회전방향과 동일한 방향으로 설계 • 비교적 저가이나, 높은 압력손실에서 송풍량이 급격히 감소 • 동일한 송풍량을 발생시키기 위한 임펠러 회전속도가 상대적으로 낮아 소음 문제가 거의 발생하지 않음 • 분진이 깃에 퇴적되어 효율이 떨어지고 소음 및 진동문제를 야기 • 압력손실이 적게 걸리거나 이송시켜야 하는 공기량이 많은 전체환기, 공기조화용으로 사용
후향날개형 송풍기(터보형)	• 회전날개가 회전방향 반대편으로 경사지게 설계 • 충분한 압력을 발생시킬 수 있으며 효율이 좋음 • 송풍량이 증가하여도 동력이 증가하지 않는 장점이 있어 한계부하송풍기라고도 함

08 산업안전보건법령상 중량물을 인력으로 들어올리는 작업을 하는 경우 사업주가 조치하여야 하는 물품의 중량 기준을 쓰시오. [5점]

정답 5[kg] 이상

09 보호구를 착용함으로써 유해물질로부터 보호구가 얼만큼 보호해주는가의 정도를 의미하고 보호구 밖의 농도가 클 수밖에 없으므로 그 분수값(C_o/C_i)은 1을 넘는 것의 명칭을 쓰시오. (단, C_o는 보호구 밖의 농도를 의미하고 C_i는 보호구 안의 농도를 의미한다.) [5점]

정답 보호계수(PF)

관련이론

$$보호계수(PF) = \frac{보호구\ 밖의\ 농도(C_o)}{보호구\ 안의\ 농도(C_i)}$$

10 산업안전보건법령상 사업장에 보건에 관한 기술적인 사항에 관하여 사업주 또는 안전보건관리책임자를 보좌하고 관리감독자에게 지도·조언하는 업무를 수행하는 사람을 두어야 할 때 사업주가 선임하여야 하는 사람을 쓰시오. [4점]

정답 보건관리자

용어 CHECK 산업안전보건법령 상 안전보건관리체계

선임	직무
안전보건관리책임자	사업장을 실질적으로 총괄하여 관리하는 사람
관리감독자	사업장의 생산과 관련되는 업무와 그 소속 직원을 직접 지휘·감독하는 직위에 있는 사람
안전관리자	안전에 관한 기술적인 사항에 관하여 사업주 또는 안전보건관리책임자를 보좌하고 관리감독자에게 지도·조언하는 업무를 수행하는 사람
보건관리자	보건에 관한 기술적인 사항에 관하여 사업주 또는 안전보건관리책임자를 보좌하고 관리감독자에게 지도·조언하는 업무를 수행하는 사람
안전보건관리담당자	사업장에 안전 및 보건에 관하여 사업주를 보좌하고 관리감독자에게 지도·조언하는 업무를 수행하는 사람

11 건강진단 1차 검사 결과 건강수준의 평가가 곤란하거나 질병이 의심되는 근로자(제2차건강진단 대상자)의 관리구분을 쓰시오. [4점]

정답 R

12 산업안전보건법령상 반복적인 동작, 부적절한 작업자세 등의 요인에 의하여 발생하는 건강장해로써 목, 어깨, 허리, 팔·다리의 신경·근육 및 그 주변 신체조직 등에 국소피로로 인해 불편함을 호소하는 근로자가 있을 때 각 물음에 답하시오. [6점]

(1) 이러한 국소피로 직업성질병의 명칭
(2) 국소피로 증상 2가지
(3) 국소피로 측정방법 2가지

정답 (1) 근골격계질환
(2) ① 근육통
② 근력 저하
(3) ① 근전도(EMG)
② 작업자세평가기법

관련이론
- 전신피로: 과도한 업무 또는 스트레스 누적으로 인한 전신 에너지 고갈로 신체적, 정신적 기능이 전반적으로 저하하는 현상이다.
- 국소피로: 특정 부위의 반복적인 근육 사용으로 인하여 에너지 고갈로 인한 국소적인 기능 저하 현상이다.

13 산업안전보건법령상 고용노동부장관은 직업성 질환의 진단 및 예방, 발생 원인의 규명을 위하여 필요하다고 인정할 때에는 근로자의 질환과 작업장의 유해요인의 상관관계에 관한 조사를 할 수 있는데, 이 조사의 명칭을 쓰시오. [5점]

정답 역학조사

14 공기 중 벤젠 0.25[ppm](TLV: 0.5[ppm]), 톨루엔 25[ppm](TLV: 50[ppm]), 크실렌 60[ppm](TLV: 100[ppm])의 서로 상가작용을 하는 혼합물에 대한 각 물음에 답하시오. [6점]

(1) 허용농도 초과여부
(2) 혼합공기 허용농도[ppm]

정답 (1) 허용농도 초과여부
노출지수가 1을 초과하면 노출기준을 초과한다고 평가한다.
$$EI = \frac{C_1}{TLV_1} + \frac{C_2}{TLV_2} + \cdots + \frac{C_n}{TLV_n} = \frac{0.25}{0.5} + \frac{25}{50} + \frac{60}{100} = 1.6$$
여기서, EI: 노출지수
C_n: 각 물질의 농도[ppm]
TLV_n: 각 물질의 허용농도[ppm]
노출지수가 1을 초과하므로 이 혼합물은 노출기준을 초과한다.

(2) 혼합공기 허용농도 $= \dfrac{C_1 + \cdots + C_n}{\text{노출지수}} = \dfrac{0.25 + 25 + 60}{1.6} = 53.28[ppm]$

15 RMR이 8인 격심한 작업을 하는 근로자에 대하여 다음 물음에 답하시오. [4점]

(1) 실동률[%] (단, 사이또-오시마식을 적용한다.)
(2) 계속작업의 한계시간[분]

정답 (1) 실동률 $= 85 - (5 \times RMR) = 85 - (5 \times 8) = 45[\%]$
여기서, RMR: 작업대사율

(2) $\log(CMT) = 3.724 - 3.25\log(RMR) = 3.724 - 3.25 \times \log 8 = 0.789$
여기서, CMT: 계속작업 한계시간[min]
$CMT = 10^{0.789} = 6.15[\text{분}]$

16 작업장 내 공기의 밀도는 1.2[kg/m³]이고, 공기의 동점성계수는 1.85×10^{-5}[m²/sec]이며 직경이 20[cm]인 덕트 내 공기의 유속이 25[m/sec]일 때 레이놀즈수를 구하시오. [5점]

정답 $Re = \dfrac{\rho DV}{\mu} = \dfrac{DV}{\nu} = \dfrac{0.2\text{m} \times 25\text{m/sec}}{1.85 \times 10^{-5}\text{m}^2/\text{sec}} = 270,270.27$

여기서, Re: 레이놀즈수 ρ: 밀도[kg/m³]
  D: 직경[m] V: 유속[m/sec]
  ν: 동점성계수[m²/sec]

17 작업장에서 에어로졸을 채취하는 작업을 하고 있다. 채취 전과 후 여과지의 무게가 각각 0.4230[mg], 0.6721[mg]이고 공시료 여과지의 무게가 사용 전과 후 각각 0.3988[mg], 0.3979[mg]이었으며, 오전 8시 25분부터 당일 오전 11시 55분까지 1.98[L/min]의 유량으로 측정하였을 때 에어로졸의 질량농도[mg/m³]를 구하시오. [6점]

정답 에어로졸의 질량농도 = $\dfrac{(\text{채취 후 여과지 무게} - \text{채취 전 여과지 무게}) - (\text{채취 후 공시료 무게} - \text{채취 전 공시료 무게})}{\text{포집공기량}}$

$= \dfrac{(0.6721 - 0.4230)\text{mg} - (0.3979 - 0.3988)\text{mg}}{1.98\text{L/min} \times 210\text{min}} \times \dfrac{1,000\text{L}}{\text{m}^3} = 0.60[\text{mg/m}^3]$

18 다음 그림을 참고하여 다음 물음에 답하시오. (단, 공중에 설치된 외부식 후드이고 플랜지의 정방형 측정비는 1이다.) [6점]

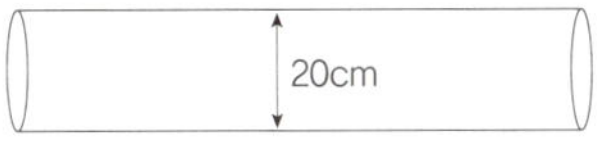

20cm

(1) 플랜지의 폭[cm]
(2) 플랜지가 없는 경우에 비해 플랜지가 있는 경우 송풍량이 몇 [%] 감소하는지 쓰시오.

정답 (1) $W = \sqrt{A} = \sqrt{\dfrac{\pi d^2}{4}} = \sqrt{\dfrac{\pi \times 20^2}{4}} = 17.72[\text{cm}]$

여기서, W: 플랜지 폭[cm] A: 개구부의 면적[cm²] d: 개구부 직경[cm]

(2) 25[%] 감소
- 외부식(자유공간, 플랜지 없음)
 $Q_1 = V_c(10X^2 + A)$
- 외부식(자유공간, 플랜지 부착)
 $Q_2 = 0.75V_c(10X^2 + A)$
- 절감효율 $= \dfrac{Q_1 - Q_2}{Q_1} \times 100 = \dfrac{V_c(10X^2 + A) - 0.75V_c(10X^2 + A)}{V_c(10X^2 + A)} \times 100 = \dfrac{1 - 0.75}{1} \times 100 = 25[\%]$

19 체적이 300[m³]인 사무실에 20명의 근로자가 근무하고 있다. 1인당 CO_2 배출량은 흡연을 고려하여 20[L/hr]로 하고, 외기 CO_2의 농도는 0.02[%]이다. 실내 CO_2의 농도를 0.05[%]로 유지하고자 할 때 시간당 공기교환횟수[회/hr]를 구하시오. [5점]

정답
- 필요환기량 = $\dfrac{CO_2 \text{ 발생량}}{\text{실내 } CO_2 \text{ 기준농도} - \text{실외 } CO_2 \text{ 기준농도}} \times 100$

$$= \dfrac{20명 \times \dfrac{20L/hr}{1명} \times \dfrac{1m^3}{1,000L}}{(0.05-0.02)\%} \times 100 = 1,333.33[m^3/hr]$$

- 시간당 공기교환횟수(ACH) = $\dfrac{\text{필요환기량}}{\text{실내 용적}} = \dfrac{1,333.33 m^3/hr}{300 m^3} = 4.44[회/hr]$

20 작업장 내 동력이 2[HP]인 기계가 20대, 220[kcal/hr]의 열량을 발산하는 근로자가 20명, 30[kW] 용량의 전등이 1대 켜져 있다. 외기온도 27[℃], 작업장 내 온도 30[℃]일 때 전체환기를 위한 필요환기량[m³/min]을 구하시오. [6점]

- 체적비열(C_p) = $C \times \rho$
- 공기의 비열(C) = 0.24[kcal/kg·℃]
- 공기의 밀도(ρ) = 1.203[kg/m³]
- 총 발열량의 합(H_s)은 기계, 근로자, 전등에서 발생하는 발열량의 합이다.
- 1[HP] = 730[kcal/hr]
- 1[kW] = 820[kcal/hr]

정답
- 총 발열량 합(H_s)
 = (2HP × 730kcal/hr × 20대) + (220kcal/hr × 20명) + (30kW × 820kcal/hr × 1대) = 58,200[kcal/hr]
- 발열 시 필요환기량

$$Q = \dfrac{H_s}{C_p \times \Delta t} = \dfrac{58,200 kcal/hr}{(0.24 kcal/kg \cdot ℃ \times 1.203 kg/m^3) \times (30-27)℃}$$

$= 67,193.1283 m^3/hr \times \dfrac{hr}{60min}$

$= 1,119.89[m^3/min]$

2025년 2회 기출문제

01 흄의 생성기전 3단계를 쓰시오. [6점]

정답
① 1단계: 금속의 증기화
② 2단계: 증기물의 산화
③ 3단계: 산화물의 응축

02 미국정부산업위생전문가협의회(ACGIH)에서 권고하는 허용농도(TLV) 적용 시의 주의사항 5가지를 쓰시오. [5점]

정답
① 대기오염 평가 및 관리에 사용할 수 없다.
② 안전농도와 위험농도를 정확히 구분하는 경계선이 아니다.
③ 독성의 강도를 비교할 수 있는 지표가 아니다.
④ 기존의 질병이나 신체적 조건을 판단하기 위한 척도로 사용할 수 없다.
⑤ 반드시 산업위생전문가에 의하여 적용되어야 한다.
⑥ 사업장의 유해조건을 평가하고 작업자의 건강장해를 예방하기 위한 지침이다.
⑦ 24시간 노출이나 정상 작업시간을 초과한 노출에 대한 독성 평가에는 적용할 수 없다.
⑧ 피부로 흡수되는 양은 고려하지 않은 기준이다.
⑨ 작업조건이 다른 나라에서는 ACGIH-TLV를 그대로 적용할 수 없다.

03 공기역학적 직경에 대해 설명하시오. [4점]

정답 대상 분진과 침강속도가 같고 밀도가 $1[g/cm^3]$이며, 구형인 분진의 직경으로 환산된 직경이다.

04 작업환경측정 및 정도관리 등에 관한 고시상 다음 [보기]에서 설명하는 용어의 정의를 쓰시오. [6점]

> **보기**
> (1) 분석치가 참값에 얼마나 접근하였는가 하는 수치상의 표현
> (2) 일정한 물질에 대해 반복측정·분석을 했을 때 나타나는 자료 분석치의 변동크기가 얼마나 작은가 하는 수치상의 표현
> (3) 작업환경측정대상이 되는 작업장 또는 공정에서 정상적인 작업을 수행하는 동일 노출집단의 근로자가 작업을 하는 장소

정답 (1) 정확도
 (2) 정밀도
 (3) 단위작업장소

---

05 킬레이트 적정법의 종류를 4가지 쓰시오. [4점]

정답 ① 직접적정법
 ② 간접적정법
 ③ 역적정법
 ④ 치환적정법

용어 CHECK │ 킬레이트 적정법
금속이온이 킬레이트 시약과 반응하여 생성되는 킬레이트 화합물의 성질을 이용하여 금속이온의 양을 정량하는 분석방법이다.

---

06 소음노출 평가, 소음노출에 대한 공학적 대책, 청력보호구의 지급과 착용, 소음의 유해성 및 예방 관련 교육, 정기적 청력검사 등의 사항이 포함된 소음성 난청을 예방·관리하기 위한 산업안전보건법령에 명시된 종합적인 계획을 쓰시오. [4점]

정답 청력보존 프로그램

07 유해물질의 독성을 결정하는 인체의 영향인자 5가지를 쓰시오. [5점]

정답 ① 노출 시간
② 기상조건
③ 작업강도
④ 개인의 감수성
⑤ 공기 중 노출 농도

08 MCE 여과지의 장단점을 각각 3가지씩 쓰시오. [6점]

정답 (1) 장점
① 취급 시 마모가 적다.
② 가격이 저렴하다.
③ 기공이 작아 미세한 입자상 물질을 효과적으로 포집할 수 있다.
(2) 단점
① 포집효율이 변화한다.
② 유량저항이 일정하지 않다.
③ 흡습성이 크다.

09 사업주가 사업장 위험성평가를 실시하여 결과와 조치사항 등을 기록·보존할 경우 몇 년간 보존해야 하는지 작성하시오. [4점]

정답 3년

10 화학물질 및 물리적 인자의 노출기준상 습구흑구온도지수(WBGT)를 옥외와 옥내로 구분하여 계산하는 방법을 서술하시오. [4점]

정답 ① 태양광선이 내리쬐는 옥외 장소
  $WBGT[℃] = 0.7 \times 자연습구온도 + 0.2 \times 흑구온도 + 0.1 \times 건구온도$
② 태양광선이 내리쬐지 않는 옥내 또는 옥외 장소
  $WBGT[℃] = 0.7 \times 자연습구온도 + 0.3 \times 흑구온도$

11 사업장 위험성평가에 관한 지침상 사업주가 위험성평가를 실시할 때 해당 작업에 종사하는 근로자를 참여시키는 경우 3가지를 쓰시오. [5점]

정답 ① 유해·위험요인의 위험성 수준을 판단하는 기준을 마련하고, 유해·위험요인별로 허용 가능한 위험성 수준을 정하거나 변경하는 경우
② 해당 사업장의 유해·위험요인을 파악하는 경우
③ 유해·위험요인의 위험성이 허용 가능한 수준인지 여부를 결정하는 경우
④ 위험성 감소대책을 수립하여 실행하는 경우
⑤ 위험성 감소대책 실행 여부를 확인하는 경우

12 다음 [보기]는 산업안전보건법상 야간근무에 관한 내용일 때 빈칸에 알맞은 내용을 쓰시오. [5점]

보기
6개월간 오후 (①)시부터 다음날 오전 (②)시 사이의 시간 중 작업을 월 평균 60시간 이상 수행하는 경우 야간작업으로 본다.

정답 ① 10
② 6

13 산업안전보건법상 보건관리자의 자격 3가지를 쓰시오. [6점]

정답
① 산업보건지도사 자격을 가진 사람
② 의사
③ 간호사
④ 산업위생관리산업기사 또는 대기환경산업기사 이상의 자격을 취득한 사람
⑤ 인간공학기사 이상의 자격을 취득한 사람
⑥ 전문대학 이상의 학교에서 산업보건 또는 산업위생 분야의 학위를 취득한 사람(법령에 따라 이와 같은 수준 이상의 학력이 있다고 인정되는 사람 포함)

14 누적소음노출량계로 작업장에서 210분간 측정한 누적소음폭로량이 40[%]일 때 시간가중평균소음수준 [dB(A)]을 구하시오. [5점]

정답
$$TWA = 90 + 16.61 \log \frac{D}{12.5 \times t}$$

여기서, TWA: 시간가중평균소음수준[dB(A)]
D: 소음노출량계로 측정한 노출량[%]
t: 측정시간[hr]

$$t = 210\min \times \frac{hr}{60\min} = 3.5[hr]$$

$$TWA = 90 + 16.61 \log \frac{40}{12.5 \times 3.5} = 89.35[dB(A)]$$

15 실내 체적이 3,000[m³]인 공간에 500명이 있다. 1인당 CO_2 배출량은 흡연을 고려하여 21[L/hr]일 때 시간당 공기교환횟수[회/hr]를 구하시오. (단, 실내 CO_2 허용기준은 0.1[%]이고 외기의 CO_2 농도는 0.03[%]이다.) [4점]

정답
• 필요환기량 계산

$$Q = \frac{M}{C_i - C_o} \times 100$$

여기서, Q: 필요환기량[m³/hr] M: CO_2 발생량[m³/hr]
C_i: 실내허용기준[%] C_o: 외기 농도[%]

$$M = \frac{21L}{인 \cdot hr} \times 500인 \times \frac{m^3}{1,000L} = 10.5[m^3/hr]$$

$$Q = \frac{10.5m^3/hr}{(0.1 - 0.03)\%} \times 100 = 15,000[m^3/hr]$$

• 시간당 공기교환횟수(ACH) 계산

$$ACH = \frac{Q}{V} = \frac{15,000m^3/hr}{3,000m^3} = 5[회/hr]$$

16 여과지로 납을 포집하여 분석한 결과, 시료 여과지에서 22[μg], 공시료 여과지에서 3[μg]이 검출되었다. 08시부터 12시까지 2[L/min]의 속도로 채취하였을 때 공기 중 납의 농도[μg/m³]를 구하시오. (단, 회수율은 98[%]이다.) [5점]

정답 중량농도 = $\dfrac{\text{시료채취 후 여과지 무게} - \text{시료채취 전 여과지 무게(공시료분석량)}}{\text{시료공기 채취량} \times \text{회수율}}$

$\mu g/m^3 = \dfrac{(22-3)\mu g}{2L/min \times 240min \times 0.98} = 0.0404 \mu g/L \times \dfrac{1,000L}{m^3} = 40.4[\mu g/m^3]$

17 화학물질 및 물리적 인자의 노출기준상 다음 [표]는 실내 작업장에서 8시간 작업 시 소음측정결과를 나타낼 때 다음 물음에 답하시오. (단, ACGIH 기준으로 구하시오.) [6점]

소음수준[dB]	노출시간
80	4시간
85	2시간
91	30분
94	10

(1) 노출지수를 구하시오.
(2) 소음노출기준의 초과 여부를 판정하시오

정답 (1) 소음노출지수 = $\dfrac{C_1}{TLV_1} + \dfrac{C_2}{TLV_2} + \cdots + \dfrac{C_n}{TLV_n}$

여기서, C_n: 각 소음노출기준[hr]
TLV$_n$: 허용노출시간[hr]

소음노출지수 = $0 + \dfrac{2}{8} + \dfrac{\left(\dfrac{30}{60}\right)}{2} + \dfrac{\left(\dfrac{10}{60}\right)}{1} = 0.67$

(2) 소음노출지수가 1보다 작으므로 노출기준을 초과하지 않는다.

관련이론 ACGIH의 소음작업기준

발생시간	소음수준[dB]
8시간 이상	85
4시간 이상	88
2시간 이상	91
1시간 이상	94
30분 이상	97
15분 이상	100

18 다음 [그림]은 피토관으로 덕트 내의 전압, 정압, 속도압을 측정하는 모습이다. 전압[mmH₂O], 속도압 [mmH₂O]을 각각 쓰시오. [6점]

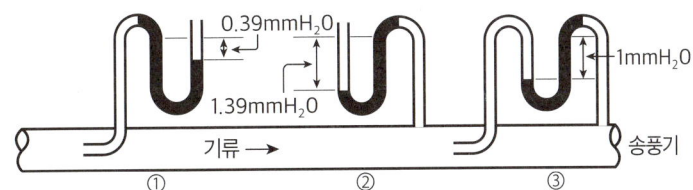

정답 ① 전압: $-0.39[\text{mmH}_2\text{O}]$
② 속도압: $1[\text{mmH}_2\text{O}]$

19 송풍량이 150[m³/min], 전압이 120[mmH₂O], 송풍기 효율이 75[%]일 때 이 송풍기의 동력[kW]을 구하시오. [4점]

정답 $\text{kW} = \dfrac{Q \times \Delta P}{6{,}120 \times \eta} \times \alpha = \dfrac{150\text{m}^3/\text{min} \times 120\text{mmH}_2\text{O}}{6{,}120 \times 0.75} \times 1 = 3.92[\text{kW}]$

여기서, Q: 송풍량[m³/min]
ΔP: 송풍기 유효정압(또는 전압)[mmH₂O]
η: 효율
α: 여유율

20 21[℃], 1기압인 작업장에서 1시간당 0.5[L]의 MEK이 모두 공기 중으로 증발되어 실내공기를 오염시키고 있다. 이 작업공정의 실내 전체환기를 위한 필요환기량[m³/min]은? (단, 안전계수 6, MEK의 분자량 72.1, 비중 0.805, TLV 200[ppm]이다.) [6점]

정답 $Q = \dfrac{24.1 \times s \times G \times 10^6}{M \times \text{TLV}} \times K$

여기서, Q: 작업시간 1시간당 필요환기량[m³/hr]
s: 비중
G: 유해물질의 시간당 사용량[L/hr]
K: 안전계수
M: 분자량[g]
TLV: 유해물질의 노출기준[ppm]

$Q = \dfrac{24.1 \times 0.805 \times 0.5\text{L/hr} \times 10^6}{72.1 \times 200} \times 6 = 4{,}036.17\text{m}^3/\text{hr} \times \dfrac{\text{hr}}{60\text{min}} = 67.27[\text{m}^3/\text{min}]$

2024년 | 1회 기출문제

01 세정집진장치의 집진원리 4가지를 쓰시오. [4점]

> **정답** ① 액적과 입자의 충돌
> ② 액적 기포와 입자의 접촉
> ③ 배기 증습에 의한 입자의 응집
> ④ 미립자 확산에 의한 액적과의 접촉

02 유해물질의 독성을 결정하는 인체의 영향인자 5가지를 쓰시오. [5점]

> **정답** ① 노출 시간
> ② 기상조건
> ③ 작업강도
> ④ 개인의 감수성
> ⑤ 공기 중 노출 농도

03 산업안전보건법령상 근로자가 허가대상 유해물질을 제조하거나 사용하는 경우 사업주가 근로자에게 주지해야 할 사항 3가지를 쓰시오. (단, 그밖에 근로자의 건강장해 예방에 관한 사항은 제외한다.) [3점]

> **정답** ① 물리적·화학적 특성
> ② 발암성 등 인체에 미치는 영향과 증상
> ③ 취급상의 주의사항
> ④ 착용하여야 할 보호구와 착용방법
> ⑤ 위급상황 시의 대처방법과 응급조치 요령

04 산업안전보건법령상 사업장의 안전 및 보건에 관한 중요 사항을 심의·의결하기 위해 사업장에 근로자위원과 사용자위원이 같은 수로 구성되는 회의체의 명칭을 쓰시오. [4점]

정답 산업안전보건위원회

05 산업안전보건법령상 관리감독자에게 안전 및 보건과 관련하여 지도 및 조언을 할 수 있는 자격 2가지를 쓰시오. (예시: 안전보건관리책임자) [5점]

정답 ① 안전관리자
② 보건관리자
③ 안전보건관리담당자

06 산업안전보건법령상 [보기]는 특수건강진단 등에 대한 내용일 때 다음 빈칸을 채우시오. [6점]

> **보기**
> - 사업주는 특수건강진단대상업무에 종사할 근로자의 배치 예정 업무에 대한 적합성 평가를 위하여 (①)을 실시하여야 한다. 다만, 고용노동부령으로 정하는 근로자에 대해서는 (①)을 실시하지 아니할 수 있다.
> - 사업주는 특수건강진단대상업무에 따른 유해인자로 인한 것이라고 의심되는 건강장해 증상을 보이거나 의학적 소견이 있는 근로자 중 보건관리자 등이 사업주에게 건강진단 실시를 건의하는 등 고용노동부령으로 정하는 근로자에 대하여 (②)을 실시하여야 한다.
> - 고용노동부장관은 같은 유해인자에 노출되는 근로자들에게 유사한 질병의 증상이 발생한 경우 등 고용노동부령으로 정하는 경우에는 근로자의 건강을 보호하기 위하여 사업주에게 특정 근로자에 대한 (③)의 실시나 작업전환, 그 밖에 필요한 조치를 명할 수 있다.

정답 ① 배치전건강진단
② 수시건강진단
③ 임시건강진단

07 산업안전보건법령상 [보기]는 중량의 표시 등에 대한 내용일 때 다음 빈칸을 채우시오. [3점]

> **보기**
> 사업주는 근로자가 5[kg] 이상의 중량물을 인력으로 들어올리는 작업을 하는 경우에 다음 조치를 해야 한다.
> - 주로 취급하는 물품에 대하여 근로자가 쉽게 알 수 있도록 물품의 (①)과 (②)에 대하여 작업장 주변에 안내표시를 할 것
> - 취급하기 곤란한 물품은 손잡이를 붙이거나 갈고리, 진공빨판 등 적절한 보조도구를 활용할 것

정답 ① 중량
② 무게중심

08 산업안전보건법령상 혈액노출과 관련된 사고가 발생한 경우에 사업주가 즉시 조사하고 이를 기록하여 보전하여야 하는 사항 3가지를 쓰시오. [5점]

정답 ① 노출자의 인적사항
② 노출 현황
③ 노출 원인제공자(환자)의 상태
④ 노출자의 처치 내용
⑤ 노출자의 검사 결과

09 크실렌과 톨루엔의 요 중 대사산물을 각각 적으시오. [4점]

정답 ① 크실렌의 요 중 대사산물: 메틸마뇨산
② 톨루엔의 요 중 대사산물: o-크레졸

10 6가크롬을 채취 후 분석할 때 각 물음에 답하시오. [6점]

(1) 채취여과지의 종류
(2) 분석기기

정답 (1) PVC여과지
(2) 전도도검출기 또는 분광검출기

11 사업장 위험성평가에 관한 지침상 다음 [보기]는 위험성평가 수립 및 실시에 관한 내용일 때 순서대로 나열하시오. [6점]

> ┤보기├
> A: 위험성 제거 또는 저감 조치
> B: 관리적 대책
> C: 개인용 보호구 사용
> D: 공학적 대책

정답 A → D → B → C

12 재순환 공기의 CO_2 농도는 650[ppm]이고, 급기의 CO_2 농도는 450[ppm]이다. 외부의 CO_2 농도가 300[ppm]일 때 급기 중 외부공기 포함비율[%]을 구하시오. [5점]

정답 $\%OA = \dfrac{C_R - C_S}{C_R - C_O} \times 100 = \dfrac{\text{재순환 공기 중 } CO_2 \text{ 농도} - \text{급기 중 } CO_2 \text{ 농도}}{\text{재순환 공기 중 } CO_2 \text{ 농도} - \text{외부공기 중 } CO_2 \text{ 농도}} \times 100$

$= \dfrac{650 - 450}{650 - 300} \times 100 = 57.14[\%]$

여기서, %OA: 외부공기 포함비율[%]

13 작업장 내 열부하량이 200,000[kcal/hr]이고 외기 온도는 20[℃], 작업장 내 온도는 30[℃]이다. 이때 전체환기를 위한 필요환기량[m³/min]을 구하시오. [5점]

정답 $Q = \dfrac{H_s}{0.3 \Delta t} = \dfrac{200,000 \text{kcal/hr}}{0.3 \times (30-20)℃} = 66,666.6667 \text{m}^3/\text{hr} \times \dfrac{\text{hr}}{60\text{min}} = 1,111.11 [\text{m}^3/\text{min}]$

여기서, Q: 발열 시 필요환기량[m³/hr]
H_s: 작업장 내 열부하[kcal/hr]
Δt: 실내외 온도차[℃]

14 표준공기가 흐르고 있는 덕트의 직경 60[mm], 동점성계수 0.1501[cm²/sec], 레이놀즈수 3.8×10⁴일 때 덕트의 유속[m/sec]을 구하시오. [5점]

정답 $Re = \dfrac{DV}{\nu}$

여기서, Re: 레이놀즈수 $\qquad$ D: 직경[m]
V: 유속[m/sec] $\qquad$ ν: 동점성계수[m²/sec]

$V = \dfrac{Re \times \nu}{D} = \dfrac{(3.8 \times 10^4) \times (0.1501 \text{cm}^2/\text{sec} \times 10^{-4} \text{m}^2/\text{cm}^2)}{0.06 \text{m}} = 9.51 [\text{m/sec}]$

15 800[mmHg], 40[℃]인 환경에서 $C_5H_8O_2$ 부피가 853[L]이고 질량이 65[mg]일 때, 1[atm], 21[℃]인 환경에서의 $C_5H_8O_2$의 농도[ppm]를 구하시오. (단, $C_5H_8O_2$는 압축성 기체이다.) [5점]

정답 • 중량농도 계산

$\dfrac{VP}{T} = \dfrac{V'P'}{T'}$

여기서, V: 초기부피 $\qquad$ V': 최종부피
P: 초기압력 $\qquad$ P': 최종압력
T: 초기온도 $\qquad$ T': 최종온도

21[℃], 1기압에서의 부피를 구하면

$\dfrac{853 \times 800}{273+40} = \dfrac{V' \times 760}{273+21}$

$V' = 843.3899 [\text{L}]$

$\text{mg/m}^3 = \dfrac{65 \text{mg}}{843.3899 \text{L} \times \dfrac{\text{m}^3}{1,000\text{L}}} = 77.0699 [\text{mg/m}^3]$

• [mg/m³] → [ppm] 변환

$\text{ppm} = \text{mg/m}^3 \times \dfrac{24.1(21[℃], 1\text{기압})}{\text{분자량}}$

$= 77.0699 \times \dfrac{24.1}{(5 \times 12)+(1 \times 8)+(2 \times 16)} = 18.57 [\text{ppm}]$

16 총 흡음량이 500[sabins]인 작업장의 천장에 흡음물질을 첨가하여 2,000[sabins]을 더할 경우 실내소음 저감량[dB]을 구하시오. [6점]

정답 $NR = 10\log\left(\dfrac{A_2}{A_1}\right) = 10\log\left(\dfrac{500+2,000}{500}\right) = 6.99[dB]$

여기서, NR : 소음저감량[dB]
A_1 : 흡음재 부착 전 흡음력[sabins]
A_2 : 흡음재 부착 후 흡음력[sabins]

17 1[atm], 25[℃]의 작업장 내 트리클로로에틸렌 노출농도를 측정하려 한다. 과거 노출농도 평균은 50[ppm]이었다. 시료는 활성탄관을 이용하여 0.15[L/min]의 유량으로 채취하려 한다. 트리클로로에틸렌의 분자량이 131.39이고 가스크로마토그래피의 정량한계(LOQ)가 시료당 0.5[mg]일 때 시료를 채워야 할 최소한의 시간[min]을 구하시오. [6점]

정답 • [ppm] → [mg/m³] 변환

$mg/m^3 = \dfrac{ppm \times 분자량}{24.45(상온\ 25[℃],\ 1기압)}$

$mg/m^3 = \dfrac{50ppm \times 131.39mg}{24.45mL} = 268.6912[mg/m^3]$

• 최소채취량 및 최소 채취소요시간 계산
정량한계가 시료당 0.5[mg]이므로 최소 0.5[mg] 이상의 트리클로로에틸렌을 확보 가능한 공기량을 취하여야 한다.

$\dfrac{0.5mg}{\dfrac{0.15L}{min} \times t\,min \times \dfrac{10^{-3}m^3}{L}} = \dfrac{268.6912mg}{m^3}$

$t = \dfrac{0.5}{0.15 \times 10^{-3} \times 268.6912} = 12.41[min]$

18 1[atm], 18[℃]인 작업조건에서 인쇄작업 금형을 보관하는 작업장에 시간당 100[g]의 톨루엔을 사용한다. 톨루엔의 분자량이 92.13이고, 허용기준이 188[mg/m³]이다. 전체환기장치를 설치하고자 할 때 톨루엔의 시간당 발생률[L/hr]을 구하시오. [6점]

정답 • 발생률 계산(0[℃], 1기압 기준)

$92.13[g] : 22.4[L] = 100[g/hr] : G[L/hr]$

$G = \dfrac{22.4 \times 100}{92.13} = 24.3135[L/hr]$

• 0[℃] → 18[℃]로 온도 보정

$G = 24.3135 L/hr \times \dfrac{(273+18)K}{273K} = 25.92[L/hr]$

19 한 변의 길이가 0.3[m]인 정사각형 덕트에 표준공기가 흐르고 덕트 내의 전압이 46[mmH₂O], 정압은 38[mmH₂O]일 때 덕트 내의 반송속도[m/s]와 공기유량[m³/min]을 각각 구하시오.(단, 공기의 비중량은 1.2[kgf/m³]이다.) [5점]

정답 ① 덕트 내 반송속도

$VP = TP - SP$
$\quad = (46 mmH_2O) - (38 mmH_2O) = 8[mmH_2O]$

$V = \sqrt{\dfrac{2g VP}{\gamma}}$

여기서, V: 공기의 속도[m/sec]
  g: 중력가속도[m/sec²]
  VP: 속도압[mmH₂O]]
  γ: 표준공기의 밀도(1.2[kgf/m³])

$V = \sqrt{\dfrac{2 \times 9.8 m/sec^2 \times 8 mmH_2O}{1.2 kgf/m^3}} = 11.43[m/sec]$

② 덕트 내 공기유량

$Q = AV = 0.3^2 m^2 \times 11.43 m/sec = 1.0287 m^3/sec \times \dfrac{60 sec}{min} = 61.72[m^3/min]$

여기서, Q: 유량[m³/sec]
  A: 덕트 단면적[m²]
  V: 덕트 내 반송속도[m/sec]

20 다음 표는 톨루엔과 크실렌을 각각 분석한 결과이다. 톨루엔(TLV 50[ppm], 분자량 92)과 크실렌(TLV 100[ppm], 분자량 106)은 상가작용을 할 때 각 물음에 답하시오. (단, 작업조건은 1[atm], 25[℃]이다.)

[6점]

시료번호	1	2
톨루엔 분석량	3.2[mg]	5.4[mg]
크실렌 분석량	12.3[mg]	21.9[mg]
채취시간	08:00~12:00	13:00~17:00
채취유량	0.18[L/min]	0.18[L/min]

(1) 톨루엔의 TWA[mg/m^3]
(2) 크실렌의 TWA[mg/m^3]
(3) 허용농도 초과여부 판정

정답 (1) 톨루엔의 TWA

$$mg/m^3 = \frac{(3.2+5.4)mg}{0.18L/min \times 480min \times \frac{m^3}{1,000L}} = 99.54[mg/m^3]$$

(2) 크실렌의 TWA

$$mg/m^3 = \frac{(12.3+21.9)mg}{0.18L/min \times 480min \times \frac{m^3}{1,000L}} = 395.83[mg/m^3]$$

(3) 허용농도 초과여부 판정

노출지수(EI) $= \frac{C_1}{TLV_1} + \frac{C_2}{TLV_2}$

• 톨루엔[ppm] $= 99.54mg/m^3 \times \frac{24.45mL}{92mg} = 26.45[ppm]$

• 크실렌[ppm] $= 395.83mg/m^3 \times \frac{24.45mL}{106mg} = 91.30[ppm]$

EI $= \frac{26.45}{50} + \frac{91.30}{100} = 1.44$로 1보다 크므로, 노출기준을 초과한다.

2024년 2회 기출문제

01 보호구 안전인증 고시상 금속아크 용접 등과 같이 열적으로 생기는 분진 등 발생장소에서 적합한 방진마스크의 등급을 쓰시오. [5점]

정답 1급 방진마스크

02 휘발성유기화합물(VOCs)의 처리방법 2가지와 각 처리방법의 특징을 2가지씩 쓰시오. [4점]

정답 ① 불꽃연소법
　　　　　㉠ 고농도 오염물질 제거에 효과적이다.
　　　　　㉡ 구조가 간단하고 유지보수가 용이하다.
　　　　② 촉매산화법
　　　　　㉠ 저농도 오염물질 제거에 효과적이다.
　　　　　㉡ 불꽃이 필요 없으며, 촉매표면에서 산화·제거할 수 있다.

03 공기역학적 직경에 대해 간단히 설명하시오. [5점]

정답 대상 분진과 침강속도가 같고 밀도가 $1[g/cm^3]$이며, 구형인 분진의 직경으로 확산된 직경이다.

04 산업피로의 생리적 원인을 3가지 쓰시오. [4점]

정답 ① 산소 공급 부족
② 혈중 포도당 농도의 저하
③ 근육 내 글리코겐량의 감소
④ 혈중 젖산 농도의 증가

05 근골격계부담작업의 범위 및 유해요인조사 방법에 관한 고시상 다음 [보기]에 적절한 내용을 채우시오. (단, 단기간 작업 또는 간헐적인 작업은 제외한다.) [5점]

| 보기 |
- 하루에 (①)시간 이상 집중적으로 자료입력 등을 위해 키보드 또는 마우스를 조작하는 작업
- 하루에 총 (②)시간 이상 목, 어깨, 팔꿈치, 손목 또는 손을 사용하여 같은 동작을 반복하는 작업
- 하루에 총 (③)시간 이상 쪼그리고 앉거나 무릎을 굽힌 자세에서 이루어지는 작업
- 하루에 총 2시간 이상 지지되지 않은 상태에서 (④)[kg] 이상의 물건을 한 손으로 들거나 동일한 힘으로 쥐는 작업
- 하루에 (⑤)회 이상 25[kg] 이상의 물체를 드는 작업

정답 ① 4
② 2
③ 2
④ 4.5
⑤ 10

06 산업안전보건법령상 관리대상 유해물질을 취급하는 작업에 근로자를 종사하도록 하는 경우에 근로자를 작업에 배치하기 전 사업주가 근로자에게 알려야 하는 사항 3가지를 쓰시오. (단, 그밖에 근로자의 건강장해 예방에 관한 사항은 제외한다.) [6점]

정답 ① 관리대상 유해물질의 명칭 및 물리적·화학적 특성
② 인체에 미치는 영향과 증상
③ 취급상의 주의사항
④ 착용하여야 할 보호구와 착용방법
⑤ 위급상황 시의 대처방법과 응급조치 요령

07 사무실 공기관리 지침상 다음 [보기]에 적절한 내용을 채우시오. [6점]

> **보기**
> - 공기정화시설을 갖춘 사무실에서 근로자 1인당 필요한 최소 외기량은 분당 $0.57[m^3]$ 이상이며, 환기 횟수는 시간당 (①)회 이상으로 한다.
> - 공기의 측정시료는 사무실 안에서 공기질이 가장 나쁠 것으로 예상되는 (②)곳 이상에서 채취하고, 측정은 사무실 바닥면으로부터 $0.9[m]$ 이상 $1.5[m]$ 이하의 높이에서 한다. 다만, 사무실 면적이 $500[m^2]$를 초과하는 경우에는 $500[m^2]$마다 1곳씩 추가하여 채취한다.
> - 일산화탄소(CO)의 측정시기는 연 1회 이상이고, 시료채취시간은 업무시작 후 1시간 전후 및 업무 종료 전 1시간 전후에 각각 (③)분간 측정을 실시한다.

정답 ① 4
② 2
③ 10

08 산업안전보건법령상 산업재해가 발생할 때 사업주가 기록·보존해야 하는 사항 3가지를 쓰시오. [5점]

정답 ① 사업장의 개요 및 근로자의 인적사항
② 재해 발생의 일시 및 장소
③ 재해 발생의 원인 및 과정
④ 재해 재발방지 계획

09 중금속 중 납 흄 분석 시 다음 물음에 답하시오. [5점]

(1) 채취여과지의 종류 1가지
(2) (1)의 여과지를 사용하는 이유 2가지

정답 (1) MCE 여과지
(2) ① 취급시 마모가 적다.
② 가격이 저렴하다.
③ 연소 시 재가 적게 남는다.

10 산업안전보건법령상 다음 [보기] 중 안전보건교육기관에서 직무와 관련한 안전보건교육을 이수하여야 하는 사람을 모두 고르시오. [5점]

> **보기**
> ㉠ 사업주
> ㉡ 안전관리자
> ㉢ 보건관리자
> ㉣ 안전보건관리담당자

정답 ㉠, ㉡, ㉢, ㉣

관련이론 안전보건관리책임자 등에 대한 직무교육

사업주는 다음에 해당하는 사람에게 안전보건교육기관에서 직무와 관련한 안전보건교육을 이수하도록 하여야 한다.
- 안전보건관리책임자
- 안전관리자
- 보건관리자
- 안전보건관리담당자
- 다음 기관에서 안전과 보건에 관련된 업무에 종사하는 사람
  - 안전관리전문기관
  - 보건관리전문기관
  - 건설재해예방전문지도기관
  - 안전검사기관
  - 자율안전검사기관
  - 석면조사기관

11 개인 보호구의 공통적인 구비조건 4가지를 쓰시오. [4점]

정답
① 착용이 간편할 것
② 작업에 방해가 되지 않을 것
③ 유해위험요소를 효과적으로 차단할 것
④ 내구성이 좋고 품질이 우수할 것
⑤ 작업자 신체에 잘 맞을 것

12 필터의 무게가 5[mg]이고 채취하기 전의 여과지 무게가 20[mg], 채취 후의 여과지 무게가 22.5[mg]이다. 채취부피가 850[L]일 때 공기 중 농도[mg/m³]를 구하시오. [5점]

정답 중량농도 = $\dfrac{\text{시료채취 후 여과지 무게} - \text{시료채취 전 여과지 무게}}{\text{시료공기 채취량}}$

$= \dfrac{(22.5-20)\text{mg}}{850\text{L} \times \dfrac{\text{m}^3}{1{,}000\text{L}}} = 2.94[\text{mg/m}^3]$

13 급성중독을 일으킬 수 있는 에틸벤젠(TLV 100[ppm])을 취급하는 작업을 하루 10시간씩 할 때 작업자의 노출수준[ppm]을 구하시오. (단, Brief-Scala 보정방법을 사용한다.) [5점]

정답 $RF = \dfrac{8}{H} \times \dfrac{24-H}{16} = \dfrac{8}{10} \times \dfrac{24-10}{16} = 0.7$

여기서, RF: 노출수준 보정계수 H: 노출시간[hr/day]

보정된 노출수준 $= RF \times TLV = 0.7 \times 100\,ppm = 70[ppm]$

14 벤젠이 배출되는 작업장에서 채취한 시료를 분석한 결과, 벤젠 농도가 오전 3시간 동안 60[ppm], 오후 4시간 동안 45[ppm]일 때 다음 물음에 답하시오. (단, 벤젠의 TLV는 50[ppm]이다.) [6점]

(1) 작업장의 벤젠 TWA[ppm]
(2) 허용기준 초과여부 평가

정답 (1) $TWA = \dfrac{C_1 t_1 + C_2 t_2 + \cdots + C_n t_n}{8}$

여기서, TWA: 시간가중평균노출기준 C_n: 유해인자의 측정농도[ppm]
t_n: 유해인자의 발생시간[hr]

$TWA = \dfrac{(3 \times 60) + (4 \times 45) + (1 \times 0)}{8} = 45[ppm]$

(2) $EI = \dfrac{TWA}{TLV} = \dfrac{45}{50} = 0.9$

노출지수가 1 미만이므로, 허용기준 미만이다.

15 다음 [보기]의 조사결과를 토대로 노출인년을 구하시오. [5점]

┌ 보기 ┐
6개월 동안 노출농도를 조사한 사람의 수: 8명
1년 동안 노출농도를 조사한 사람의 수: 20명
3년 동안 노출농도를 조사한 사람의 수: 10명

정답 노출인년 $= \left(\text{노출인원} \times \dfrac{\text{노출개월 수}}{12월}\right) + \cdots + \left(\text{노출인원} \times \dfrac{\text{노출개월 수}}{12월}\right)$

$= \left(8 \times \dfrac{6}{12}\right) + \left(20 \times \dfrac{12}{12}\right) + \left(10 \times \dfrac{36}{12}\right) = 54$인년

16 차음평가수(NRR)가 18이고, 음압수준이 95[dB(A)]인 경우 작업자가 노출되는 음압수준[dB(A)]을 구하시오. [5점]

정답 차음효과 = (NRR − 7) × 0.5 = (18 − 7) × 0.5 = 5.5[dB(A)]
음압수준 = 기존 음압수준 − 차음효과 = 95 − 5.5 = 89.5[dB(A)]

17 공기 중에 사염화탄소(비중 5.7)가 5,000[ppm] 존재하고 있다면 사염화탄소와 공기(비중 1.0)의 혼합물 유효비중을 구하시오. (단, 소수점 넷째 자리까지 나타낸다.) [5점]

정답 유효비중 = 사염화탄소의 부피분율 × 사염화탄소의 비중 + 공기의 부피분율 × 공기의 비중

$$= \frac{5{,}000\text{ppm}}{1{,}000{,}000} \times 5.7 + \frac{(1{,}000{,}000 - 5{,}000)\text{ppm}}{1{,}000{,}000} \times 1.0 = 1.0235$$

관련이론
유효비중은 각 구성성분 비중의 가중평균이다.

18 1[atm], 21[℃] 조건에서 밀도 1.3[g/cm³], 직경 15[μm]인 분진 입자를 중력침강실에서 처리하려고 한다. 공기의 밀도가 0.0012[g/cm³]이고 공기의 점성계수가 1.78×10⁻⁴[g/cm·sec]일 때 침강속도[cm/sec]를 구하시오. [5점]

정답
$$V_g = \frac{d_p^2(\rho_p - \rho)g}{18\mu}$$

$$= \frac{(15 \times 10^{-4}\text{cm})^2 \times (1.3 - 0.0012)\text{g/cm}^3 \times 980\text{cm/sec}^2}{18 \times 1.78 \times 10^{-4}\text{g/cm·sec}} = 0.89[\text{cm/sec}]$$

여기서, V_g: 침강속도[cm/sec]
d_p: 입자상 물질의 직경[cm]
ρ_p: 입자상 물질의 밀도[g/cm³]
ρ: 공기의 밀도[g/cm³]
g: 중력가속도(980[cm/sec²])
μ: 공기의 점성계수[g/cm·sec]

19 작업장의 환기시스템에서 송풍량이 40[m³/min], 덕트의 지름이 20[cm], 유입손실계수 0.65일 때 후드의 정압[mmH₂O]을 구하시오. [5점]

정답 · 속도압 계산

$$V = \frac{Q}{A} = \frac{40\text{m}^3/\text{min}}{\frac{\pi}{4} \times (0.2\text{m})^2} = 21.2207[\text{m/sec}]$$

여기서, V : 유속[m/min]　　　Q : 유량[m³/min]　　　A : 단면적[m²]

$$V = 4.043\sqrt{\text{VP}} \longrightarrow \text{VP} = \left(\frac{V}{4.043}\right)^2 = \left(\frac{21.2207}{4.043}\right)^2 = 27.5494[\text{mmH}_2\text{O}]$$

· 후드정압 계산
$\text{SP}_h = \text{VP}(1 + F_h)$

여기서, SP_h : 후드정압[mmH₂O]　　　VP : 속도압[mmH₂O]　　　F_h : 후드 유입손실계수

$\text{SP}_h = 27.5494 \times (1 + 0.65) = 45.46[\text{mmH}_2\text{O}]$
∴ $\text{SP}_h = -45.46[\text{mmH}_2\text{O}]$

관련이론
외부 공기를 후드 안으로 흡입하기 위해 후드의 정압은 음압을 유지한다.

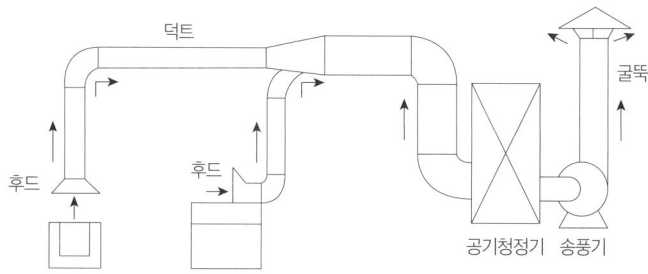

20 길이가 10[m]인 장방형 덕트 단면의 폭이 0.2[m], 높이가 0.6[m]이다. 비중량이 1.2[kgf/m³], 관마찰계수가 0.019, 덕트 직관 내 풍량이 240[m³/min]일 때 덕트 내 압력손실[mmH₂O]을 구하시오. [5점]

정답 $V = \frac{Q}{A} = \frac{240\text{m}^3/\text{min}}{0.2\text{m} \times 0.6\text{m}} = 2{,}000\text{m/min} \times \frac{\text{min}}{60\text{sec}} = 33.3333[\text{m/sec}]$

$\Delta P = f_d \times \frac{L}{D} \times \frac{\gamma V^2}{2g} = 0.019 \times \frac{10\text{m}}{\frac{(2 \times 0.2\text{m} \times 0.6\text{m})}{(0.2\text{m} + 0.6\text{m})}} \times \frac{1.2\text{kgf/m}^3 \times (33.3333\text{m/sec})^2}{2 \times 9.8\text{m/sec}^2} = 3.08[\text{mmH}_2\text{O}]$

여기서, ΔP : 압력손실[mmH₂O]　　　f_d : 관마찰계수(달시마찰계수)
　　　　L : 관의 길이[m]　　　D : 덕트의 상당직경$\left(\frac{2\text{ab}}{\text{a}+\text{b}}\right)$
　　　　V : 덕트 내 반송속도[m/sec]　　　γ : 공기의 비중량[kgf/m³]

2024년 3회 기출문제

01 다음 [보기]는 국소배기장치를 사용하기 전 점검사항에 대한 내용일 때 나머지 2가지를 쓰시오. [6점]

| 보기 |
- 덕트 접속의 이완 유무
- (①)
- (②)

정답 ① 덕트와 배풍기의 분진 상태
② 흡기 및 배기 능력

02 다음 [그림]의 빈칸에 [보기]를 참고하여 알맞은 포집기전을 번호마다 각각 고르시오. [6점]

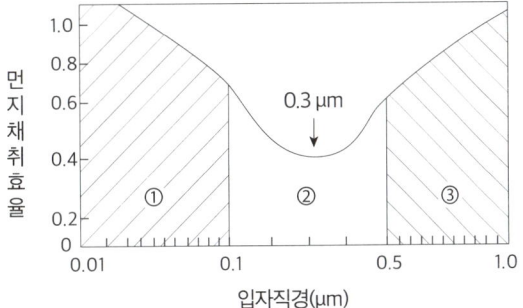

| 보기 |
㉠ 확산(Diffusion)
㉡ 간섭(직접차단)
㉢ 관성충돌(Inertial Impaction)
㉣ 확산(Diffusion), 간섭(직접차단)
㉤ 간섭(직접차단), 관성충돌(Inertial Impaction)

정답 ①: ㉠
②: ㉣
③: ㉤

03 직독식기구인 검지관법의 장단점 각각 3가지를 쓰시오. [6점]

> **정답** ① 장점
>   ㉠ 사용이 간편하다.
>   ㉡ 측정 결과를 빠르게 확인 가능하다.
>   ㉢ 비전문가도 어느정도 숙지 후 사용 가능하다.
> ② 단점
>   ㉠ 민감도가 떨어져 저농도에서 사용이 불가능하다.
>   ㉡ 특이도가 낮아 다른 물질의 영향을 받기 쉽다.
>   ㉢ 단시간 측정만 가능하다.

04 산업안전보건법상 다음 [보기]는 건강진단에 관한 사업주의 의무에 대한 일부 내용일 때 빈칸을 채우시오. [4점]

> ┤보기├
> 사업주는 건강진단의 결과 근로자의 건강을 유지하기 위하여 필요하다고 인정할 때에는 (①), 작업전환, (②), 야간근로의 제한, 작업환경측정 또는 시설·설비의 설치·개선 등 고용노동부령으로 정하는 바에 따라 적절한 조치를 하여야 한다.

> **정답** ① 작업장소 변경
>   ② 근로시간 단축

05 산업안전보건법상 근골격계질환 예방관리 프로그램을 수립하여 시행하여야 하는 사업장의 경우 3가지를 쓰시오. [6점]

> **정답** ① 근골격계질환으로 업무상 질병을 인정받은 근로자가 연간 10명 이상 발생한 사업장
>   ② 근골격계질환으로 업무상 질병을 인정받은 근로자가 연간 5명 이상 발생한 사업장으로서 발생 비율이 그 사업장 근로자 수의 10[%] 이상인 경우
>   ③ 근골격계질환 예방과 관련하여 노사 간 이견이 지속되는 사업장으로서 고용노동부장관이 필요하다고 인정하여 근골격계질환 예방관리 프로그램을 수립하여 시행할 것을 명령한 경우

06 사업장 위험성평가에 관한 지침상 사업주가 위험성평가를 실시할 때 해당 작업에 종사하는 근로자를 참여시키는 경우 3가지를 쓰시오. [5점]

정답 ① 유해·위험요인의 위험성 수준을 판단하는 기준을 마련하고, 유해·위험요인별로 허용 가능한 위험성 수준을 정하거나 변경하는 경우
② 사업장의 유해·위험요인을 파악하는 경우
③ 유해·위험요인의 위험성이 허용 가능한 수준인지 여부를 결정하는 경우
④ 위험성 감소대책을 수립하여 실행하는 경우
⑤ 위험성 감소대책 실행 여부를 확인하는 경우

07 산업안전보건법상 다음 [보기]의 위원회 명칭을 쓰시오. [4점]

보기
산업안전보건법령상 사업장의 안전 및 보건에 관한 중요 사항을 심의·의결하기 위해 사업장에 근로자위원과 사용자위원이 동일한 수로 구성되는 회의체

정답 산업안전보건위원회

08 직업성 피부질환이 일어나는 색소침착물질 1가지, 색소감소물질 1가지 그리고 예방대책 1가지를 쓰시오. [6점]

정답 ① 색소침착물질: 석유류, 식물, 과일 등
② 색소감소물질: 모노벤질에테르, 석탄화합물 등
③ 예방대책: 적절한 보호구 착용, 안전보건교육 프로그램

09 다음 [보기]에서 설명하는 문서의 명칭을 쓰시오. [4점]

보기
특정 업무를 표준화된 방법에 따라 일관되게 실시할 목적으로 해당 절차 및 수행방법 등을 상세하게 적은 문서로 정확도와 정밀도를 일정한 신뢰한계 내에 도달 목적을 가진다.

정답 표준작업지침서(SOP; Standard Operating Procedures)

10 산업안전보건법상 아세트알데히드를 사용하는 근로자에게 건강진단을 실시하려 하는 건강진단의 종류는 무엇인지 쓰시오. (단, 사업주가 실시하는 경우는 제외한다.) [4점]

정답 특수건강진단

11 산업안전보건법상 작업환경측정평가 기록 및 보존을 얼마나 하여야 하는지 쓰시오. (단, 고용노동부장관이 정하여 고시하는 물질에 대한 기록이 포함된 서류가 아니다.) [4점]

정답 5년

> **관련이론**
> 작업환경측정 결과를 기록한 서류는 보존기간을 5년으로 한다. 다만, 고용노동부장관이 정하여 고시하는 물질에 대한 기록이 포함된 서류는 그 보존기간을 30년으로 한다.

12 1[atm]의 대기압을 유지하는 화학공장에서 환기장치의 설치가 어려워 유해성이 적은 사용물질로 변경하고자 한다. [보기]의 A물질과 B물질을 참고하여 각 물음에 답하시오. [6점]

> **보기**
> A물질: TLV 100[ppm], 증기압 25[mmHg]
> B물질: TLV 350[ppm], 증기압 100[mmHg]

(1) A물질의 포화증기농도[ppm]
(2) A물질의 증기위험화지수
(3) B물질의 포화증기농도[ppm]
(4) B물질의 증기위험화지수

정답 (1) 포화증기농도[ppm] = $\dfrac{증기압[mmHg]}{760[mmHg]} \times 10^6$

A물질의 포화증기농도[ppm] = $\dfrac{25mmHg}{760mmHg} \times 10^6 = 32,894.74$[ppm]

(2) 증기위험화지수(VHI) = $\log\left(\dfrac{C}{TLV}\right)$

여기서, C: 포화증기농도[ppm]

A물질의 증기위험화지수 = $\log\left(\dfrac{32,894.74}{100}\right) = 2.52$

(3) B물질의 포화증기농도[ppm] = $\dfrac{100mmHg}{760mmHg} \times 10^6 = 131,578.95$[ppm]

(4) B물질의 증기위험화지수 = $\log\left(\dfrac{131,578.95}{350}\right) = 2.58$

13 귀덮개의 차음평가수(NRR)가 19이고, 작업장의 소음수준이 96[dB(A)]인 경우 각 물음에 답하시오. [4점]

(1) 귀덮개(EM)의 차음효과[dB(A)]
(2) 작업자가 노출되는 음압수준[dB(A)]

정답 (1) 차음효과 = (NRR−7)×0.5 = (19−7)×0.5 = 6[dB(A)]
(2) 음압수준 = 기존 음압수준−차음효과 = 96−6 = 90[dB(A)]

14 무지향성 점음원, 자유공간 위치에서 음향파워가 1Watt인 소음원으로부터 10[m] 떨어진 지점에서의 음압수준[dB]을 구하시오. [5점]

정답
- PWL 계산
$$PWL = 10\log\frac{W}{W_o} = 10\log\left(\frac{1}{10^{-12}}\right) = 120[dB]$$

여기서, PWL: 음력수준[dB] W: 측정 음력[W]
W_o: 기준 음력(10^{-12}[W])

- SPL 계산
$$SPL = PWL - 20\log r - 11$$
$$= 120 - 20\log 10 - 11$$
$$= 89[dB]$$

여기서, SPL: 음압수준[dB] PWL: 음력수준[dB]
r: 음원으로부터 떨어진 거리[m]

15 작업장에 4측면 개방 외부식 캐노피(천개형)후드를 설치하려 한다. 후드의 크기는 2.5[m]×1.5[m], 개구면과 배출원 사이의 높이는 0.7[m], 제어속도가 0.3[m/sec]일 때 필요송풍량[m³/min]을 구하시오. (단, Thomas식을 사용하시오.) [5점]

정답 $\frac{H}{L} = \frac{0.7}{2.5} = 0.28(\leq 0.3)$인 경우의 필요송풍량 Q

$Q = 1.4PHV_c$
$= 1.4 \times 2 \times (2.5+1.5) \times 0.7 \times 0.3 = 2.352 \text{m}^3/\text{sec} \times \frac{60\text{sec}}{\text{min}}$
$= 141.12[\text{m}^3/\text{min}]$

여기서, Q: 필요송풍량[m³/sec] P: 개구면의 둘레길이[m]
H: 개구면과 배출원 사이의 거리[m] V_c: 제어속도[m/sec]

16 작업장 내 열부하량이 25,500[kcal/hr]이고, 외기온도 15[℃], 작업장 내 온도는 35[℃]이다. 이때 전체 환기를 위한 필요환기량[m³/min]을 구하시오. [6점]

정답 $Q = \dfrac{H_s}{0.3 \Delta t} = \dfrac{25,500}{0.3 \times (35-15)} = 4,250 \text{m}^3/\text{hr} \times \dfrac{\text{hr}}{60\text{min}} = 70.83 [\text{m}^3/\text{min}]$

여기서, Q: 필요환기량[m³/hr]
H_s: 작업장 내 열부하[kcal/hr]
Δt: 실내외 온도차[℃]

관련이론

$Q = \dfrac{H_s}{C_p \Delta t}$ 에서 비열 C_p가 주어지지 않으면 0.3을 사용한다.

17 후드의 정압 20[mmH₂O], 덕트의 속도압 12[mmH₂O]일 때 후드의 유입계수를 구하시오. [5점]

정답 $\text{SP}_h = \text{VP}(1 + F_h)$

여기서, SP_h: 후드정압[mmH₂O] VP: 속도압[mmH₂O]
F_h: 유입손실계수

$F_h = \dfrac{\text{SP}_h}{\text{VP}} - 1 = \dfrac{20}{12} - 1 = 0.6667$

$C_e = \sqrt{\dfrac{1}{1+F_h}} = \sqrt{\dfrac{1}{1+0.6667}} = 0.77$

여기서, C_e: 유입계수 F_h: 유입손실계수

18 필터의 무게가 5[mg]이고 채취하기 전의 여과지 무게가 10.8[mg], 채취하고 난 후의 여과지 무게가 11.9[mg]이다. 채취 부피가 1.958[m³]일 때 공기 중 농도[mg/m³]를 구하시오. [5점]

정답 중량농도 $= \dfrac{\text{시료채취 후 여과지 무게} - \text{시료채취 전 여과지 무게}}{\text{시료공기 채취량}}$

$= \dfrac{(11.9-10.8)\text{mg}}{1.958\text{m}^3} = 0.56 [\text{mg/m}^3]$

19 다음 [표]를 참고하여 기하평균과 기하표준편차를 구하시오. [5점]

누적분포[%]	데이터[μg/m³]	누적분포[%]	데이터[μg/m³]
15.9	0.05	19.5	0.07
24.5	0.08	37.4	0.11
48.1	0.16	50	0.20
63.1	0.45	77.2	0.68
81.4	0.77	84.1	0.80
89.1	0.85		

정답 ① 기하평균(GM) = 누적도수 50[%]에 해당하는 값 = 0.2[μg/m³]

② 기하표준편차(GSD) = $\dfrac{84.1[\%]에 해당하는 값}{50[\%]에 해당하는 값(GM)} = \dfrac{50[\%]에 해당하는 값(GM)}{15.9[\%]에 해당하는 값}$

$= \dfrac{0.8 \mu g/m^3 (누적도수\ 84.1[\%]에\ 해당하는\ 값)}{0.2 \mu g/m^3 (누적도수\ 50[\%]에\ 해당하는\ 값)} = 4$

20 흑구온도 31.4[℃], 건구온도 28.3[℃], 자연습구온도 21.7[℃]인 옥내작업장의 습구흑구온도지수 (WBGT)[℃]를 구하시오. [4점]

정답 WBGT(태양광선이 내리쬐지 않는 옥내 또는 옥외)
= 0.7NWB + 0.3GT
= 0.7 × 21.7℃ + 0.3 × 31.4℃
= 24.61[℃]

여기서, NWB: 자연습구온도[℃]
GT: 흑구온도[℃]

관련이론 태양광선이 내리쬐는 옥외의 WBGT[℃]
WBGT = 0.7NWB + 0.2GT + 0.1DT

여기서, DT: 건구온도[℃]

2023년 1회 기출문제

01 공기 중 사염화탄소의 농도가 5[ppm](TLV 10[ppm]), 1,2-디클로로에탄의 농도가 5[ppm](TLV 50[ppm]), 1,2-디브로모에탄의 농도가 9[ppm](TLV 20[ppm])일 때 허용농도 초과여부를 평가하고, 보정된 허용기준[ppm]을 구하여라. (단, 혼합물은 상가작용을 한다.) [6점]

정답 ① $EI = \dfrac{C_1}{TLV_1} + \dfrac{C_2}{TLV_2} + \cdots + \dfrac{C_n}{TLV_n}$

$= \dfrac{5}{10} + \dfrac{5}{50} + \dfrac{9}{20} = 1.05$

여기서, EI: 노출지수
C_n: 각 물질의 농도[ppm]
TLV_n: 각 물질의 허용농도[ppm]

노출지수가 1보다 크므로 허용농도를 초과한다.

② 혼합공기 허용농도 $= \dfrac{C_1 + \cdots + C_n}{\text{노출지수}} = \dfrac{5+5+9}{1.05} = 18.10$[ppm]

02 다음 [보기]는 건강진단에 관한 사업주의 의무사항이다. 올바른 내용을 모두 고르시오. [6점]

┤보기├
㉠ 사업주는 산업안전보건위원회 또는 근로자대표가 요구할 때에는 직접 또는 건강진단을 한 건강진단기관에 건강진단 결과에 대하여 설명하도록 하여야 한다.
㉡ 사업주는 건강진단의 결과를 근로자의 건강보호 및 유지 외의 목적으로 사용해서는 안 된다.
㉢ 사업주는 건강진단을 실시하는 경우 근로자대표가 요구하면 근로자대표를 참석시켜야 한다.
㉣ 사업주는 규정 또는 다른 법령에 따른 건강진단의 결과 근로자의 건강을 유지하기 위하여 필요하다고 인정할 때에는 작업장소 변경, 작업전환, 근로시간 단축, 야간근로의 제한, 작업환경측정 또는 시설·설비의 설치·개선 등 적절한 조치를 하여야 한다.

정답 ㉠, ㉡, ㉢, ㉣

03

총 흡음량이 2,500[sabin]인 작업장에 흡음량 2,500[sabin]을 추가할 경우 소음저감량[dB]을 구하시오. [6점]

정답 $NR = 10\log\dfrac{A_2}{A_1} = 10\log\dfrac{2,500+2,500}{2,500} = 3.01[\text{dB}]$

여기서, NR: 소음저감량[dB]
A_1: 흡음재 부착 전 흡음력[sabins]
A_2: 흡음재 부착 후 흡음력[sabins]

04

육체적 작업능력(PWC)이 16[kcal/min]인 근로자가 1일 8시간 동안 물체를 운반하고 있다. 이때의 작업대사량은 9[kcal/min]이고, 휴식 시의 대사량이 1.4[kcal/min]이라면 이 사람의 시간당 적정 휴식시간[분]과 작업시간[분]은? (단, Hertig식을 적용한다.) [6점]

정답 $T_{rest} = \dfrac{E_{max}-E_{task}}{E_{rest}-E_{task}} \times 100 = \dfrac{\dfrac{16}{3}\text{kcal/min}-9\text{kcal/min}}{1.4\text{kcal/min}-9\text{kcal/min}} \times 100 = 48.25[\%]$

여기서, T_{rest}: 피로예방을 위한 적정 휴식시간 비[%]
E_{max}: 1일 8시간 작업에 적합한 작업대사량$\left(\dfrac{\text{PWC}}{3}\right)$
E_{task}: 해당 작업의 대사량
E_{rest}: 휴식 중 소모대사량

피로예방을 위한 휴식시간은 60분이 기준이므로 60분의 48.25[%]인 약 28.95분을 휴식하고, 나머지 31.05분은 작업을 한다.
① 휴식시간: 28.95분
② 작업시간: 31.05분

05

근골격계 질환에 관한 다음 질문에 답하시오. [4점]

(1) 작업자 관련 위험요인 2가지를 작성하시오.
(2) 작업관련성 위험요인 2가지를 작성하시오.

정답 (1) ① 과거 병력
② 성별
③ 연령
④ 작업습관
(2) ① 반복적인 동작
② 부적절한 작업자세
③ 무리한 힘의 사용
④ 날카로운 면과의 신체접촉
⑤ 진동 및 온도

06 산업안전보건기준에 관한 규칙 상 사업주가 근로자에게 근골격계부담작업을 하도록 하는 경우 근로자에게 알려야 하는 사항을 4가지 작성하시오. [4점]

정답 ① 근골격계부담작업의 유해요인
② 근골격계질환의 징후와 증상
③ 근골격계질환 발생 시의 대처요령
④ 올바른 작업자세와 작업도구, 작업시설의 올바른 사용방법

07 사업주는 건설물, 기계·기구·설비, 원재료, 가스, 증기, 분진, 근로자의 작업행동 또는 그 밖의 업무로 인한 유해·위험 요인을 찾아내어 부상 및 질병으로 이어질 수 있는 위험성의 크기가 허용 가능한 범위인지를 평가하여야 하는데, 이러한 평가를 무엇이라 하는가? [4점]

정답 위험성평가

08 21[℃], 1기압인 작업장에서 1시간당 0.5[L]의 MEK이 모두 공기 중으로 증발되어 실내공기를 오염시키고 있다. 이 작업공정의 실내 전체환기를 위한 필요환기량[m³/min]은? (단, 안전계수 6, MEK의 분자량 72.1, 비중 0.805, TLV 200[ppm]이다.) [6점]

정답 $Q = \dfrac{24.1 \times s \times G \times 10^6}{M \times \text{TLV}} \times K$

여기서, Q: 작업시간 1시간당 필요환기량[m³/hr]
s: 비중
G: 유해물질의 시간당 사용량[L/hr]
K: 안전계수
M: 분자량[g]
TLV: 유해물질의 노출기준[ppm]

$Q = \dfrac{24.1 \times 0.805 \times 0.5 \text{L/hr} \times 10^6}{72.1 \times 200} \times 6 = 4{,}036.17 \text{m}^3/\text{hr} \times \dfrac{\text{hr}}{60 \text{min}} = 67.27 [\text{m}^3/\text{min}]$

09 배기구는 15-3-15 규칙을 참조하여 설치한다. 여기서 15-3-15의 의미를 쓰시오. [6점]

정답 ① 15: 배기구와 흡입구는 서로 15[m] 이상 떨어져야 한다.
② 3: 배기구의 높이는 지붕 꼭대기나 공기 흡입구보다 3[m] 이상 높게 설치하여야 한다.
③ 15: 배출되는 공기는 재유입되지 않도록 배출 속도를 15[m/sec] 이상으로 유지하여야 한다.

10 다음 용어의 정의를 쓰시오. [6점]

① 플랜지
② 테이퍼
③ 슬롯

정답 ① 플랜지: 후드 개구면 주변에 부착하는 판으로, 후드 뒤쪽의 공기흡입을 방지
② 테이퍼: 후드 개구면 속도를 균일하게 분포시키는 장치
③ 슬롯: 높이와 길이의 비가 0.2 이하인 세로가 좁고 가로가 긴 형태의 후드

11 산업안전보건법상 안전보건총괄책임자의 직무 4가지를 작성하시오. [4점]

정답 ① 위험성평가의 실시에 관한 사항
② 산업재해가 발생할 급박한 위험이 있는 경우 및 중대재해 발생 시 작업의 중지
③ 도급 시 산업재해 예방조치
④ 산업안전보건관리비의 관계수급인 간의 사용에 관한 협의·조정 및 그 집행의 감독
⑤ 안전인증대상기계등과 자율안전확인대상기계등의 사용 여부 확인

12 덕트 내를 흐르고 있는 공기의 밀도가 1.2[kg/m³], 레이놀즈수가 2×10⁵일 때 덕트 속을 흐르는 유체속도 [m/sec]는? (단, 덕트 직경 30[cm], 공기의 동점성계수 1.5×10⁻⁵[m²/sec]이다.) [6점]

정답 $Re = \dfrac{DV}{\nu}$

여기서, Re: 레이놀즈수 V: 유속[m/sec]
D: 직경[m] ν: 동점성계수[m²/sec]

$$V = \dfrac{Re \times \nu}{D} = \dfrac{(2 \times 10^5) \times (1.5 \times 10^{-5} \text{m}^2/\text{sec})}{0.3\text{m}} = 10[\text{m/sec}]$$

13 건구온도 28[℃], 자연습구온도 20[℃], 흑구온도가 30[℃]일 경우 실내작업장의 WBGT[℃]를 구하시오. [6점]

정답 WBGT(태양광선이 내리쬐지 않는 옥내 또는 옥외) = 0.7NWB + 0.3GT
= 0.7 × 20℃ + 0.3 × 30℃ = 23[℃]

여기서, NWB: 자연습구온도[℃]
GT: 흑구온도[℃]

14 필터의 무게가 6[mg]이고 먼지를 채취하기 전의 여과지 무게가 10.04[mg], 채취하기 후의 여과지 무게가 16.04[mg]이다. 분당 40[L]씩 30분 간 포집할 때 먼지의 공기 중 농도[mg/m³]를 구하시오. [6점]

정답 먼지의 질량농도 = $\dfrac{\text{채취 후 여과지무게} - \text{채취 전 여과지무게}}{\text{포집공기량}}$

$$= \dfrac{(16.04 - 10.04)\text{mg}}{40\text{L/min} \times 30\text{min} \times \dfrac{\text{m}^3}{1,000\text{L}}} = 5[\text{mg/m}^3]$$

15 입자상물질의 물리적(기하학적) 직경의 종류를 3가지 쓰고 간단히 설명하시오. [3점]

정답 ① 마틴 직경
입자의 면적을 이등분하는 선을 직경으로 사용하는 방법으로, 실제 직경보다 과소평가되는 경향이 많다.
② 페렛 직경
입자의 끝과 끝을 잇는 직선을 직경으로 사용하는 방법으로, 실제 직경보다 과대평가되는 경향이 많다.
③ 등면적 직경
입자의 면적과 동일한 가상의 원의 직경을 사용하는 방법으로, 실제 직경과 거의 비슷하여 가장 적절한 방법이다.

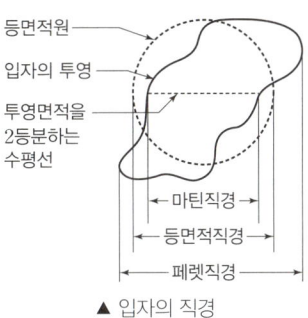

▲ 입자의 직경

16 야간근무 근로자에게 나타날 수 있는 생리적 현상 4가지를 작성하시오. [4점]

정답 ① 수면장애
② 소화장애
③ 심혈관질환
④ 만성신장장애

17 생물학적 모니터링에서 주요 사용되는 생체 시료 3가지를 작성하시오. [3점]

정답 ① 소변
② 혈액
③ 호기

18 귀마개의 장·단점을 각각 2가지씩 기술하시오. [4점]

정답 (1) 귀마개의 장점
① 작아서 편리하다.
② 안경, 귀걸이, 머리카락, 모자 등에 의해 방해를 받지 않는다.
③ 고온에서 착용해도 불편함이 없다.
④ 좁은 공간에서도 고개를 움직이는 데 불편이 없다.
⑤ 가격이 귀덮개보다 저렴하다.
(2) 귀마개의 단점
① 귀에 맞도록 조절하는 데 많은 시간과 노력이 필요하다.
② 좋은 귀마개라도 차음효과가 귀덮개보다 떨어지고 사용자 간의 개인차가 크다.
③ 귀마개에 묻어 있는 오염물질이 귀에 들어갈 수 있다.
④ 잘 보이지 않아 귀마개의 사용 여부를 확인하는 데 어려움이 있다.
⑤ 귀가 건강한 사람만 사용할 수 있다.

19 산업안전보건법상 산소 농도가 18[%] 미만인 산소결핍장소에서 작업 시 필요한 호흡용 보호구 2가지를 쓰시오. [6점]

정답 ① 공기호흡기
② 송기마스크

20 조선업종의 작업환경에서 발생하는 대표적인 유해요인 4가지를 쓰시오. [4점]

정답 ① 용접흄
② 금속분진
③ 소음
④ 유기용제

2023년 | 2회 기출문제

01 산업안전보건법상 안전관리자의 자격기준으로 적절한 내용을 다음 [보기] 중 모두 고르시오. [5점]

| 보기 |
㉠ 법 제143조제1항에 따른 산업안전지도사 자격을 가진 사람
㉡ 「국가기술자격법」에 따른 산업안전산업기사 이상의 자격을 취득한 사람
㉢ 「국가기술자격법」에 따른 건설안전산업기사 이상의 자격을 취득한 사람
㉣ 「고등교육법」에 따른 4년제 대학 이상의 학교에서 산업안전 관련 학위를 취득한 사람 또는 이와 같은 수준 이상의 학력을 가진 사람
㉤ 「고등교육법」에 따른 전문대학 또는 이와 같은 수준 이상의 학교에서 산업안전 관련 학위를 취득한 사람

정답 ㉠, ㉡, ㉢, ㉣, ㉤

02 작업환경개선의 일반적인 기본원칙 4가지를 작성하시오. [4점]

정답 ① 대치   ② 격리   ③ 환기   ④ 교육

03 1[atm], 25[℃]인 작업장에서 폐환기율이 1.0[m³/hr], 체내잔류율이 1.0이고 체내흡수량이 0.1[mg/kg], 평균 체중이 80[kg]인 작업자가 경작업 수준으로 벤젠(분자량 78) 농도 50[ppm]에 노출되고 있을 때 노출이 가능한 최대 시간[min]은 얼마인지 쓰시오. [6점]

정답 $SHD = C \times t \times V \times R$

여기서, SHD: 체내흡수량[mg]
t: 노출시간[hr]
R: 체내잔류율(보통 1.0)
C: 공기 중 유해물질 농도[mg/m³]
V: 폐환기율[m³/hr]

• 50[ppm] → [mg/m³] 변환
$$mg/m^3 = \frac{ppm \times 분자량}{24.45(25[℃], 1기압)} = \frac{50 \times 78}{24.45} = 159.51[mg/m^3]$$

• 최대 노출시간 계산
$$t = \frac{SHD}{C \times V \times R} = \frac{0.1mg/kg \times 80kg}{159.51mg/m^3 \times 1m^3/hr \times 1.0} = 0.05hr \times \frac{60min}{hr} = 3[min]$$

관련이론
체내잔류율 R이 별도로 주어지지 않으면 1.0으로 가정한다.

04 1기압, 21[℃]의 작업조건에서 MEK을 시간당 3[L]씩 사용하여 모두 공기 중으로 증발하였을 때 이 작업장의 필요환기량[m³/min]을 구하시오. (단, MEK의 분자량은 72.1, 비중은 0.805이고 TLV는 200[ppm], 안전계수는 3이다.) [6점]

정답 $Q = \dfrac{24.1 \times s \times G \times 10^6}{M \times \text{TLV}} \times K$

여기서, Q: 작업시간 1시간당 필요환기량[m³/hr]　　s: 비중
　　　　G: 유해물질의 시간당 사용량[L/hr]　　　　K: 안전계수
　　　　M: 분자량[g]　　　　　　　　　　　　　TLV: 유해물질의 노출기준[ppm]

$Q = \dfrac{24.1 \times 0.805 \times 3\text{L/hr} \times 10^6}{72.1 \times 200} \times 3 = 12{,}108.50 \text{m}^3/\text{hr} \times \dfrac{\text{hr}}{60\text{min}} = 201.81[\text{m}^3/\text{min}]$

05 1기압, 25[℃]의 작업장에서 사용 중인 트리클로로에틸렌의 노출농도를 측정하려고 한다. 시료는 활성탄관을 이용하여 분당 0.15[L]의 유량으로 채취하려고 한다. 트리클로로에틸렌의 분자량이 131.39, 가스크로마토그래피의 정량한계(LOQ)가 0.5[mg]일 때 시료 채취에 소요되는 최소 시간[min]을 구하시오. (단, 과거의 평균 노출농도는 50[ppm]이었다.) [6점]

정답 • [ppm] → [mg/m³] 변환

$\text{mg/m}^3 = \dfrac{\text{ppm} \times \text{분자량}}{24.45(25[℃],\ 1\text{기압})} = \dfrac{50\text{ppm} \times 131.39\text{mg}}{24.45\text{mL}} = 268.6912[\text{mg/m}^3]$

• 최소채취량 및 최소 채취소요시간 계산
정량한계가 시료당 0.5[mg]이므로 최소한 0.5[mg] 이상의 트리클로로에틸렌을 확보 가능한 공기량을 취하여야 한다.

$\dfrac{0.5\text{mg}}{\dfrac{0.15\text{L}}{\text{min}} \times t\text{min} \times \dfrac{10^{-3}\text{m}^3}{\text{L}}} = \dfrac{268.6912\text{mg}}{\text{m}^3}$

$t = \dfrac{0.5}{0.15 \times 10^{-3} \times 268.6912} = 12.41[\text{min}]$

06 다음 [보기]는 작업환경측정 및 정도관리 등에 관한 고시의 내용이다. 빈칸에 알맞은 내용을 쓰시오. [3점]

┤보기├

- (①): 시료채취기를 이용하여 가스·증기·분진·흄·미스트 등을 근로자의 작업행동 범위에서 호흡기 높이에 고정하여 채취하는 것을 말한다.
- (②): 일정한 물질에 대해 반복측정·분석을 했을 때 나타나는 자료 분석치의 변동크기가 얼마나 작은가 하는 수치상의 표현을 말한다.
- (③): 호흡기를 통하여 폐포에 축적될 수 있는 크기의 분진을 말한다.

정답 ① 지역 시료채취
　　　② 정밀도
　　　③ 호흡성분진

07
온도 117[℃], 압력 700[mmHg] 상태에서 관내로 150[m³/min]의 공기가 흐를 때 온도 20[℃], 압력 1[atm] 상태에서 공기의 유량[m³/min]을 구하시오. [6점]

정답 $\dfrac{QP}{T} = \dfrac{Q'P'}{T'}$

여기서, Q: 초기유량 Q': 최종유량
P: 초기압력 P': 최종압력
T: 초기온도 T': 최종온도

$$\dfrac{150\text{m}^3/\text{min} \times 700\text{mmHg}}{(273+117)\text{K}} = \dfrac{Q' \times 760\text{mmHg}}{(273+20)\text{K}}$$

$Q' = 103.80[\text{m}^3/\text{min}]$

08
입자의 공기역학적 직경에 대해 설명하시오. [5점]

정답 대상 분진과 침강속도가 같고 밀도가 1[g/cm³]이며, 구형인 분진의 직경으로 환산된 직경이다.

09
음향출력이 0.1watt인 소음원으로부터 100[m] 떨어진 지점의 음압수준[dB]은? (단, 공기밀도 1.18[kg/m³], 음속 344.4[m/sec]이다.) [6점]

정답 $\text{SPL} = \text{PWL} - 20\log r - 11 = \left(10\log \dfrac{0.1}{10^{-12}}\right) - 20\log 100 - 11 = 59[\text{dB}]$

여기서, SPL: 음압수준[dB] PWL: 음력수준[dB]
r: 음원으로부터 떨어진 거리[m]

관련이론 음력수준(PWL)

$\text{PWL} = 10\log \dfrac{W}{W_o}$

여기서, W: 측정 음력[dB] W_o: 기준음력(10^{-12}[dB])

특별한 조건이 주어지지 않으면 음향출력은 점음원＋자유공간으로 가정한다.

10 산업피로 증상에서 혈액과 소변에 나타나는 현상을 2가지씩 쓰시오. [4점]

정답 (1) 혈액
① 혈당치가 낮아진다.
② 젖산과 탄산량이 증가하여 산혈증이 발생한다.
(2) 소변
① 소변량이 줄고 진한 갈색을 나타낸다.
② 단백질 또는 교질물질의 배설량이 증가한다.

11 노출군에서의 질병발생률이 2, 비노출군에서의 질병발생률이 1일 때 상대위험도를 구하고 노출과 질병 사이의 연관성에 대해 설명하시오. [6점]

정답 ① 상대위험비 = $\dfrac{\text{노출군에서의 발생률}}{\text{비노출군에서의 발생률}} = \dfrac{2}{1} = 2$
② 노출과 질병발생률 사이에는 연관성이 있다.

관련이론 상대위험비의 해석
- 상대위험비 > 1 → 위험의 증가
- 상대위험비 = 1 → 노출과 질병 사이의 연관성 없음
- 상대위험비 < 1 → 질병에 대한 방어효과 있음

12 산업안전보건법상 근골격계질환 위험요인 4가지를 쓰시오. [4점]

정답 ① 반복적인 동작
② 부적절한 작업자세
③ 무리한 힘의 사용
④ 날카로운 면과의 신체접촉
⑤ 진동 및 온도

13 산업안전보건법상 고용노동부장관은 산업재해 예방을 위하여 종합적인 개선조치를 할 필요가 있다고 인정되는 사업장의 사업주에게 안전보건개선계획을 수립하여 시행할 것을 명할 수 있다. 다음 [보기] 중 안전보건개선계획을 수립하여 시행할 것을 명할 수 있는 사업장을 모두 고르시오. [5점]

보기
㉠ 산업재해율이 같은 업종의 규모별 평균 산업재해율보다 높은 사업장
㉡ 사업주가 필요한 안전조치 또는 보건조치를 이행하지 아니하여 중대재해가 발생한 사업장
㉢ 대통령령으로 정하는 수 이상의 직업성 질병자가 발생한 사업장
㉣ 유해인자의 노출기준을 초과한 사업장

정답 ㉠, ㉡, ㉢, ㉣

14 귀마개와 비교했을 때 귀덮개의 장점을 4가지 기술하시오. [4점]

정답 ① 귀마개보다 차음효과가 일관성 있다.
② 사이즈 구분 없이 사용 가능하다.
③ 멀리서도 착용 여부를 확인하기 쉽다.
④ 크기가 커서 잃어버릴 염려가 적다.
⑤ 간헐적 소음 노출 시 간편하게 착용 가능하다.

15 산소부채에 대해 설명하고, 산소부채 시 에너지 공급원 4가지를 작성하시오. [6점]

정답 (1) 정의: 작업 후 휴식에 필요한 산소량 이상으로 소비하는 산소량
(2) 에너지 공급원
① ATP
② CP
③ 글리코겐
④ 포도당

관련이론
작업이 끝난 이후에도 산소가 소비되는 이유는 작업 중에 발생한 산소부채를 갚기 위함이다.
아래 그림에서 ①은 산소부채, ②는 산소부채 보상 구간을 나타낸다.

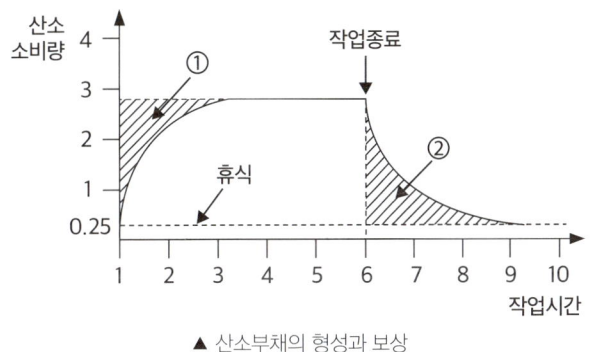

▲ 산소부채의 형성과 보상

16 권고중량한계(RWL)의 관계식을 쓰고, 각 요소에 대해 설명하시오. [5점]

정답 RWL = LC × HM × VM × DM × AM × FM × CM

여기서, LC: 중량상수(23[kg])
HM: 수평계수
VM: 수직계수
DM: 거리계수
AM: 비대칭계수
FM: 빈도계수
CM: 커플링계수

17 산업안전보건법상 관리대상 유해물질을 취급하는 작업에 근로자를 종사하도록 하는 경우에 근로자를 작업에 배치하기 전에 사업주가 근로자에게 알려야 하는 사항 3가지를 쓰시오. (단, 그 밖에 근로자의 건강장해 예방에 관한 사항은 제외한다.) [3점]

정답 ① 관리대상 유해물질의 명칭 및 물리적·화학적 특성
② 인체에 미치는 영향과 증상
③ 취급상의 주의사항
④ 착용하여야 할 보호구와 착용방법
⑤ 위급상황 시의 대처방법과 응급조치 요령

18 산업안전보건법상 스티렌의 작업환경측정 결과가 노출기준을 초과하였을 때 몇 개월 후에 작업환경측정을 하여야 하는지 쓰시오. [4점]

정답 측정일부터 3개월 후

관련이론 작업환경측정 주기 및 횟수
작업환경측정 대상 화학적 인자의 측정치가 노출기준을 초과하는 경우 그 측정일부터 3개월에 1회 이상 작업환경측정을 해야 한다. 스티렌(Styrene)은 작업환경측정 대상 화학적 인자이다.

19 환기시스템에서 후드 유입계수가 0.845이고 원형후드 직경이 30[cm], 후드정압이 1.76[mmH₂O]일 때 소요유량[m³/min]을 구하시오. (단, 21[℃], 1기압 기준이다.) [6점]

정답 • 단면적 계산
$$A = \frac{\pi}{4}d^2 = \frac{\pi \times 0.3^2}{4} = 0.0707[\text{m}^2]$$

• 속도압 계산
$$SP_h = VP(1 + F_h)$$
$$F_h = \frac{1}{C_e^2} - 1 \text{이므로 위 식에 대입한다.}$$
$$SP_h = VP \times \frac{1}{C_e^2} \rightarrow VP = SP_h \times C_e^2$$

여기서, VP: 속도압 SP_h: 후드정압 C_e: 유입계수

$$VP = 1.76 \times 0.845^2 = 1.26[\text{mmH}_2\text{O}]$$

• 유속 계산
$$V = 4.043\sqrt{VP} = 4.043 \times \sqrt{1.26} = 4.54[\text{m/sec}]$$

• 유량 계산
$$Q = AV$$

여기서, Q: 유량[m³/sec] A: 단면적[m²] V: 유속[m/sec]

$$Q = 0.0707\text{m}^2 \times 4.54\text{m/sec} = 0.32\text{m}^3/\text{sec} \times \frac{60\text{sec}}{\text{min}} = 19.2[\text{m}^3/\text{min}]$$

20 다음 [표]는 특수건강진단의 시기 및 주기에 관한 내용이다. 빈칸에 알맞은 내용을 쓰시오. [6점]

대상 유해인자	시기 (배치 후 첫 번째 특수건강진단)	주기
디메틸포름아미드	(①)개월 이내	6개월
염화비닐	(②)개월 이내	6개월
석면	12개월 이내	(③)개월

정답 ① 1개월　② 3개월　③ 12개월

관련이론 특수건강진단의 시기 및 주기

구분	대상 유해인자	시기 배치 후 첫 번째 특수 건강진단	주기
1	N,N-디메틸아세트아미드 디메틸포름아미드	1개월 이내	6개월
2	벤젠	2개월 이내	6개월
3	1,1,2,2-테트라클로로에탄 사염화탄소 아크릴로니트릴 염화비닐	3개월 이내	6개월
4	석면, 면 분진	12개월 이내	12개월
5	광물성 분진 목재 분진 소음 및 충격소음	12개월 이내	24개월
6	제1호부터 제5호까지의 규정의 대상 유해인자를 제외한 별표 22의 모든 대상 유해인자	6개월 이내	12개월

2023년 3회 기출문제

01 다음 [보기]는 근골격계부담작업의 범위 및 유해요인조사 방법에 관한 고시상 근골격계부담작업 기준에 관한 내용이다. ( ) 안에 알맞은 내용을 쓰시오. [3점]

> **보기**
> - 하루에 (①) 이상 집중적으로 자료입력 등을 위해 키보드 또는 마우스를 조작하는 작업
> - 하루에 (②) 이상 목, 어깨, 팔꿈치, 손목 또는 손을 사용하여 같은 동작을 반복하는 작업
> - 하루에 10회 이상 (③)[kg] 이상의 물체를 드는 작업

정답 ① 4시간　　② 2시간　　③ 25

02 21[℃], 1기압인 작업장에서 크실렌을 사용하는 온도는 157[℃]이고, 시간당 1.6[L]가 증발한다. 폭발방지를 위한 필요환기량[m³/min]은? (단, 크실렌의 폭발범위는 1~7[%], 비중 0.88, 분자량 106이고 안전계수는 10이다.) [6점]

정답
- 화재 및 폭발방지를 위한 환기량

$$Q = \frac{24.1 \times s \times G \times 100}{M \times \text{LEL} \times B} \times K$$

여기서, Q: 화재 및 폭발방지를 위한 필요환기량[m³/hr]　　s: 비중
G: 시간당 사용량[L/hr]　　K: 안전계수
M: 분자량[g]　　LEL: 폭발하한계[%]
B: 상수(120[℃]까지 1, 초과 시 0.7)

$$Q = \frac{24.1 \times 0.88 \times 1.6\,\text{L/hr} \times 100}{106 \times 1.0\% \times 0.7} \times 10 = 457.32\,\text{m}^3/\text{hr} \times \frac{\text{hr}}{60\,\text{min}} = 7.62\,[\text{m}^3/\text{min}]$$

- 온도 보정

$$Q = 7.62 \times \frac{273 + 157}{273 + 21} = 11.14\,[\text{m}^3/\text{min}]$$

03 작업환경측정 및 정도관리 등에 관한 고시 상 다음 유해인자의 단위를 쓰시오. [4점]

(1) 석면
(2) 가스, 증기, 분진, 흄, 미스트
(3) 소음
(4) 고열

정답　(1) 개/cm³　　　　　　　　　　(2) ppm 또는 mg/m³
　　　　(3) dB(A)　　　　　　　　　　(4) WBGT(℃)

04 환기시스템의 제어풍속이 초기 설계 시 보다 저하되어 후드의 흡인능력 부족현상이 발생할 때 후드불량의 원인 3가지를 작성하시오. [6점]

정답 ① 송풍관 내부 분진 퇴적으로 인한 압력손실 증가
② 송풍기 송풍량의 부족
③ 외부 기류의 영향으로 인한 후드 개구면 기류제어의 불량

05 다음 [보기]는 산업안전보건법상 휴게시설의 설치·관리기준일 때 틀린 내용을 모두 고르시오. [5점]

보기
㉠ 휴게시설의 바닥에서 천장까지의 높이는 2.1[m] 이상으로 한다.
㉡ 근로자가 이용하기 편리하고 가까운 곳에 있어야 한다. 이 경우 공동휴게시설은 각 사업장에서 휴게시설까지의 왕복 이동에 걸리는 시간이 휴식시간의 20[%]를 넘지 않는 곳에 있어야 한다.
㉢ 적정한 온도(1[℃]~28[℃])를 유지할 수 있는 냉난방 기능이 갖춰져 있어야 한다.
㉣ 적정한 밝기(50럭스~100럭스)를 유지할 수 있는 조명 조절 기능이 갖춰져 있어야 한다.
㉤ 의자 등 휴식에 필요한 비품이 갖춰져 있어야 한다.

정답 ㉣ 적정한 밝기(100럭스~200럭스)를 유지할 수 있는 조명 조절 기능이 갖춰져 있어야 한다.

06 덕트의 지름이 20[cm], 유속이 20[m/sec]일 때 다음 [표]를 참고하여 중심선 반지름이 50[cm]인 새우연결곡관의 압력손실[mmH$_2$O]를 구하시오. (단, 공기의 비중은 1.2이다.) [6점]

반경비(R/D)	1.5	1.75	2.00	2.25	2.50
압력손실계수(ζ)	0.39	0.32	0.27	0.26	0.22

정답
- 압력손실계수 계산

$$반경비 = \frac{R}{D} = \frac{50\text{cm}}{20\text{cm}} = 2.5$$

여기서, R: 중심선 반지름[cm]
D: 덕트의 지름[cm]

[표]에 따르면 반경비가 2.5일 때 압력손실계수는 0.22이다.

- 속도압 계산

$$VP = \frac{\gamma V^2}{2g} = \frac{1.2 \times 20^2}{2 \times 9.8} = 24.49 [\text{mmH}_2\text{O}]$$

여기서, VP: 속도압[mmH$_2$O]
γ: 비중량[kgf/m^3]
V: 유속[m/sec]
g: 중력가속도(9.8[m/sec^2])

- 곡관의 압력손실 계산

$$\Delta P = \zeta \times VP \times \frac{\theta}{90} = 0.22 \times 24.49 \times \frac{90}{90} = 5.39 [\text{mmH}_2\text{O}]$$

07 산업안전보건법상 보건관리자의 자격 3가지를 쓰시오. [6점]

정답
① 산업보건지도사 자격을 가진 사람
② 의사
③ 간호사
④ 산업위생관리산업기사 또는 대기환경산업기사 이상의 자격을 취득한 사람
⑤ 인간공학기사 이상의 자격을 취득한 사람
⑥ 전문대학 이상의 학교에서 산업보건 또는 산업위생 분야의 학위를 취득한 사람(법령에 따라 이와 같은 수준 이상의 학력이 있다고 인정되는 사람 포함)

08 산업안전보건법상 작업환경측정 대상 유해인자 중 분진의 종류 5가지를 쓰시오. [5점]

정답
① 광물성 분진
② 곡물 분진
③ 면 분진
④ 목재 분진
⑤ 석면 분진
⑥ 용접 흄
⑦ 유리섬유

09 공기 중 입자상 물질의 여과포집기전 중 직접차단(간섭), 관성충돌, 확산에 영향을 주는 영향인자를 각각 2가지씩 쓰시오. [6점]

정답
(1) 직접차단(간섭) 영향인자
　① 입자의 크기
　② 여과지의 기공 크기
　③ 섬유의 직경
　④ 여과지의 고형 성분
(2) 관성충돌 영향인자
　① 입자의 크기
　② 입자의 밀도
　③ 섬유의 직경
　④ 섬유로의 접근속도
(3) 확산 영향인자
　① 입자의 크기
　② 입자의 농도차
　③ 섬유의 직경
　④ 섬유로의 접근속도

10 지적온도에 영향을 미치는 인자 5가지를 쓰시오. [5점]

정답
① 연령
② 성별
③ 계절
④ 음식
⑤ 의복

11 TCE를 사용하여 세척작업을 하고 있는 사업장에서 근로자에 대하여 TCE를 10회 측정한 결과가 다음 [보기]와 같았다. 이 때 산술평균과 기하평균을 각각 구하시오. [6점]

(단위: [ppm])

보기
47, 51, 55, 61, 93, 132, 170, 190, 198, 205

정답
① 산술평균

$$\bar{x} = \frac{x_1 + x_2 + \cdots + x_n}{n}$$
$$= \frac{47+51+55+61+93+132+170+190+198+205}{10} = 120.2[ppm]$$

여기서, $\bar{x}$: 산술평균
x_n: 측정치
n: 측정치의 개수

② 기하평균

$$GM = \sqrt[n]{x_1 \times x_2 \times \cdots \times x_n}$$
$$= \sqrt[10]{47 \times 51 \times 55 \times 61 \times 93 \times 132 \times 170 \times 190 \times 198 \times 205} = 102.61[ppm]$$

여기서, GM: 기하평균

12 산업안전보건법상 중대재해의 범위 3가지를 쓰시오. [6점]

정답
① 사망자가 1명 이상 발생한 재해
② 3개월 이상의 요양이 필요한 부상자가 동시에 2명 이상 발생한 재해
③ 부상자 또는 직업성 질병자가 동시에 10명 이상 발생한 재해

13 입자상물질의 물리적(기하학적) 직경의 종류 3가지를 쓰고 간단히 설명하시오. [6점]

정답 ① 마틴 직경
  입자의 면적을 이등분하는 선을 직경으로 사용하는 방법으로, 실제 직경보다 과소평가되는 경향이 많다.
② 페렛 직경
  입자의 끝과 끝을 잇는 직선을 직경으로 사용하는 방법으로, 실제 직경보다 과대평가되는 경향이 많다.
③ 등면적 직경
  입자의 면적과 동일한 가상의 원의 직경을 사용하는 방법으로, 실제 직경과 거의 비슷하여 가장 적절한 방법이다.

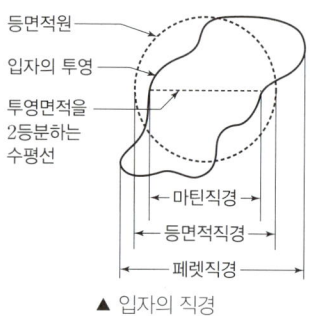

▲ 입자의 직경

14 직경분립충돌기(cascade impactor)의 장단점을 각각 2가지씩 쓰시오. [6점]

정답 (1) 장점
  ① 흡입성·흉곽성·호흡성 입자의 크기별로 분포와 농도를 계산할 수 있다.
  ② 호흡기의 부분별로 침착된 입자 크기의 자료를 추정할 수 있다.
  ③ 입자의 질량크기분포를 얻을 수 있다.
(2) 단점
  ① 시료 채취에 준비 시간이 많이 소요된다.
  ② 시료 채취가 까다롭다.
  ③ 되튐에 의한 시료 손실이 발생한다.

15 작업대 위에서 작업하기 위해 플랜지가 붙은 외부식 후드를 자유공간에 설치할 경우 필요송풍량[m³/min]을 구하시오. (단, 후드 개구면으로부터 작업지점까지의 거리가 0.25[m], 제어속도가 0.5[m/sec]이고 개구면적이 0.5[m²]이다.) [6점]

정답 $Q = 0.75 V_c (10 X^2 + A)$
$= 0.75 \times 0.5 \text{m/sec} \times \{10 \times (0.25\text{m})^2 + 0.5\text{m}^2\}$
$= 0.42 \text{m}^3/\text{sec} \times \dfrac{60\text{sec}}{\text{min}} = 25.20 [\text{m}^3/\text{min}]$

여기서, Q: 유량[m³/sec] V_c: 제어속도[m/sec]
  A: 면적[m²] X: 제어길이[m]

16 다음 원인물질에 따른 진폐증의 명칭을 각각 쓰시오. [6점]

(1) 유리규산
(2) 면섬유
(3) 석탄

정답 (1) 규폐증
(2) 면폐증
(3) 석탄폐증

17 물리적 흡착의 특징 3가지를 쓰시오. [6점]

정답 ① 흡착열이 비교적 낮다.
② 흡착물질의 탈착이 가능하다.
③ 흡착량이 저온에서 크다.
④ 흡착속도가 빠르다.

18 덕트 내 공기의 유속을 피토관으로 측정한 결과 속도압이 15[mmH$_2$O]이었다. 덕트 내 온도가 270[℃]일 때의 유속[m/sec]을 구하시오. (단, 공기의 비중량은 0[℃]에서 1.3[kgf/m^3]이고 피토계수는 0.96으로 한다.) [6점]

정답 • 비중량 온도보정

$$\gamma_2 = \gamma_1 \times \frac{273}{273+t} = 1.3 \times \frac{273}{273+270} = 0.6536[kgf/m^3]$$

• 유속 계산

$$V = C\sqrt{\frac{2g \times VP}{\gamma}}$$

여기서, VP: 속도압[mmH$_2$O]
V: 공기의 속도[m/sec]
C: 피토계수
g: 중력가속도(9.8[m/sec^2])
γ: 공기의 비중량[kgf/m^3]

$$V = 0.96 \times \sqrt{\frac{2 \times 9.8 \times 15}{0.6536}} = 20.36[m/sec]$$

2022년 1회 기출문제

01 사무실 공기관리 지침상 다음 각 오염물질의 사무실 실내공기 관리기준을 단위를 포함하여 작성하시오. [3점]

(1) 이산화질소
(2) 일산화탄소
(3) 포름알데히드

정답 (1) 0.1[ppm] 이하
(2) 10[ppm] 이하
(3) 100[$\mu g/m^3$] 이하

02 외부식 후드의 개구면은 면적이 0.9[m^2]인 정사각형이고 제어풍속은 0.5[m/sec]일 때 오염원에서 후드 개구면 사이의 거리를 0.5[m]에서 1[m]로 변경하면 송풍량은 몇 배로 증가하는가? [6점]

정답 • 외부식 후드 필요송풍량(자유공간, 플랜지 미부착)
$Q = V_c(10X^2 + A)$

여기서, Q: 유량[m^3/sec] V_c: 제어속도[m/sec]
X: 오염원에서 후드 개구면 사이의 길이[m] A: 면적[m^2]

• 오염원과 후드 개구면 사이의 거리가 0.5[m]일 때 필요송풍량(Q_1)
$Q_1 = 0.5 \times (10 \times 0.5^2 + 0.9) = 1.7[m^3/sec]$
• 오염원과 후드 개구면 사이의 거리가 1[m]일 때 필요송풍량(Q_2)
$Q_2 = 0.5 \times (10 \times 1^2 + 0.9) = 5.45[m^3/sec]$

$\dfrac{Q_2}{Q_1} = \dfrac{5.45}{1.7} = 3.21$배

03 다음 작용에 대해 각각 설명하시오. [4점]

(1) 독립작용
(2) 상가작용
(3) 상승작용
(4) 길항작용

정답 (1) 각 유해인자가 서로 다른 조직이나 기관에 영향을 미치는 작용
(2) 각 유해물질의 독성의 합만큼 결과를 나타내는 작용
(3) 각 유해물질의 독성의 합보다 큰 결과를 나타내는 작용
(4) 각 유해물질이 함께 있을 때 서로 방해하는 작용

04 작업장의 근로자들이 퇴근한 직후인 오후 6시 30분의 사무실의 CO_2 농도는 1,500[ppm]이고, 오후 9시 30분에 측정한 사무실의 CO_2 농도는 500[ppm]일 때 이 작업장의 시간당 공기교환횟수[회/hr]를 계산하시오. (단, 외기의 CO_2 농도는 330[ppm]이다.) [5점]

정답 시간당 공기교환횟수(ACH) = $\dfrac{\ln(C_1 - C_o) - \ln(C_2 - C_o)}{\text{경과시간[hr]}}$

여기서, C_1: 측정 초기 이산화탄소 농도[ppm]
C_o: 외부 공기 중 이산화탄소 농도[ppm]
C_2: t시간 후 이산화탄소 농도[ppm]

$$\text{ACH} = \frac{\ln(1,500 - 330) - \ln(500 - 330)}{3}$$
$$= 0.64[\text{회/hr}]$$

05 송풍기 흡입구 정압은 60[mmH₂O], 배출구 정압은 20[mmH₂O], 송풍기 입구 평균유속이 20[m/sec]일 때 송풍기의 정압[mmH₂O]은? [5점]

정답
• 흡입구 속도압(VP_{in}) 계산
$V_{in} = 4.043\sqrt{VP_{in}}$

여기서, V_{in}: 입구 유속[m/sec]

$VP_{in} = \left(\dfrac{20\text{m/sec}}{4.043}\right)^2 = 24.47[\text{mmH}_2\text{O}]$

• 송풍기 유효정압(FSP) 계산
$FSP = (SP_{out} - SP_{in}) - VP_{in}$

여기서, FSP: 송풍기 유효정압
SP_{in}, VP_{in}: 흡입구 측 정압, 속도압
SP_{out}: 토출구 측 정압

$FSP = (20 - 60) - VP_{in} = 55.53[\text{mmH}_2\text{O}]$
$= (20 - 60) - 24.47 = -64.47[\text{mmH}_2\text{O}]$

06 온도가 50[℃]에서 어떤 기체의 유량이 100[m³/min]일 때 5[℃]에서의 기체의 유량[m³/min]을 구하시오. [6점]

정답 $\dfrac{Q_1}{T_1} = \dfrac{Q_2}{T_2}$

여기서, Q_1, Q_2: 초기, 최종유량 T_1, T_2: 초기, 최종온도[K]

$Q_2 = Q_1 \times \dfrac{T_2}{T_1} = 100\text{m}^3/\text{min} \times \dfrac{273 + 5}{273 + 50} = 86.07[\text{m}^3/\text{min}]$

07 고열배출원이 아닌 탱크 위에 장변 2[m], 단변 1.7[m]인 외부식 캐노피 후드를 설치하였다. 배출원에서 후드까지의 높이가 0.5[m], 제어풍속이 0.4[m/sec]일 때 소요풍량[m³/min]을 계산하시오. (단, Thomas 식을 사용하시오.) [5점]

정답 $\dfrac{H}{L} = \dfrac{0.5}{2} = 0.25(\leq 0.3)$, $\dfrac{H}{W} = \dfrac{0.5}{1.7} = 0.29(<0.3)$이므로 다음 공식을 적용한다.

$Q = 1.4PHV_c$

여기서, Q : 필요송풍량[m³/sec] P : 캐노피 둘레길이[m]
H : 배출원과 후드 개구면 사이의 거리[m] V_c : 제어속도[m/sec]

$Q = 1.4 \times 2 \times (2+1.7) \times 0.5 \times 0.4 = 2.072 \text{m}^3/\text{sec} \times \dfrac{60\text{sec}}{\text{min}} = 124.32[\text{m}^3/\text{min}]$

관련이론 외부식 캐노피 후드 Thomas식

조건	공식
4측면 개방 외부식 캐노피 후드 ($0.3 < H/W \leq 0.75$)	$Q = 14.5 H^{1.8} W^{0.2} V_c$
4측면 개방 외부식 캐노피 후드 ($H/L \leq 0.3$)	$Q = 1.4 PHV_c$
3측면 개방 외부식 캐노피 후드	$Q = 8.5 H^{1.8} W^{0.2} V_c$

여기서, Q : 필요송풍량[m³/sec] H : 개구면과 배출원 사이의 높이[m]
V_c : 제어속도[m/sec] P : 캐노피 둘레길이[m]
L : 캐노피의 장변[m] W : 캐노피의 단변(또는 직경)[m]

08 원형 덕트에서 90° 곡관의 곡률반경비가 2.5일 때 압력손실계수는 0.22이고 속도압은 15[mmH₂O]이다. 이때 곡관이 60°라면 압력손실[mmH₂O]은? [6점]

정답 $\Delta P = \zeta \times \text{VP} \times \dfrac{\theta}{90} = 0.22 \times 15 \times \dfrac{60}{90} = 2.2[\text{mmH}_2\text{O}]$

여기서, ΔP : 곡관의 압력손실[mmH₂O] ζ : 압력손실계수
VP : 속도압[mmH₂O] θ : 곡관의 각

09 집진장치의 종류를 원리에 따라 5가지를 쓰시오. [5점]

정답 ① 중력집진장치   ② 관성력집진장치
③ 원심력집진장치   ④ 여과집진장치
⑤ 전기집진장치

10 덕트의 직경이 20[cm], 유속 23[m/sec], 20[℃]인 관내에서 레이놀즈수는? (단, 공기밀도는 1.2[kg/m³], 공기의 점성계수는 1.8×10^{-5}[kg/m·sec]이다.) [5점]

정답 $Re = \dfrac{\rho DV}{\mu} = \dfrac{1.2 \times 0.2 \times 23}{1.8 \times 10^{-5}} = 306,667$

여기서, Re: 레이놀즈수
D: 덕트의 직경[m]
μ: 점성계수[kg/m·sec]
ρ: 유체의 밀도[kg/m³]
V: 유속[m/sec]

11 공기 중 입자상 물질의 여과 메커니즘 중 확산에 영향을 미치는 요소를 4가지 쓰시오. [4점]

정답 ① 입자의 크기
② 입자의 농도차
③ 섬유의 직경
④ 섬유로의 접근속도

12 직경이 300[mm], 유량이 50[m³/min]이 흐르고 있을 때 속도압[mmH₂O]을 계산하시오. (단, 흐르고 있는 유체는 표준공기상태이다.) [5점]

정답 $Q = AV \rightarrow V = \dfrac{Q}{A} = \dfrac{50 \text{m}^3/\text{min} \times \dfrac{\text{min}}{60\text{sec}}}{\dfrac{\pi \times 0.3^2}{4}\text{m}^2} = 11.79$[m/sec]

여기서, Q: 유량[m³/sec]
A: 단면적[m²]
V: 유속[m/sec]

$VP = \left(\dfrac{V}{4.043}\right)^2 = \left(\dfrac{11.79}{4.043}\right)^2 = 8.50$[mmH₂O]

여기서, VP: 속도압[mmH₂O]

13 열평형 방정식을 쓰고 각각의 요소에 대해 설명하시오. [5점]

정답 열평형 방정식: $\Delta S = M \pm C \pm R - E$

여기서, ΔS: 생체 열용량의 변화
C: 대류에 의한 열교환
E: 증발에 의한 열손실
M: 작업대사량
R: 복사에 의한 열교환

관련이론
증발은 열손실만 발생시키므로 빼주고, 대류와 복사는 상황에 따라 열손실과 열획득 모두 발생 가능하므로 ±를 사용한다.

14 작업장에서 입자상 물질을 채취하였는데 채취 전과 후의 PVC여과지 무게가 각각 0.4230[mg], 0.6721[mg]이었고 공시료 채취를 위해 사용한 여과지 무게는 사용 전, 후 각각 0.3979[mg], 0.3988[mg]이었다. 08:25~11:55까지 1.98[L/min]의 유량으로 측정하였을 때 공기 중 입자상 물질의 농도[mg/m³]를 계산하시오. [6점]

정답 중량농도 = $\dfrac{(\text{채취 후 여과지의 무게} - \text{채취 전 여과지의 무게}) - (\text{채취 후 공시료의 무게} - \text{채취 전 공시료의 무게})}{\text{포집공기량}}$

$= \dfrac{(0.6721 - 0.4230)\text{mg} - (0.3988 - 0.3979)\text{mg}}{1.98\text{L/min} \times 210\text{min}} = 5.9692 \times 10^{-4} \text{mg/L} \times \dfrac{1{,}000\text{L}}{\text{m}^3} = 0.60\,[\text{mg/m}^3]$

15 전체환기를 적용하는 조건을 5가지 쓰시오. [5점]

정답
① 오염물질의 독성이 낮은 경우
② 오염물질의 발생량이 시간에 따라 균일한 경우
③ 한 작업장 내에 오염발생원이 분산되어 있는 경우
④ 오염발생원의 위치가 움직이는 경우
⑤ 발생하는 유해물질의 양이 적은 경우
⑥ 국소배기장치 설치가 불가능한 경우

16 산업안전보건법상 산소 농도가 18[%] 미만인 산소결핍장소에서 작업 시 필요한 안면 호흡용보호구의 종류 2가지를 쓰시오. [4점]

정답 ① 송기마스크
② 공기호흡기

17 다음 용어에 대해 설명하시오. [5점]

(1) 플랜지
(2) 배플(baffle)
(3) 슬롯 후드
(4) 플래넘
(5) 개구면 속도

정답 (1) 후드 개구면 주변에 부착하는 판으로, 후드 뒤쪽의 공기흡입을 방지
(2) 후드의 방해기류를 차단하거나 공기 흐름을 바꾸기 위해 설치하는 장치
(3) 높이와 길이의 비가 0.2 이하인 세로가 좁고 가로가 긴 형태의 후드
(4) 후드 뒷부분에 설치하여 압력과 공기의 흐름을 균일하게 유지하는 장치
(5) 후드의 개구면에서 측정한 기류 속도

18 작업장에서 8시간 동안 MEK 16[L]를 사용하면서 MEK는 모두 증기가 되었다. 작업장은 21[℃], 1[atm], MEK의 TLV는 200[ppm]일 때 환기에 필요한 송풍량[m³/min]을 계산하시오. (단, MEK 분자량은 72.1, 비중은 0.805, 안전계수는 6이다.) [6점]

정답 $Q = \dfrac{24.1 \times s \times G \times 10^6}{M \times \text{TLV}} \times K$

여기서, Q: 작업시간 1시간당 필요환기량[m³/hr]
s: 비중
G: 유해물질의 시간당 사용량[L/hr]
K: 안전계수
M: 분자량[g]
TLV: 유해물질의 노출기준[ppm]

$Q = \dfrac{24.1 \times 0.805 \times 2\text{L/hr} \times 10^6}{72.1 \times 200} \times 6 = 16,144.66 \text{m}^3/\text{hr} \times \dfrac{\text{hr}}{60\text{min}} = 269.08 [\text{m}^3/\text{min}]$

19 용접 작업면 위 자유공간에서 플랜지가 부착된 외부식 후드를 작업면 위에 고정시킬 때의 필요송풍량을 각각 계산하고 효율은 몇 [%] 향상되는지 구하시오. (단, 후드 개구면 면적은 0.8[m^2], 제어풍속은 0.5[m/sec], 개구면으로부터 발생원까지의 거리는 30[cm]이다.) [6점]

정답 ① 외부식 후드의 필요송풍량(자유공간, 플랜지 부착)
$$Q = 0.75V_c(10X^2 + A)$$

여기서, Q: 필요송풍량[m^3/sec]
V_c: 제어풍속[m/sec]
X: 개구면으로부터 발생원까지의 거리[m]
A: 개구면 면적[m^2]

$Q = 0.75 \times 0.5\text{m/sec} \times (10 \times 0.3^2 + 0.8) = 0.6375\text{m}^3/\text{sec} \times \dfrac{60\text{sec}}{\text{min}} = 38.25[\text{m}^3/\text{min}]$

② 외부식 후드의 필요송풍량(바닥면, 플랜지 부착)
$Q = 0.5V_c(10X^2 + A)$
$= 0.5 \times 0.5\text{m/sec} \times (10 \times 0.3^2 + 0.8) = 0.425\text{m}^3/\text{sec} \times \dfrac{60\text{sec}}{\text{min}} = 25.5[\text{m}^3/\text{min}]$

③ 효율증가율
$\dfrac{38.25 - 25.5}{38.25} \times 100 = 33.33[\%]$

20 태양광선이 없는 옥외에서 자연습구온도가 18[℃], 건구온도가 21[℃], 흑구온도가 25[℃]일 때 WBGT 온도[℃]는? [4점]

정답 WBGT(태양광선이 내리쬐지 않는 옥내 또는 옥외) = 0.7NWB + 0.3GT

여기서, WBGT: 습구흑구온도지수[℃]
NWB: 자연습구온도[℃]
GT: 흑구온도[℃]

WBGT = 0.7 × 18℃ + 0.3 × 25℃ = 20.1[℃]

관련이론 태양광선이 내리쬐는 옥외의 WBGT[℃]
WBGT = 0.7NWB + 0.2GT + 0.1DT
여기서, DT: 건구온도[℃]

2022년 2회 기출문제

01 ACGIH의 입자크기에 따른 입자상 물질의 분류 3가지와 각 평균입경[μm]을 작성하시오. [6점]

정답 ① 흡입성 입자상 물질(IPM): 평균입경 100[μm]
② 흉곽성 입자상 물질(TPM): 평균입경 10[μm]
③ 호흡성 입자상 물질(RPM): 평균입경 4[μm]

02 단조공정에서 단조로 근처의 온도가 건구온도 35[℃], 자연습구온도 30[℃], 흑구온도 50[℃]이었다. 작업은 연속작업이고 중등도(200~350[kcal/hr]) 작업이었을 때 이 작업장의 실내 WBGT[℃]를 계산하고 노출기준 초과여부를 평가하시오. (단, 고용노동부 고열작업장의 노출기준에 의하여 평가하시오.) [6점]

정답 ① 옥내의 WBGT
　　　WBGT = 0.7 × 자연습구온도 + 0.3 × 흑구온도
　　　　　　= 0.7 × 30℃ + 0.3 × 50℃ = 36[℃]
② 중등작업의 계속 작업 노출기준은 26.7[℃]이다. WBGT 값이 노출기준보다 크기 때문에 노출기준 초과로 평가한다.

관련이론 고열작업장의 노출기준

(단위: [℃])

작업휴식시간비 (시간당)	작업강도[kcal]		
	경작업 (200 미만)	중등작업 (200~350)	중작업 (350~500)
계속 작업	30.0	26.7	25.0
75[%] 작업/25[%] 휴식	30.6	28.0	25.9
50[%] 작업/50[%] 휴식	31.4	29.4	27.9
25[%] 작업/75[%] 휴식	32.2	31.1	30.0

03 다음 ( ) 안에 알맞은 내용을 쓰시오. [3점]

> 근골격계질환으로 업무상 질병을 인정받은 근로자가 연간 (①)명 이상 발생한 사업장 또는 (②)명 이상 발생한 사업장으로서 발생비율이 그 사업장 근로자 수의 (③)퍼센트 이상인 경우에는 근골격계질환 예방관리 프로그램을 수립하여 시행하여야 한다.

정답 ① 10　　② 5　　③ 10

04 작업환경개선의 기본원칙 3가지와 방법을 각각 2가지씩 쓰시오. (단, 교육은 제외한다.) [6점]

> **정답** ① 대치: 공정의 변경, 시설의 변경
> ② 격리: 저장물질의 격리, 시설의 격리
> ③ 환기: 전체환기, 국소배기

05 입자상물질의 시료채취에서 여과포집에 관여하는 작용기전 6가지를 쓰시오. [6점]

> **정답** ① 중력침강
> ② 관성충돌
> ③ 확산
> ④ 직접차단
> ⑤ 정전기
> ⑥ 체

06 사업주가 사업장 위험성평가를 실시하여 결과와 조치사항 등을 기록·보존할 경우 몇 년간 보존해야 하는지 작성하시오. [4점]

> **정답** 3년

07 국소배기장치 후드 설계 시 플랜지의 효과를 3가지 쓰시오. [3점]

> **정답** ① 후방기류를 차단한다.
> ② 후드 전면 포집범위를 확대한다.
> ③ 플랜지 미부착 후드에 비해 필요송풍량이 25[%] 정도 감소된다.

08 사무실 실내의 모든 창문과 문이 닫혀있는 상태에서 1개의 환기설비만 있을 때, 피토관을 사용하여 덕트 내부의 유속을 측정한 결과 1[m/sec]였다. 덕트의 직경이 20[cm]이고, 사무실이 5[m]×7[m]×2[m]일 때 사무실의 공기교환횟수(ACH)[회/hr]를 구하시오. [6점]

정답
- 시간당 환기량 계산

$$Q = AV = \left(\frac{\pi}{4} \times 0.2^2\right) \times 1\text{m/sec} = 0.0314\text{m}^3/\text{sec} \times \frac{3,600\text{sec}}{\text{hr}} = 113.04[\text{m}^3/\text{hr}]$$

여기서, Q: 유량[m³/sec]
A: 단면적[m²]
V: 유속[m/sec]

- 공기교환횟수(ACH) 계산

$$\text{ACH} = \frac{\text{시간당 환기량}}{\text{실내 체적}} = \frac{113.04\text{m}^3/\text{hr}}{(5 \times 7 \times 2)\text{m}^3} = 1.61\text{회/hr}$$

09 작업장 중의 벤젠을 고체흡착관으로 측정하였다. 비누거품미터로 유량을 보정 시 50[cc]를 통과하는 데 시료채취 전 16.5초, 시료채취 후 16.9초가 걸렸다. 벤젠은 1시 12분부터 4시 54분까지 측정하였고, GC를 사용해 분석한 결과 활성탄관의 앞층에서 2.0[mg], 뒤층에서 0.1[mg] 검출되었을 경우 공기 중 벤젠의 농도[ppm]를 구하시오. (단, 25[℃], 1기압이다.) [6점]

정답
- 비누거품미터 유량 계산

$$\text{평균 시료채취시간} = \frac{\text{시료채취 전 시간} + \text{시료채취 후 시간}}{2} = \frac{16.5 + 16.9}{2} = 16.7\text{초}$$

$$\text{비누거품미터 유량} = \frac{\text{통과부피}}{\text{평균 시료채취 시간}} = \frac{50\text{mL}}{16.7\text{sec}} \times \frac{\text{L}}{1,000\text{mL}} \times \frac{60\text{sec}}{\text{min}} = 0.18[\text{L/min}]$$

- 공기 중 벤젠 농도

$$\text{mg/m}^3 = \frac{\text{앞층검출량} + \text{뒤층검출량}}{\text{시료채취유량}} = \frac{(2.0 + 0.1)\text{mg}}{0.18\text{L/min} \times 222\text{min} \times \frac{\text{m}^3}{1,000\text{L}}} = 52.55[\text{mg/m}^3]$$

- [mg/m³] → [ppm] 변환

$$\text{ppm} = \frac{24.45 \times \text{mg/m}^3}{\text{분자량}} = \frac{24.45 \times 52.55}{(12 \times 6) + (1 \times 6)} = 16.47[\text{ppm}]$$

10 총 흡음량이 1,500[sabin]인 작업장에 흡음량 2,000[sabin]을 추가할 경우 소음저감량[dB]을 구하시오. [6점]

정답

$$\text{NR} = 10\log\left(\frac{A_2}{A_1}\right) = 10\log\left(\frac{1,500 + 2,000}{1,500}\right) = 3.68[\text{dB}]$$

여기서, A_1: 흡음재 부착 전 흡음력[sabins]
A_2: 흡음재 부착 후 흡음력[sabins]

11 작업과 관련된 근골격계질환 징후와 증상 유무, 설비·작업공정·작업량 등 작업장의 상황 등에 따라 근로자가 근골격계부담작업을 하는 경우에 사업주는 유해요인 조사를 몇 년마다 주기적으로 실시하여야 하는지 쓰시오. (단, 신설되는 사업장의 경우가 아니다.) [4점]

정답 3년

12 산업안전보건법 시행령 중 보건관리자의 업무를 3가지 쓰시오. (단, 그 밖에 보건과 관련된 작업관리 및 작업환경관리에 관한 사항으로서 고용노동부장관이 정하는 사항은 제외한다.) [6점]

정답
① 산업안전보건위원회 또는 노사협의체에서 심의·의결한 업무와 안전보건관리규정 및 취업규칙에서 정한 업무
② 안전인증대상기계등과 자율안전확인대상기계등 중 보건과 관련된 보호구 구입 시 적격품 선정에 관한 보좌 및 지도·조언
③ 위험성평가에 관한 보좌 및 지도·조언
④ 물질안전보건자료의 게시 또는 비치에 관한 보좌 및 지도·조언
⑤ 산업보건의의 직무(의사인 경우만 해당)
⑥ 해당 사업장 보건교육계획의 수립 및 보건교육 실시에 관한 보좌 및 지도·조언
⑦ 작업장 내에서 사용되는 전체 환기장치 및 국소배기장치 등에 관한 설비의 점검과 작업방법의 공학적 개선에 관한 보좌 및 지도·조언
⑧ 사업장 순회점검, 지도 및 조치 건의
⑨ 산업재해 발생의 원인 조사·분석 및 재발 방지를 위한 기술적 보좌 및 지도·조언
⑩ 산업재해에 관한 통계의 유지·관리·분석을 위한 보좌 및 지도·조언
⑪ 법 또는 법에 따른 명령으로 정한 보건에 관한 사항의 이행에 관한 보좌 및 지도·조언
⑫ 업무 수행 내용의 기록·유지

13 개인보호구의 구비조건을 3가지 쓰시오. [6점]

정답
① 착용이 간편할 것
② 작업에 방해가 되지 않을 것
③ 유해위험요소를 효과적으로 차단할 것
④ 내구성이 좋고 품질이 우수할 것
⑤ 작업자 신체에 잘 맞을 것

14 베릴륨 등과 같이 독성이 강한 물질들을 함유한 분진 등의 발생장소에서 착용해야 하는 방진마스크의 등급을 쓰시오. [3점]

정답 특급

15 누적소음노출량계로 작업장에서 210분간 측정한 누적소음폭로량이 40[%]일 때 시간가중평균소음수준 [dB(A)]을 구하시오. [6점]

정답 $TWA = 90 + 16.61 \log \dfrac{D}{12.5 \times t}$

여기서, TWA: 시간가중평균소음수준[dB(A)]
D: 소음노출량계로 측정한 노출량[%]
t: 측정시간[hr]

$t = 210 \text{min} \times \dfrac{\text{hr}}{60 \text{min}} = 3.5 [\text{hr}]$

$TWA = 90 + 16.61 \log \dfrac{40}{12.5 \times 3.5} = 89.35 [\text{dB(A)}]$

16 작업환경측정 및 정도관리 등에 관한 고시상 다음 [보기]는 시료채취 근로자 수에 대한 내용일 때 ( ) 안에 알맞은 내용을 쓰시오. [6점]

| 보기 |

단위작업장소에서 최고노출근로자 (①)명 이상에 대하여 동시에 개인시료채취 방법으로 측정하되, 단위작업장소에 근로자가 1명인 경우에는 그러하지 아니하며, 동일 작업근로자 수가 (②)명을 초과하는 경우에는 매 5명당 1명 이상 추가하여 측정하여야 한다. 다만 동일 작업근로자 수가 (③)명을 초과하는 경우에는 최대 시료채취 근로자 수를 20명으로 조정할 수 있다.

정답 ① 2   ② 10   ③ 100

17 전체환기를 통해 작업환경관리를 하려고 한다. 이때 전체환기시설 설치의 기본원칙 4가지를 쓰시오. [4점]

정답 ① 오염물질 사용량에 따른 필요환기량을 계산한다.
② 배출공기를 보충하기 위하여 청정공기를 공급한다.
③ 공기배출구와 근로자 작업위치 사이에 오염원이 위치해야 한다.
④ 오염물질 배출구는 최대한 오염원에 가까이 설치하여 점환기의 효과를 얻는다.

18 고무 및 플라스틱 제품 제조업의 근로자수가 500명일 때 선임하여야 하는 보건관리자의 수를 쓰시오. [4점]

정답 2명 이상

관련이론 보건관리자를 두어야 하는 사업의 종류

고무 및 플라스틱 제조업의 선임 기준은 화학물질 및 화학제품 제조업과 같다.

업종	상시근로자 수	보건관리자 수
• 광업 • 섬유제품 염색업, 석유정제품 제조 • 신발 및 신발부분품 제조업 • 화학물질 및 화학제품 제조업(의약품 제외) • 1차 금속 제조업 • 자동차 및 트레일러 제조업 등	2,000명 이상	2명 이상 (의사 또는 간호사 1명 이상 포함)
	500명 이상 2,000명 미만	2명 이상
	50명 이상 500명 미만	1명 이상
일반 제조업	3,000명 이상	2명 이상 (의사 또는 간호사 1명 이상 포함)
	1,000명 이상 3,000명 미만	2명 이상
	50명 이상 1,000명 미만	1명 이상
• 농업, 임업 및 어업 • 전기, 가스, 증기공급업 및 수도처리업 • 도·소매업 및 숙박·음식점업	5,000명 이상	2명 이상 (의사 또는 간호사 1명 이상 포함)
	50명 이상 5,000명 미만	1명 이상
건설업	1,400억원이 증가할 때마다 또는 상시근로자 600명이 추가될 때마다	1명씩 추가
	공사금액 800억 이상(토목공사업은 1,000억) 또는 상시근로자 600명 이상	1명 이상

19 야간 교대근무 시 고려하여야 할 권장사항을 4가지 쓰시오. [4점]

정답 ① 교대작업일정은 근로자에게 미리 통보되어 예측할 수 있도록 한다.
② 아침반 작업은 너무 일찍 시작하지 않도록 한다.
③ 야간작업은 연속하여 3일을 넘기지 않도록 한다.
④ 주기적으로 건강상태를 확인하여 문서로 기록·보관한다.

20 산업안전보건법에서 정하는 작업환경측정 대상 유해인자 중 분진의 종류를 5가지 쓰시오. [5점]

정답 ① 광물성 분진 ② 곡물 분진 ③ 면 분진 ④ 목재 분진
⑤ 석면 분진 ⑥ 용접 흄 ⑦ 유리섬유

2022년 3회 기출문제

01 다음 [보기]는 국소배기장치에 관한 내용이다. 다음 내용 중 잘못된 것을 모두 고르고, 올바르게 정정하시오. [6점]

| 보기 |
㉠ 후드는 가능한 한 오염물질의 발생원에 가까이 설치한다.
㉡ 후드는 가급적 공정을 많이 포위해야 한다.
㉢ 후드 개구면에서 기류가 균일하게 분포되도록 설계한다.
㉣ 필요환기량은 최대화해야 한다.
㉤ 후드는 작업자의 호흡영역을 유해물질로부터 보호해야 한다.
㉥ 덕트는 후드보다 두꺼운 재질로 선택한다.
㉦ 후드 개구면적은 완전한 흡입의 조건 하에 가능한 한 크게 해야 한다.

정답 ㉣ 필요환기량은 최소화해야 한다.
㉥ 후드는 덕트보다 두꺼운 재질로 한다.
㉦ 후드 개구면적은 완전 흡입 조건 하에 가능한 한 작게 해야 한다.

02 야간근무 근로자에게 나타날 수 있는 생리적 현상 4가지를 작성하시오. [4점]

정답 ① 수면장애
② 소화장애
③ 심혈관질환
④ 만성신장장애

03 2차 표준기구의 종류를 5가지 쓰시오. [5점]

정답 ① 로터미터
② 오리피스미터
③ 습식 테스트미터
④ 건식 가스미터
⑤ 열선기류계

04 덕트직경이 20[cm], 공기유속이 15[m/sec], 온도가 18[℃]인 관내에서의 레이놀즈수를 구하고 기류흐름의 종류를 판단하시오. (단, 공기밀도는 1.203[kg/m³], 공기의 점성계수는 1.85×10^{-5}[kg/sec·m]이다.) [5점]

정답 ① $Re = \dfrac{\rho DV}{\mu}$

여기서, Re: 레이놀즈수 $\qquad \rho$: 유체의 밀도[kg/m³]
$\quad D$: 덕트의 직경[m] $\qquad V$: 유속[m/sec]
$\quad \mu$: 점성계수[kg/m·sec]

$Re = \dfrac{1.203 \text{kg/m}^3 \times 0.2\text{m} \times 15\text{m/sec}}{1.85 \times 10^{-5} \text{kg/sec} \cdot \text{m}} = 195,081.08$

② 레이놀즈수가 4,000 이상이므로 난류이다.

05 RMR=8일 때 격심한 작업을 하는 근로자의 실동률[%]과 계속작업의 한계시간[min]을 구하시오. (단, 실동률은 사이토-오시마 식을 적용한다.) [6점]

정답 ① 실동률 $= 85 - (5 \times \text{RMR}) = 85 - (5 \times 8) = 45[\%]$

여기서, RMR: 작업대사율

② $\log(\text{CMT}) = 3.724 - 3.25 \log(\text{RMR}) = 3.724 - 3.25 \times \log 8 = 0.7890$

여기서, CMT: 계속작업 한계시간[min]

$\text{CMT} = 10^{0.7890} = 6.15[\text{min}]$

06 산업안전보건법상 위험성평가의 결과와 조치사항을 기록 및 보존 시 포함해야 할 사항 3가지와 이와 같은 자료를 사업주는 몇 년간 보존하여야 하는지 쓰시오. (단, 그 밖에 위험성평가의 실시내용을 확인하기 위하여 필요한 사항으로서 고용노동부장관이 정하여 고시하는 사항은 제외한다.) [5점]

정답 (1) 포함사항
① 위험성평가 대상의 유해·위험요인
② 위험성 결정의 내용
③ 위험성 결정에 따른 조치의 내용
(2) 보존기간: 3년

07 소음노출 평가, 소음노출에 대한 공학적 대책, 청력보호구의 지급과 착용, 소음의 유해성 및 예방 관련 교육, 정기적 청력검사 등의 사항이 포함된 소음성 난청을 예방·관리하기 위한 산업안전보건법에 명시된 종합적인 계획의 명칭을 쓰시오. [4점]

정답 청력보존 프로그램

08 산업안전보건법상 다음 용어의 정의에서 빈칸에 들어갈 알맞은 내용을 기입하시오. [6점]

> ┤ 보기 ├
> "적정공기"란 산소농도의 범위가 (①)[%] 이상 (②)[%] 미만, 이산화탄소의 농도가 (③)[%] 미만, 일산화탄소의 농도가 (④)[ppm] 미만, 황화수소의 농도가 (⑤)[ppm] 미만인 수준의 공기를 말한다.
> "산소결핍"이란 공기 중의 산소농도가 (⑥)[%] 미만인 상태를 말한다.

정답
① 18
② 23.5
③ 1.5
④ 30
⑤ 10
⑥ 18

09 실효온도의 정의와 습구흑구온도지수(WBGT)를 옥내/옥외로 구분하여 계산식을 쓰시오. [5점]

정답 (1) 실효온도 정의
   기온, 습도, 기류의 조건에 따라 결정되는 체감온도이다.
(2) 습구흑구온도지수(WBGT)
   ① 태양광선이 내리쬐는 옥외 = 0.7NWB + 0.2GT + 0.1DT
   ② 태양광선이 내리쬐지 않는 옥내 또는 옥외 = 0.7NWB + 0.3GT

   여기서, NWB: 자연습구온도[℃]
         GT: 흑구온도[℃]
         DT: 건구온도[℃]

10 산업안전보건법상 보건관리자의 자격 3가지를 쓰시오. [3점]

> **정답** ① 산업보건지도사 자격을 가진 사람
> ② 의사
> ③ 간호사
> ④ 산업위생관리산업기사 또는 대기환경산업기사 이상의 자격을 취득한 사람
> ⑤ 인간공학기사 이상의 자격을 취득한 사람
> ⑥ 전문대학 이상의 학교에서 산업보건 또는 산업위생 분야의 학위를 취득한 사람(법령에 따라 이와 같은 수준 이상의 학력이 있다고 인정되는 사람 포함)

11 다음 [보기]의 경고표지 명칭을 [표]의 그림과 알맞게 연결하시오. [4점]

보기
㉠ 급성독성물질 경고   ㉡ 부식성물질 경고
㉢ 호흡기과민성물질 경고   ㉣ 위험장소 경고

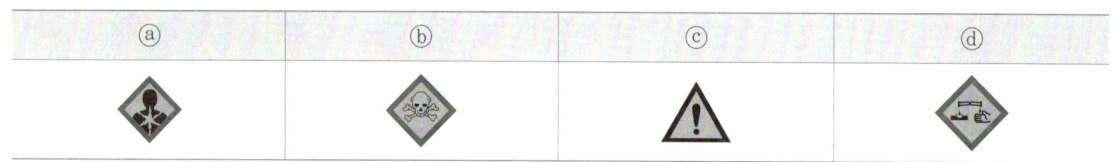

> **정답** ㉠ - ⓑ   ㉡ - ⓓ   ㉢ - ⓐ   ㉣ - ⓒ

12 공기 중 혼합물로서 벤젠 0.25[ppm](TLV: 0.5[ppm]), 톨루엔 25[ppm](TLV: 50[ppm]), 크실렌 60[ppm](TLV: 100[ppm])이 서로 상가작용을 한다고 할 때 허용농도의 초과 여부를 평가하고, 혼합공기의 허용농도[ppm]를 구하시오. [6점]

> **정답** (1) 허용농도 초과여부
> 노출지수가 1을 초과하면 노출기준을 초과한다고 평가한다.
> $$EI = \frac{C_1}{TLV_1} + \frac{C_2}{TLV_2} + \cdots + \frac{C_n}{TLV_n} = \frac{0.25}{0.5} + \frac{25}{50} + \frac{60}{100} = 1.6$$
> 여기서, EI: 노출지수
> C_n: 각 물질의 농도[ppm]
> TLV_n: 각 물질의 허용농도[ppm]
> 노출지수가 1을 초과하므로 이 혼합물은 노출기준을 초과한다.
> (2) 혼합공기 허용농도 $= \frac{C_1 + \cdots + C_n}{\text{노출지수}} = \frac{0.25 + 25 + 60}{1.6} = 53.28$[ppm]

13 상가작용, 길항작용, 가승작용에 대해 설명하고 예시를 각각 쓰시오. [6점]

정답 (1) 상가작용: 각 유해물질의 독성의 합만큼 결과를 나타내는 작용
예 톨루엔과 크실렌을 동시에 사용하면 중추신경계 억제효과가 단순히 더해짐
(2) 길항작용: 2종 이상의 화합물이 있을 때 서로의 작용을 방해하는 작용
예 시안화물 중독 시 아질산나트륨을 투여하면 시안화물의 독성을 감소시킬 수 있음
(3) 가승작용: 독성이 없는 물질을 독성이 있는 물질과 혼합하면 독성이 강해지는 작용
예 이소프로필알코올은 단독으로 간 독성이 거의 없으나 사염화탄소와 동시에 작용하면 간 독성이 심해짐

14 사무실 공기관리 지침상 다음 [표]의 빈칸에 알맞은 내용을 쓰시오. [4점]

오염물질	측정횟수	시료채취시간
미세먼지(PM10)	연 1회 이상	업무시간 동안(6시간 이상 연속 측정)
초미세먼지(PM2.5)	연 (①) 이상	업무시간 동안(6시간 이상 연속 측정)
이산화탄소(CO_2)	연 1회 이상	업무시작 후 (②) 전후 및 종료 전 (③) 전후(각각 (④)간 측정)

정답 ① 1회 ② 2시간 ③ 2시간 ④ 10분

15 다음 [보기]는 산업안전보건법상 근로자 수 이상으로 지급하고 착용하도록 하여야 하는 보호구에 대한 내용일 때 아래 작업에 적합한 보호구를 알맞게 연결하시오. [5점]

| 보기 |
| 방진마스크   방독마스크   방한복   방열복 |
| 절연용 보호구   보안면   안전모 |

(1) 고열에 의한 화상 등의 위험이 있는 작업
(2) 섭씨 영하 18도 이하인 급냉동어창에서 하는 하역작업
(3) 선창 등에서 분진이 심하게 발생하는 하역작업
(4) 감전의 위험이 있는 작업
(5) 용접 시 불꽃이나 물체가 흩날릴 위험이 있는 작업

정답 (1) 방열복
(2) 방한복
(3) 방진마스크
(4) 절연용 보호구
(5) 보안면

16 외부식 장방형 후드(가로 40[cm], 세로 30[cm])가 직경이 20[cm]인 원형 덕트에 연결되어 있을 경우 아래의 내용에 대해 답하시오. (단, 자유공간에 설치되어 있다.) [6점]

(1) 플랜지의 최소폭을 구하시오.
(2) 플랜지가 있는 경우 플랜지가 없는 경우보다 송풍량이 몇 [%] 감소되는지 쓰시오.

정답 (1) $W = \sqrt{A} = \sqrt{40 \times 30} = 34.64$[cm]

여기서, W: 플랜지 폭[cm] A: 개구부의 면적[cm^2]

(2) 25[%] 감소
- 외부식(자유공간, 플랜지 없음)
  $Q_1 = V_c(10X^2 + A)$
- 외부식(자유공간, 플랜지 부착)
  $Q_2 = 0.75 V_c(10X^2 + A)$
- 절감효율 $= \dfrac{Q_1 - Q_2}{Q_1} \times 100 = \dfrac{V_c(10X^2 + A) - 0.75 V_c(10X^2 + A)}{V_c(10X^2 + A)} \times 100 = \dfrac{1 - 0.75}{1} \times 100 = 25$[%]

17 다음 축류형 송풍기의 특징을 설명하시오. [6점]

(1) 프로펠러형
(2) 튜브형
(3) 고정날개형

정답 (1) 압력손실이 25[mmH$_2$O] 이내로 작아서 전체환기용으로 적합하다.
(2) 압력손실이 75[mmH$_2$O] 이내로, 날개의 청소와 교환이 용이하다.
(3) 압력손실이 100[mmH$_2$O] 이내로, 풍압이 낮고 풍량이 많아야 하는 용도에 적합하다.

18 입자상 물질의 여과포집방법에서 여과지 선정 시 구비 조건 5가지를 작성하시오. [5점]

정답 ① 흡습률이 낮을 것
② 흡인저항이 낮을 것
③ 포집효율이 높을 것
④ 가능한 한 가볍고 1매당 무게의 불균형이 적을 것
⑤ 접거나 구부리더라도 찢어지거나 파손되지 않을 것
⑥ 측정대상물질의 분석에 방해가 되는 불순물의 함유가 적을 것

19 다음 [표]는 산업안전보건법상 특수건강진단의 시기 및 주기에 관한 내용이다. 빈칸에 알맞은 내용을 쓰시오. [3점]

구분	대상 유해인자	시기 배치 후 첫 번째 특수건강진단	주기
1	N,N-디메틸아세트아미드 디메틸포름아미드	(①) 이내	6개월
2	벤젠	2개월 이내	6개월
3	1,1,2,2-테트라클로로에탄 사염화탄소 아크릴로니트릴 염화비닐	(②) 이내	6개월
4	석면, 면 분진	12개월 이내	(③)
5	광물성 분진 목재 분진 소음 및 충격소음	12개월 이내	24개월
6	제1호부터 제5호까지의 규정의 대상 유해인자를 제외한 별표 22의 모든 대상 유해인자	6개월 이내	12개월

정답 ① 1개월 ② 3개월 ③ 12개월

20 산업안전보건법령상 사업주가 석면해체·제거작업을 하기 전에 법에 따른 일반석면조사 또는 기관석면조사 결과를 확인한 후 석면해체·제거작업 계획을 수립할 때 포함하여야 하는 사항 3가지를 쓰시오. [6점]

정답 ① 석면해체·제거작업의 절차와 방법
② 석면 흩날림 방지 및 폐기방법
③ 근로자 보호조치

2021년 1회 기출문제

01 입자상 물질의 크기를 표시하는 방법 중 물리적 직경을 3가지로 구분하고 각각 설명하시오. [6점]

정답 ① 마틴 직경
    입자의 면적을 이등분하는 선을 직경으로 사용하는 방법으로, 실제 직경보다 과소평가되는 경향이 많다.
② 페렛 직경
    입자의 끝과 끝을 잇는 직선을 직경으로 사용하는 방법으로, 실제 직경보다 과대평가되는 경향이 많다.
③ 등면적 직경
    입자의 면적과 동일한 가상의 원의 직경을 사용하는 방법으로, 실제 직경과 거의 비슷하여 가장 적절한 방법이다.

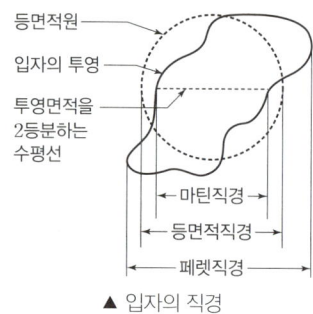

▲ 입자의 직경

02 세로 400[mm], 가로 850[mm], 길이 5[m], 관마찰계수 0.02인 장방형 직관 덕트로 풍량 250[m³/min]이 흐르고 있다. 공기 비중량이 1.2[kgf/m³]일 때, 압력손실[mmH₂O]을 구하시오. [6점]

정답 • 유속 계산

$$V = \frac{Q}{A} = \frac{250\text{m}^3/\text{min}}{0.4\text{m} \times 0.85\text{m}} = 735.29\text{m/min} \times \frac{\text{min}}{60\text{sec}} = 12.25[\text{m/sec}]$$

여기서, V: 유속[m/min] Q: 유량[m³/min]
A: 단면적[m²]

• 압력손실 계산

$$d_e = \frac{2ab}{a+b} = \frac{2 \times 0.4 \times 0.85}{0.4 + 0.85} = 0.544[\text{m}]$$

여기서, a, b: 장방형 덕트 각 변의 길이

$$\Delta P = \lambda \times \frac{L}{d_e} \times \frac{\gamma V^2}{2g}$$

여기서, ΔP: 압력손실[mmH₂O] λ: 관마찰계수
L: 관의 길이[m] d_e: 상당직경[m]
γ: 유체의 비중량[kgf/m³] g: 중력가속도[m/sec²]

$$\Delta P = 0.02 \times \frac{5}{0.544} \times \frac{1.2 \times 12.25^2}{2 \times 9.8} = 1.69[\text{mmH}_2\text{O}]$$

03 21[℃], 1기압인 작업장에서 어떤 물질을 사용하는 온도가 150[℃]이고 시간당 4[L]씩 증발한다. 이때 폭발방지를 위한 실제환기량[m³/min]을 구하시오. (단, 사용물질의 비중은 0.88, LEL=1[%], M.W=106, 안전계수 10, B=0.7이다.) [5점]

정답 • 화재 및 폭발방지를 위한 환기량

$$Q = \frac{24.1 \times s \times G \times 100}{M \times \text{LEL} \times B} \times K$$

여기서, Q: 화재 및 폭발방지를 위한 필요환기량[m³/hr]
G: 시간당 사용량[L/hr]
M: 분자량[g]
B: 상수(120[℃]까지 1, 초과 시 0.7)
s: 비중
K: 안전계수
LEL: 폭발하한계[%]

$$Q = \frac{24.1 \times 0.88 \times 4 \times 100}{106 \times 1 \times 0.7} \times 10 = 1,143.29 \text{m}^3/\text{hr} \times \frac{\text{hr}}{60\text{min}} = 19.05 [\text{m}^3/\text{min}]$$

• 온도 보정

$$Q' = 19.05 \text{m}^3/\text{min} \times \frac{273+150}{273+21} = 27.41 [\text{m}^3/\text{min}]$$

04 압력손실계수가 0.65이고 송풍기 유량이 40[m³/min], 원형 후드 직경이 30[cm]일 때 후드의 정압[mmH₂O]을 구하시오. (단, 21[℃], 1[atm] 기준이다.) [5점]

정답 • 속도압 계산

$$V = \frac{Q}{A} = \frac{40\text{m}^3/\text{min}}{\frac{\pi}{4} \times (0.3\text{m})^2} = 565.88 \text{m/min} \times \frac{\text{min}}{60\text{sec}} = 9.43 [\text{m/sec}]$$

여기서, V: 유속[m/min]
A: 단면적[m²]
Q: 유량[m³/min]

$$V = 4.043\sqrt{\text{VP}} \longrightarrow \text{VP} = \left(\frac{V}{4.043}\right)^2 = \left(\frac{9.43}{4.043}\right)^2 = 5.44 [\text{mmH}_2\text{O}]$$

여기서, VP: 속도압[mmH₂O]

• 후드 정압 계산
$$\text{SP}_h = \text{VP}(1+F_h)$$

여기서, SP_h: 후드 정압[mmH₂O]
F_h: 압력손실계수

$$\text{SP}_h = 5.44 \times (1+0.65) = 8.98 [\text{mmH}_2\text{O}]$$
∴ $\text{SP}_h = -8.98 [\text{mmH}_2\text{O}]$

05 공기 중 유해가스를 측정하는 검지관법의 장점 4가지를 쓰시오. [4점]

정답 ① 사용이 간편하다.
② 측정 결과를 빠르게 확인 가능하다.
③ 비전문가도 어느정도 숙지 후 사용 가능하다.
④ 산소결핍 등의 위험이 있는 경우에도 사용 가능하다.

06

사염화탄소 7,500[ppm]이 공기 중에 존재한다면 공기와 사염화탄소 혼합물의 유효 비중은 얼마인지 계산하시오. (단, 공기 비중 1.0, 사염화탄소 비중 5.7이고 소수점 넷째 자리까지 나타내시오.) [5점]

정답 유효비중 = 사염화탄소의 부피분율 × 사염화탄소의 비중 + 공기의 부피분율 × 공기의 비중

$$= \frac{7,500\text{ppm}}{1,000,000} \times 5.7 + \frac{(1,000,000 - 7,500)\text{ppm}}{1,000,000} \times 1.0 = 1.0353$$

관련이론
유효비중은 각 구성성분 비중의 가중평균이다.

07

재순환공기의 CO_2 농도는 650[ppm]이고, 급기의 CO_2 농도는 450[ppm]이다. 외부의 CO_2 농도가 300[ppm]일 때 급기 중 외부공기 포함비율[%]을 구하시오. [5점]

정답
$$\%OA = \frac{C_R - C_S}{C_R - C_O} \times 100 = \frac{\text{재순환 공기 중 }CO_2\text{ 농도} - \text{급기 중 }CO_2\text{ 농도}}{\text{재순환 공기 중 }CO_2\text{ 농도} - \text{외부공기 중 }CO_2\text{ 농도}} \times 100$$

$$= \frac{650 - 450}{650 - 300} \times 100 = 57.14[\%]$$

여기서, %OA : 외부공기 포함비율[%]

08

액체흡수법(임핀저, 버블러)으로 채취 시 흡수효율을 높이기 위한 방법 3가지를 쓰시오. [3점]

정답
① 흡수액의 온도를 낮추어 휘발성을 낮춘다.
② 두 개 이상의 임핀저 및 버블러를 직렬로 연결하여 채취효율을 증가시킨다.
③ 채취속도를 낮추어 체류시간을 증가시킨다.
④ 흡수액의 용량을 증가시킨다.
⑤ 흡수액의 교반을 강하게 한다.

09 배기구는 15-3-15 규칙을 참조하여 설치한다. 여기서 15-3-15의 의미를 쓰시오. [5점]

정답 ① 15: 배기구와 흡입구는 서로 15[m] 이상 떨어져야 한다.
② 3: 배기구의 높이는 지붕 꼭대기나 공기 흡입구보다 3[m] 이상 높게 설치하여야 한다.
③ 15: 배출되는 공기는 재유입되지 않도록 배출 속도를 15[m/sec] 이상으로 유지하여야 한다.

10 산소부채의 정의를 설명하고, 산소 부채 시의 에너지공급원 4가지를 쓰시오. [6점]

정답 (1) 정의: 작업 후 휴식에 필요한 산소량 이상으로 소비하는 산소량
(2) 에너지공급원
① ATP
② CP
③ 글리코겐
④ 포도당

11 주물공장에서 발생되는 분진을 유리섬유필터를 사용하여 측정하고자 한다. 측정 전 유리섬유필터의 무게는 0.5[mg]이었으며, 개인 시료채취기를 이용하여 분당 2[L]의 유량으로 120분간 측정하여 건조시킨 후 중량을 분석하였더니 필터의 무게가 2[mg]이었다. 이 작업장의 분진 농도[mg/m³]를 구하시오. [5점]

정답 중량농도 = $\dfrac{\text{채취 후 여과지의 무게} - \text{채취 전 여과지의 무게}}{\text{포집공기량}}$

$= \dfrac{(2-0.5)\text{mg}}{2\text{L/min} \times 120\text{min}} = 6.25 \times 10^{-3}\text{mg/L} \times \dfrac{1{,}000\text{L}}{\text{m}^3} = 6.25[\text{mg/m}^3]$

12 C₅-dip 현상을 간단히 설명하시오. [4점]

정답 소음성 난청의 초기 단계로, 4,000[Hz] 부근 음에서 난청이 심해지는 현상을 말한다.

13 21[℃], 1기압 작업조건에서 MEK(분자량=72.1, 비중=0.805)이 시간당 2[L] 발생하고 톨루엔(분자량=92.13, 비중=0.866)도 시간당 2[L] 발생한다. MEK(TLV=200[ppm])은 150[ppm], 톨루엔(TLV=100[ppm])은 50[ppm]일 때 노출지수를 구하여 노출기준을 평가하고, 전체환기시설 설치 여부를 결정하고, 또한 각 물질이 상가작용을 할 경우 전체환기량[m³/min]을 구하시오. (단, MEK의 K=4, 톨루엔의 K=5이다.) [6점]

정답 ① 노출지수(EI) $= \dfrac{C_1}{TLV_1} + \dfrac{C_2}{TLV_2} + \cdots + \dfrac{C_n}{TLV_n}$

$= \dfrac{150}{200} + \dfrac{50}{100} = 1.25$

따라서, 노출지수가 1을 초과하였으므로 노출기준을 초과한다.
② 노출기준을 초과하므로 전체환기시설을 설치하여야 한다.
③ 전체환기량 계산
• MEK
$Q_1 = \dfrac{24.1 \times s \times G \times 10^6}{M \times TLV} \times K = \dfrac{24.1 \times 0.805 \times 2 \times 10^6}{72.1 \times 200} \times 4 = 10,763.11 \text{m}^3/\text{hr} \times \dfrac{\text{hr}}{60\text{min}} = 179.39 [\text{m}^3/\text{min}]$

• 톨루엔
$Q_2 = \dfrac{24.1 \times s \times G \times 10^6}{M \times TLV} \times K = \dfrac{24.1 \times 0.866 \times 2 \times 10^6}{92.13 \times 100} \times 5 = 22,653.42 \text{m}^3/\text{hr} \times \dfrac{\text{hr}}{60\text{min}} = 377.56 [\text{m}^3/\text{min}]$

총 환기량 $Q_T = Q_1 + Q_2 = (179.39 + 377.56) \text{m}^3/\text{min} = 556.95 [\text{m}^3/\text{min}]$

14 다음 휘발성 유기화합물(VOC) 처리방법의 특징을 각각 2가지씩 쓰시오. [4점]

(1) 불꽃연소법
(2) 촉매산화법

정답 (1) 불꽃연소법
  ① 고농도 오염물질 제거에 효과적이다.
  ② 구조가 간단하고 유지보수가 용이하다.
(2) 촉매산화법
  ① 저농도 오염물질 제거에 효과적이다.
  ② 불꽃이 필요 없으며, 촉매 표면에서 산화·제거할 수 있다.

15 작업환경측정 및 정도관리 등에 관한 고시상의 가스상 물질 채취방법 5가지를 쓰시오. [5점]

정답 ① 액체채취방법
② 고체채취방법
③ 여과채취방법
④ 직접채취방법
⑤ 냉각응축채취방법

16 벤젠과 톨루엔의 요 중 대사산물을 각각 쓰시오. [4점]

정답 ① 벤젠의 요 중 대사산물: 뮤콘산
② 톨루엔의 요 중 대사산물: o-크레졸

17 21[℃], 1기압의 작업조건에서 시간당 3[kg]의 톨루엔(분자량 92, 노출기준 100[ppm])을 사용하는 작업장에 전체환기시설을 설치 시 필요환기량[m³/min]을 구하시오. (단, K=6이다.) [6점]

정답 $Q = \dfrac{24.1 \times s \times G \times 10^6}{M \times \text{TLV}} \times K = \dfrac{24.1 \times G_{\text{kg}} \times 10^6}{M \times \text{TLV}} \times K$

여기서, G: 부피발생률[L/hr]　　　　G_{kg}: 질량발생률[kg/hr]

$Q = \dfrac{24.1 \times 3 \times 10^6}{92 \times 100} \times 6 = 47{,}152.17 \text{m}^3/\text{hr} \times \dfrac{\text{hr}}{60 \text{min}} = 785.87 [\text{m}^3/\text{min}]$

18 출력이 0.1watt인 작은 점음원으로부터 100[m] 떨어진 곳의 음압레벨[dB]을 구하시오. (단, 음원은 무지향성이며, 자유공간에 위치한다.) [6점]

정답
- PWL 계산
$$PWL = 10\log\frac{W}{W_o} = 10\log\left(\frac{0.1}{10^{-12}}\right) = 110[dB]$$

  여기서, PWL: 음력수준[dB], W: 측정음력[dB]
  W_o: 기준음력(10^{-12}[W])

- SPL 계산
$$SPL = PWL - 20\log r - 11 = 110 - 20\log 100 - 11 = 59[dB]$$

  여기서, SPL: 음압수준[dB], PWL: 음력수준[dB]
  r: 음원으로부터 떨어진 거리[m]

19 덕트 직경이 10[cm], 공기 유속이 2[m/sec]일 때의 Reynold수를 구하고 덕트 내 흐름의 종류를 판별하시오. (단, 공기의 점성계수는 1.8×10의 −5승[kg/m·sec]이고, 공기 밀도는 1.2[kg/m³]로 가정한다.) [6점]

정답
① $Re = \dfrac{\rho DV}{\mu} = \dfrac{1.2 \times 0.1 \times 2}{1.8 \times 10^{-5}} = 13,333.33$

② 레이놀즈수가 4,000 이상이므로 난류이다.

20 다음 [보기]의 각 경우가 나타내는 열중증 종류를 쓰시오. [4점]

| 보기 |
(1) 신체 내부 체온조절계통이 기능을 잃어 발생하며, 두통, 혼란, 경련, 의식 변화 등 중추신경계 증상이 나타난다. 체온이 40도 이상까지 급격히 상승하여 사망에 이를 수 있고, 수액을 가능한 한 빨리 보충해 주어야 한다.
(2) 더운 환경에서의 고된 육체적 작업으로 인한 신체의 지나친 염분 손실을 충당하지 못할 경우 발생하며 수의근에 통증이 있는 경련을 일으키는 고열장해로, 빠른 회복을 위해 염분과 수분을 공급해야 한다.

정답 (1) 열사병
(2) 열경련

2021년 | 2회 기출문제

01 작업환경 공기 중의 톨루엔(TLV=50[ppm])이 40[ppm]이고 벤젠(TLV=25[ppm])이 15[ppm]이다. 이때 허용농도 초과여부를 평가하시오. (단, 상가작용을 가정한다.) [4점]

정답 노출지수(EI) $= \dfrac{C_1}{TLV_1} + \dfrac{C_2}{TLV_2} + \cdots + \dfrac{C_n}{TLV_n}$

$= \dfrac{40}{50} + \dfrac{15}{25} = 1.4$

따라서, 노출지수가 1을 초과하므로 노출기준을 초과한다.

02 작업장 내 발생하는 분진을 유리섬유 여과지로 3회 채취, 측정하여 얻은 무게의 평균값이 27.5[mg]이었다. 시료포집 전에 실험실에서 여과지의 무게를 3회 측정한 결과 22.3[mg]이었다면 이 작업장의 분진농도[mg/m³]를 구하시오. (단, 포집유량은 5.0[L/min]이고 포집시간은 60[min]이다.) [4점]

정답 중량농도 $= \dfrac{\text{채취 후 여과지 무게} - \text{채취 전 여과지 무게}}{\text{포집공기량}}$

$= \dfrac{(27.5-22.3)\text{mg}}{5.0\text{L/min} \times 60\text{min}} = 0.01733\text{mg/L} \times \dfrac{1{,}000\text{L}}{\text{m}^3} = 17.33[\text{mg/m}^3]$

03 활성탄관을 이용하여 0.25[L/min]으로 200분 동안 톨루엔 측정 후 분석하였더니 활성탄관 100[mg] 층에서 3.31[mg]이 검출, 50[mg] 층에서 0.11[mg]이 검출되었다. 탈착효율이 95[%]라고 할 때 파과여부와 공기 중 농도[ppm]를 구하시오. (단, 25[℃], 1[atm] 기준이다.) [6점]

정답 ① 파과 여부

$\dfrac{\text{뒤층 검출량}}{\text{앞층 검출량}} = \dfrac{0.11\text{mg}}{3.31\text{mg}} \times 100 = 3.32[\%]$

뒤층 흡착량이 앞층 흡착량의 10[%] 이내이므로 파과라고 볼 수 없다.

② 공기 중 농도

중량농도[mg/m³] $= \dfrac{(3.31+0.11)\text{mg}}{0.25\text{L/min} \times 200\text{min} \times 0.95} = 0.072\text{mg/L} \times \dfrac{1{,}000\text{L}}{\text{m}^3} = 72[\text{mg/m}^3]$

$\text{ppm} = \dfrac{24.45 \times \text{mg/m}^3}{\text{분자량}} = \dfrac{24.45 \times 72}{92} = 19.13[\text{ppm}]$

관련이론 톨루엔($C_6H_5CH_3$)의 분자량

톨루엔은 탄소(C) 7개, 수소(H) 8개로 이루어진 분자이므로 $(12 \times 7) + (1 \times 8) = 92$의 분자량을 갖는다.

04 다음 [보기]는 10회 측정한 농도의 데이터이다. 기하평균[mg/m³]을 구하시오. [4점]

(단위: [mg/m³])

| 보기 |
25, 28, 27, 20, 45, 52, 38, 58, 27, 42

정답 $GM = \sqrt[n]{x_1 \times x_2 \times \cdots \times x_n}$
$= \sqrt[10]{25 \times 28 \times 27 \times 20 \times 45 \times 52 \times 38 \times 58 \times 27 \times 42}$
$= 34.23 [mg/m^3]$

05 작업장의 온열조건이 다음 [보기]와 같을 때 WBGT[℃]를 계산하시오. [6점]

| 보기 |
자연습구온도 20[℃], 건구온도 28[℃], 흑구온도 27[℃]

(1) 태양빛이 안 드는 옥외 및 옥내
(2) 태양빛이 드는 옥외

정답 (1) 태양빛이 안 드는 옥외 및 옥내
 $WBGT = 0.7 \times 자연습구온도 + 0.3 \times 흑구온도$
 $= 0.7 \times 20℃ + 0.3 \times 27℃ = 22.1[℃]$
(2) 태양빛이 드는 옥외
 $WBGT = 0.7 \times 자연습구온도 + 0.2 \times 흑구온도 + 0.1 \times 건구온도$
 $= 0.7 \times 20℃ + 0.2 \times 27℃ + 0.1 \times 28℃ = 22.2[℃]$

06 작업환경측정 및 정도관리 등에 관한 고시상 다음 ( ) 안에 알맞은 용어를 쓰시오. [6점]

용접흄은 (①)채취방법으로 측정하되 용접보안면을 착용한 경우에는 그 내부에서 시료를 채취하고 중량분석방법과 원자흡광광도계 또는 (②)를(을) 이용한 방법으로 분석한다.

정답 ① 여과
② 유도결합플라스마

07 주물 용해로에 레시버식 캐노피 후드를 설치하는 경우 열상승 기류량이 15[m³/min]이고 설계유량비가 3.5일 때 소요풍량[m³/min]을 구하시오. (단, 표준상태 기준이고 후드 주변에 난기류가 있다고 가정한다.) [5점]

정답 레시버식 캐노피 후드의 필요송풍량(난기류가 있을 경우)
$Q' = Q\{1+(m \times K_L)\} = Q(1+K_D)$

여기서, Q': 필요송풍량[m³/min] Q: 열상승기류량[m³/min]
    m: 누출안전계수 K_L: 누입한계유량비
    K_D: 설계유량비($=mK_L$)

$Q' = 15 \text{m}^3/\text{min} \times (1+3.5) = 67.5 [\text{m}^3/\text{min}]$

관련이론 레시버식 캐노피 후드 필요송풍량

조건	공식
난기류가 없을 경우	$Q' = Q(1+K_L)$
난기류가 있을 경우	$Q' = Q\{1+(m \times K_L)\} = Q(1+K_D)$

여기서, Q': 필요송풍량[m³/min] Q: 열상승기류량[m³/min]
    m: 누출안전계수 K_L: 누입한계유량비
    K_D: 설계유량비($=mK_L$)

08 휘발성 유기화합물(VOCs)은 그 자체로 독성이 강한 것도 있지만 대기에 방출되면 광화학스모그의 원인 물질이 되기 때문에 그에 대한 처리가 중요시되고 있다. 처리방법 중 불꽃연소법과 촉매연소법의 특징을 각각 2가지씩 쓰시오. [4점]

정답 (1) 불꽃연소법
    ① 고농도 오염물질 제거에 효과적이다.
    ② 구조가 간단하고 유지보수가 용이하다.
(2) 촉매산화법
    ① 저농도 오염물질 제거에 효과적이다.
    ② 불꽃이 필요 없으며, 촉매 표면에서 산화·제거할 수 있다.

09 입자상 물질이 여과지에 채취되는 작용기전 6가지를 쓰시오. [6점]

정답 ① 중력침강
② 관성충돌
③ 확산
④ 직접차단
⑤ 정전기
⑥ 체

10 국소배기장치가 효과적인 기능을 발휘하기 위해서 후드를 통해 배출되는 것과 같은 양의 공기가 외부로부터 보충되는 공기를 무엇이라 하는지 쓰시오. [4점]

정답 보충용 공기

11 외부식 후드에서 제어풍속은 0.5[m/sec], 후드 개구면적은 0.9[m²]이다. 오염원과 후드 사이의 거리가 0.5[m]에서 0.9[m]로 되면 필요유량은 몇 배로 되는가? [5점]

정답 외부식 후드 필요송풍량(자유공간, 플랜지 미부착)

$$Q = V_c(10X^2 + A)$$

- 오염원과 후드 개구면 사이의 거리가 0.5[m]일 때 필요송풍량(Q_1)

$$Q_1 = 0.5 \times (10 \times 0.5^2 + 0.9) = 1.7 [m^3/sec]$$

- 오염원과 후드 거리가 0.9[m]일 때 필요송풍량(Q_2)

$$Q_2 = 0.5 \times (10 \times 0.9^2 + 0.9) = 4.5 [m^3/sec]$$

$$\frac{Q_2}{Q_1} = \frac{4.5}{1.7} = 2.65배$$

12 작업환경측정 및 정도관리 등에 관한 고시상 다음 [보기] 안에 알맞은 용어를 쓰시오. [5점]

| 보기 |

- 분석치가 참값에 얼마나 접근하였는가 하는 수치상의 표현을 (①)라고 한다.
- 일정한 물질에 대해 반복측정·분석을 했을 때 나타나는 자료 분석치의 변동크기가 얼마나 작은가 하는 수치상의 표현을 (②)라고 한다.
- 작업환경측정대상이 되는 작업장 또는 공정에서 정상적인 작업을 수행하는 동일 노출집단의 근로자가 작업을 하는 장소를 (③)라고 한다.
- 시료채취기를 이용하여 가스, 증기, 분진, 흄, 미스트 등을 근로자의 작업행동 범위에서 호흡기 높이에 고정하여 채취하는 것을 (④)라고 한다.
- 작업환경측정·분석 결과에 대한 정확도와 정밀도를 확보하기 위하여 작업환경측정기관의 측정·분석능력을 확인하고, 그 결과에 따라 지도·교육 등 측정, 분석능력 향상을 위하여 행하는 모든 관리적 수단을 (⑤)라고 한다.

정답 ① 정확도 ② 정밀도 ③ 단위작업장소 ④ 지역시료채취 ⑤ 정도관리

13 국소배기시설의 형태 중 가장 효과적이고 Glove box type은 내부가 음압이 형성되어 독성가스 및 방사성 동위원소, 발암 취급공정에 주로 적용하는 후드의 종류를 쓰시오. [4점]

정답 포위식 후드

14 국소배기장치를 보수하거나 신규 설치 시 사용 전 점검사항 3가지를 쓰시오. (단, 국소배기장치의 성능을 유지하기 위해 필요한 사항은 답안에서 제외한다.) [6점]

정답 ① 흡기 및 배기 능력
② 덕트 접속부의 연결 상태
③ 덕트와 배풍기의 분진 상태

15 사무실 규격이 5[m]×7[m]×2[m]이며 사무실 내로 환기를 시키고자 직경 15[cm]의 개구부를 통하여 2[m/sec]의 유속으로 공기를 공급할 경우 공기교환횟수[회/hr]를 구하시오. [5점]

정답 필요환기량 $= AV = \left(\dfrac{\pi}{4} \times 0.15^2\right) \times 2\text{m/sec} = 0.0353\text{m}^3/\text{sec} \times \dfrac{3{,}600\text{sec}}{\text{hr}} = 127.08[\text{m}^3/\text{hr}]$

$\text{ACH} = \dfrac{\text{필요환기량}}{\text{실내 용적}} = \dfrac{127.08\text{m}^3/\text{hr}}{(5 \times 7 \times 2)\text{m}^3} = 1.82\text{회/hr}$

16 총 압력손실 계산방법 중 저항조절평형법의 장점과 단점을 3가지씩 쓰시오. [6점]

정답 (1) 장점
① 시설설치 후 변경이 쉽다.
② 최소 설계 풍량으로 평형유지가 가능하다.
③ 설계계산이 간편하고 작업공정에 따라 덕트 위치 변경이 가능하다.
④ 임의로 유량을 조절하기가 용이하다.
⑤ 덕트의 크기를 변경할 필요가 없으므로 반송속도를 설계값 그대로 유지할 수 있다.

(2) 단점
① 댐퍼를 잘못 설치 시 평형상태가 깨질 수 있다.
② 최대 저항경로의 선정이 잘못되어도 설계 시 쉽게 발견할 수 없다.
③ 임의의 댐퍼 조정 시 평형상태가 깨질 수 있다.
④ 댐퍼조절을 누구나 쉽게 할 수 있어 정상기능을 저해할 수 있다.

17 톨루엔이 시간당 0.24[L] 발생되고 있는 공정에서 다음 조건을 참고하여 폭발방지를 위한 필요환기량 $[m^3/min]$을 계산하시오. (단, 작업장은 1[atm], 21[℃]이다.) [5점]

- 톨루엔의 분자량=92.13
- 온도에 따른 상수=1
- 폭발하한계=5[vol%]
- 공정온도=80[℃]
- 톨루엔의 비중=0.9
- 안전계수=10

정답 • 폭발방지를 위한 환기량

$$Q = \frac{24.1 \times s \times G \times 100}{M \times \text{LEL} \times B} \times K = \frac{24.1 \times 0.9 \times 0.24 \times 100}{92.13 \times 5 \times 1} \times 10 = 11.30 \, m^3/hr \times \frac{hr}{60min} = 0.19 [m^3/min]$$

• 온도보정

$$Q' = 0.19 \times \frac{273+80}{273+21} = 0.23 [m^3/min]$$

18 작업장의 체적이 400[m^3]이고 56.6[m^3/min]의 실외 공기가 작업장 안으로 유입되고 있다. 작업장의 유해물질 발생 중지 시 농도가 100[mg/m^3]에서 25[mg/m^3]으로 감소하는 데 걸리는 소요시간[min]을 구하시오. (단, 1차 반응식을 적용하시오.) [4점]

정답 $t = -\frac{V}{Q} \ln\left(\frac{C_2}{C_1}\right) = -\frac{400 m^3}{56.6 m^3/min} \times \ln\left(\frac{25}{100}\right) = 9.80 [min]$

여기서, t: 소요시간[min]
Q: 환기량[m^3/min]
V: 체적[m^3]
C_1, C_2: 초기, 최종농도[ppm 또는 mg/m^3]

19 화학공장에서 유해물질의 위험성이 적은 물질로 변경하고자 한다. [보기]의 두 물질 중 어느 물질을 선정하는 것이 적절한지 그 이유를 쓰시오. (단, 대기압은 760[mmHg]이다.) [5점]

> **보기**
> - A 유기용제(TLV 100[ppm], 증기압 25[mmHg])
> - B 유기용제(TLV 350[ppm], 증기압 100[mmHg])

정답 • A 유기용제

— 포화증기농도 $= \dfrac{증기압}{대기압} \times 10^6$

$= \dfrac{25\text{mmHg}}{760\text{mmHg}} \times 10^6 = 32,894.74\,[\text{ppm}]$

— 증기위험화지수(VHI) $= \log\left(\dfrac{C}{\text{TLV}}\right) = \log\left(\dfrac{32,894.74}{100}\right) = 2.52$

여기서, C: 포화증기농도[ppm]   TLV: 허용농도[ppm]

• B 유기용제

— 포화증기농도 $= \dfrac{100\text{mmHg}}{760\text{mmHg}} \times 10^6 = 131,578.95\,[\text{ppm}]$

— 증기위험화지수(VHI) $= \log\left(\dfrac{131,578.95}{350}\right) = 2.58$

따라서, VHI가 낮은 A 유기용제를 선정하는 것이 바람직하다.

20 작업장의 소음대책으로 천장이나 벽면에 흡음재를 설치하는 방법의 타당성을 조사하기 위해 작업장의 총 흡음량을 조사하였다. 총 흡음량은 음의 잔향시간을 이용하는 방법으로 측정하며, 큰 막대나무 철을 이용하여 125[dB]의 소음을 발생하였을 때 작업장의 소음이 65[dB]까지 감소하는 데 걸리는 시간은 2초였다. 다음 물음에 답하시오. (단, 작업장은 가로 20[m], 세로 50[m], 높이 10[m]이다.) [6점]

(1) 이 작업장의 총 흡음량[sabin]은?
(2) 적정한 흡음물질을 사용하여 총 흡음량을 3배로 증가시켰을 때 그 증가에 따른 작업장의 실내소음 저감량[dB]은?

정답 (1) $T = \dfrac{0.161V}{A}$

여기서, T: 잔향시간[sec] V: 작업공간 부피[m³]
A: 흡음력[sabin]

$A = \dfrac{0.161V}{T} = \dfrac{0.161 \times (20 \times 50 \times 10)\text{m}^3}{2\text{sec}} = 805\,[\text{sabin}]$

(2) $\text{NR} = 10\log\left(\dfrac{A_2}{A_1}\right) = 10\log\left(\dfrac{3A_1}{A_1}\right) = 10\log 3 = 4.77\,[\text{dB}]$

2021년 3회 기출문제

01 고농도의 분진이 발생하는 작업장의 작업환경관리대책을 4가지 쓰시오. [4점]

정답 ① 작업장소 밀폐
② 국소배기 및 전체환기
③ 작업공정 습식화
④ 개인보호구 지급, 착용

02 표준공기가 흐르고 있는 덕트의 Reynold수가 30,000일 때, 덕트의 유속[m/sec]을 구하시오. (단, 덕트 직경은 150[mm], 점성계수는 1.607×10^{-4}[poise], 비중은 1.203이다.) [5점]

정답 • 점성계수 μ 단위변환

$$\mu = 1.607 \times 10^{-4} \text{poise} = \frac{1.607 \times 10^{-4} \text{g}}{\text{cm} \cdot \text{sec}} \times \frac{\text{kg}}{1,000\text{g}} \times \frac{100\text{cm}}{\text{m}} = 1.607 \times 10^{-5} [\text{kg/m} \cdot \text{sec}]$$

• $Re = \dfrac{\rho D V}{\mu}$

$$V = \frac{Re \times \mu}{\rho \times D} = \frac{30,000 \times 1.607 \times 10^{-5}}{1.203 \times 0.15} = 2.67 [\text{m/sec}]$$

03 물리적 직경 측정방법을 3가지 쓰고 간단히 설명하시오. [6점]

정답 ① 마틴 직경
입자의 면적을 이등분하는 선을 직경으로 사용하는 방법으로, 실제 직경보다 과소평가되는 경향이 많다.
② 페렛 직경
입자의 끝과 끝을 잇는 직선을 직경으로 사용하는 방법으로, 실제 직경보다 과대평가되는 경향이 많다.
③ 등면적 직경
입자의 면적과 동일한 가상의 원의 직경을 사용하는 방법으로, 실제 직경과 거의 비슷하여 가장 적절한 방법이다.

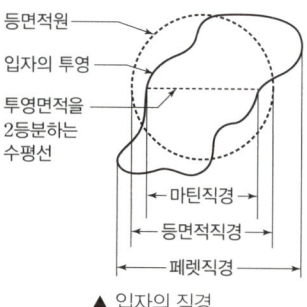

▲ 입자의 직경

04 아래의 표를 보고 물음에 답하시오. (톨루엔, 크실렌은 서로 상가작용하며, 25[℃], 1기압에서 TLV는 각각 50[ppm], 100[ppm]이고 분자량은 각각 92, 106이다.) [6점]

시료	톨루엔 분석량[mg]	크실렌 분석량[mg]	채취 시간	채취 유량[L/min]
1	3.2	12.3	08:00 ~ 12:00	0.18
2	5.4	10.7	13:00 ~ 17:00	0.18

(1) 톨루엔의 $TWA[mg/m^3]$
(2) 크실렌의 $TWA[mg/m^3]$
(3) 노출초과여부 판정

(1) 톨루엔의 TWA

$$\frac{(3.2+5.4)mg}{0.18L/min \times 480min} = 0.09954 mg/L \times \frac{1,000L}{m^3} = 99.54[mg/m^3]$$

(2) 크실렌의 TWA

$$\frac{(12.3+10.7)mg}{0.18L/min \times 480min} = 0.26620 mg/L \times \frac{1,000L}{m^3} = 266.20[mg/m^3]$$

(3) 노출초과여부

$$EI = \frac{C_1}{TLV_1} + \frac{C_2}{TLV_2}$$

- 톨루엔[ppm] $= \frac{24.45 \times 99.54}{92} = 26.45[ppm]$

- 크실렌[ppm] $= \frac{24.45 \times 266.20}{106} = 61.40[ppm]$

따라서, $EI = \frac{26.45}{50} + \frac{61.40}{100} = 1.14$로 노출지수가 1보다 크기 때문에 노출기준을 초과한다.

05 유해물질의 독성을 결정하는 인자를 5가지 쓰시오. [5점]

정답
① 노출 시간
② 기상조건
③ 작업강도
④ 개인의 감수성
⑤ 공기 중 노출 농도

06 작업대에 플랜지가 붙은 외부식 후드를 설치하려고 할 때 다음 조건에서 필요송풍량[m³/min]과 플랜지의 최소폭[cm]을 구하시오. [6점]

- 후드와 발생원 사이의 거리: 0.3[m]
- 후드 크기: 30[cm] × 10[cm]
- 제어속도: 1[m/sec]

정답 ① $Q = 0.5 V_c (10X^2 + A)$
$= 0.5 \times 1 \times (10 \times 0.3^2 + 0.3 \times 0.1)$
$= 0.465 \text{m}^3/\text{sec} \times \dfrac{60 \text{sec}}{\text{min}} = 27.9 [\text{m}^3/\text{min}]$

② $W = \sqrt{A} = \sqrt{30 \times 10} = 17.32 [\text{cm}]$

07 살충제 중 파라티온(parathion)의 인체침입경로와 그 침입경로가 유효한 이유를 1가지 쓰시오. [5점]

정답 ① 인체침입경로: 피부의 점막 혹은 경구
② 유효한 이유
농약으로 오염된 물, 농작물 또는 농약에 중독된 가축의 섭취에 의한 인체침입이 가능하다.

08 입구의 직경이 300[mm]이고 출구의 직경이 400[mm]인 원형 확대관 내에 유량 0.5[m³/sec]가 흐르고 있을 때 다음을 구하시오. (단, 압력손실계수는 0.81이다.) [6점]

(1) 확대관의 압력손실[mmH₂O]
(2) 입구 정압이 −21.5[mmH₂O]인 경우 출구의 정압[mmH₂O]

정답 (1) • 입구 속도압(VP_1) 계산

$V_1 = \dfrac{Q}{A_1} = \dfrac{0.5 \text{m}^3/\text{sec}}{\dfrac{\pi \times 0.3^2}{4} \text{m}^2} = 7.07 [\text{m/sec}]$

$VP_1 = \left(\dfrac{V_1}{4.043}\right)^2 = \left(\dfrac{7.07}{4.043}\right)^2 = 3.06 [\text{mmH}_2\text{O}]$

• 출구 속도압(VP_2) 계산

$V_2 = \dfrac{Q}{A_2} = \dfrac{0.5 \text{m}^3/\text{sec}}{\dfrac{\pi \times 0.4^2}{4} \text{m}^3} = 3.98 [\text{m/sec}]$

$VP_2 = \left(\dfrac{V_2}{4.043}\right)^2 = \left(\dfrac{3.98}{4.043}\right)^2 = 0.97 [\text{mmH}_2\text{O}]$

• 확대관 압력손실(ΔP) 계산
$\Delta P = \zeta (VP_1 - VP_2) = 0.81 \times (3.06 - 0.97) = 1.69 [\text{mmH}_2\text{O}]$

(2) $SP_2 = SP_1 + \zeta'(VP_1 - VP_2)$ [$\zeta' = 1 - \zeta$]
여기서, SP_1, SP_2: 입구, 출구 정압 ζ': 정압회복계수
$SP_2 = -21.5 + (1 - 0.81) \times (3.06 - 0.97) = -21.10 [\text{mmH}_2\text{O}]$

09 전체환기 적용 시 적용조건을 5가지 쓰시오. (단, 국소배기가 불가능한 경우는 제외한다.) [5점]

정답 ① 오염물질의 독성이 낮은 경우
② 오염물질의 발생량이 시간에 따라 균일한 경우
③ 한 작업장 내에 오염발생원이 분산되어 있는 경우
④ 오염발생원의 위치가 움직이는 경우
⑤ 발생하는 유해물질의 양이 적은 경우

10 산업안전보건법상 다음 [보기]에서 설명하는 용어가 무엇인지 쓰시오. [5점]

| 보기 |
반복적인 동작, 부적절한 작업자세, 무리한 힘의 사용, 날카로운 면과의 신체접촉, 진동 및 온도 등의 요인에 의하여 발생하는 건강장해로서 목, 어깨, 허리, 팔·다리의 신경·근육 및 그 주변 신체조직 등에 나타나는 질환을 말한다.

정답 근골격계질환

11 원형 덕트에 난기류가 흐르고 있을 때 덕트의 직경을 $\frac{1}{2}$로 하면 직관부분의 압력손실이 몇 배로 증가하는지 구하시오. (단, 유량과 관마찰계수는 동일하며 달시의 방정식을 적용한다.) [6점]

정답 $V = \dfrac{Q}{A} = \dfrac{Q}{\dfrac{\pi}{4}D^2}$ 이므로

$$\Delta P = f_d \times \dfrac{l}{D} \times VP = f_d \times \dfrac{l}{D} \times \dfrac{\gamma \left(\dfrac{Q}{\dfrac{\pi}{4}D^2}\right)^2}{2g}$$

중력가속도 g, 관마찰계수 f_d, 덕트의 길이 l은 일정하다.

따라서, $\Delta P \propto \dfrac{1}{D^5}$

덕트의 직경이 $D_1 \rightarrow D_2 = \dfrac{1}{2}D_1$이 된다면

$\Delta P_2 \propto \dfrac{1}{\left(\dfrac{1}{2}D_1\right)^5} = \dfrac{32}{D_1^5}$

$\dfrac{\Delta P_2}{\Delta P_1} = \dfrac{\dfrac{32}{D_1^5}}{\dfrac{1}{D_1^5}} = 32$배

12 어떤 물질이 온도가 130[℃]인 작업조건에서 시간당 3[L]씩 증발한다고 한다. 이때 폭발방지를 위한 실제 환기량[m³/min]을 구하시오. (단, 작업장의 온도는 21[℃], 물질의 비중은 0.88, LEL=1[%], MW=106, 안전계수=10, B=0.7로 가정한다.) [3점]

정답 • 폭발방지를 위한 환기량
$$Q = \frac{24.1 \times s \times G \times 100}{M \times \text{LEL} \times B} \times K = \frac{24.1 \times 0.88 \times 3 \times 100}{106 \times 1 \times 0.7} \times 10 = 857.47 \text{m}^3/\text{hr} \times \frac{\text{hr}}{60\text{min}} = 14.29 [\text{m}^3/\text{min}]$$

• 온도보정
$$Q' = 14.29 \times \frac{273+130}{273+21} = 19.59 [\text{m}^3/\text{min}]$$

13 작업장 내 열부하량이 200,000[kcal/hr]이고 작업장 내 온도가 30[℃]이다. 외기의 온도가 20[℃]일 때 필요환기량[m³/min]을 구하시오. [5점]

정답 $Q = \frac{H_s}{0.3 \Delta t} = \frac{200{,}000 \text{kcal/hr}}{0.3 \times (30-20)℃} = 66{,}666.6667 \text{m}^3/\text{hr} \times \frac{\text{hr}}{60\text{min}} = 1{,}111.11 [\text{m}^3/\text{min}]$

여기서, Q: 발열 시 필요환기량[m³/hr]
H_s: 작업장 내 열부하[kcal/hr]
Δt: 실내외 온도차[℃]

14 오염물질의 확산이동 관찰에 유용하게 사용되며 후드의 대략적인 성능을 평가할 수 있는 시험장비로, 레시버식 후드의 개구부 흡입기류 방향을 확인할 수 있는 측정기의 명칭을 쓰시오. [5점]

정답 발연관

15 후드의 정압이 20[mmH₂O]이고 속도압은 12[mmH₂O]일 때 유입계수(C_e)를 구하시오. [5점]

정답 $SP_h = VP(1+F_h)$

여기서, SP_h: 후드정압[mmH₂O] $\quad$ VP: 속도압[mmH₂O]
F_h: 유입손실계수

$$F_h = \frac{SP_h}{VP} - 1 = \frac{20}{12} - 1 = 0.6667$$

$$C_e = \sqrt{\frac{1}{1+F_h}} = \sqrt{\frac{1}{1+0.6667}} = 0.77$$

여기서, C_e: 유입계수 $\quad F_h$: 유입손실계수

16 실내 체적이 3,000[m³]인 공간에 500명이 있다. 1인당 CO₂ 배출량은 흡연을 고려하여 21[L/hr]일 때 시간당 공기교환횟수[회/hr]를 구하시오. (단, 실내 CO₂ 허용기준은 0.1[%]이고 외기의 CO₂ 농도는 0.03[%]이다.) [5점]

정답 • 필요환기량 계산

$$Q = \frac{M}{C_i - C_o} \times 100$$

여기서, Q: 필요환기량[m³/hr] $\quad M$: CO₂ 발생량[m³/hr]
C_i: 실내허용기준[%] $\quad C_o$: 외기 농도[%]

$$M = \frac{21L}{\text{인} \cdot hr} \times 500\text{인} \times \frac{m^3}{1,000L} = 10.5[m^3/hr]$$

$$Q = \frac{10.5 m^3/hr}{(0.1-0.03)\%} \times 100 = 15,000[m^3/hr]$$

• 시간당 공기교환횟수(ACH) 계산

$$ACH = \frac{Q}{V} = \frac{15,000 m^3/hr}{3,000 m^3} = 5[\text{회}/hr]$$

17 밑변이 200[cm], 높이는 3[cm]인 플랜지가 부착된 슬롯후드가 바닥에 설치되어 있다. 제어속도 3[m/sec], 제어거리 30[cm]인 경우 필요환기량[m³/min]을 구하시오. [4점]

정답 $Q = C \times L \times X \times V_c$

$= 2.6 \times 2 \times 0.3 \times 3 = 4.68 m^3/sec \times \frac{60sec}{min} = 280.8[m^3/min]$

여기서, Q: 필요송풍량[m³/sec]
C: 형상계수 ($\frac{1}{2}$ 원주: 2.6)
L: 슬롯 개구면 길이[m]
X: 포집점까지의 거리[m]
V_c: 제어속도[m/sec]

18 총 흡음량이 1,500[sabin]인 정육면체 공간의 각 벽면과 천장에 500[sabin]의 흡음재를 추가로 부착하였을 때, 소음저감량[dB]을 구하시오. [5점]

정답 $NR = 10\log\left(\dfrac{A_2}{A_1}\right) = 10\log\left(\dfrac{1,500+500\times(4+1)}{1,500}\right) = 4.26[\text{dB}]$

19 아래 그림과 같이 A와 B 두 분지관이 합류점에서 만나 합류관을 이루도록 설계되어 있다. 합류점에서 유량의 균형을 유지하기 위해 필요한 조치와 보정유량[m³/min]을 구하시오. [5점]

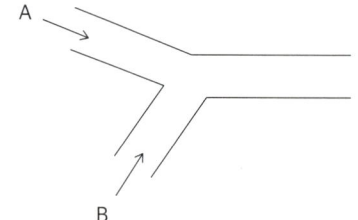

구분	송풍량[m³/min]	정압[mmH₂O]
A	100	−20
B	200	−17

정답 ① 정압비 $= \left|\dfrac{\text{절대값이 큰 정압}}{\text{절대값이 작은 정압}}\right| = \left|\dfrac{SP_A}{SP_B}\right| = \left|\dfrac{-20}{-17}\right| = 1.18$

정압비가 1.2 이하이므로 정압의 절대값이 작은 쪽의 유량을 증가시켜 보정해야 한다.

② 보정유량 = 절대값이 작은 쪽의 유량 × $\sqrt{\text{정압비}}$ = $200 \times \sqrt{1.18} = 217.26[\text{m}^3/\text{min}]$

20 공기 중의 납 농도 측정 시 시료채취에 사용하는 여과지의 종류와 분석기기의 종류를 각각 한 가지씩 쓰시오. [4점]

정답 ① 여과지: MCE 여과지
② 분석기기: 원자흡광광도계

에듀윌이
너를
지지할게

ENERGY

할 수 없는 이유는 수없이 많지만
할 수 있는 이유는 단 한 가지입니다.
당신이 하기로 결정했기 때문입니다.

당신이 결정하면 온 세상이
그 결정을 따라 움직입니다.

– 조정민, 『사람이 선물이다』, 두란노

2020년 1회 기출문제

01 킬레이트 적정법의 종류를 4가지 쓰시오. [4점]

정답 ① 직접적정법
② 간접적정법
③ 역적정법
④ 치환적정법

용어 CHECK 킬레이트 적정법
금속이온이 킬레이트 시약과 반응하여 생성되는 킬레이트 화합물의 성질을 이용하여 금속이온의 양을 정량하는 분석방법이다.

---

02 입자상 물질의 여과포집방법에서 여과지 선정 시 구비조건 5가지를 작성하시오. [5점]

정답 ① 흡습률이 낮을 것
② 흡인저항이 낮을 것
③ 포집효율이 높을 것
④ 가능한 한 가볍고 1매당 무게의 불균형이 적을 것
⑤ 접거나 구부리더라도 찢어지거나 파손되지 않을 것
⑥ 측정대상물질의 분석에 방해가 되는 불순물의 함유가 적을 것

---

03 다음 조건에서의 유속[m/sec]을 구하시오. [6점]

- 레이놀즈수: 2×10^5
- 덕트 직경: 30[cm]
- 동점성계수: 1.5×10^{-5}[m²/sec]

정답 $Re = \dfrac{\rho DV}{\mu} = \dfrac{DV}{\nu}$

여기서, Re: 레이놀즈수 ρ: 유체의 밀도[kg/m²]
D: 덕트의 직경[m] V: 유속[m/sec]
μ: 점성계수[kg/m·sec] ν: 동점성계수[m²/sec]

$V = \dfrac{Re \times \nu}{D} = \dfrac{(2 \times 10^5) \times (1.5 \times 10^{-5})}{0.3} = 10$[m/sec]

04 유입손실계수가 0.27이고 원형 후드의 직경이 8.8[cm], 유량이 0.12[m³/sec]인 경우 후드의 정압 [mmH₂O]을 구하시오. [6점]

정답
- 속도압 계산

$$V = \frac{Q}{A} = \frac{0.12 \text{m}^3/\text{sec}}{\left(\frac{\pi \times 0.088^2}{4}\right)\text{m}^2} = 19.73 [\text{m/sec}]$$

$$VP = \left(\frac{V}{4.043}\right)^2 = \left(\frac{19.73}{4.043}\right)^2 = 23.81 [\text{mmH}_2\text{O}]$$

- 후드정압 계산

$$SP_h = VP(1 + F_h)$$

여기서, SP_h: 후드정압[mmH₂O]　　　　　　　VP: 속도압[mmH₂O]
　　　　F_h: 압력손실계수

$$SP_h = 23.81 \times (1 + 0.27) = 30.24 [\text{mmH}_2\text{O}]$$
$$\therefore SP_h = -30.24 [\text{mmH}_2\text{O}]$$

---

05 셀룰로오스 여과지의 장단점을 각각 3가지씩 작성하시오. [6점]

정답

장점	단점
① 취급 시 마모가 적다.	① 흡습성이 크다.
② 가격이 저렴하다.	② 포집효율과 유량저항이 일정하지 않다.
③ 연소 시 재가 적게 남는다.	③ 균일한 품질로 제조되기 어렵다.

---

06 덕트 내 분진 이송 시에 반송속도 선정 고려요소 4가지를 작성하시오. [4점]

정답
① 덕트의 직경
② 덕트 내부 조도(거칠기)
③ 단면의 확대 또는 축소
④ 곡관수 및 모양

07 귀마개 장단점을 2가지씩 작성하시오. [4점]

정답

장점	단점
① 착용이 간편하다.	① 귀에 질병이 있으면 착용하기 어렵다.
② 귀덮개보다 저렴하다.	② 땀으로 인해 염증이 발생할 수 있다.
③ 안경, 모자 등에 의해 방해를 받지 않는다.	③ 사람마다 차음효과의 차이가 크다.
④ 부피가 작아서 휴대가 편리하다.	④ 착용 여부의 파악이 곤란하다.

08 덕트 내 공기의 유속을 피토관으로 측정하였다. 속도압이 15[mmH₂O]일 때 덕트 내 유속[m/sec]을 계산하시오. (단, 0[℃], 1[atm]의 공기 비중량은 1.3[kgf/m³]이고 덕트 내부온도는 270[℃], 피토관계수는 0.96이다.) [6점]

정답
- 비중량 온도보정

$$\gamma = 1.3 \text{kgf/m}^3 \times \frac{273}{273+270} = 0.65 [\text{kgf/m}^3]$$

- 유속 계산

$$V = C \times \sqrt{\frac{2g\text{VP}}{\gamma}} = 0.96 \times \sqrt{\frac{2 \times 9.8 \times 15}{0.65}} = 20.42 [\text{m/sec}]$$

여기서, V: 유속[m/sec]　　　　　　　　C: 피토계수
　　　　g: 중력가속도[m/sec²]　　　　VP: 속도압[mmH₂O]
　　　　γ: 비중량[kgf/m³]

09 송풍기의 송풍량 300[m³/min], 풍압 45[mmH₂O], 동력 8[HP]일 때 회전수는 500[rpm]이다. 회전수를 600[rpm]으로 변경하는 경우 송풍량[m³/min], 풍압[mmH₂O], 동력[HP]은 어떻게 변하는지 구하시오. [6점]

정답 ① 송풍기 풍량(Q)은 회전수(N)에 비례한다.

$$Q_2 = Q_1 \times \left(\frac{N_2}{N_1}\right) = 300 \times \frac{600}{500} = 360 [\text{m}^3/\text{min}]$$

② 송풍기 압력(P)은 회전수의 제곱에 비례한다.

$$P_2 = P_1 \times \left(\frac{N_2}{N_1}\right)^2 = 45 \times \left(\frac{600}{500}\right)^2 = 64.8 [\text{mmH}_2\text{O}]$$

③ 송풍기 동력(W)은 회전수의 세제곱에 비례한다.

$$W_2 = W_1 \times \left(\frac{N_2}{N_1}\right)^3 = 8 \times \left(\frac{600}{500}\right)^3 = 13.82 [\text{HP}]$$

10 산업안전보건법령상 사업주가 석면해체·제거작업을 하기 전에 법에 따른 일반석면조사 또는 기관석면조사 결과를 확인한 후 석면해체·제거작업 계획을 수립할 때 포함하여야 하는 사항 3가지를 쓰시오. [3점]

정답 ① 석면해체·제거작업의 절차와 방법
② 석면 흩날림 방지 및 폐기방법
③ 근로자 보호조치

11 사무실 공기관리 지침에 관한 [보기]의 내용 중 ( ) 안에 알맞은 내용을 작성하시오. [3점]

┤보기├
(1) 사무실 환기횟수는 시간당 ( )회 이상으로 한다.
(2) 공기의 측정시료는 사무실 안에서 공기질이 가장 나쁠 것으로 예상되는 ( )곳 이상에서 채취하고, 측정은 사무실 바닥면으로부터 0.9[m] 이상 1.5[m] 이하의 높이에서 한다.
(3) 일산화탄소 측정 시 시료채취시간은 업무시작 후 1시간 전후 및 종료 전 1시간 전후에서 각각 ( ) 분간 측정한다.

정답 (1) 4 (2) 2 (3) 10

12 유해물질이 고체흡착관의 앞층에 포화된 후 뒤층에 흡착되기 시작하여 기류를 따라 흡착관을 빠져나가는 현상은 무엇인지 쓰시오. [4점]

정답 파과현상

13 물리적(기하학적) 직경 측정방법을 3가지 쓰고, 간단히 설명하시오. [3점]

> **정답** ① 마틴 직경
>   입자의 면적을 이등분하는 선을 직경으로 사용하는 방법으로, 실제 직경보다 과소평가되는 경향이 많다.
> ② 페렛 직경
>   입자의 끝과 끝을 잇는 직선을 직경으로 사용하는 방법으로, 실제 직경보다 과대평가되는 경향이 많다.
> ③ 등면적 직경
>   입자의 면적과 동일한 가상의 원의 직경을 사용하는 방법으로, 실제 직경과 거의 비슷하여 가장 적절한 방법이다.

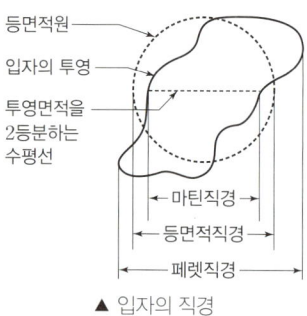

▲ 입자의 직경

14 공기 중 사염화탄소의 농도가 5ppm(TLV 10[ppm]), 1,2-디클로로에탄의 농도가 25ppm(TLV 50[ppm]), 1,2-디브로모에탄의 농도가 5ppm(TLV 20[ppm])일 때 허용농도 초과여부를 평가하고, 보정된 허용기준 [ppm]을 구하여라. (단, 혼합물은 상가작용을 한다.) [6점]

> **정답** ① $EI = \dfrac{C_1}{TLV_1} + \dfrac{C_2}{TLV_2} + \cdots + \dfrac{C_n}{TLV_n}$
> $= \dfrac{5}{10} + \dfrac{25}{50} + \dfrac{5}{20} = 1.25$
> 노출지수가 1보다 크므로 허용농도를 초과한다.
> ② 보정된 허용기준 $= \dfrac{C_1 + \cdots + C_n}{\text{노출지수}} = \dfrac{5+25+5}{1.25} = 28[\text{ppm}]$

15 MEK를 시간당 2[L] 사용하며, 사용된 MEK가 모두 증기로 되었을 때 이 작업장의 필요환기량[m³/hr]을 구하시오. (단, 작업조건은 25[℃], 1[atm]이고 MEK의 분자량 72.1, 비중 0.805, TLV 200[ppm], 안전계수는 2이다.) [6점]

> **정답** $Q = \dfrac{24.45 \times s \times G \times 10^6}{M \times TLV} \times K = \dfrac{24.45 \times 0.805 \times 2L/hr \times 10^6}{72.1 \times 200} \times 2$
> $= 5,459.71[\text{m}^3/\text{hr}]$

16 시료채취 중 여과포집에 관여하는 기전을 6가지 쓰시오. [6점]

정답 ① 중력침강
② 관성충돌
③ 확산
④ 직접차단
⑤ 정전기
⑥ 체

17 작업장 내 벤젠을 고체흡착관으로 측정하였다. 비누거품미터로 유량 보정 시에 50[cc]를 통과하는 데 시료채취 전 16.5초, 시료채취 후 16.9초가 걸렸다. 벤젠은 1시 12분부터 4시 45분까지 측정하였고, GC를 사용해 분석한 결과 활성탄관의 앞층에서 2.0[mg], 뒤층에서 0.1[mg] 검출되었을 경우 공기 중 벤젠의 농도[ppm]를 구하시오. (단, 작업조건은 25[℃], 1기압이고 공시료 3개의 평균분석량은 0.01[mg]이다.) [6점]

정답 • 비누거품미터 유량 계산

평균 시료채취시간 = $\dfrac{\text{시료채취 전 시간} + \text{시료채취 후 시간}}{2} = \dfrac{16.5 + 16.9}{2} = 16.7$초

비누거품미터 유량 = $\dfrac{\text{통과부피}}{\text{평균 시료채취 시간}} = \dfrac{50\text{mL}}{16.7\text{sec}} \times \dfrac{\text{L}}{1{,}000\text{mL}} \times \dfrac{60\text{sec}}{\text{min}} = 0.18[\text{L/min}]$

• 벤젠 농도 계산

$\text{mg/m}^3 = \dfrac{\text{앞층검출량} + \text{뒤층검출량} - \text{공시료분석량}}{\text{시료채취유량}} = \dfrac{(2.0 + 0.1 - 0.01)\text{mg}}{0.18\text{L/min} \times 213\text{min} \times \dfrac{\text{m}^3}{1{,}000\text{L}}} = 54.51[\text{mg/m}^3]$

• [mg/m³] → [ppm] 변환

$\text{ppm} = \dfrac{24.45 \times \text{mg/m}^3}{\text{분자량}} = \dfrac{24.45 \times 54.51}{(12 \times 6) + (1 \times 6)} = 17.09[\text{ppm}]$

18 전체환기시설 설치 기본 수칙을 4가지 쓰시오. [4점]

정답 ① 오염물질 사용량에 따른 필요환기량을 계산한다.
② 배출공기를 보충하기 위하여 청정공기를 공급한다.
③ 공기배출구와 근로자 작업위치 사이에 오염원이 위치해야 한다.
④ 오염물질 배출구는 최대한 오염원에 가까이 설치하여 점환기의 효과를 얻는다.

19 다음 [보기]의 축류형 송풍기의 특징을 간단히 작성하시오. [6점]

┤ 보기 ├
(1) 프로펠러형   (2) 튜브형   (3) 고정날개형

정답 (1) 압력손실이 25[mmH$_2$O] 이내로 작아서 전체환기용으로 적합하다.
(2) 압력손실이 75[mmH$_2$O] 이내로, 날개의 청소와 교환이 용이하다.
(3) 압력손실이 100[mmH$_2$O] 이내로, 풍압이 낮고 풍량이 많아야 하는 용도에 적합하다.

20 후드에 플랜지 부착 시 효과를 3가지 쓰시오. [6점]

정답 ① 후방기류를 차단한다.
② 후드 전면 포집범위를 확대한다.
③ 플랜지 미부착 후드에 비해 필요송풍량이 25[%] 정도 감소된다.

2020년 2회 기출문제

01 집진장치의 종류를 원리에 따라 5가지로 쓰시오. [5점]

정답 ① 중력집진장치
② 관성력집진장치
③ 원심력집진장치
④ 여과집진장치
⑤ 전기집진장치

02 자유공간에 위치한 장방형 후드(가로 40[cm], 높이 30[cm])가 직경이 20[cm]인 원형 덕트에 연결되어 있을 경우 아래의 내용에 대해 답하시오. [6점]

(1) 플랜지의 최소폭[cm]을 구하시오.
(2) 플랜지가 있는 경우 플랜지가 없는 경우보다 송풍량이 몇 [%]로 감소되는지 쓰시오.

정답 (1) $W = \sqrt{A} = \sqrt{40 \times 30} = 34.64$[cm]
(2) 25[%] 감소
• 외부식(자유공간, 플랜지 미부착)
$Q_1 = V_c(10X^2 + A)$
• 외부식(자유공간, 플랜지 부착)
$Q_2 = 0.75V_c(10X^2 + A)$
• 절감효율 $= \dfrac{Q_1 - Q_2}{Q_1} \times 100 = \dfrac{V_c(10X^2 + A) - 0.75V_c(10X^2 + A)}{V_c(10X^2 + A)} \times 100 = \dfrac{1 - 0.75}{1} \times 100 = 25$[%]

03 덕트 내부의 전압, 정압, 속도압을 피토튜브를 사용해 측정하려고 한다. 아래 [그림]에서 전압, 정압, 속도압을 각각 찾고 압력[mmH₂O]을 쓰시오. [5점]

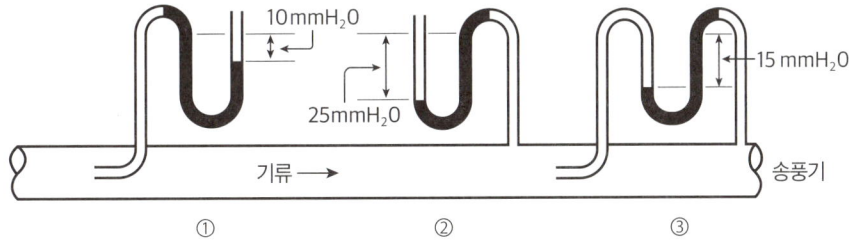

정답 ① 전압: -10[mmH$_2$O]
② 정압: -25[mmH$_2$O]
③ 속도압: 15[mmH$_2$O]

04 근로자가 벤젠을 취급하던 중 실수로 작업장 바닥에 1.8[L]를 흘렸다. 작업장이 25[℃], 1기압 상태일 때 공기 중으로 증발한 벤젠의 증기용량[L]을 구하시오. (단, 벤젠의 MW=78.11, 비중=0.879이고 바닥의 벤젠은 모두 증발하였다.) [5점]

정답 $G_g = 1.8\text{L} \times \dfrac{0.879\text{g}}{\text{mL}} \times \dfrac{1{,}000\text{mL}}{\text{L}} = 1{,}582.2[\text{g}]$

여기서, G_g: 중량사용량[g]

증기용량 $= G_g \times \dfrac{\text{부피}}{\text{분자량}} = 1{,}582.2\text{g} \times \dfrac{24.45\text{L}}{78.11\text{g}} = 495.26[\text{L}]$

05 21[℃], 1기압인 작업장 내에서 작업조건이 150[℃]인 크실렌이 시간당 1.5[L]씩 증발할 때 폭발방지를 위한 실제환기량[m³/min]을 구하시오. (단, 크실렌의 LEL=1[%], s=0.88, MW=106, C=5이다.) [6점]

정답 • 폭발방지를 위한 환기량

$Q = \dfrac{24.1 \times s \times G \times 100}{M \times \text{LEL} \times B} \times K = \dfrac{24.1 \times 0.88 \times 1.5 \times 100}{106 \times 1 \times 0.7} \times 5 = 214.37\text{m}^3/\text{hr} \times \dfrac{\text{hr}}{60\text{min}} = 3.57[\text{m}^3/\text{min}]$

여기서, B: 상수(120[℃]까지 1, 초과시 0.7)

• 온도 보정

$Q = 3.57\text{m}^3/\text{min} \times \dfrac{273+150}{273+21} = 5.14[\text{m}^3/\text{min}]$

06 관의 내경이 0.3[m]이고 길이가 50[m]인 직관의 압력손실[mmH₂O]을 계산하시오. (단, 관마찰손실계수는 0.02, 유체 비중량은 1.203[kgf/m³]이고 관내 유속은 10[m/sec]이다.) [5점]

정답 원형 덕트 직관의 압력손실 $(\Delta P) = \lambda \times \dfrac{L}{D} \times \dfrac{\gamma V^2}{2g} = 0.02 \times \dfrac{50}{0.3} \times \dfrac{1.203 \times 10^2}{2 \times 9.8} = 20.46[\text{mmH}_2\text{O}]$

여기서, ΔP: 압력손실[mmH₂O] λ: 관마찰계수
L: 관의 길이[m] D: 관의 직경[m]
γ: 유체의 비중량[kgf/m³] V: 유속[m/sec]
g: 중력가속도[m/sec²]

07 다음은 국소배기시설의 후드와 관련된 내용이다. 다음 설명에 해당하는 용어를 각각 쓰시오. [4점]

① 후드와 덕트의 연결부위로 경사 접합부를 의미하며 후드 개구면 속도를 균일하게 분포시키는 장치
② 후드의 개구부를 몇 개로 나누어 유입하는 형식으로, 부식 및 유해물질 축적 등의 단점이 있는 장치

정답 ① 테이퍼(경사접합부)
② 분리날개

08 후드의 유입손실계수가 1.4일 때 유입계수를 계산하시오. [5점]

정답 $F_h = \dfrac{1}{C_e^2} - 1$

여기서, F_h : 유입손실계수　　　　　　　　　C_e : 유입계수

$C_e = \sqrt{\dfrac{1}{1+F}} = \sqrt{\dfrac{1}{1+1.4}} = 0.65$

09 금속제품 탈지공정에서 사용중인 TEC의 과거 노출농도는 50[ppm]이었다. 활성탄관을 사용해 분당 0.15[L]씩 채취 시에 소요되는 최소채취시간[min]을 구하시오. (단, 작업장의 조건은 25[℃], 1기압이고 MW=131.39, LOQ=0.5[mg]이다.) [5점]

정답 • [ppm] → [mg/m³] 변환

$\text{mg/m}^3 = \dfrac{\text{ppm} \times \text{분자량}}{24.45(\text{상온 } 25[℃], 1\text{기압})}$

$\text{mg/m}^3 = \dfrac{50\text{ppm} \times 131.39\text{mg}}{24.45\text{mL}} = 268.6912[\text{mg/m}^3]$

• 최소채취량 및 최소 채취소요시간 계산
정량한계가 시료당 0.5[mg]이므로 최소한 0.5[mg] 이상의 트리클로로에틸렌을 확보 가능한 공기량을 취하여야 한다.

$\dfrac{0.5\text{mg}}{\dfrac{0.15\text{L}}{\text{min}} \times t\,\text{min} \times \dfrac{10^{-3}\text{m}^3}{\text{L}}} = \dfrac{268.6912\text{mg}}{\text{m}^3}$

$t = \dfrac{0.5}{0.15 \times 10^{-3} \times 268.6912} = 12.41[\text{min}]$

10 헥산을 1일 8시간 취급하는 작업장의 실제 작업시간은 오전 3시간, 오후 4시간이다. 노출량이 오전 60[ppm], 오후 45[ppm]일 때 TWA[ppm]를 구하고 허용기준 초과 여부를 판정하시오. (단, 헥산의 TLV=50[ppm]이다.) [5점]

정답 ① 헥산의 TWA

$$TWA = \frac{C_1 t_1 + C_2 t_2 + \cdots + C_n t_n}{8}$$

여기서, TWA : 시간가중평균노출기준[ppm]　　C_n : 유해인자의 측정농도[ppm]
t_n : 유해인자의 발생시간[hr]

$$TWA = \frac{(3 \times 60) + (4 \times 45) + (1 \times 0)}{8} = 45[ppm]$$

② 허용기준 초과 여부 판정

$$EI = \frac{TWA}{TLV} = \frac{45}{50} = 0.9$$

노출지수가 1 미만이므로, 허용기준 미만이다.

---

11 공기의 조성비가 다음과 같을 때 공기의 밀도[kg/m³]를 계산하시오. (단, 25[℃], 1기압 기준이고 아르곤(Ar)의 원자량은 40이며 기타 물질은 고려하지 않는다.) [5점]

- 산소(O_2) 21[%]
- 이산화탄소(CO_2) 0.03[%]
- 기타 물질 0.07[%]
- 아르곤(Ar) 0.9[%]
- 질소(N_2) 78[%]

정답 공기의 평균분자량=(각 물질의 분자량×구성비율)의 합
$= (32 \times 0.21) + (40 \times 0.009) + (44 \times 0.0003) + (28 \times 0.78) = 28.93$

공기밀도 $= \dfrac{질량}{부피} = \dfrac{28.93g}{24.45L} = 1.18g/L \times \dfrac{1,000L}{m^3} \times \dfrac{kg}{1,000g} = 1.18[kg/m^3]$

관련이론 원자량
- O(산소)=16
- C(탄소)=12
- N(질소)=14

---

12 공기정화장치 중 흡착장치 설계 시 고려사항을 3가지 쓰시오. [3점]

정답 ① 흡착장치 처리능력
② 흡착제 수명
③ 압력손실

13 다음 [보기]는 국소배기시설에 관한 내용이다. 다음 내용 중 잘못된 것을 모두 고르고, 올바르게 정정하시오. [6점]

> ┤보기├
> ㉠ 후드는 가능한 한 오염물질의 발생원에 가까이 설치한다.
> ㉡ 후드는 가급적 공정을 많이 포위해야 한다.
> ㉢ 후드 개구면에서 기류가 균일하게 분포되도록 설계한다.
> ㉣ 필요환기량은 최대화해야 한다.
> ㉤ 후드는 작업자의 호흡영역을 유해물질로부터 보호해야 한다.
> ㉥ 덕트는 후드보다 두꺼운 재질로 선택한다.
> ㉦ 후드 개구면적은 완전한 흡입의 조건 하에 가능한 한 크게 해야 한다.

정답 ㉣ 필요환기량은 최소화해야 한다.
㉥ 후드는 덕트보다 두꺼운 재질로 한다.
㉦ 후드 개구면적은 완전 흡입 조건 하에 가능한 한 작게 해야 한다.

14 [보기]는 화학물질 및 물리적 인자의 노출기준 상 노출기준의 정의에 대한 내용이다. ( ) 안에 알맞은 수치를 쓰시오. [4점]

> ┤보기├
> 단시간노출기준(STEL)이란 (①)분간의 시간가중평균노출값으로서 노출농도가 시간가중평균노출기준(TWA)을 초과하고 단시간노출기준 이하인 경우에는 1회 노출 지속시간이 15분 미만이어야 하고, 이러한 상태가 1일 (②)회 이하로 발생하여야 하며, 각 노출의 간격은 60분 이상이어야 한다.

정답 ① 15 ② 4

15 실내 체적이 2,000[m³]인 공간 내부에 사람 30명이 있다. 1인당 CO_2 배출량이 40[L/hr]일 때 시간당 공기교환횟수[회/hr]를 구하시오. (단, 실내 CO_2 농도는 700[ppm], 외기 CO_2 농도는 400[ppm]이다.) [5점]

정답 필요환기량 $= \dfrac{CO_2 \text{ 발생량}}{(\text{실내 } CO_2 \text{ 농도} - \text{실외 } CO_2 \text{ 농도})[\%]} \times 100$

$= \dfrac{30명 \times \dfrac{40L}{명 \cdot hr} \times \dfrac{m^3}{1,000L}}{(0.07-0.04)\%} \times 100 = 4,000[m^3/hr]$

시간당 공기교환횟수(ACH) $= \dfrac{\text{필요환기량}}{\text{실내 용적}} = \dfrac{4,000 m^3/hr}{2,000 m^3} = 2[\text{회}/hr]$

관련이론 [ppm] → [%]

$1[ppm] = \dfrac{1}{1,000,000} \times 100 = 0.0001[\%]$

16 어떤 물질의 독성 인체실험 결과 안전흡수량이 체중 kg당 0.06[mg]이었다. 만약 70[kg] 사람이 1일 8시간 작업 시 물질의 체내흡수를 안전흡수량 이하로 유지하기 위해서는 물질의 공기 중 농도[mg/m³]를 얼마 이하로 규제해야 하는가? (단, 작업 시 폐환기율은 0.98[m³/hr], 체내잔류율은 1.00이다.) [5점]

정답 $SHD = C \times t \times V \times R$

여기서, SHD: 체내흡수량[mg]
t: 노출시간[hr]
R: 체내잔류율
C: 공기 중 유해물질 농도[mg/m³]
V: 폐환기율[m³/hr]

$$C = \frac{SHD}{t \times V \times R} = \frac{0.06 \text{mg/kg} \times 70 \text{kg}}{8 \text{hr} \times 0.98 \text{m}^3/\text{hr} \times 1.0}$$
$$= 0.54 [\text{mg/m}^3]$$

17 회전수가 1,000[rpm]일 때 송풍량 28.3[m³/min], 풍압 21.6[mmH₂O], 동력은 0.5[HP]이다. 회전수를 1,125[rpm]으로 변경 시 송풍량[m³/min], 풍압[mmH₂O], 동력[HP]을 구하시오. [6점]

정답 ① 송풍기 풍량(Q)은 회전수(N)에 비례한다.
$$Q_2 = Q_1 \times \left(\frac{N_2}{N_1}\right) = 28.3 \times \left(\frac{1,125}{1,000}\right) = 31.84 [\text{m}^3/\text{min}]$$
② 송풍기 압력(P)은 회전수의 제곱에 비례한다.
$$P_2 = P_1 \times \left(\frac{N_2}{N_1}\right)^2 = 21.6 \times \left(\frac{1,125}{1,000}\right)^2 = 27.34 [\text{mmH}_2\text{O}]$$
③ 송풍기 동력(W)은 회전수의 세제곱에 비례한다.
$$W_2 = W_1 \times \left(\frac{N_2}{N_1}\right)^3 = 0.5 \times \left(\frac{1,125}{1,000}\right)^3 = 0.71 [\text{HP}]$$

18 전체환기 적용 시의 조건 5가지를 쓰시오. [5점]

정답 ① 오염물질의 독성이 낮은 경우
② 오염물질의 발생량이 시간에 따라 균일한 경우
③ 한 작업장 내에 오염발생원이 분산되어 있는 경우
④ 오염발생원의 위치가 움직이는 경우
⑤ 발생하는 유해물질의 양이 적은 경우
⑥ 국소배기장치 설치가 불가능한 경우

19 2차 표준기구의 종류를 5가지 쓰시오. [5점]

정답 ① 로터미터
② 오리피스미터
③ 습식 테스트미터
④ 건식 가스미터
⑤ 열선기류계

20 입자상 물질의 여과채취포집기전을 5가지 작성하시오. [5점]

정답 ① 중력침강
② 관성충돌
③ 확산
④ 직접차단
⑤ 정전기
⑥ 체

2020년 3회 기출문제

01 1기압 25[℃]의 작업장에서 건조작업공정이 진행 중이다. 이 공정의 온도는 200[℃]이고, 건조 시 크실렌이 시간당 1.5[L]가 증발한다. 폭발방지를 위한 실제환기량[m³/min]을 계산하시오. (단, 크실렌의 LEL 1[%], 비중 0.88, 분자량 106이고 안전계수 10이다.) [5점]

정답 • 화재 및 폭발방지를 위한 환기량

$$Q = \frac{24.1 \times s \times G \times 100}{M \times LEL \times B} \times K = \frac{24.45 \times 0.88 \times 1.5 L/hr \times 100}{106 \times 1.0 \times 0.7} \times 10 = 434.96 \, m^3/hr \times \frac{hr}{60 min} = 7.25 [m^3/min]$$

• 온도보정

$$Q' = 7.25 \, m^3/min \times \frac{273+200}{273+25} = 11.51 [m^3/min]$$

02 작업장에서 작업하는 근로자가 20명 있다. 1명당 이산화탄소의 발생량이 40[L/hr]이고 실내 이산화탄소의 허용기준이 700[ppm]이다. 이 작업장의 필요환기량[m³/hr]을 구하시오. (단, 외기 공기 중의 이산화탄소의 농도는 400[ppm]이다.) [5점]

정답
$$Q = \frac{CO_2 \, 발생량}{(실내 \, CO_2 \, 농도 - 실외 \, CO_2 \, 농도[\%])} \times 100$$
$$= \frac{0.04 \, m^3/명 \cdot hr \times 20명}{(0.07 - 0.04)\%} \times 100 = 2,666.67 [m^3/hr]$$

03 권고중량한계(RWL)의 관계식을 쓰고, 각 요소를 설명하시오. [5점]

정답 RWL = LC × HM × VM × DM × AM × FM × CM

여기서, LC : 중량상수(23[kg])
HM : 수평계수
VM : 수직계수
DM : 거리 계수
AM : 비대칭계수
FM : 빈도계수
CM : 커플링계수

04 TLV가 100[ppm]인 에틸벤젠을 사용하는 작업장의 작업시간이 1일 10시간일 경우 Brief와 Scala의 보정법으로 보정된 노출기준[ppm]을 구하시오. [5점]

정답
- 보정계수(RF) 계산

$$RF = \frac{8}{H} \times \frac{24-H}{16} = \frac{8}{10} \times \frac{24-10}{16} = 0.7$$

- 보정된 노출기준 계산
보정된 노출기준 = RF × TLV = 0.7 × 100ppm = 70[ppm]

05 덕트 단면적이 0.038[m²]이고, 덕트 내 정압은 −64.5[mmH₂O], 전압은 −20.5[mmH₂O]이다. 덕트 내의 반송속도[m/sec]와 공기유량[m³/min]을 구하시오. (단, 공기의 비중량은 1.2[kgf/m³]이다.) [5점]

정답 ① 덕트 내 반송속도

VP(속도압) = TP(전압) − SP(정압)
= (−20.5mmH₂O) − (−64.5mmH₂O) = 44[mmH₂O]

$VP = \dfrac{\gamma V^2}{2g}$ 이므로 $V = \sqrt{\dfrac{2g\,VP}{\gamma}}$

$$V = \sqrt{\frac{2g\,VP}{\gamma}} = \sqrt{\frac{2 \times 9.8\text{m/sec}^2 \times 44\text{mmH}_2\text{O}}{1.2\text{kgf/m}^3}} = 26.81[\text{m/sec}]$$

② 덕트 내 공기유량

$$Q = A \times V = 0.038\text{m}^2 \times 26.81\text{m/sec} = 1.02\text{m}^3/\text{sec} \times \frac{60\text{sec}}{\text{min}} = 61.2[\text{m}^3/\text{min}]$$

06 다음은 국소배기장치의 설계순서이다. 번호에 알맞은 내용을 쓰시오. [6점]

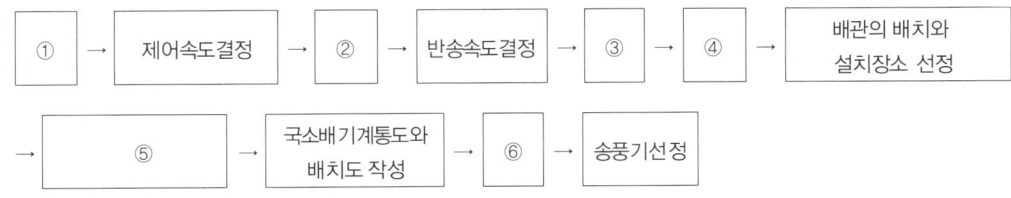

정답 ① 후드형식 선정 ② 소요풍량 계산 ③ 배관내경 산출
④ 후드 크기 결정 ⑤ 공기정화장치 선정 ⑥ 총 압력손실량 계산

07 독성 인체실험 결과 안전흡수량이 체중 kg당 0.06[mg]이었다. 체중이 70[kg]인 근로자가 1일 8시간 작업 시에 이 물질의 체내흡수량을 안전흡수량 이하로 유지하기 위해서는 물질의 공기 중 농도[mg/m³]를 얼마 이하로 규제해야 하는지 계산하시오. (단, 작업 시 폐환기율은 0.98[m³/hr]이고 체내잔류율은 1.0이다.)
[5점]

정답 $SHD = C \times t \times V \times R$

여기서, SHD : 체내흡수량[mg]
t : 노출시간[hr]
R : 체내잔류율
C : 공기 중 유해물질 농도[mg/m³]
V : 폐환기율[m³/hr]

$$C = \frac{SHD}{t \times V \times R} = \frac{0.06 \text{mg/kg} \times 70 \text{kg}}{8 \text{hr} \times 0.98 \text{m}^3/\text{hr} \times 1.0}$$
$= 0.54 [\text{mg/m}^3]$

08 두 개가 직렬 연결된 집진기의 전체효율이 99[%]이고, 두 번째 집진기의 효율이 95[%]일 때 첫 번째 집진기의 효율[%]은? [5점]

정답 $\eta_T = \eta_1 + \eta_2(1-\eta_1)$
$0.99 = \eta_1 + 0.95 \times (1-\eta_1)$
$0.99 - 0.95 = \eta_1 - 0.95\eta_1 = 0.05\eta_1$
$\eta_1 = \frac{0.04}{0.05} \times 100 = 80[\%]$

09 환기시스템을 설치한 작업장에 대해 공기공급시스템이 필요한 이유를 5가지 쓰시오. [5점]

정답 ① 국소배기장치의 원활한 작동
② 국소배기장치의 효율 유지
③ 에너지 절약
④ 작업장 내에 방해기류가 생기는 것을 방지
⑤ 정화되지 않은 외부공기가 작업장 내로 유입되는 것을 방지

10. 전체환기 적용 시 적용조건을 5가지 쓰시오. (단, 국소배기가 불가능한 경우는 제외한다.) [5점]

정답
① 오염물질의 독성이 낮은 경우
② 오염물질의 발생량이 시간에 따라 균일한 경우
③ 한 작업장 내에 오염발생원이 분산되어 있는 경우
④ 오염발생원의 위치가 움직이는 경우
⑤ 발생하는 유해물질의 양이 적은 경우

11. 국소배기설비에서 필요송풍량을 최소화하기 위한 방법 4가지를 쓰시오. [4점]

정답
① 후드는 가능한 한 오염물질 발생원에 가까이 설치한다.
② 제어풍속은 작업조건을 고려하여 적절하게 선정한다.
③ 되도록 공정이나 작업범위를 많이 포위한다.
④ 후드 개구면에서 기류가 균일하게 분포되도록 설계한다.
⑤ 오염물질의 발생특성을 고려하여 설계한다.
⑥ 공정에서 발생하는 오염물질의 절대량을 감소시킨다.

12. 물리적 직경 측정방법을 3가지 쓰고 각각 설명하시오. [6점]

정답
① 마틴 직경
　입자의 면적을 이등분하는 선을 직경으로 사용하는 방법으로, 실제 직경보다 과소평가되는 경향이 많다.
② 페렛 직경
　입자의 끝과 끝을 잇는 직선을 직경으로 사용하는 방법으로, 실제 직경보다 과대평가되는 경향이 많다.
③ 등면적 직경
　입자의 면적과 동일한 가상의 원의 직경을 사용하는 방법으로, 실제 직경과 거의 비슷하여 가장 적절한 방법이다.

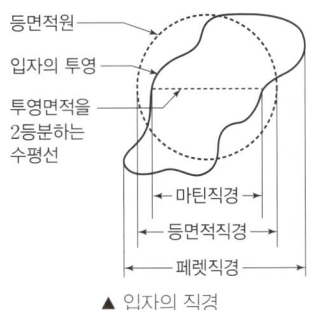

▲ 입자의 직경

13 작업장에서 톨루엔을 시간당 1[kg] 사용한다. 톨루엔의 TLV가 100[ppm]일 때 전체 환기시설을 설치 시 필요환기량[m³/min]을 계산하시오. (단, 톨루엔의 MW=92이고 작업장은 25[℃], 1기압이며 혼합계수=6이다.) [5점]

정답 $Q = \dfrac{24.45 \times s \times G \times 10^6}{M \times \text{TLV}} \times K = \dfrac{24.45 \times G_{kg} \times 10^6}{M \times \text{TLV}} \times K$

여기서, G: 부피발생률[L/hr]　　　　　　　G_{kg}: 질량발생률[kg/hr]

$Q = \dfrac{24.45 \times 1 \times 10^6}{92 \times 100} \times 6 = 15,945.65 \text{m}^3/\text{hr} \times \dfrac{\text{hr}}{60\text{min}} = 265.76 [\text{m}^3/\text{min}]$

14 국소배기장치의 성능 시험 또는 점검 시 필요한 장비를 5가지 쓰시오. [5점]

정답　① 발연관
　　　② 청음기
　　　③ 절연저항계
　　　④ 표면온도계
　　　⑤ 줄자

15 자유공간에 위치한 외부식 원형 후드이고 후드 단면적이 0.5[m²], 제어풍속이 0.5[m/s], 후드와 발생원 사이의 거리가 1[m]일 때 아래의 물음에 답하시오. [5점]

(1) 플랜지가 없을 때 필요환기량[m³/min]
(2) 플랜지가 있을 때 필요환기량[m³/min]

정답　(1) 플랜지가 없을 때 필요환기량
　　　$Q = V_c(10X^2 + A)$
　　　$= 0.5\text{m/s} \times \{10 \times (1\text{m})^2 + 0.5\text{m}^2\} = 5.25 \text{m}^3/\text{sec} \times \dfrac{60\text{sec}}{\text{min}} = 315[\text{m}^3/\text{min}]$

여기서, Q: 유량[m³/s]　　　　　　　　　V_c: 제어속도[m/s]
　　　X: 제어길이[m]　　　　　　　　A: 면적[m²]

(2) 플랜지가 있을 때 필요환기량
　　　$Q = 0.75 V_c(10X^2 + A)$
　　　$= 0.75 \times 315 \text{m}^3/\text{min} = 236.25 [\text{m}^3/\text{min}]$

16 온도 140[℃], 압력 650[mmHg]에서 관 내로 100[m³/min]의 어떤 기체가 흐르고 있다. 만약 온도 0[℃], 압력 1[atm]으로 변화 시 이 기체의 유량[m³/min]을 구하시오. [5점]

정답 $\dfrac{PQ}{T} = \dfrac{P'Q'}{T'}$

여기서, P, P': 초기, 최종압력
Q, Q': 초기, 최종유량
T, T': 초기, 최종온도[K]

$$\dfrac{650 \times 100}{273+140} = \dfrac{760 \times Q'}{273}$$

$$Q' = \dfrac{273 \times 650 \times 100}{413 \times 760} = 56.53 [\text{m}^3/\text{min}]$$

17 분진의 입경이 15[μm]이고, 밀도가 1.3[g/cm³]인 입자의 침강속도[cm/sec]를 구하시오. (단, 공기의 점성계수는 1.78×10^{-4}[g/cm·sec], 공기밀도는 0.0012[g/cm³]이다.) [5점]

정답 $V_g = \dfrac{d_p^2(\rho_p - \rho)g}{18\mu}$

여기서, V_g: 침강속도[cm/sec]
ρ_p: 입자상 물질의 밀도[g/cm³]
g: 중력가속도[cm/sec²]
d_p: 입자상 물질 직경[cm]
ρ: 공기 밀도[g/cm³]
μ: 점성계수[g/cm·sec]

$$V_g = \dfrac{(0.0015\text{cm})^2 \times (1.3-0.0012)\text{g/cm}^3 \times 980\text{cm/sec}^2}{18 \times (1.78 \times 10^{-4}\text{g/cm·sec})}$$
$$= 0.89 [\text{cm/sec}]$$

18 다음 [보기]는 고용노동부 고시 중 사무실 공기관리 지침의 내용이다. (   )에 알맞은 내용을 채우시오. [3점]

| 보기 |
- 공기정화시설을 갖춘 사무실에서 환기횟수는 시간당 (①)회 이상으로 한다.
- 공기의 측정시료는 사무실 안에서 공기질이 가장 나쁠 것으로 예상되는 (②)곳 이상에서 채취한다.
- 일산화탄소(CO)는 연 1회 이상, 업무시작 후 1시간 전후 및 업무 종료 전 1시간 전후에 각각 (③)분간 측정을 실시한다.

정답 ① 4   ② 2   ③ 10

19 작업환경측정 및 정도관리 등에 관한 고시 상 다음 [보기]의 용어 정의를 쓰시오. [6점]

> ┤보기├
> (1) 단위작업장소
> (2) 정확도
> (3) 정밀도

정답 (1) 작업환경측정대상이 되는 작업장 또는 공정에서 정상적인 작업을 수행하는 동일 노출집단의 근로자가 작업을 하는 장소를 말한다.
(2) 분석치가 참값에 얼마나 접근하였는가 하는 수치상의 표현을 말한다.
(3) 일정한 물질에 대해 반복측정·분석을 했을 때 나타나는 자료 분석치의 변동크기가 얼마나 작은가 하는 수치상의 표현을 말한다.

20 입자상 물질이 여과지에 여과되어 채취되는 주요 작용기전 5가지를 쓰시오. [5점]

정답 ① 중력침강
② 관성충돌
③ 확산
④ 직접차단
⑤ 정전기
⑥ 체

2020년 4회 기출문제

01 전체환기의 적용조건 5가지를 쓰시오. [5점]

정답 ① 오염물질의 독성이 낮은 경우
② 오염물질의 발생량이 시간에 따라 균일한 경우
③ 한 작업장 내에 오염발생원이 분산되어 있는 경우
④ 오염발생원의 위치가 움직이는 경우
⑤ 발생하는 유해물질의 양이 적은 경우
⑥ 국소배기장치 설치가 불가능한 경우

02 덕트 내 기류에 작용하는 압력의 종류를 3가지 쓰고, 간단히 설명하시오. [6점]

정답 ① 정압: 덕트 내 모든 방향으로 동일하게 작용하는 압력이다.
② 속도압: 공기의 흐름방향으로 작용하는 압력으로, 단위체적의 유체가 갖고 있는 운동에너지를 의미한다.
③ 전압: 단위유체에 작용하는 정압과 속도압의 합이다.

03 근로자가 벤젠을 취급하던 중 실수로 작업장 바닥에 1.8[L]를 흘렸다. 작업장이 25[℃], 1기압 상태일 때 공기 중으로 증발한 벤젠의 증기용량[L]을 구하시오. (단, 벤젠의 MW=78.11, 비중=0.879이고 바닥의 벤젠은 모두 증발하였다.) [5점]

정답 $G_g = 1.8L \times \dfrac{0.879g}{mL} \times \dfrac{1,000mL}{L} = 1,582.2[g]$

여기서, G_g: 중량사용량[g]

증기용량 $= G_g \times \dfrac{부피}{분자량} = 1,582.2g \times \dfrac{24.45L}{78.11g} = 495.26[L]$

04 분자량이 92.13이고, 방향의 무색액체로 인화·폭발의 위험성이 있으며, 대사산물이 요 중 마뇨산인 물질을 쓰시오. [6점]

정답 톨루엔

05 작업환경측정에서 사용되는 시료채취방법 4가지를 쓰시오. [4점]

정답 ① 액체 채취방법
② 고체 채취방법
③ 여과 채취방법
④ 직접 채취방법

06 원형 덕트에서 30° 곡관의 곡률반경비가 2일 때 압력손실계수는 0.27이고 속도압은 20[mmH₂O]이다. 이 곡관의 압력손실[mmH₂O]을 계산하시오. [6점]

정답 $\Delta P = \zeta \times \text{VP} \times \dfrac{\theta}{90} = 0.27 \times 20 \times \dfrac{30}{90} = 1.8 [\text{mmH}_2\text{O}]$

여기서, ΔP: 곡관의 압력손실[mmH₂O]
VP: 속도압[mmH₂O]
θ: 곡관의 각

07 세정집진장치의 집진원리를 4가지 쓰시오. [4점]

정답 ① 액적과 입자의 충돌
② 액적 기포와 입자의 접촉
③ 배기 증습에 의한 입자의 응집
④ 미립자 확산에 의한 액적과의 접촉

08 공기 중 벤젠의 농도가 0.25[ppm](TLV 0.5[ppm]), 톨루엔의 농도가 25[ppm](TLV 50[ppm]), 크실렌의 농도가 60[ppm](TLV 100[ppm])일 때 허용농도 초과여부를 평가하고, 보정된 허용기준[ppm]을 구하여라. (단, 혼합물은 상가작용을 한다.) [5점]

정답 ① $EI = \dfrac{C_1}{TLV_1} + \dfrac{C_2}{TLV_2} + \cdots + \dfrac{C_n}{TLV_n} = \dfrac{0.25}{0.5} + \dfrac{25}{50} + \dfrac{60}{100} = 1.6$

여기서, EI: 노출지수
C_n: 각 물질의 농도[ppm]
TLV_n: 각 물질의 허용농도[ppm]

노출지수가 1보다 크므로 허용농도를 초과한다.

② 보정된 허용기준 $= \dfrac{C_1 + \cdots + C_n}{\text{노출지수}} = \dfrac{0.25 + 25 + 60}{1.6} = 53.28$[ppm]

09 출력이 1watt인 작은 점음원으로부터 10[m] 떨어진 곳의 음압수준(SPL)[dB]을 구하시오. (단, 음원은 무지향성이며, 자유공간에 위치한다.) [6점]

정답 $SPL = PWL - 20\log r - 11$

$PWL = 10\log\left(\dfrac{1}{10^{-12}}\right) = 120$[dB]

$SPL = 120 - 20\log 10 - 11$
$ = 89$[dB]

관련이론 음력, 음력수준, SPL과 PWL의 관계

• 음력(음향출력)
$W = I \times S$

여기서, W: 음력[W]　　　　I: 음의 세기[W/m^2]　　　　S: 면적[m^2]

• 음력수준(PWL, Sound Power Level)
$PWL = 10\log\dfrac{W}{10^{-12}}$

여기서, PWL: 음력수준[dB]　　　W: 측정음력[W]　　　10^{-12}: 기준음력[W]

• SPL과 PWL의 관계
$PWL = 10\log\dfrac{W}{10^{-12}} = 10\log\dfrac{I \times S}{10^{-12}} = 10\log\dfrac{I}{10^{-12}} + 10\log S = SPL + 10\log S$

여기서, $10\log\dfrac{I}{10^{-12}}$은 원래 음의 세기레벨(SIL)이나, 대개 SPL과 거의 근사하므로 SPL을 사용한다.

10 원심력식 송풍기 중 터보형 송풍기의 장점을 3가지 쓰시오. [3점]

정답 ① 원심력 송풍기 중 효율이 가장 높다.
② 장소의 제약이 없다.
③ 풍압의 변화에 따른 풍량의 변화가 적다.

11 국소배기장치 성능 부족의 주요 원인은 후드의 흡입능력 부족에 있다. 후드의 흡인능력을 떨어트리는(후드 불량) 원인을 3가지 쓰시오. [3점]

정답 ① 송풍관 내부 분진 퇴적으로 인한 압력손실 증가
② 송풍기 송풍량의 부족
③ 외부 기류의 영향으로 인한 후드 개구면 기류제어의 불량

12 지적온도에 영향을 미치는 인자 5가지를 쓰시오. [5점]

정답 ① 연령
② 성별
③ 계절
④ 음식
⑤ 의복

13 작업장 내에서 발생되는 분진을 유리섬유 여과지로 3회 측정하여 얻은 평균값이 27.05[mg]이었다. 시료 포집 전에 실험실에서 여과지를 3회 측정한 결과 22.03[mg]이었다면 이 작업장의 분진농도[mg/m³]는 얼마인지 구하시오. (단, 포집유량 6.5[L/min], 포집시간 90분이다.) [5점]

정답 중량농도 = $\dfrac{\text{시료채취 후 여과지 무게} - \text{시료채취 전 여과지 무게}}{\text{시료공기 채취량}}$

$= \dfrac{(27.05-22.03)\text{mg}}{\dfrac{6.5\text{L}}{\text{min}} \times \dfrac{\text{m}^3}{1,000\text{L}} \times 90\text{min}} = 8.58[\text{mg/m}^3]$

14 다음 그림에서 속도압[mmH₂O]을 구하시오. [6점]

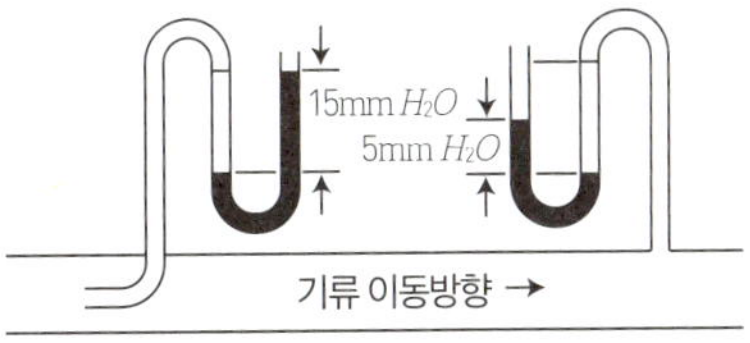

정답 TP(전압)=15[mmH₂O]
SP(정압)=5[mmH₂O]
VP(속도압)=TP-SP=15-5=10[mmH₂O]

관련이론 액주의 해석

- 정압
  정압 액주는 관 벽에 구멍을 뚫어서 설치하며, 위 그림에서 정압으로 인해 액주가 바깥 방향으로 5[mmH₂O]만큼 밀렸으므로 압력의 방향은 정방향(+)이다.
- 전압
  전압 액주는 유체의 흐름방향과 병류로 설치하며, 위 그림에서 전압으로 인해 액주가 바깥 방향으로 15[mmH₂O]만큼 밀렸으므로 압력의 방향은 정방향(+)이다.

15 세로 400[mm], 가로 850[mm], 길이 5[m], 관마찰계수 0.02인 장방형 직관 덕트로 풍량 250[m³/min]이 흐르고 있다. 공기 비중량이 1.2[kgf/m³]일 때, 압력손실[mmH₂O]을 구하시오. [6점]

정답
- 유속 계산

$$V = \frac{Q}{A} = \frac{250 \text{m}^3/\text{min}}{0.4\text{m} \times 0.85\text{m}} = 735.29 \text{m/min} \times \frac{\text{min}}{60 \text{sec}} = 12.25 [\text{m/sec}]$$

여기서, V: 유속[m/min] Q: 유량[m³/min]
A: 단면적[m²]

- 압력손실 계산

$$d_e = \frac{2ab}{a+b} = \frac{2 \times 0.4 \times 0.85}{0.4 + 0.85} = 0.544[\text{m}]$$

여기서, a, b: 장방형 덕트 각 변의 길이

$$\Delta P = \lambda \times \frac{L}{d_e} \times \frac{\gamma V^2}{2g}$$

여기서, ΔP: 압력손실[mmH₂O] λ: 관마찰계수
L: 관의 길이[m] d_e: 상당직경[m]
γ: 유체의 비중량[kgf/m³] g: 중력가속도[m/sec²]

$$\Delta P = 0.02 \times \frac{5}{0.544} \times \frac{1.2 \times 12.25^2}{2 \times 9.8} = 1.69[\text{mmH}_2\text{O}]$$

16 작업장에서 톨루엔(분자량=92.13)과 크실렌(분자량=98.96)을 각각 200[g/hr] 사용하며, 안전계수는 각각 7이다. 이때 총 필요한 환기량[m³/hr]을 구하시오. (단, 25[℃], 1기압이며 톨루엔의 TLV=100[ppm], 크실렌의 TLV=50[ppm]이다.) [6점]

정답 • 톨루엔의 필요환기량 계산

$$Q_1 = \frac{24.45 \times G_g \times 10^3}{M \times \text{TLV}} \times K = \frac{24.45 \times 200 \times 10^3}{92.13 \times 100} \times 7 = 3,715.40 [\text{m}^3/\text{hr}]$$

• 크실렌의 필요환기량 계산

$$Q_2 = \frac{24.45 \times G_g \times 10^3}{M \times \text{TLV}} \times K = \frac{24.45 \times 200 \times 10^3}{98.96 \times 100} \times 7 = 3,458.97 [\text{m}^3/\text{hr}]$$

• 총 환기량 계산

$$Q_T = Q_1 + Q_2 = 3,715.40 + 3,458.97 = 7,174.37 [\text{m}^3/\text{hr}]$$

관련이론
중량사용량의 단위가 [kg]이면 단위변환계수 10^6을 곱하고, [g]이면 10^3을 곱한다.

17 작업환경측정 결과 중 벤젠이 노출기준을 초과하였을 때, 몇 개월 후에 재측정을 하여야 하는가? [5점]

정답 측정일부터 3개월 후

18 원심력 집진장치에서 블로다운(Blow Down) 효과에 대해 쓰시오. [6점]

정답 블로다운 효과는 처리배기량의 5~10[%]를 재유입하여 유효원심력을 증가시켜 선회기류의 흐트러짐을 방지하는 방법으로, 입자의 재비산과 장치의 폐쇄현상을 방지한다.

19 다음 내용에 해당하는 방법을 쓰시오. [4점]

- 보조연료 소모가 적고 VOC의 농도가 비교적 낮을 때 적합하게 사용된다.
- 촉매를 사용하여 불꽃없이 점화온도를 낮추어(보통 200[℃]~400[℃]) 오염가스 중 가연 성분을 처리할 수 있다.

정답 촉매산화법(촉매연소법)

20 국소배기장치 성능시험 점검장비 중 공기 유속 측정기기를 4가지 쓰시오. [4점]

정답 ① 피토관
② 열선풍속계
③ 회전날개형 풍속계
④ 그네날개형 풍속계

2019년 1회 기출문제

01 국소배기장치를 설계할 때 총 압력손실을 계산하는 방법 2가지를 쓰시오. [4점]

정답 ① 정압조절평형법
② 저항조절평형법

02 자유공간에 플랜지가 부착된 외부식 후드가 설치되어 있다. 후드 개구면에서 오염물질 발생원까지의 거리가 30[cm], 제어속도가 1.5[m/sec], 후드의 개구면적이 1.5[m²]일 때 필요송풍량[m³/min]을 구하시오. [5점]

정답 $Q = 0.75V(10X^2 + A) = 0.75 \times 1.5\text{m/sec} \times \{10 \times (0.3\text{m})^2 + 1.5\text{m}^2\}$
$= 2.7\text{m}^3/\text{sec} \times \dfrac{60\text{sec}}{\text{min}} = 162[\text{m}^3/\text{min}]$

여기서, Q : 유량[m³/sec] V : 제어속도[m/sec]
A : 면적[m²] X : 제어길이[m]

03 수동식 시료채취기의 장점을 4가지 쓰시오. [4점]

정답 ① 시료 채취하는 방법이 쉽다.
② 근로자의 작업에 방해되지 않는다.
③ 공기채취펌프가 불필요하다.
④ 다수의 근로자가 착용할 수 있다.

04 작업환경 내에서 94[dB(A)]의 소음이 10분, 91[dB(A)]의 소음이 30분, 85[dB(A)]의 소음이 2시간, 80[dB(A)]의 소음이 3시간 30분 발생하였을 때 소음허용기준 초과 여부를 판정하시오. (단, 소음작업의 기준은 ACGIH기준으로 한다.) [5점]

정답 소음노출지수 $= \dfrac{C_1}{\text{TLV}_1} + \dfrac{C_2}{\text{TLV}_2} + \cdots + \dfrac{C_n}{\text{TLV}_n} = 0 + \dfrac{2}{8} + \dfrac{0.5}{2} + \dfrac{0.17}{1} = 0.67$

여기서, C_n: 각 소음노출기준[hr]
TLV_n: 허용노출시간[hr]

소음노출지수가 1미만이므로 허용기준 미만으로 판정한다.

관련이론 ACGIH의 소음작업기준

발생시간	소음수준[dB]
8시간 이상	85
4시간 이상	88
2시간 이상	91
1시간 이상	94
30분 이상	97
15분 이상	100

05 체적이 3,000[m³]인 작업장에서 Methylenechloride 증기가 시간당 600[g]씩 발생되고 있다. 이때 유효환기량이 56.6[m³/min]이라면 Methylenechloride의 농도가 100[mg/m³]될 때까지 걸리는 시간[min]을 구하시오. (단, $V\dfrac{dc}{dt}=G-Q'C$, V: 작업실 부피, G: 유해물질 생성속도, Q': 유효환기량, C: 어떤 시간 t에서의 유해물질 농도임을 이용한다.) [5점]

정답 문제에서 주어진 식을 t에 대하여 정리하면,

$t = \dfrac{V}{Q'}\left[\ln\dfrac{G-Q'C_2}{G-Q'C_1}\right]$

여기서, G: 유해물질의 발생률[m³/min]
V: 작업장 기적[m³]
C_2: 시간 t_2일 때의 농도[ppm]
Q': 유효환기량[m³/min]
C_1: 시간 t_1일 때의 농도[ppm]

초기농도 $C_1=0$이라면

$t = -\dfrac{V}{Q'}\left[\ln\dfrac{G-Q'C_2}{G}\right]$

$Q'C_2 = 56.6\,\text{m}^3/\text{min} \times 100\,\text{mg/m}^3 \times \dfrac{\text{g}}{1{,}000\,\text{mg}} \times \dfrac{60\,\text{min}}{\text{hr}} = 339.6[\text{g/hr}]$

$t = -\dfrac{V}{Q'}\left[\ln\dfrac{G-Q'C_2}{G}\right] = -\dfrac{3{,}000\,\text{m}^3}{56.6\,\text{m}^3/\text{min}}\left[\ln\dfrac{(600-339.6)\text{g/hr}}{600\,\text{g/hr}}\right] = 44.24[\text{min}]$

06 입자상 물질의 크기를 표시하는 방법 중 물리적 직경을 3가지로 구분하고 각각 설명하시오. [6점]

정답 ① 마틴 직경
입자의 면적을 이등분하는 선을 직경으로 사용하는 방법으로, 실제 직경보다 과소평가되는 경향이 많다.
② 페렛 직경
입자의 끝과 끝을 잇는 직선을 직경으로 사용하는 방법으로, 실제 직경보다 과대평가되는 경향이 많다.
③ 등면적 직경
입자의 면적과 동일한 가상의 원의 직경을 사용하는 방법으로, 실제 직경과 거의 비슷하여 가장 적절한 방법이다.

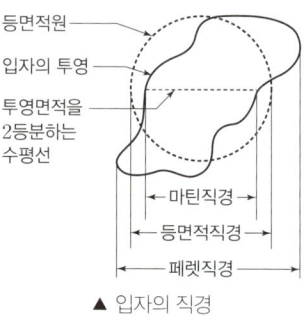

▲ 입자의 직경

07 다음 [표]는 작업환경 분야별 표준상태의 기압, 온도, 부피에 대한 설명이다. (   ) 안에 알맞은 내용을 쓰시오. [6점]

분야	기압[atm]	온도[℃]	부피[L]
일반대기(자연과학)	1	(①)	1[mol]의 부피는 (②)
산업위생	1	(③)	1[mol]의 부피는 (④)
산업환기	1	(⑤)	1[mol]의 부피는 (⑥)

정답 ① 0   ② 22.4   ③ 25   ④ 24.45   ⑤ 21   ⑥ 24.1

08 벤젠이 노출되는 공간에서 근로자 10명이 6개월 동안 근무하였고, 5명이 2년 동안 근무하였을 경우 노출인년(person-years of exposure)을 계산하시오. [5점]

정답 노출인년 $= \left(\text{노출인원} \times \dfrac{\text{노출개월수}}{12월}\right) + \cdots + \left(\text{노출인원} \times \dfrac{\text{노출개월수}}{12월}\right)$

$= \left(10 \times \dfrac{6}{12}\right) + \left(5 \times \dfrac{24}{12}\right)$

$= 15$인년

09 송풍기 회전수가 1,000[rpm]일 때 송풍량은 28.3[m³/min], 송풍기 풍압은 21.6[mmH₂O], 동력은 0.5[HP]였다. 송풍기 회전수를 1,125[rpm]으로 변경할 경우 송풍량[m³/min], 풍압[mmH₂O], 동력[HP]을 구하시오. [6점]

정답 ① 풍량은 회전수에 비례한다.

$$Q_2 = Q_1 \times \left(\frac{N_2}{N_1}\right)$$

여기서, Q_1: 회전수 변경 전 풍량[m³/min] Q_2: 회전수 변경 후 풍량[m³/min]
N_1: 변경 전 회전수[rpm] N_2: 변경 후 회전수[rpm]

$$Q_2 = 28.3 \times \left(\frac{1,125}{1,000}\right) = 31.84 [\text{m}^3/\text{min}]$$

② 풍압은 회전수의 제곱에 비례한다.

$$P_2 = P_1 \times \left(\frac{N_2}{N_1}\right)^2$$

여기서, P_1: 회전수 변경 전 풍압[mmH₂O] P_2: 회전수 변경 후 풍압[mmH₂O]

$$P_2 = 21.6 \times \left(\frac{1,125}{1,000}\right)^2 = 27.34 [\text{mmH}_2\text{O}]$$

③ 동력은 회전수의 세제곱에 비례한다.

$$W_2 = W_1 \times \left(\frac{N_2}{N_1}\right)^3$$

여기서, W_1: 회전수 변경 전 동력[HP] W_2: 회전수 변경 후 동력[HP]

$$W_2 = 0.5 \times \left(\frac{1,125}{1,000}\right)^3 = 0.71 [\text{HP}]$$

10 전체 환기시설을 적용할 수 있는 조건을 5가지 쓰시오. (단, 국소배기가 불가능한 경우는 제외한다.) [5점]

정답 ① 오염물질의 독성이 낮은 경우
② 오염물질의 발생량이 시간에 따라 균일한 경우
③ 한 작업장 내에 오염발생원이 분산되어 있는 경우
④ 오염발생원의 위치가 움직이는 경우
⑤ 발생하는 유해물질의 양이 적은 경우

11 ACGIH의 입자상 물질이 침착하는 부위에 따른 입경별 분류 3가지와 각각의 평균입경[μm]을 기술하시오. [6점]

정답 ① 흡입성 입자상 물질(IPM): 평균입경 100[μm]
② 흉곽성 입자상 물질(TPM): 평균입경 10[μm]
③ 호흡성 입자상 물질(RPM): 평균입경 4[μm]

12 활성탄관을 사용하여 톨루엔을 0.2[L/min]으로 250분간 측정한 후 분석하였더니 앞층에서 3[mg], 뒤층에서 0.1[mg]이 검출되었다. 탈착효율이 98[%]라고 할 때 파과 여부와 공기 중 농도[ppm]를 구하시오. (단, 작업장의 조건은 25[℃], 1기압이다.) [5점]

정답 ① 파과 여부

$$\frac{뒤층\ 검출량}{앞층\ 검출량} = \frac{0.1mg}{3mg} \times 100 = 3.33[\%]$$

뒤층 흡착량이 앞층 흡착량의 10[%] 이내이므로 파과라고 볼 수 없다.

② 공기 중 농도

- 중량농도[mg/m³] = $\frac{(3+0.1)mg}{0.2L/min \times 250min \times 0.98} = 0.06327mg/L \times \frac{1,000L}{m^3} = 63.27[mg/m^3]$

- 부피농도[ppm] = $\frac{24.45 \times 63.27}{92} = 16.81[ppm]$

13 덕트 단면적이 0.038[m²]이고, 덕트 내 정압은 −64.5[mmH₂O], 전압은 −20.5[mmH₂O]이다. 덕트 내의 반송속도[m/sec]와 공기유량[m³/min]을 구하시오. (단, 공기의 비중량은 1.2[kgf/m³]이다.) [5점]

정답 ① 덕트 내 반송속도

VP(속도압) = TP(전압) − SP(정압)
= (−20.5mmH₂O) − (−64.5mmH₂O) = 44[mmH₂O]

$$V = \sqrt{\frac{2g\text{VP}}{\gamma}}$$

여기서, VP: 속도압[mmH₂O]
  V: 유속[m/sec]
  g: 중력가속도(9.8[m/sec²])
  γ: 공기의 비중량(1.2[kgf/m³])

따라서, $V = \sqrt{\frac{2 \times 9.8m/sec^2 \times 44mmH_2O}{1.2kgf/m^3}} = 26.81[m/sec]$

② 덕트 내 공기유량

$Q = AV = 0.038m^2 \times 26.81m/sec = 1.019m^3/sec \times \frac{60sec}{min} = 61.14[m^3/min]$

여기서, Q: 유량[m³/min]
  A: 덕트 단면적[m²]
  V: 덕트 내 반송속도[m/sec]

14 입자상 물질이 여과지에 여과되어 채취되는 주요 작용기전 4가지를 쓰시오. [4점]

정답 ① 중력침강
② 관성충돌
③ 확산
④ 직접차단
⑤ 정전기
⑥ 체

15 표준 공기가 흐르고 있는 덕트의 Reynolds수가 3.8×10^4일 때 덕트 속의 유속[m/sec]은? (단, 덕트 직경은 60[mm], 표준공기의 동점성계수는 1.5×10^{-5}[m²/sec]으로 가정한다.) [5점]

정답 $Re = \dfrac{DV}{\nu}$

여기서, Re: 레이놀즈수 $\qquad$ D: 덕트의 직경[m]
$\quad\quad\;\;\;$ V: 유속[m/sec] $\qquad$ ν: 동점성계수[m²/sec]

따라서, $V = \dfrac{Re \times \nu}{D} = \dfrac{(3.8 \times 10^4) \times (1.5 \times 10^{-5} \text{m}^2/\text{sec})}{0.06\text{m}} = 9.5[\text{m/sec}]$

16 작업장 내 열부하량이 10,000[kcal/hr]이고 작업장 내 온도가 35[℃]였다. 외기의 온도가 20[℃]일 때 필요환기량[m³/hr]을 구하시오. [4점]

정답 $Q = \dfrac{H_s}{0.3 \Delta t} = \dfrac{10,000}{0.3 \times (35-20)} = 2,222.22 [\text{m}^3/\text{hr}]$

여기서, Q: 환기량[m³/hr]
$\quad\quad\;\;\;$ H_s: 작업장 내 열부하[kcal/hr]
$\quad\quad\;\;\;$ Δt: 실내외 온도차[℃]

17 공기의 온도가 35[℃], 압력이 700[mmHg]일 경우 공기밀도[kg/m³]를 구하시오. (단, 0[℃], 1기압에서의 공기밀도는 1.293[kg/m³]이다.) [5점]

정답 밀도보정계수 $= \left(\dfrac{\text{초기온도[K]}}{\text{최종온도[K]}}\right) \times \left(\dfrac{\text{최종압력[mmHg]}}{\text{초기압력[mmHg]}}\right) = \left(\dfrac{273+0}{273+35}\right) \times \left(\dfrac{700}{760}\right) = 0.8164$

보정된 공기밀도 $= 0.8164 \times 1.293 \text{kg/m}^3 = 1.06[\text{kg/m}^3]$

18 산업피로 증상에서 혈액과 소변의 변화를 각각 2가지씩 쓰시오. [6점]

정답 (1) 혈액
$\quad\quad$ ① 혈당치가 낮아진다.
$\quad\quad$ ② 젖산과 탄산량이 증가하여 산혈증이 발생한다.
$\quad$ (2) 소변
$\quad\quad$ ① 소변량이 줄고 진한 갈색을 나타낸다.
$\quad\quad$ ② 단백질 또는 교질물질의 배설량이 증가한다.

19 다음 [그림]은 고열작업장에서 사용하는 레시버식 캐노피 후드이고, 열원의 직경(E)=1.2[m], 후드의 높이(H)=1[m], 열원의 온도=1,800[℃]일 때 다음 [조건]을 이용하여 필요송풍량(Q)[m³/min]을 구하시오. [5점]

| 조건 |

- 필요송풍량 공식

$$Q[\text{m}^3/\text{min}] = \frac{0.57}{\gamma(A\gamma)^{0.33}} \times \Delta t^{0.45} \times Z^{1.5}$$

- 온도차(Δt) 계산식

$H/E \leq 0.7$	$H/E > 0.7$
$\Delta t = t_m - 20$	$\Delta t = (t_m - 20)\left[\dfrac{2E+H}{2.7E}\right]^{-1.7}$

- 가상고도(Z) 계산식

$H/E \leq 0.7$	$H/E > 0.7$
$Z = 2E$	$Z = 0.74(2E+H)$

- 열원의 종횡비(γ) = 1

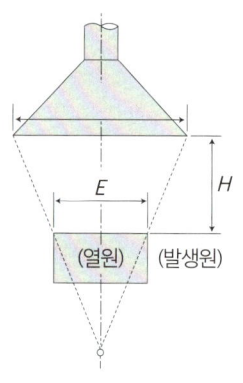

정답 $\dfrac{H}{E} = \dfrac{1}{1.2} = 0.83 > 0.7$이므로 $H/E > 0.7$일 때의 공식을 사용한다.

- 열원의 면적 계산
$$A = \frac{\pi}{4}E^2 = \frac{\pi}{4} \times 1.2^2 = 1.13[\text{m}^2]$$

- 온도차 계산
$$\Delta t = (t_m - 20)\left[\frac{2E+H}{2.7E}\right]^{-1.7} = (1,800-20) \times \left[\frac{2 \times 1.2 + 1}{2.7 \times 1.2}\right]^{-1.7} = 1,639.96[℃]$$

- 가상고도 계산
$$Z = 0.74(2E+H) = 0.74 \times (2 \times 1.2 + 1) = 2.52$$

- 필요송풍량 계산
$$Q = \frac{0.57}{\gamma(A\gamma)^{0.33}} \times \Delta t^{0.45} \times Z^{1.5} = \frac{0.57}{1.13^{0.33}} \times (1,639.96)^{0.45} \times 2.52^{1.5} = 61.25[\text{m}^3/\text{min}]$$

20 염소가스(Cl_2)나 이산화질소(NO_2) 같이 흡수제에 쉽게 흡수되지 않는 물질의 시료채취에 사용되는 시료채취매체를 쓰고, 그 매체를 사용하는 이유를 쓰시오. [4점]

정답 ① 시료채취매체: 고체흡착관
② 이유: 염소가스는 극성 흡착제로, 이산화질소는 비극성 흡착제로 채취가 가능하기 때문이다.

2019년 2회 기출문제

01 흡입구 정압이 −70[mmH$_2$O]이고, 배출구 내의 정압은 20[mmH$_2$O]이다. 반송속도가 13.5[m/sec]이고, 온도 21[℃], 비중량 1.21[kgf/m^3]일 경우 송풍기 정압[mmH$_2$O]은? [6점]

정답
- 흡입구 동압(VP$_{in}$) 계산

$$VP_{in} = \frac{\gamma V^2}{2g} = \frac{1.21\text{kgf/m}^3 \times (13.5\text{m/sec})^2}{2 \times 9.8\text{m/sec}^2} = 11.25[\text{mmH}_2\text{O}]$$

- 송풍기 정압(FSP) 계산

$$FSP = (SP_{out} - SP_{in}) - VP_{in}$$

여기서, SP$_{in}$, SP$_{out}$: 흡입구 측, 토출구 측 정압
VP$_{in}$: 흡입구 측 속도압

$$FSP = 20\text{mmH}_2\text{O} - (-70\text{mmH}_2\text{O}) - 11.25\text{mmH}_2\text{O} = 78.75[\text{mmH}_2\text{O}]$$

02 전체 환기시설을 적용할 수 있는 조건을 5가지 쓰시오. [5점]

정답
① 오염물질의 독성이 낮은 경우
② 오염물질의 발생량이 시간에 따라 균일한 경우
③ 한 작업장 내에 오염발생원이 분산되어 있는 경우
④ 오염발생원의 위치가 움직이는 경우
⑤ 발생하는 유해물질의 양이 적은 경우
⑥ 국소배기장치 설치가 불가능한 경우

03 귀마개와 비교한 귀덮개의 장점을 4가지 쓰시오. [4점]

정답
① 사람에 따라 차음효과의 차이가 적다.
② 귀에 질환이 있어도 착용 가능하다.
③ 차음효과가 좋다.
④ 착용 여부를 쉽게 확인할 수 있다.

04 아래 그림은 독성물질(독물) A와 B에 대한 독성실험 결과를 나타낸 것이다. TD는 Toxic Dose의 약자로 실험동물이 죽지는 않지만 조직손상이나 종양과 같은 심각한 독성이 나타나는 양을 말한다. 그림을 보고 독물 A와 B에 대한 독성에 대해 TD_{10}, TD_{50}을 기준으로 비교 평가하시오. [5점]

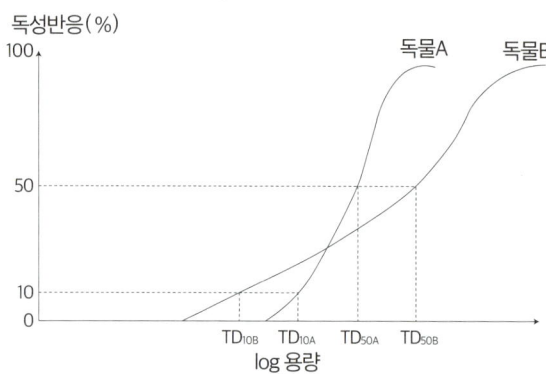

정답 독물 A가 독물 B보다 독성반응이 급격하게 일어났다. 또한, TD_{10}으로 비교하면 독물 B의 특성이 독물 A보다 크고, TD_{50}으로 비교하면 독물 A의 특성이 독물 B보다 크다.

05 작업장에서 에틸벤젠(TLV: 100[ppm])을 1일 10시간 동안 사용한다. 이때 보정된 허용농도[ppm]를 구하시오. (단, Brief-Scala식을 적용한다.) [6점]

정답 $RF = \dfrac{8}{H} \times \dfrac{24-H}{16} = \dfrac{8}{10} \times \dfrac{24-10}{16} = 0.7$

여기서, RF : 보정계수
　　　　H : 작업시간[노출시간/일]

보정된 노출기준 $= RF \times TLV = 0.7 \times 100\text{ppm} = 70[\text{ppm}]$

06 후드 입구 규격은 30[cm]×40[cm]이고 발생원까지의 거리가 40[cm]이며, 제어속도가 1[m/sec]일 경우 다음을 구하시오. (단, 플랜지 부착 후드이고, 후드 위치는 작업대 위이다.) [6점]

> (1) 필요송풍량[m³/min]
> (2) 플랜지 폭[cm]

정답 (1) $Q = 0.5V_c(10X^2 + A)$
$= 0.5 \times 1\text{m/sec} \times \{10 \times (0.4\text{m})^2 + 0.12\text{m}^2\}$
$= 0.86\text{m}^3/\text{sec} \times \dfrac{60\text{sec}}{\text{min}} = 51.6[\text{m}^3/\text{min}]$

여기서, Q: 유량[m³/min] V_c: 제어속도[m/sec]
A: 면적[m²] X: 제어길이[m]

(2) $W = \sqrt{A} = \sqrt{30 \times 40} = 34.64[\text{cm}]$

여기서, W: 플랜지 폭[cm] A: 면적[cm²]

07 국소배기장치 덕트에서의 정압, 속도압을 측정하는 장비 3가지를 쓰시오. [3점]

정답 ① 피토관
② U자 마노미터
③ 아네로이드 게이지

08 다음 [보기]의 용어의 정의를 쓰시오. [3점]

> | 보기 |
> ① 플랜지
> ② 테이퍼
> ③ 슬롯

정답 ① 후드 개구면 주변에 부착하는 판으로, 후드 뒤쪽의 공기흡입을 방지
② 후드 개구면 속도를 균일하게 분포시키는 장치
③ 높이와 길이의 비가 0.2 이하인 세로가 좁고 가로가 긴 형태의 후드

09 실내체적이 3,000[m³]인 영화관에 ACH가 10일 때 필요환기량[m³/min]을 구하시오. [6점]

정답 시간당 공기교환횟수(ACH) = $\dfrac{필요환기량}{실내체적}$

$10회/hr = \dfrac{필요환기량}{3,000m^3}$

필요환기량 = $3,000m^3 \times 10회/hr$

$= 30,000m^3/hr \times \dfrac{1hr}{60min} = 500[m^3/min]$

10 장변이 750[mm], 단변이 300[mm]인 장방형 덕트 직관 내를 풍량 260[m³/min]의 표준공기가 흐를 때 길이 10[m]당 압력손실[mmH₂O]을 구하시오. (단, 마찰계수(λ)는 0.021, 표준공기(21[℃])에서 비중량(γ)은 1.2[kgf/cm³], 중력가속도는 9.8[m/sec²]이다.) [6점]

정답 • 유속 계산

$V = \dfrac{Q}{A} = \dfrac{260m^3/min}{0.75m \times 0.30m} = 1,155.56m/min \times \dfrac{min}{60sec} = 19.26[m/sec]$

여기서, Q: 유량[m³/min]
A: 덕트 단면적[m²]
V: 덕트 내 반송속도[m/min]

• 압력손실 계산

$\Delta P = \lambda \times \dfrac{l}{d_e} \times \dfrac{\gamma V^2}{2g}$

여기서, ΔP: 압력손실[mmH₂O]
λ: 관마찰계수(달시마찰계수)
l: 관의 길이[m]
d_e: 덕트의 상당직경$\left(\dfrac{2ab}{a+b}\right)$[m]
V: 덕트 내 반송속도[m/sec]
γ: 공기의 비중량[kgf/m³]

$\Delta P = 0.021 \times \dfrac{10m}{\dfrac{2 \times 0.75m \times 0.30m}{0.75m + 0.30m}} \times \dfrac{1.2kgf/m^3 \times (19.26m/sec)^2}{2 \times 9.8m/sec^2} = 11.13[mmH_2O]$

11 정상 청력을 가진 사람의 가청주파수[Hz] 영역을 쓰시오. [4점]

정답 20~20,000[Hz]

12 유해물질 독성을 결정하는 인자 5가지를 쓰시오. [5점]

> **정답** ① 노출 시간
> ② 기상조건
> ③ 작업강도
> ④ 개인의 감수성
> ⑤ 공기 중 노출 농도

13 고농도 분진작업에 대한 작업환경 관리대책을 4가지 쓰시오. [4점]

> **정답** ① 작업장소 밀폐
> ② 국소배기 및 전체환기
> ③ 작업공정 습식화
> ④ 개인보호구 지급, 착용

14 사업장에서 측정한 공기 중 분진의 공기역학적 직경은 평균 5[μm]이다. 이 분진을 흡입성 분진 채취기로 채취할 경우 [보기]의 공식을 참고하여 분진 입경별 채취효율[%]을 계산하시오. [6점]

| 보기 |

$$채취효율[\text{SI}(d)] = 50\% \times (1 + e^{-0.06d})$$

> **정답** 5[μm] 입경의 채취효율 $= 50\% \times (1 + e^{-0.06 \times 5}) = 87.04[\%]$

15 덕트 직경이 10[cm], 공기유속이 5[m/sec]일 때 20[℃]에서의 Reynolds수를 계산하고 유체 흐름의 종류를 판단하시오. (단, 20[℃]에서 공기의 동점성계수는 1.2×10^{-5}[m²/sec]이고 공기밀도는 1.2[kg/m³]이다.) [4점]

정답 ① $Re = \dfrac{DV}{\nu}$

$= \dfrac{0.1\text{m} \times 5\text{m/sec}}{1.2 \times 10^{-5} \text{m}^2/\text{sec}} = 41,666.67$

② 레이놀즈수가 4,000 이상이므로 난류이다.

16 가스 및 증기의 흡착에 사용하는 활성탄과 실리카겔의 사용 용도와 시료채취 시 주의할 점 2가지를 쓰시오. [4점]

정답 ① 용도: 활성탄은 비극성물질 채취에, 실리카겔은 극성물질 채취에 사용한다.
② 주의할 점
 ㉠ 파과에 주의한다.
 ㉡ 시료채취 시 온도, 습도, 채취속도 등과 같은 영향인자에 주의한다.

17 유입손실계수가 0.65이고 원형 후드 직경이 20[cm]이며, 유량이 40[m³/min]인 경우 후드 정압[mmH₂O]을 구하시오. (단, 21[℃], 1[atm] 기준이다.) [6점]

정답 • 속도압 계산

$V = \dfrac{Q}{A} = \dfrac{40\text{m}^3/\text{min}}{\dfrac{\pi}{4} \times (0.2\text{m})^2} = 1,273.2395\text{m/min} \times \dfrac{\text{min}}{60\text{sec}} = 21.2207[\text{m/sec}]$

여기서, V: 유속[m/min] Q: 유량[m³/min] A: 단면적[m²]

$V = 4.043\sqrt{\text{VP}} \longrightarrow \text{VP} = \left(\dfrac{V}{4.043}\right)^2 = \left(\dfrac{21.2207}{4.043}\right)^2 = 27.5494[\text{mmH}_2\text{O}]$

• 후드정압 계산
$\text{SP}_h = \text{VP}(1 + F_h)$

여기서, SP_h: 후드정압[mmH₂O] VP: 속도압[mmH₂O] F_h: 유입손실계수

$\text{SP}_h = 27.5494 \times (1 + 0.65) = 45.46[\text{mmH}_2\text{O}]$
∴ $\text{SP}_h = -45.46[\text{mmH}_2\text{O}]$

18 Lippmann 공식을 이용하여 입경이 0.001[cm]이고 밀도가 1.3[g/cm³]인 입자상 물질의 침강속도[cm/sec]를 계산하면 얼마인지 구하시오. [6점]

정답 $V_g = 0.003 \times s_g \times d^2$

여기서, V_g: 입자의 침강속도[cm/sec]
s_g: 입자 비중(밀도)
d: 입자 직경[μm]

$d = 0.001 \text{cm} \times \dfrac{10^4 \mu\text{m}}{\text{cm}} = 10[\mu\text{m}]$

$V_g = 0.003 \times 1.3 \times 10^2 = 0.039[\text{cm/sec}]$

19 아세톤(비중: 2.0) 3,000[ppm]이 공기 중에 존재할 경우 공기와 아세톤 혼합공기의 유효비중을 계산하시오. (단, 소수점 셋째 자리까지 구하시오.) [6점]

정답 유효비중 = 아세톤의 부피분율 × 아세톤의 비중 + 공기의 부피분율 × 공기의 비중

$= \dfrac{3{,}000 \text{ppm}}{1{,}000{,}000} \times 2.0 + \dfrac{(1{,}000{,}000 - 3{,}000)\text{ppm}}{1{,}000{,}000} \times 1.0 = 1.003$

20 실내 체적이 3,000[m³]인 공간에 500명이 있다. 1인당 CO_2 배출량은 흡연을 고려하여 21[L/hr]일 때 시간당 공기교환횟수[회/hr]를 구하시오. (단, 실내 CO_2 허용기준은 0.1[%]이고 외기의 CO_2 농도는 0.03[%]이다.) [5점]

정답
- 필요환기량 계산

$Q = \dfrac{M}{C_i - C_o} \times 100$

여기서, Q: 필요환기량[m³/hr] M: CO_2 발생량[m³/hr]
C_i: 실내허용기준[%] C_o: 외기 농도[%]

$M = \dfrac{21\text{L}}{\text{인} \cdot \text{hr}} \times 500\text{인} \times \dfrac{\text{m}^3}{1{,}000\text{L}} = 10.5[\text{m}^3/\text{hr}]$

$Q = \dfrac{10.5 \text{m}^3/\text{hr}}{(0.1 - 0.03)\%} \times 100 = 15{,}000[\text{m}^3/\text{hr}]$

- 시간당 공기교환횟수(ACH) 계산

$\text{ACH} = \dfrac{Q}{V} = \dfrac{15{,}000 \text{m}^3/\text{hr}}{3{,}000 \text{m}^3} = 5[\text{회/hr}]$

2019년 3회 기출문제

01 송풍기 풍량이 200[m³/min], 송풍기 전압이 100[mmH₂O]일 때 소요동력 5[kW] 이하를 유지하기 위해 필요한 최소 송풍기 효율[%]은 얼마인지 구하시오. [5점]

정답 송풍기 소요동력[kW] $=\dfrac{Q \times \Delta P}{6{,}120 \times \eta} \times \alpha$

여기서, Q: 송풍량[m³/min]
η: 효율
ΔP: 송풍기 유효정압(또는 전압)[mmH₂O]
α: 여유율

$$\eta = \dfrac{Q \times \Delta P}{6{,}120 \times \text{송풍기 소요동력[kW]}} \times \alpha$$

$$= \dfrac{200 \times 100}{6{,}120 \times 5} \times 1 = 0.6536 = 65.36[\%]$$

02 환기시스템에서 속도압이 30[mmH₂O], 후드의 압력손실이 3.24[mmH₂O]일 때 후드의 유입계수를 계산하시오. [4점]

정답
- 유입손실계수 계산

$\Delta P = F_h \times \mathrm{VP}$

여기서, ΔP: 압력손실[mmH₂O]
F_h: 유입손실계수
VP: 속도압[mmH₂O]

$3.24 \text{mmH}_2\text{O} = F_h \times 30 \text{mmH}_2\text{O}$
$F_h = 0.108$

- 유입계수 계산

$F_h = \dfrac{1}{C_e^2} - 1$

여기서, C_e: 유입계수

$C_e = \sqrt{\dfrac{1}{1 + F_h}} = \sqrt{\dfrac{1}{1 + 0.108}} = 0.95$

03

다음 [보기]의 후드를 경제적으로 우수한 순서대로 나열하시오. [4점]

> ─┤ 보기 ├─
> ㉠ 포위식 후드
> ㉡ 플랜지가 부착된 작업면에 고정된 외부식 후드
> ㉢ 플랜지가 없는 자유공간에 있는 외부식 후드
> ㉣ 플랜지가 부착된 자유공간에 있는 외부식 후드

정답 ㉠ > ㉡ > ㉣ > ㉢

04

국소배기장치의 후드 선택지침을 4가지 쓰시오. [4점]

정답
① 작업에 방해되지 않도록 설치하여야 한다.
② 작업자의 호흡영역을 보호할 수 있어야 한다.
③ 필요환기량을 최소화하여야 한다.
④ ACGIH 및 OSHA의 설계기준을 준수하여야 한다.

05

21[℃], 1[atm]에서 공기의 밀도가 1.2[kg/m³]이다. 작업조건이 15[℃], 750[mmHg]로 되었을 때 공기밀도[kg/m³]를 구하시오. [5점]

정답 밀도보정계수 $= \left(\dfrac{\text{초기온도[K]}}{\text{최종온도[K]}}\right) \times \left(\dfrac{\text{최종압력[mmHg]}}{\text{초기압력[mmHg]}}\right) = \left(\dfrac{273+21}{273+15}\right) \times \left(\dfrac{750}{760}\right) = 1.0074$

보정된 공기밀도 $= 1.0074 \times 1.20 \text{kg/m}^3 = 1.21 [\text{kg/m}^3]$

06 21[℃], 1기압인 작업장에서 어떠한 오염물질이 1시간에 2[L]씩 증발되면서 공기를 오염시키고 있다. 이 오염물질의 분자량이 58.11, 비중이 0.792, TLV가 750[ppm]일 경우 이 작업장을 전체환기하기 위한 필요환기량[m³/min]을 구하시오. (단, 안전계수는 6으로 한다.) [5점]

정답 $Q = \dfrac{24.1 \times s \times G \times 10^6}{M \times \text{TLV}} \times K$

여기서, Q: 작업시간 1시간당 필요환기량[m³/hr] s: 비중
G: 유해물질의 시간당 사용량[L/hr] K: 안전계수
M: 분자량[g] TLV: 유해물질의 노출기준[ppm]

$Q = \dfrac{24.1 \times 0.792 \times 2\text{L/hr} \times 10^6}{58.11 \times 750} \times 6 = 5,255.47 \text{m}^3/\text{hr} \times \dfrac{\text{hr}}{60\text{min}} = 87.59 [\text{m}^3/\text{min}]$

---

07 분진의 공기역학적 직경의 정의에 대해 쓰시오. [5점]

정답 대상 분진과 침강속도가 같고 밀도가 1[g/cm³]이며, 구형인 분진의 직경으로 환산된 직경이다.

---

08 합류관에서는 합류관의 각도에 따라 유입손실이 발생한다. 합류관의 각도를 90°에서 30°로 바꿀 경우 합류관에서 발생하는 압력손실[mmH₂O]이 얼마나 감소하는지 계산하시오. (단, 속도압은 모두 20[mmH₂O]로 계산한다.) [4점]

합류관 각도	15°	30°	45°	90°
압력손실계수	0.09	0.18	0.28	1.00

정답 • 90°일 경우 압력손실
$\Delta P = \zeta \times \text{VP}$

여기서, ΔP: 압력손실[mmH₂O]
ζ: 압력손실계수
VP: 속도압[mmH₂O]

$\Delta P_1 = \zeta_1 \times \text{VP} = 1.0 \times 20 = 20 [\text{mmH}_2\text{O}]$

• 30°일 경우 압력손실
$\Delta P_2 = \zeta_2 \times \text{VP} = 0.18 \times 20 = 3.6 [\text{mmH}_2\text{O}]$

• 압력손실 감소량
$\Delta P = \Delta P_1 - \Delta P_2 = 20 - 3.6 = 16.4 [\text{mmH}_2\text{O}]$

09 ACGIH의 TLV(허용기준) 적용 시 주의사항 6가지를 쓰시오. [6점]

정답
① 대기오염 평가 및 관리에 사용할 수 없다.
② 안전농도와 위험농도를 정확히 구분하는 경계선이 아니다.
③ 독성의 강도를 비교할 수 있는 지표가 아니다.
④ 기존의 질병이나 신체적 조건을 판단하기 위한 척도로 사용할 수 없다.
⑤ 반드시 산업위생전문가에 의하여 적용되어야 한다.
⑥ 사업장의 유해조건을 평가하고 작업자의 건강장해를 예방하기 위한 지침이다.
⑦ 24시간 노출이나 정상 작업시간을 초과한 노출에 대한 독성 평가에는 적용할 수 없다.
⑧ 피부로 흡수되는 양은 고려하지 않은 기준이다.
⑨ 작업조건이 다른 나라에서는 ACGIH-TLV를 그대로 적용할 수 없다.

10 송풍기의 회전수가 400[rpm]일 때 송풍량이 240[m³/min], 풍압이 60[mmH₂O], 소요동력이 5.5[HP]인 경우, 회전수가 500[rpm]으로 증가 시 송풍량[m³/min], 풍압[mmH₂O], 소요동력[HP]의 변화를 계산하시오. [6점]

정답 ① 풍량은 회전수에 비례한다.

$$Q_2 = Q_1 \times \left(\frac{N_2}{N_1}\right)$$

여기서, Q_1: 회전수 변경 전 풍량[m³/min]
Q_2: 회전수 변경 후 풍량[m³/min]
N_1: 변경 전 회전수[rpm]
N_2: 변경 후 회전수[rpm]

$$Q_2 = 240 \times \left(\frac{500}{400}\right) = 300 [\text{m}^3/\text{min}]$$

② 풍압은 회전수의 제곱에 비례한다.

$$P_2 = P_1 \times \left(\frac{N_2}{N_1}\right)^2$$

여기서, P_1: 회전수 변경 전 풍압[mmH₂O]
P_2: 회전수 변경 후 풍압[mmH₂O]

$$P_2 = 60 \times \left(\frac{500}{400}\right)^2 = 93.75 [\text{mmH}_2\text{O}]$$

③ 동력은 회전수의 세제곱에 비례한다.

$$W_2 = W_1 \times \left(\frac{N_2}{N_1}\right)^3$$

여기서, W_1: 회전수 변경 전 동력[HP]
W_2: 회전수 변경 후 동력[HP]

$$W_2 = 5.5 \times \left(\frac{500}{400}\right)^3 = 10.74 [\text{HP}]$$

11 누적소음노출량계로 210분 동안 측정한 소음노출량이 40[%]였다. 이때 측정시간 동안의 소음평균치 [dB]를 구하시오. [5점]

정답 $TWA = 90 + 16.61 \log \dfrac{D}{12.5 \times t} = 90 + 16.61 \log \dfrac{40\%}{12.5 \times 3.5\text{hr}} = 89.35[\text{dB}]$

여기서, TWA: 8시간 평균치[dB]
D: 소음노출량계로 측정한 노출량[%]
t: 측정시간[hr]

12 여과지로 납을 포집하여 분석한 결과, 시료 여과지에서 22[μg], 공시료 여과지에서 3[μg]이 검출되었다. 08시부터 12시까지 2[L/min]의 속도로 채취하였을 때 공기 중 납의 농도[μg/m³]를 구하시오. (단, 회수율은 98[%]이다.) [5점]

정답 중량농도 = $\dfrac{\text{시료채취 후 여과지 무게} - \text{시료채취 전 여과지 무게(공시료분석량)}}{\text{시료공기 채취량} \times \text{회수율}}$

$\mu g/m^3 = \dfrac{(22-3)\mu g}{2L/\min \times 240\min \times 0.98} = 0.0404 \mu g/L \times \dfrac{1,000L}{m^3} = 40.4[\mu g/m^3]$

13 산업위생통계에서 사용하는 계통오차와 우발오차에 대해 각각 설명하시오. [5점]

정답 ① 계통오차는 참값과 측정치 간 일정한 차이가 있으며 오차의 크기와 부호의 추정 및 보정이 가능하다.
② 우발오차는 참값의 변이가 불규칙한 경우로, 오차의 원인 규명 및 그에 따른 보정이 어렵다.

14 산업안전보건법상 용어의 정의에서 다음 [보기]에 들어갈 알맞은 내용을 기입하시오. [5점]

> **보기**
> "적정공기"란 산소농도의 범위가 (①)[%] 이상 (②)[%] 미만, 이산화탄소의 농도가 (③) [%] 미만, 일산화탄소의 농도가 (④)[ppm] 미만, 황화수소의 농도가 (⑤)[ppm] 미만인 수준의 공기를 말한다.

정답 ① 18
② 23.5
③ 1.5
④ 30
⑤ 10

15 분진을 포집하기 위한 여과필터 1매의 중량을 측정하였더니 10.04[mg]이었다. 분당 40[L]씩 30분 동안 분진을 포집한 후 여과지의 중량을 측정한 결과 16.04[mg]일 때 공기 중 분진의 농도[mg/m³]는 얼마인지 구하시오. [5점]

정답 중량농도 = $\dfrac{\text{시료채취 후 여과지 무게} - \text{시료채취 전 여과지 무게}}{\text{시료공기 채취량}}$

$= \dfrac{(16.04-10.04)\text{mg}}{40\text{L/min} \times 30\text{min}} = 5 \times 10^{-3}\text{mg/L} \times \dfrac{1,000\text{L}}{\text{m}^3} = 5[\text{mg/m}^3]$

16 작업장에 동력이 2[HP]인 기계가 30대, 시간당 200[kcal]의 열량을 발산하는 작업자가 20명, 30[kW] 용량의 전등이 1대 있다. 작업장의 실내 온도가 32[℃]이고 외부 온도가 27[℃]일 때 실내 온도를 외부 온도까지 낮추기 위하여 필요한 환기량[m³/min]을 구하시오. (단, 1[HP]=730[kcal/hr], 1[kW]=860[kcal/hr]이고, 정압비열은 0.24[kcal/kg·℃], 공기의 밀도는 1.203[kg/m³]이다.) [5점]

정답
- 총 발열량 합(H_s)
  = (2HP × 730kcal/hr × 30대) + (200kcal/hr × 20명) + (30kW × 860kcal/hr × 1대) = 73,600[kcal/hr]
- 발열 시 필요환기량

$Q = \dfrac{H_s}{C_p \times \Delta t} = \dfrac{73,600\text{kcal/hr}}{(0.24\text{kcal/kg}\cdot\text{℃} \times 1.203\text{kg/m}^3) \times (32-27)\text{℃}}$

$= 50,983.65\text{m}^3/\text{hr} \times \dfrac{\text{hr}}{60\text{min}}$

$= 849.73[\text{m}^3/\text{min}]$

17 국소배기장치의 보충용 공기의 정의에 대해 쓰시오. [5점]

정답 보충용 공기는 환기장치를 통해 배출되는 공기의 양만큼 외부로부터 보충되는 공기이다.

18 표준공기가 흐르고 있는 덕트의 Reynolds수가 3.8×10^4일 때 덕트 속의 유속[m/sec]은? (단, 덕트 직경은 60[mm], 표준공기의 동점성계수는 1.5×10^{-5}[m²/sec]이다.) [5점]

정답 $Re = \dfrac{DV}{\nu}$

따라서, $V = \dfrac{Re \times \nu}{D} = \dfrac{(3.8 \times 10^4) \times (1.5 \times 10^{-5} \text{m}^2/\text{sec})}{0.06\text{m}} = 9.50[\text{m/sec}]$

19 용적이 2,500[m³]인 작업장에서 메틸클로로포름 증기가 0.03[m³/min]으로 발생하고, 이때 유효환기량은 50[m³/min]이다. 작업장의 초기농도가 0인 상태에서 200[ppm]까지 도달하는 데 걸리는 시간[min] 및 1시간 후의 농도[ppm]를 구하시오. [6점]

정답 ① 200[ppm]까지 도달하는 데 걸리는 시간

초기농도 $C_1 = 0$일 때 최종농도 C_2까지 도달하는 데 걸리는 시간 t[min]는 다음과 같다.

$t = -\dfrac{V}{Q'}\left[\ln\dfrac{G - Q'C_2}{G}\right] = -\dfrac{2,500}{50}\ln\left(\dfrac{0.03 - (50 \times 200 \times 10^{-6})}{0.03}\right) = 20.27[\text{min}]$

여기서, V: 작업실 부피[m³] G: 유해물질 생성속도[m³/min]
Q': 유효환기량[m³/min] C_2: 시간 t에서의 유해물질 농도[m³/m³]

② 1시간 후의 농도

$t = 60$[min]일 때의 C_2를 구한다.

$t = -\dfrac{V}{Q'}\left[\ln\dfrac{G - Q'C_2}{G}\right]$

$60 = -\dfrac{2,500}{50}\left[\ln\dfrac{0.03 - (50 \times C_2)}{0.03}\right]$

$0.03 \times e^{-1.2} = 0.03 - 50 \times C_2$

$C_2 = 4.1928 \times 10^{-4}[\text{m}^3/\text{m}^3] = 419.28[\text{ppm}]$

20 40[℃], 800[mmHg]에서 $C_5H_8O_2$의 부피가 853[L]이고 질량이 65[mg]일 때 21[℃], 1기압에서의 농도 [ppm]는 얼마인가? (단, $C_5H_8O_2$는 압축성 기체이다.) [5점]

정답 • 중량농도 계산

$$\frac{VP}{T} = \frac{V'P'}{T'}$$

여기서, V : 초기부피 V' : 최종부피
P : 초기압력 P' : 최종압력
T : 초기온도 T' : 최종온도

21[℃], 1기압에서의 부피를 구하면

$$\frac{853 \times 800}{273+40} = \frac{V' \times 760}{273+21}$$

$V' = 843.3899[L]$

$$mg/m^3 = \frac{65mg}{843.3899L \times \frac{m^3}{1,000L}} = 77.0699[mg/m^3]$$

• $[mg/m^3] \rightarrow [ppm]$ 변환

$$ppm = mg/m^3 \times \frac{24.1(21[℃], 1기압)}{분자량}$$

$$= 77.0699 \times \frac{24.1}{(5 \times 12)+(1 \times 8)+(2 \times 16)} = 18.57[ppm]$$

2018년 1회 기출문제

01 폭발방지 건조작업공정이 있다. 이 공정의 온도는 130[℃]이고, 건조 시 크실렌이 시간당 3[L]가 증발한다. 폭발방지를 위한 실제환기량[m³/min]은? (단, 크실렌의 LEL=1[%], 비중=0.88, 분자량=106, 안전계수=10이고 작업장의 작업조건은 21[℃], 1기압이다.) [6점]

정답 • 화재 및 폭발방지를 위한 환기량

$$Q = \frac{24.1 \times s \times G \times 100}{M \times \text{LEL} \times B} \times K$$

여기서, Q: 화재 및 폭발방지를 위한 필요환기량[m³/hr]　　s: 비중
　　　　G: 시간당 사용량[L/hr]　　K: 안전계수
　　　　M: 분자량[g]　　LEL: 폭발하한계[%]
　　　　B: 상수(120[℃]까지 1, 초과 시 0.7)

$$Q = \frac{24.1 \times 0.88 \times 3\text{L/hr} \times 100}{106 \times 1.0\% \times 0.7} \times 10 = 857.47 \text{m}^3/\text{hr} \times \frac{\text{hr}}{60\text{min}} = 14.29[\text{m}^3/\text{min}]$$

• 온도 보정

$$Q' = 14.29 \times \frac{273+130}{273+21} = 19.59[\text{m}^3/\text{min}]$$

02 절단기를 사용하는 작업장의 소음수준이 100[dB(A)]이고, 작업자는 귀덮개(NRR=19)를 착용하였을 때 차음효과와 작업자가 노출되는 소음의 음압수준을 미국 OSHA의 계산법으로 구하시오. [6점]

정답 ① 차음효과=(NRR−7)×0.5=(19−7)×0.5=6[dB(A)]
　　　② 음압수준=소음수준−차음효과=100−6=94[dB(A)]

03 다음 [보기]의 작업에서 체크리스트를 이용하여 위험요인을 평가하는 도구의 명칭을 쓰시오. [3점]

보기
주로 상지작업, 특히 손과 손목을 중심으로 이루어지는 세탁작업, 전자부품 조립작업 등 작업자가 손목을 반복적으로 사용하는 작업

정답 JSI(Job Strain Index)

04 다음 [그림]은 고열작업장에서 사용하는 레시버식 캐노피 후드일 때 후드의 직경을 산정하는 식을 쓰시오. (단, H는 후드와 열원 사이의 높이이고, E는 열원의 직경이다.) [4점]

정답 $F_3 = E + 0.8H$

여기서, F_3: 후드의 직경
E: 열원의 직경(직사각형은 단변)
H: 후드와 열원 사이의 높이

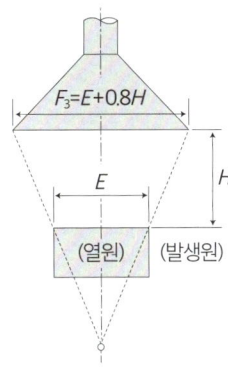

05 덕트 직경이 10[cm], 공기유속이 5[m/sec]일 때 20[℃]에서 Reynolds수를 계산하고 유체 흐름의 종류를 판단하시오. (단, 20[℃]에서 공기의 동점성계수는 1.2×10^{-5}[m²/sec]이고 공기밀도는 1.2[kg/m³]이다.) [6점]

정답 ① $Re = \dfrac{\rho DV}{\mu} = \dfrac{DV}{\nu} = \dfrac{0.1\text{m} \times 5\text{m/sec}}{1.2 \times 10^{-5}} = 41,666.67$

여기서, Re: 레이놀즈수 ρ: 밀도[kg/m³]
D: 직경[m] V: 유속[m/sec]
μ: 점성계수[kg/m·sec] ν: 동점성계수[m²/sec]

② Re가 4,000 이상이므로 난류이다.

06 작업장 내에서 발생되는 분진을 유리섬유 여과지로 3회 측정하여 얻은 평균값이 15.05[mg]이었다. 시료 포집 전에 실험실에서 여과지를 3회 측정한 결과 12.37[mg]이었다면 이 작업장의 분진농도[mg/m³]는 얼마인지 구하시오. (단, 포집유량은 1.5[L/min], 포집시간은 300분이다.) [6점]

정답 중량농도 = $\dfrac{\text{시료채취 후 여과지 무게} - \text{시료채취 전 여과지 무게}}{\text{시료공기 채취량}}$

$= \dfrac{(15.05 - 12.37)\text{mg}}{\dfrac{1.5\text{L}}{\text{min}} \times 300\text{min} \times \dfrac{\text{m}^3}{1,000\text{L}}} = 5.96[\text{mg/m}^3]$

07

다음 설명에 해당하는 용어를 쓰시오. [3점]

① 경사접합부를 의미하며 후드 개구면 속도를 균일하게 분포시키는 장치
② 슬롯후드의 뒤쪽에 위치하여 압력을 균일화시키는 공간
③ 후드로 흡인한 유해물질(분진 등)이 덕트 내에 퇴적하지 않고 공기정화장치까지 운반되는 데 필요한 최소 속도

정답 ① 테이퍼   ② 충만실   ③ 반송속도

08

1기압, 21[℃]의 작업조건에서 어떤 물질이 시간당 1[kg]씩 완전히 증발한다. 이때 전체환기시설 설치 시 필요환기량[m³/min]을 구하시오. (단, 어떤 물질의 MW=92, TLV=50[ppm], 여유계수 K=6이다.) [6점]

정답 $Q = \dfrac{24.1 \times G_{kg} \times 10^6}{M \times \text{TLV}} \times K$

여기서, Q: 작업시간 1시간당 필요환기량[m³/hr] G_{kg}: 유해물질의 시간당 중량사용량[kg/hr]
K: 안전계수 M: 분자량[g]
TLV: 유해물질의 노출기준[ppm]

$Q = \dfrac{24.1 \times 1\text{kg/hr} \times 10^6}{92 \times 50} \times 6 = 31{,}434.78 \text{m}^3/\text{hr} \times \dfrac{\text{hr}}{60\text{min}} = 523.91[\text{m}^3/\text{min}]$

09

원형 덕트에 기류가 흐르고 있는 경우 직경이 1/2로 감소한다면 압력손실은 어떻게 변화하는가? (단, 유량, 관마찰계수는 변하지 않는다고 가정한다.) [6점]

정답 $V = \dfrac{Q}{A} = \dfrac{Q}{\dfrac{\pi}{4}D^2}$ 이므로

$\Delta P = f_d \times \dfrac{l}{D} \times \text{VP} = f_d \times \dfrac{l}{D} \times \dfrac{\gamma \left(\dfrac{Q}{\dfrac{\pi}{4}D^2}\right)^2}{2g}$

중력가속도 g, 관마찰계수 f_d, 덕트의 길이 l은 일정하다.

따라서, $\Delta P \propto \dfrac{1}{D^5}$

덕트의 직경이 $D_1 \rightarrow D_2 = \dfrac{1}{2}D_1$이 된다면

$\Delta P_2 \propto \dfrac{1}{\left(\dfrac{1}{2}D_1\right)^5} = \dfrac{32}{D_1^5}$

$\dfrac{\Delta P_2}{\Delta P_1} = \dfrac{\dfrac{32}{D_1^5}}{\dfrac{1}{D_1^5}} = 32$배

10 전기집진장치의 특징 3가지를 쓰시오. [3점]

정답 ① 초기시설비가 많이 드나 유지관리가 편하다.
② 대량의 오염된 가스의 제진이 가능하다.
③ 공간이 많이 요구된다.
④ 집진된 분진을 집진극으로부터 제거하기 어렵다.

11 다음의 경우에 소요 풍량을 구하는 공식을 쓰시오. [4점]

① 플랜지가 부착되어 있지 않은 외부식 후드의 경우
② 플랜지가 부착된 외부식 후드의 경우

정답 ① $Q = V_c(10X^2 + A)$
② $Q = 0.75V_c(10X^2 + A)$

여기서, Q: 풍량
V_c: 제어속도
X: 포착점까지의 거리(제어거리)
A: 개구부 면적

12 포위식 후드의 장점을 세 가지 쓰시오. (단, 맹독성 물질 취급 시의 장점을 쓰시오.) [3점]

정답 ① 유해물질의 완벽한 흡입이 가능하다.
② 유해물질 제거에 필요한 송풍량이 비교적 적다.
③ 난기류 및 후드 주위환경으로 인한 영향을 거의 받지 않는다.

13 벤젠이 배출되는 작업장에서 채취한 시료를 분석한 결과, 벤젠 농도가 오전 3시간 동안 60[ppm], 오후 4시간 동안 45[ppm]일 때 다음 물음에 답하시오. (단, 벤젠의 TLV는 50[ppm]이다.) [6점]

(1) 작업장의 벤젠 TWA[ppm]
(2) 허용기준 초과여부 평가

정답 (1) $TWA = \dfrac{C_1 t_1 + C_2 t_2 + \cdots + C_n t_n}{8}$

여기서, TWA: 시간가중평균노출기준
t_n: 유해인자의 발생시간[hr]
C_n: 유해인자의 측정농도[ppm]

$TWA = \dfrac{(3 \times 60) + (4 \times 45) + (1 \times 0)}{8} = 45[ppm]$

(2) $EI = \dfrac{TWA}{TLV} = \dfrac{45}{50} = 0.9$

노출지수가 1 미만이므로, 허용기준 미만이다.

---

14 다음 [보기] 자료의 기하평균[ppm]을 구하시오. [6점]

(단위: [ppm])

보기
67, 51, 33, 72, 122, 75, 110, 93, 61, 190

정답 $GM = \sqrt[n]{x_1 \times x_2 \times \cdots \times x_n}$
$= \sqrt[10]{67 \times 51 \times 33 \times 72 \times 122 \times 75 \times 110 \times 93 \times 61 \times 190}$
$= 78.43[ppm]$

---

15 플랜지 부착 외부식 Slot 후드가 있다. 후드의 형상계수(C)는 [표]와 같고 Slot의 길이가 2.5[m], 폭이 0.5[m], 오염원과의 거리가 1[m], 제어속도가 0.6[m/sec]일 때 송풍량[m³/min]을 구하시오. [6점]

구분	전원주	3/4 원주	1/2 원주	1/0 원주
C	5.0	4.0	2.8	1.6

정답 플랜지를 부착한 경우 $\dfrac{1}{2}$ 원주에 해당하므로 형상계수는 2.8이다.

$Q = C \times L \times X \times V_c = 2.8 \times 2.5m \times 1.0m \times 0.6m/sec = 4.2m^3/sec \times \dfrac{60sec}{min} = 252m^3/min$

여기서, Q: 필요송풍량[m³/sec]
L: 후드의 길이[m]
V_c: 제어속도[m/sec]
C: 형상계수
X: 포착점까지의 거리[m]

16 전체환기시설 설치 시 기본원칙 4가지를 쓰시오. [4점]

정답 ① 급기할 때에는 깨끗한 공기를 공급하여야 한다.
② 후드는 가능한 한 오염원 가까이에 설치하여야 한다.
③ 오염원은 공기배출구와 근로자 작업위치 사이에 위치하여야 한다.
④ 오염물질 사용량을 사전에 조사하여 필요환기량을 계산하여야 한다.

17 입자상 물질이 여과지에 여과되어 채취되는 주요 작용기전 6가지를 쓰시오. [6점]

정답 ① 중력침강
② 관성충돌
③ 확산
④ 직접차단
⑤ 정전기
⑥ 체

18 공기 중 벤젠 0.25[ppm](TLV: 0.5[ppm]), 톨루엔 25[ppm](TLV: 50[ppm]), 크실렌 60[ppm](TLV: 100[ppm])의 서로 상가작용을 하는 혼합물에 대한 각 물음에 답하시오. [6점]

(1) 허용농도 초과여부
(2) 혼합공기 허용농도[ppm]

정답 (1) 허용농도 초과여부
 노출지수가 1을 초과하면 노출기준을 초과한다고 평가한다.

$$EI = \frac{C_1}{TLV_1} + \frac{C_2}{TLV_2} + \cdots + \frac{C_n}{TLV_n} = \frac{0.25}{0.5} + \frac{25}{50} + \frac{60}{100} = 1.6$$

여기서, EI: 노출지수
C_n: 각 물질의 농도[ppm]
TLV_n: 각 물질의 허용농도[ppm]

노출지수가 1을 초과하므로 이 혼합물은 노출기준을 초과한다.

(2) 혼합공기 허용농도 $= \dfrac{C_1 + \cdots + C_n}{노출지수} = \dfrac{0.25 + 25 + 60}{1.6} = 53.28$[ppm]

19 어느 작업장의 TEC의 과거 측정 농도는 50[ppm]이었다. 과거 측정 자료를 검토하여 활성탄으로 0.15[L/min]으로 채취할 때 최소소요시간[min]은 얼마 이상으로 해야 하는지 계산하시오. (단, 25[℃], 1기압으로 가정하고 TEC의 분자량은 131.39[g], 정량한계는 0.5[mg]이다.) [6점]

정답 • [ppm] → [mg/m³] 변환

$$mg/m^3 = \frac{ppm \times 분자량}{24.45(상온\ 25[℃],\ 1기압)}$$

$$mg/m^3 = \frac{50 \times 131.39}{24.45} = 268.6912[mg/m^3]$$

• 최소채취량 및 최소 채취소요시간 계산
정량한계가 시료당 0.5[mg]이므로 최소한 0.5[mg] 이상의 트리클로로에틸렌을 확보 가능한 공기량을 취하여야 한다.

$$\frac{0.5mg}{\frac{0.15L}{min} \times t\,min \times \frac{10^{-3}m^3}{L}} = \frac{268.6912mg}{m^3}$$

$$t = \frac{0.5}{0.15 \times 10^{-3} \times 268.6912} = 12.41[min]$$

20 킬레이트 적정법의 종류를 4가지 쓰시오. [4점]

정답 ① 직접적정법
② 간접적정법
③ 역적정법
④ 치환적정법

2018년 2회 기출문제

01 1차 및 2차 표준기구의 정의와 정확도를 각각 쓰시오. [4점]

정답 ① 1차 표준기구
- 정의: 측정 대상을 물리적으로 직접 측정할 수 있는 기구
- 정확도: ±1[%] 이내

② 2차 표준기구
- 정의: 측정 대상을 물리적으로 측정할 수 없고 1차 표준기구를 기준으로 보정하여야 정확도를 확보할 수 있는 기구
- 정확도: ±5[%] 이내

02 산업안전보건법상 벤젠의 작업환경측정 결과가 노출기준을 초과하였을 때 몇 개월 후에 작업환경측정을 하여야 하는지 쓰시오. [4점]

정답 측정일로부터 3개월에 1회 이상

03 측정값이 [보기]와 같을 때 측정값의 기하표준편차(GSD)[μm]를 구하시오. [6점]

(단위: [μm])

보기				
	0.4	1.5	15	78

정답
- 기하평균(GM)

$$GM = \sqrt[n]{x_1 \times x_2 \times \cdots \times x_n}$$
$$= \sqrt[4]{0.4 \times 1.5 \times 15 \times 78}$$
$$= 5.15[\mu m]$$

- 기하표준편차(GSD)

$$\log(GSD) = \left[\frac{(\log x_1 - \log GM)^2 + (\log x_2 - \log GM)^2 + \cdots + (\log x_n - \log GM)^2}{n-1}\right]^{0.5}$$

$$= \left[\frac{(\log 0.4 - 0.7118)^2 + (\log 1.5 - 0.7118)^2 + (\log 15 - 0.7118)^2 + (\log 78 - 0.7118)^2}{4-1}\right]^{0.5}$$

$$= \left[\frac{3.1272}{3}\right]^{0.5} = 1.021 \quad \therefore GSD = 10^{1.021} = 10.50[\mu m]$$

04 공기(비중: 1.0) 중에 사염화탄소(비중: 5.7) 7,500[ppm]이 존재할 때 공기와 사염화탄소의 혼합물 유효비중을 계산하시오. (단, 소수점 넷째 자리까지 구하시오.) [6점]

정답 유효비중=사염화탄소의 부피분율×사염화탄소의 비중+공기의 부피분율×공기의 비중
$$= \frac{7,500\text{ppm}}{1,000,000} \times 5.7 + \frac{(1,000,000-7,500)\text{ppm}}{1,000,000} \times 1.0 = 1.0353$$

05 소음노출 평가, 소음노출에 대한 공학적 대책, 청력보호구의 지급과 착용, 소음의 유해성 및 예방 관련 교육, 정기적 청력검사 등의 사항이 포함된 소음성 난청을 예방·관리하기 위한 산업안전보건법령에 명시된 종합적인 계획을 쓰시오. [4점]

정답 청력보존 프로그램

06 비중량 1.203[kgf/m³], 중력가속도 9.8[m/sec²]일 때 베르누이 방정식을 이용하여 속도와 속도압의 관계를 간단한 수식으로 쓰시오. [4점]

정답 베르누이의 정리에서 $\frac{\gamma V^2}{2g}(=\text{VP})$ 항목은 유속과 속도압의 관계를 나타내는 것으로, 공기의 비중량(γ)을 1.203kgf/m³, g(중력가속도)를 9.8m/sec²이라 하면 다음과 같이 나타낼 수 있다.
$$V = \sqrt{\frac{2g \times \text{VP}}{\gamma}} = \sqrt{\frac{2 \times 9.8}{1.203}} \times \sqrt{\text{VP}} \fallingdotseq 4.043\sqrt{\text{VP}}$$
여기서, V : 관 내 유속[m/sec]
VP: 속도압[mmH$_2$O]

07 바이오 에어로졸의 정의 및 생물학적 유해인자의 종류 3가지를 쓰시오. [5점]

정답 ① 정의: 세균이나 곰팡이 같은 미생물과 알러지를 일으키는 꽃가루 등이 포함된 0.02~100[μm] 크기의 고체나 액체 입자
② 생물학적 유해인자의 종류
 ㉠ 곰팡이
 ㉡ 세균
 ㉢ 꽃가루

08 송풍기의 송풍량이 100[m³/min], 총 압력손실이 95[mmH₂O], 송풍기의 효율이 70[%]일 경우 송풍기의 소요동력[kW]을 계산하시오. (단, 여유율은 20[%]이다.) [6점]

정답 $kW = \dfrac{Q \times \Delta P}{6{,}120 \times \eta} \times \alpha = \dfrac{100 \text{m}^3/\text{min} \times 95 \text{mmH}_2\text{O}}{6{,}120 \times 0.70} \times 1.2 = 2.66 [kW]$

여기서, Q: 송풍량[m³/min]
 ΔP: 송풍기 유효정압(또는 전압)[mmH₂O]
 η: 효율
 α: 여유율

09 재순환 공기의 CO_2 농도는 650[ppm], 급기의 CO_2 농도는 450[ppm]이다. 급기 중의 외부 공기 포함비율[%]은? (단, 외부 공기의 CO_2 농도는 300[ppm]이다.) [6점]

정답 $\%OA = \dfrac{C_R - C_S}{C_R - C_O} \times 100 = \dfrac{\text{재순환 공기 중 } CO_2 \text{ 농도} - \text{급기 중 } CO_2 \text{ 농도}}{\text{재순환 공기 중 } CO_2 \text{ 농도} - \text{외부공기 중 } CO_2 \text{ 농도}} \times 100$

$= \dfrac{650 - 450}{650 - 300} \times 100 = 57.14 [\%]$

여기서, %OA: 외부공기 포함비율[%]

10 21[℃], 1기압인 용적 10,000[m³]의 작업장에서 톨루엔 2[L]가 증발되어 완전 혼합되었다고 가정할 때 용적 내의 톨루엔 농도는 몇 [ppm]인지 계산하시오. (단, 톨루엔의 비중 0.87, 분자량 92.14이다.) [4점]

정답
- 톨루엔 발생 농도를 중량농도[mg/m³]로 환산

$$\frac{2L}{10,000m^3} \times \frac{0.87g}{mL} \times \frac{1,000mL}{L} \times \frac{1,000mg}{g} = 174 mg/m^3$$

- 중량농도[mg/m³]를 [ppm]으로 변환

$$ppm = 174 mg/m^3 \times \frac{24.1}{92.14} = 45.51 [ppm]$$

11 1기압, 21[℃]의 작업장에 건조작업공정이 있다. 이 공정의 온도는 130[℃]이고, 건조 시 크실렌이 시간당 3[L]가 증발한다. 폭발방지를 위한 실제환기량[m³/min]을 계산하시오. (단, 크실렌의 LEL=1[%], 비중=0.88, 분자량=106, 안전계수=10이다.) [6점]

정답
- 화재 및 폭발 방지를 위한 환기량

$$Q = \frac{24.1 \times s \times G \times 100}{M \times LEL \times B} \times K$$

$$= \frac{24.1 \times 0.88 \times 3L/hr \times 100}{106 \times 1.0\% \times 0.7} \times 10 = 857.47 m^3/hr \times \frac{hr}{60min} = 14.29 [m^3/min]$$

- 온도 보정

$$Q' = 14.29 \times \frac{273+130}{273+21} = 19.59 [m^3/min]$$

12 공기시료채취기를 사용하여 분진농도를 측정하였다. 시료채취 전·후의 여과지 무게는 각각 21.6[mg], 130.4[mg]이었으며, 채취기의 유량은 4.24[L/min]이었다. 240분 동안 시료를 채취하였을 때 분진의 농도[mg/m³]를 구하시오. [6점]

정답 중량속도 = $\frac{채취\ 후\ 여과지\ 무게 - 채취\ 전\ 여과지\ 무게}{포집공기량}$

$$= \frac{(130.4-21.6)mg}{4.24L/min \times 240min \times \frac{m^3}{1,000L}} = 106.92 [mg/m^3]$$

13 단면적의 폭(W)이 30[cm], 높이(D)가 15[cm]인 직사각형 덕트의 곡률반경(R)이 30[cm]로 구부러져 90° 곡관으로 설치되어 있다. 흡입공기의 속도압이 20[mmH₂O]일 때 다음 [표]를 이용하여 이 덕트의 압력손실[mmH₂O]을 구하시오. [6점]

반경비 \ 형상비	$f_d = \Delta P / VP$					
	0.25	0.5	1.0	2.0	3.0	4.0
0.0	1.50	1.32	1.15	1.04	0.92	0.86
0.5	1.36	1.21	1.05	0.95	0.84	0.79
1.0	0.45	0.28	0.21	0.21	0.20	0.19
1.5	0.28	0.18	0.13	0.13	0.12	0.12
2.0	0.24	0.15	0.11	0.11	0.10	0.10

정답 압력손실계수(f_d)를 결정하기 위해 먼저 반경비와 형상비를 구한다.

- 반경비 $\left(\dfrac{R}{D}\right) = \dfrac{30}{15} = 2.0$
- 형상비 $\left(\dfrac{W}{D}\right) = \dfrac{30}{15} = 2.0$

[표]에서 반경비가 2.0, 형상비가 2.0일 때 압력손실계수는 0.11이다.
$\Delta P = f_d \times VP = 0.11 \times 20 = 2.2 [mmH_2O]$

14 가스상 물질을 액체흡수법(임핀저, 버블러)으로 채취 시 흡수효율을 높이는 방법 3가지를 쓰시오. [3점]

정답
① 흡수액의 온도를 낮추어 휘발성을 낮춘다.
② 두 개 이상의 임핀저 및 버블러를 직렬로 연결하여 채취효율을 증가시킨다.
③ 채취속도를 낮추어 체류시간을 증가시킨다.
④ 흡수액의 용량을 증가시킨다.
⑤ 흡수액의 교반을 강하게 한다.

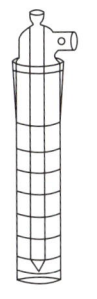

▲ 미젯 임핀저

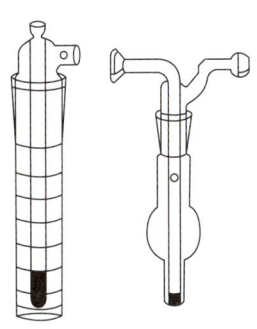

▲ 프리티드(fritted) 버블러

15 ACGIH의 입자크기에 따른 입자상 물질의 분류 3가지와 각 평균입경[μm]을 작성하시오. [6점]

정답
① 흡입성 입자상 물질(IPM): 평균입경 100[μm]
② 흉곽성 입자상 물질(TPM): 평균입경 10[μm]
③ 호흡성 입자상 물질(RPM): 평균입경 4[μm]

16 국소배기장치의 정압, 동압, 속도압의 정의를 쓰시오. [3점]

정답
① 정압: 덕트 내 모든 방향으로 동일하게 작용하는 압력이다.
② 속도압: 공기의 흐름방향으로 작용하는 압력으로, 단위체적의 유체가 갖고 있는 운동에너지를 의미한다.
③ 전압: 단위유체에 작용하는 정압과 속도압의 합이다.

17 단면적이 0.038[m²]인 덕트 내 정압은 −64.5[mmH₂O], 전압은 −20.5[mmH₂O], 송풍기 동력은 7.5[kW]이다. 송풍량을 20[%] 증가시키려고 할 때 다음 물음에 답하시오. [6점]

(1) 변경 전 송풍량[m³/min]
(2) 변경 후 동력[mmH₂O]

정답 (1) • 유속 계산
$VP = TP - SP = -20.5\text{mmH}_2\text{O} - (-64.5\text{mmH}_2\text{O}) = 44[\text{mmH}_2\text{O}]$

여기서, VP: 속도압[mmH₂O]   TP: 전압[mmH₂O]   SP: 정압[mmH₂O]

$V = 4.043\sqrt{VP} = 4.043 \times \sqrt{44} = 26.82[\text{m/sec}]$

여기서, V: 유속[m/sec]   VP: 속도압[mmH₂O]

• 유량 계산
$Q_1 = AV = 0.038\text{m}^2 \times 26.82\text{m/sec} = 1.0192\text{m}^3/\text{sec} \times \dfrac{60\text{sec}}{\text{min}} = 61.15[\text{m}^3/\text{min}]$

(2) 송풍기 동력(W)은 회전수(N)의 세제곱에 비례하고, 송풍량(Q)은 회전수에 비례한다.

$W_2 = W_1 \times \left(\dfrac{N_2}{N_1}\right)^3 = W_1 \times \left(\dfrac{Q_2}{Q_1}\right)^3 = 7.5\text{kW} \times \left(\dfrac{61.15\text{m}^3/\text{min} \times 1.2}{61.15\text{m}^3/\text{min}}\right)^3 = 12.96[\text{kW}]$

여기서, W_1, W_2: 변경 전후 동력 N_1, N_2: 변경 전후 회전수 Q_1, Q_2: 변경 전후 송풍량

18 다음 [보기]의 내용을 국소배기장치의 설계 순서대로 나열하시오. [4점]

| 보기 |
| ㉠ 공기정화장치 선정   ㉡ 후드 형식 선정
| ㉢ 총 압력손실 계산   ㉣ 송풍기 선정
| ㉤ 반송속도 결정   ㉥ 제어속도 결정
| ㉦ 소요풍량 계산

정답 ㉡ → ㉥ → ㉦ → ㉤ → ㉠ → ㉢ → ㉣

19 다음 [그림]은 피토관으로 덕트 내 전압, 정압, 속도압을 측정하는 모습이다. 전압, 정압, 속도압의 번호를 찾아서 해당 압력[mmH₂O]을 각각 쓰시오. [6점]

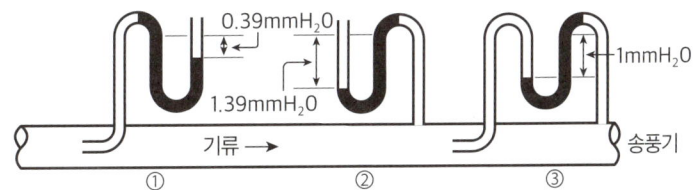

정답 ① 전압: $-0.39[mmH_2O]$
② 정압: $-1.39[mmH_2O]$
③ 속도압: $1[mmH_2O]$

20 Flex-time제에 대한 정의를 쓰시오. [5점]

정답 근로자들의 자유로운 출퇴근을 위하여 전 근로자가 일하는 중추시간을 제외하고 출퇴근 시간을 융통성 있게 운영하는 제도이다.

2018년 3회 기출문제

01 입구의 직경이 300[mm]이고 출구의 직경이 400[mm]인 원형 확대관 내에 유량 0.5[m³/sec]가 흐르고 있을 때 다음을 구하시오. (단, 압력손실계수는 0.81이다.) [6점]

(1) 확대관의 압력손실[mmH₂O]
(2) 입구 정압이 −21.5[mmH₂O]인 경우 출구의 정압[mmH₂O]

정답 (1) • 입구 속도압(VP_1) 계산

$$V_1 = \frac{Q}{A_1} = \frac{0.5 \text{m}^3/\text{sec}}{\frac{\pi \times 0.3^2}{4}\text{m}^2} = 7.07[\text{m/sec}]$$

$$VP_1 = \left(\frac{V_1}{4.043}\right)^2 = \left(\frac{7.07}{4.043}\right)^2 = 3.06[\text{mmH}_2\text{O}]$$

• 출구 속도압(VP_2) 계산

$$V_2 = \frac{Q}{A_2} = \frac{0.5 \text{m}^3/\text{sec}}{\frac{\pi \times 0.4^2}{4}\text{m}^2} = 3.98[\text{m/sec}]$$

$$VP_2 = \left(\frac{V_2}{4.043}\right)^2 = \left(\frac{3.98}{4.043}\right)^2 = 0.97[\text{mmH}_2\text{O}]$$

• 확대관 압력손실(ΔP) 계산

$$\Delta P = \zeta(VP_1 - VP_2) = 0.81 \times (3.06 - 0.97) = 1.69[\text{mmH}_2\text{O}]$$

(2) $SP_2 = SP_1 + \zeta'(VP_1 - VP_2)$ [$\zeta' = 1 - \zeta$]

여기서, SP_1, SP_2: 입구, 출구 정압 ζ': 정압회복계수

$$SP_2 = -21.5 + (1 - 0.81) \times (3.06 - 0.97) = -21.10[\text{mmH}_2\text{O}]$$

02 산업안전보건법령상 관리대상 유해물질을 취급하는 작업에 근로자를 종사하도록 하는 경우 작업에 배치하기 전 근로자 주지사항 3가지를 쓰시오. [3점]

정답 ① 관리대상 유해물질의 명칭 및 물리적·화학적 특성
② 인체에 미치는 영향과 증상
③ 취급상의 주의사항
④ 착용하여야 할 보호구와 착용방법
⑤ 위급상황 시의 대처방법과 응급조치 요령

03 공기역학적 직경의 정의를 쓰시오. [6점]

정답 대상 분진과 침강속도가 같고 밀도가 1[g/cm^3]이며, 구형인 분진의 직경으로 환산된 직경이다.

04 전체환기시설을 설치할 수 있는 경우 3가지를 쓰시오. [3점]

정답 ① 오염물질의 독성이 낮은 경우
② 오염물질의 발생량이 시간에 따라 균일한 경우
③ 한 작업장 내에 오염발생원이 분산되어 있는 경우
④ 오염발생원의 위치가 움직이는 경우
⑤ 발생하는 유해물질의 양이 적은 경우
⑥ 국소배기장치 설치가 불가능한 경우

05 작업환경 중 납 농도 측정 시 사용하는 여과지 종류와 분석기기를 쓰시오. [6점]

정답 ① 여과지 종류: MCE 여과지
② 분석기기: 원자흡광광도계

06 산업안전보건기준에 관한 규칙에서 곤충 및 동물매개 감염병 고위험작업을 하는 경우 예방조치 사항 4가지를 쓰시오. [4점]

정답 ① 감염병 예방을 위한 계획의 수립
② 보호구 지급, 예방접종 등 감염병 예방을 위한 조치
③ 감염병 발생 시 원인 조사와 대책 수립
④ 감염병 발생 근로자에 대한 적절한 처치

07

작업환경측정 및 정도관리 등에 관한 고시상 다음 [보기]의 (   ) 안에 알맞은 용어를 쓰시오. [6점]

> [보기]
>
> 용접흄은 (①)으로 측정하되 용접보안면을 착용한 경우에는 그 내부에서 시료를 채취하고 중량분석방법과 원자흡광광도계 또는 (②)를 이용한 방법으로 분석한다.

정답 ① 여과채취방법
② 유도결합플라스마

08

검지관 측정법의 장점을 3가지 쓰시오. [3점]

정답 ① 사용이 간편하다.
② 측정 결과를 빠르게 확인 가능하다.
③ 비전문가도 어느정도 숙지 후 사용 가능하다.
④ 산소결핍 등의 위험이 있는 경우에도 사용 가능하다.

09

Flange 부착 외부식 Slot 후드가 있다. Slot의 길이가 2.5[m], 폭이 0.5[m], 오염원과의 거리가 1[m], 제어속도가 0.6[m/sec]일 때 송풍량[m³/min]을 구하시오. [6점]

구분	전원주	3/4 원주	1/2 원주	1/0 원주
C	5.0	4.0	2.8	1.6

정답 플랜지를 부착한 경우 $\frac{1}{2}$ 원주에 해당하므로 형상계수는 2.80이다.

$Q = C \times L \times X \times V_c = 2.8 \times 2.5\text{m} \times 1.0\text{m} \times 0.6\text{m/sec} = 4.2\text{m}^3/\text{sec} \times \frac{60\text{sec}}{\text{min}} = 252\text{m}^3/\text{min}$

여기서, Q: 필요송풍량[m³/sec] C: 형상계수
L: 후드의 길이[m] X: 포착점까지의 거리[m]
V_c: 제어속도[m/sec]

10 다음 [보기] 설명에 해당하는 고열로 인한 인체의 증상을 쓰시오. [6점]

> ─┤보기├─
> ① 땀을 많이 흘려 수분과 염분 손실이 많을 때 발생한다. 갑자기 의식상실에 빠지는 경우가 많지만, 전구증상으로서 현기증, 두통, 경련 등을 일으키며 땀이 나지 않아 뜨겁고 마른 피부가 되어 체온이 41[℃] 이상 상승하기도 한다. 응급조치로는 옷을 벗어 나체에 가까운 상태로 하고, 냉수를 뿌리면서 선풍기의 바람을 쏘이거나 얼음 조각으로 마사지를 실시한다.
> ② 고온 환경에서 심한 육체적 노동을 함으로써 수의근에 통증이 있는 경련을 일으키는 고열장해를 말한다. 다량의 발한에 의해 염분이 손실되었음에도 이를 보충해 주지 못했을 때 일어난다. 작업에 자주 사용되는 사지나 복부의 근육이 동통을 수반해 발작적으로 경련을 일으킨다. 응급조치로 0.1[%]의 식염수를 먹여 시원한 곳에서 휴식시킨다.

정답 ① 열사병
② 열경련

---

11 캐노피형 후드가 열상승기류량 20[m³/min], 누출안전계수 6, 누입한계유량비가 2.0일 경우 이 후드의 필요송풍량[m³/min]을 계산하시오. [6점]

정답 레시버식 캐노피 후드의 필요송풍량(난기류가 있을 경우)

$$Q' = Q\{1+(m \times K_L)\} = Q(1+K_D)$$

여기서, Q': 필요송풍량[m³/min] Q: 열상승기류량[m³/min]
m: 누출안전계수 K_L: 누입한계유량비
K_D: 설계유량비($=mK_L$)

$Q' = 20\text{m}^3/\text{min} \times \{1+(6 \times 2)\} = 260[\text{m}^3/\text{min}]$

관련이론 레시버식 캐노피 후드 필요송풍량

조건	공식
난기류가 없을 경우	$Q' = Q(1+K_L)$
난기류가 있을 경우	$Q' = Q\{1+(m \times K_L)\} = Q(1+K_D)$

여기서, Q': 필요송풍량[m³/min] Q: 열상승기류량[m³/min]
m: 누출안전계수 K_L: 누입한계유량비
K_D: 설계유량비($=mK_L$)

12 kg당 안전흡수량이 0.35[mg], 평균체중이 70[kg]인 근로자가 경작업 수준(폐환기율 1.20[m³/hr])으로 1일 8시간 작업 시 허용농도[mg/m³]는 얼마인지 계산하시오. (단, 체내 잔류율은 1.20이다.) [6점]

정답 $SHD = C \times t \times V \times R$

여기서, SHD: 체내흡수량[mg]
C: 공기 중 유해물질 농도[mg/m³]
t: 노출시간[hr]
V: 폐환기율[m³/hr]
R: 체내 잔류율

$$C = \frac{SHD}{t \times V \times R} = \frac{0.35\text{mg/kg} \times 70\text{kg}}{8\text{hr} \times 1.20\text{m}^3/\text{hr} \times 1.2} = 2.13 [\text{mg/m}^3]$$

13 VOC 처리방법을 2가지 쓰고, 그 특징을 각각 2가지씩 서술하시오. [4점]

정답 (1) 불꽃연소법
① 고농도 오염물질 제거에 효과적이다.
② 구조가 간단하고 유지보수가 용이하다.
(2) 촉매산화법
① 저농도 오염물질 제거에 효과적이다.
② 불꽃이 필요 없으며, 촉매 표면에서 산화·제거할 수 있다.

14 다음의 각 경우에 알맞은 소요풍량을 구하는 공식을 쓰시오. [6점]

① 플랜지가 부착되어 있지 않은 외부식 후드의 경우
② 플랜지가 부착된 외부식 후드의 경우
③ 하방흡인형(오염원이 가까이 있을 때)

정답 ① $Q = V_c(10X^2 + A)$
② $Q = 0.75V_c(10X^2 + A)$
③ $Q = AV_c$

여기서, Q: 필요송풍량
V_c: 제어속도
X: 포착점까지의 거리
A: 면적

15 벤투리 스크러버의 특징을 3가지 쓰시오. [3점]

정답 ① 집진효율이 높다.
② 소형으로 대용량의 가스 처리가 가능하다.
③ 입자와 가스를 동시에 제거할 수 있다.

16 용접작업장에서 채취한 공기 시료채취량이 96[L]인 시료여재로부터 0.25[mg]의 아연을 분석하였다. 시료채취기간 동안 용접공에게 노출된 산화아연(ZnO)흄의 농도[mg/m³]를 구하시오. (단, 아연의 원자량=65) [6점]

정답
- 산화아연의 중량[mg] 구하기

  $Zn + \frac{1}{2}O_2 \rightarrow ZnO$이므로 아연과 산화아연의 반응비는 1 : 1이다.

  아연의 원자량은 65, 산화아연의 원자량은 81이므로 산화아연의 중량을 미지수 x로 놓고 비례식을 세운다.

  $65 : 81 = 0.25 : x \rightarrow x = 0.31[mg]$

- 중량농도[mg/m³] 구하기

  중량농도 $= \dfrac{중량(분석량)}{시료채취량} = \dfrac{0.31\text{mg}}{96\text{L}} = 3.229 \times 10^{-3}\text{mg/L} \times \dfrac{1,000\text{L}}{\text{m}^3} = 3.23[\text{mg/m}^3]$

17 납이 발생되는 공정에서 공기 중 납 농도를 측정하기 위해 공기시료를 0.55[m³] 채취하였다. 납을 채취한 시료를 10[mL]의 10[%] 질산에 용해시켰다. 원자흡광광도계를 이용하여 시료 중 납을 분석하였고 검량선과 비교한 결과 시료용액 중 납의 농도는 23[μg/mL]로 나타났다. 채취한 시간 동안의 공기 중 납의 농도[mg/m³]를 계산하시오. [4점]

정답 중량농도 $= \dfrac{분석농도 \times 용액부피}{공기채취량} = \dfrac{23\mu\text{g/mL} \times 10\text{mL}}{0.55\text{m}^3}$

$= 418.18\mu\text{g/m}^3 \times \dfrac{10^{-3}\text{mg}}{\mu\text{g}} = 0.42[\text{mg/m}^3]$

18 고열 배출원이 아닌 탱크 위에 2.5[m]×1.5[m] 크기의 외부식 캐노피형 후드를 설치하였다. 배출원에서 후드 개구면까지의 높이는 0.3[m]이고, 제어속도가 0.3[m/sec]일 때 필요송풍량[m³/min]을 구하시오. [6점]

정답 $\frac{H}{L} = \frac{0.3}{2.5} = 0.12 (\leq 0.3)$, $\frac{H}{W} = \frac{0.3}{1.5} = 0.2 (< 0.3)$ 이므로 다음 공식을 적용한다.

$Q = 1.4PHV_c = 1.4 \times 2 \times (2.5+1.5)\text{m} \times 0.3\text{m} \times 0.3\text{m/sec} = 1.008\text{m}^3/\text{sec} \times \frac{60\text{sec}}{\text{min}} = 60.48[\text{m}^3/\text{min}]$

여기서, Q: 필요송풍량[m³/sec] P: 캐노피 둘레길이[m]
H: 개구면과 배출원 사이의 높이[m] V_c: 제어속도[m/sec]

관련이론 외부식 캐노피 후드 Thomas식

조건	공식
4측면 개방 외부식 캐노피 후드 ($0.3 < H/W \leq 0.75$)	$Q = 14.5 H^{1.8} W^{0.2} V_c$
4측면 개방 외부식 캐노피 후드 ($H/L \leq 0.3$)	$Q = 1.4 PHV_c$
3측면 개방 외부식 캐노피 후드	$Q = 8.5 H^{1.8} W^{0.2} V_c$

여기서, Q: 필요송풍량[m³/sec] H: 개구면과 배출원 사이의 높이[m]
V_c: 제어속도[m/sec] P: 캐노피 둘레길이[m]
L: 캐노피의 장변[m] W: 캐노피의 단변(또는 직경)[m]

19 아래의 그림에서 ①, ②, ③에 적정한 포집 기전을 쓰시오. [6점]

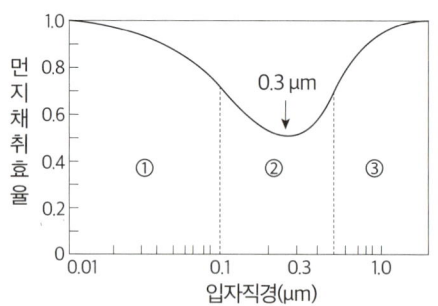

정답 ① 확산
② 확산, 간섭(직접차단)
③ 간섭(직접차단), 관성충돌

20 공기 중 혼합물로서 벤젠 0.25[ppm](TLV: 0.5[ppm]), 톨루엔 25[ppm](TLV: 50[ppm]), 크실렌 60[ppm](TLV: 100[ppm])이 서로 상가작용을 한다고 할 때 허용농도의 초과 여부를 평가하고, 혼합공기의 허용농도[ppm]를 구하시오. [4점]

정답 (1) 허용농도 초과여부

노출지수가 1을 초과하면 노출기준을 초과한다고 평가한다.

$$EI = \frac{C_1}{TLV_1} + \frac{C_2}{TLV_2} + \cdots + \frac{C_n}{TLV_n} = \frac{0.25}{0.5} + \frac{25}{50} + \frac{60}{100} = 1.6$$

여기서, EI: 노출지수
C_n: 각 물질의 농도[ppm]
TLV_n: 각 물질의 허용농도[ppm]

노출지수가 1을 초과하므로 이 혼합물은 노출기준을 초과한다.

(2) 혼합공기 허용농도 $= \dfrac{C_1 + \cdots + C_n}{\text{노출지수}} = \dfrac{0.25 + 25 + 60}{1.6} = 53.28\,[ppm]$

2017년 1회 기출문제

01 원형 덕트에서 레이놀즈수 50,000 이하 시 난류중심속도는 1/7승 법칙의 지수함수를 따른다. 중심속도가 6[m/s]일 때 평균속도[m/s]는? (단, 덕트 반경을 R_0라 할 때, 평균속도에 해당하는 반경 R은 $0.562R_0$이다.) [6점]

정답 레이놀즈수 100,000 이하의 난류상태에서의 평균속도

$$평균속도 = \frac{R}{R_0} \times 중심속도 = 0.562 \times 6\,\text{m/s} = 3.37\,[\text{m/s}]$$

02 소음 발생사업장에서 근로자가 95[dB] 2시간(허용시간: 4시간), 90[dB] 3시간(허용시간: 8시간)에 노출되었을 때 노출기준 초과 여부를 판정하시오. (단, 총 근로시간 8시간 중 나머지 3시간은 90[dB] 미만이다.) [4점]

정답
$$소음노출지수 = \frac{C_1}{\text{TLV}_1} + \frac{C_2}{\text{TLV}_2} + \cdots + \frac{C_n}{\text{TLV}_n}$$
$$= \frac{2}{4} + \frac{3}{8} + 0 = 0.875$$

여기서, C_n: 각 소음노출기준[hr]
TLV$_n$: 허용노출시간[hr]

소음노출지수가 1 미만이므로 노출기준을 초과하지 않았다.

03 고온순화 메커니즘 4가지를 쓰시오. [4점]

정답 ① 더위에 대한 내성 증가
② 열 방산능력의 증가
③ 열 생산량의 감소
④ 체온조절기능의 항진

관련이론 고온순화에 따른 생리적 변화
- 땀 속 염분농도 감소
- 체표면 땀샘(한선) 수 증가
- 땀의 분비속도 증가
- 초기에 에너지 대사량이 증가하여 체온이 상승하지만 고온순화 과정을 거치면 근육이 이완하고 열생산도 정상상태로 복귀
- 갑상선자극호르몬 감소
- 호흡촉진

04 공기의 비중을 1이라고 할 때 사염화에틸렌의 유효비중은 5.7로 공기보다 무겁다. 하지만 작업자의 호흡영역을 보호하기 위해 후드를 작업장 바닥면이 아닌 작업장 위 개구면에 설치하는 이유를 유효비중을 들어 설명하시오. (단, 사염화에틸렌의 농도는 10,000[ppm]이다.) [6점]

정답 혼합공기의 유효비중＝사염화에틸렌의 부피분율×사염화에틸렌의 비중＋공기의 부피분율×공기의 비중

혼합공기의 유효비중 $= \dfrac{10,000\text{ppm}}{1,000,000} \times 5.7 + \dfrac{(1,000,000-10,000)\text{ppm}}{1,000,000} \times 1.0 = 1.047$

사염화에틸렌 혼합공기의 유효비중은 1.047로 공기의 비중과 거의 차이가 없다. 따라서, 이 오염물질은 바닥에 체류하지 않기 때문에 이를 흡입하기 위해서는 작업대 위에 후드를 설치하는 것이 바람직하다.

05 외부식 후드 중 오염원이 후드 외부에 있고 송풍기의 흡인력을 이용하며 유해물질의 발생원에서 유해물질을 후드 내로 흡인하는 후드의 형식 3가지를 쓰고 적용 가능 작업의 종류를 1가지씩 쓰시오. [6점]

정답

외부식 후드 형식	적용 가능 작업
슬롯형	도금, 주조, 분무도장, 용해
루바형	주물 모래털기 작업
그리드형	도장, 주형 해체, 분쇄

06 공기 중 오염물질이 시료채취 매체에 포함되지 않고 빠져나가는 현상을 쓰시오. [6점]

정답 파과현상

07 외부식 장방형 후드(가로 40[cm], 세로 30[cm])가 직경이 20[cm]인 원형 덕트에 연결되어 있을 경우 아래의 내용에 대해 답하시오. (단, 자유공간에 설치되어 있다.) [4점]

(1) 플랜지의 최소폭[cm]을 구하시오.
(2) 플랜지가 있는 경우 플랜지가 없는 경우보다 송풍량이 몇 [%]로 감소되는지 쓰시오.

정답 (1) $W = \sqrt{A} = \sqrt{40 \times 30} = 34.64 [cm]$

여기서, W: 플랜지 폭[cm] A: 개구부의 면적[cm^2]

(2) 25[%] 감소
- 외부식(자유공간, 플랜지 미부착)
$Q_1 = V_c(10X^2 + A)$
- 외부식(자유공간, 플랜지 부착)
$Q_2 = 0.75V_c(10X^2 + A)$
- 절감효율 $= \dfrac{Q_1 - Q_2}{Q_1} \times 100 = \dfrac{V_c(10X^2+A) - 0.75V_c(10X^2+A)}{V_c(10X^2+A)} \times 100 = \dfrac{1-0.75}{1} \times 100 = 25[\%]$

08 헵탄(TLV=1,640[mg/m³]) 20[%], 메틸클로로포름(TLV=1,910[mg/m³]) 30[%], 퍼클로로에틸렌(TLV=170[mg/m³]) 50[%]로 혼합된 유해물질의 허용농도(노출기준)[mg/m³]을 계산하시오. (단, 상가작용한다.) [5점]

정답 액체 혼합물의 허용농도(노출기준) $= \dfrac{1}{\dfrac{f_1}{TLV_1} + \dfrac{f_2}{TLV_2} + \cdots + \dfrac{f_n}{TLV_n}}$

$= \dfrac{1}{\dfrac{0.2}{1,640} + \dfrac{0.3}{1,910} + \dfrac{0.5}{170}} = 310.54 [mg/m^3]$

여기서, f_n: 중량구성비 TLV_n: 허용농도[mg/m³]

09 호흡성 분진의 정의와 측정하는 목적을 쓰시오. (단, ACGIH의 입경 범위를 포함하여 서술한다.) [4점]

정답 ① 호흡성 분진(RPM)의 정의: 평균입경은 4[μm]이며 가스 교환부위, 즉 폐포에 축적될 수 있는 크기의 분진이다.
② 측정 목적: 분진의 크기가 작아 인체의 방어기전으로 제거가 힘들어 진폐증 및 폐암 등 폐포에 대한 건강영향을 확인하기 위해 측정한다.

10 작업장에서 Tetrachloroethylene(폐흡수율 75[%], TLV-TWA 25[ppm], M.W 165.80)을 사용하고 있다. 체중 70[kg]인 근로자가 중노동(호흡률 1.47[m³/hr])을 2시간, 경노동(호흡률 0.98[m³/hr])을 6시간 작업하였다. 작업장에 폭로된 농도가 22.5[ppm]이었다면 이 근로자의 하루 폭로량[mg/kg]을 구하시오. (단, 온도는 25[℃]이고, 체내 잔류율은 0.75이다.) [6점]

정답
- Tetrachloroethylene의 공기 중 농도[mg/m³]

$$mg/m^3 = \frac{ppm \times M}{24.45}$$

$$= \frac{22.5 ppm \times 165.80}{24.45} = 152.58 [mg/m^3]$$

- 체내흡수량 계산

$$SHD = C \times t \times V \times R$$

여기서, SHD : 안전흡수량(체내흡수량)[mg]
 C : 공기 중 유해물질 농도[mg/m³]
 t : 노출시간[hr]
 V : 폐환기율[m³/hr]
 R : 체내 잔류율

흡수량(중노동) = 152.58 × 2 × 1.47 × 0.75 = 336.44[mg]
흡수량(경노동) = 152.58 × 6 × 0.98 × 0.75 = 672.88[mg]
총 흡수량 = 672.88 + 336.44 = 1,009.32mg

- 하루 폭로량 계산

$$mg/kg = \frac{1,009.32 mg}{70 kg} = 14.42 [mg/kg]$$

11 분진의 공기역학적 직경의 정의를 쓰시오. [6점]

정답 대상 분진과 침강속도가 같고 밀도가 1[g/cm³]이며, 구형인 분진의 직경으로 환산된 직경이다.

12 소음계에 옥타브 밴드 분석기를 부착하여 중심주파수 500[Hz]에서 소음의 주파수 특성을 측정하였다. 실제로 측정한 소음의 주파수 범위[Hz]를 구하시오. (단, 1/1 옥타브 밴드이다.) [6점]

정답 f_C(중심주파수) $= \sqrt{f_L \times f_U} = \sqrt{f_L \times 2f_L} = \sqrt{2}f_L$

- 하한주파수 계산

$$f_L(하한주파수) = \frac{f_C}{\sqrt{2}} = \frac{500}{\sqrt{2}} = 353.55 [Hz]$$

- 상한주파수 계산

$$f_U(상한주파수) = 2f_L = 2 \times 353.55 = 707.10 [Hz]$$

- 주파수 범위

주파수 범위 $= f_L \sim f_U = 353.55 \sim 707.10 [Hz]$

13 정압과 동압에 대해 설명하시오. [4점]

정답 ① 정압: 덕트 내 모든 방향으로 동일하게 작용하는 압력이다.
② 동압: 공기의 흐름방향으로 작용하는 압력으로, 단위체적의 유체가 갖고 있는 운동에너지를 의미한다.

14 두 개의 직렬 연결된 집진기의 전체효율이 99[%]이고, 두 번째 집진기 효율이 95[%]일 때 첫 번째 집진기의 효율[%]은? [5점]

정답 1차 집진 후 2차 집진 시(직렬연결) 총 집진효율

$$\eta_T = \eta_1 + \eta_2(1-\eta_1)$$

여기서, η_T: 총 집진율
η_1: 1차 집진장치 집진율
η_2: 2차 집진장치 집진율

$0.99 = \eta_1 + 0.95(1-\eta_1)$
$0.99 - 0.95 = \eta_1 - 0.95\eta_1$
$\eta_1 = \dfrac{0.04}{0.05} \times 100 = 80[\%]$

15 송풍기의 정압이 갑자기 증가한 경우의 원인을 3가지 쓰시오. [3점]

정답 ① 공기정화장치의 분진 퇴적
② 후드 댐퍼 닫힘
③ 덕트 라인의 분진 퇴적

16 길이 5[m], 폭 3[m], 높이 2[m]인 직사각형의 작업장이 있다. 천장의 흡음계수가 0.1, 벽면 모두 흡음계수가 0.05, 바닥의 흡음계수가 0.2일 때 다음 물음에 답하시오. (단, 단위를 정확하게 표기하시오.) [6점]

(1) 총 흡음력 계산
(2) 천장의 흡음률을 0.3, 벽면의 흡음률을 0.5로 하였을 때 실내 소음은 몇 [dB] 감소되는가?

정답 (1) A_1(총 흡음력) = 천장흡음력 + 바닥흡음력 + 벽면흡음력
$$= (3 \times 5) \times 0.1 + (3 \times 5) \times 0.2 + (3 \times 2 \times 2 + 5 \times 2 \times 2) \times 0.05 = 6.1 [\text{m}^2(\text{sabin})]$$

(2) 실내 소음저감량
$$A_2 = (3 \times 5) \times 0.3 + (3 \times 5) \times 0.2 + (3 \times 2 \times 2 + 5 \times 2 \times 2) \times 0.5 = 23.5 [\text{m}^2(\text{sabin})]$$
$$\text{NR} = 10 \log \frac{A_2}{A_1} = 10 \log \frac{23.5}{6.1} = 5.86 [\text{dB}]$$

여기서, NR: 소음저감량[dB]
A_1: 흡음물질을 처리하기 전의 총 흡음량[sabins]
A_2: 흡음물질을 처리한 후의 총 흡음량[sabins]

17 폐포에 침착하여 인체 내 방어기전 중 대식세포의 기능에 손상을 주는 물질을 3가지 쓰시오. [3점]

정답 ① 유리섬유
② 석면
③ 다량의 박테리아

18 기류를 냉각시켜 기류를 측정하는 풍속계 종류 2가지를 쓰고 간단히 설명하시오. [6점]

정답 ① 카타온도계: 온도계에 들어 있는 알코올이 위 눈금(100[°F])에서 아래 눈금(95[°F])까지 하강하는 데 소요되는 시간을 측정하여 기류를 구한다.
② 열선풍속계: 전기적으로 가열된 금속선에 기류가 닿으면 금속선이 냉각되는 원리를 이용하여 기류속도를 구한다.

19 외부식 원형 후드이고 후드 단면적이 0.5[m²], 제어풍속이 0.5[m/s], 후드와 발생원 사이의 거리가 1[m]일 때 아래의 물음에 답하시오. [6점]

(1) 플랜지가 없을 때 필요환기량[m³/min]
(2) 플랜지가 있을 때 필요환기량[m³/min]

정답 (1) $Q = V_c(10X^2 + A) = 0.5 \times (10 \times 1^2 + 0.5) = 5.25 \text{m}^3/\text{s} \times \dfrac{60\text{s}}{\text{min}} = 315[\text{m}^3/\text{min}]$

(2) $Q = 0.75 V_c(10X^2 + A) = 0.75 \times 0.5 \times (10 \times 1^2 + 0.5) = 3.9375 \text{m}^3/\text{s} \times \dfrac{60\text{s}}{\text{min}} = 236.25[\text{m}^3/\text{min}]$

20 공기 기류 흐름 방향에 따른 송풍기의 종류 2가지를 쓰시오. [4점]

정답 ① 원심력 송풍기
② 축류 송풍기

2017년 | 2회 기출문제

01 덕트 내 반송속도에 영향을 주는 요소 4가지를 쓰시오. [4점]

정답
① 덕트의 직경
② 덕트 내부 조도(거칠기)
③ 단면의 확대 또는 축소
④ 곡관수 및 모양

02 1기압, 21[℃]의 어느 작업장에서 MEK가 시간당 3[L]씩 균일하게 사용되어 공기 중으로 증발될 경우 다음 조건에서 전체환기량[m³/min]을 계산하시오. (단, MEK의 비중=0.805, 분자량=72.1, 안전계수=3, TLV=200[ppm]이고, 작업장 용적 1,000[m³]이다.) [5점]

정답
$$Q = \frac{24.1 \times s \times G \times 10^6}{M \times \text{TLV}} \times K = \frac{24.1 \times 0.805 \times 3 \times 10^6}{72.1 \times 200} \times 3 = 12{,}108.50 \text{m}^3/\text{hr} \times \frac{\text{hr}}{60 \text{min}} = 201.81 [\text{m}^3/\text{min}]$$

여기서, Q : 작업시간 1시간당 필요환기량[m³/hr]
s : 비중
G : 유해물질의 시간당 사용량[L/hr]
K : 안전계수
M : 분자량[g]
TLV : 유해물질의 노출기준[ppm]

03 TLV-C의 정의를 기술하시오. [4점]

정답 근로자가 1일 작업시간 동안 잠시라도 초과되어서는 안 되는 농도

04 아래 단체의 허용기준을 나타내는 용어를 쓰시오. [6점]

(1) OSHA
(2) ACGIH
(3) NIOSH

정답 (1) PEL(Permissible Exposure Limits)
(2) TLV(Threshold Limit Values)
(3) REL(Recommended Exposure Limits)

05 총 흡음량이 2,500[sabin]인 작업장에 흡음량 2,500[sabin]을 추가할 경우 소음저감량[dB]을 구하시오. [5점]

정답 $NR = 10\log\dfrac{A_2}{A_1} = 10\log\dfrac{2,500+2,500}{2,500} = 3.01[dB]$

여기서, NR: 소음저감량[dB]
A_1: 흡음재 부착 전 흡음력[sabins]
A_2: 흡음재 부착 후 흡음력[sabins]

06 체적이 2,000[m³]인 사무실에 30명이 근무하고 있다. 실내 이산화탄소 농도를 700[ppm]으로 유지하고자 할 때 시간 당 공기교환횟수[회/hr]를 구하시오. (단, 1인당 이산화탄소 배출량은 40[L/hr], 외기 이산화탄소 농도는 330[ppm]이다.) [6점]

정답 필요환기량 $= \dfrac{CO_2 \text{ 발생량}}{\text{실내 } CO_2 \text{ 기준농도} - \text{실외 } CO_2 \text{ 기준농도}} \times 100$

$= \dfrac{30명 \times \dfrac{40L/hr}{명} \times \dfrac{m^3}{1,000L}}{(0.07-0.033)\%} \times 100 = 3,243.24[m^3/hr]$

시간당 공기교환횟수(ACH) $= \dfrac{\text{필요환기량}}{\text{실내용적}} = \dfrac{3,243.24 m^3/hr}{2,000 m^3} = 1.62[\text{회}/hr]$

07 작업대 위에 플랜지가 붙은 외부식 후드를 설치할 경우 필요송풍량[m³/min]을 구하시오. (단, 후드 개구면으로부터 제어거리 0.25[m], 제어속도 0.5[m/sec], 개구면적 0.5[m²]이다.) [4점]

정답 $Q = 0.5 V_c (10 X^2 + A) = 0.5 \times 0.5 \text{m/sec} \times \{10 \times (0.25\text{m})^2 + 0.5\text{m}^2\} = 0.2813 \text{m}^3/\text{sec} \times \dfrac{60\text{sec}}{\text{min}} = 16.88 [\text{m}^3/\text{min}]$

여기서, Q: 유량[m³/sec] V_c: 제어속도[m/sec]
A: 면적[m²] X: 제어길이[m]

08 작업장 내 열부하량은 25,500[kcal/h]이다. 외기온도는 15[℃]이고, 작업장 온도는 35[℃]일 때, 전체 환기를 위한 필요환기량[m³/h]은? [5점]

정답 $Q = \dfrac{H_s}{0.3 \Delta t} = \dfrac{25,500}{0.3 \times (35-15)} = 4,250 [\text{m}^3/\text{h}]$

여기서, Q: 필요환기량[m³/h]
H_s: 작업장 내 열부하[kcal/h]
Δt: 실내외 온도차[℃]

09 다음 그림에서 전압, 정압, 동압을 찾고 해당 압력[mmH₂O]을 쓰시오. [6점]

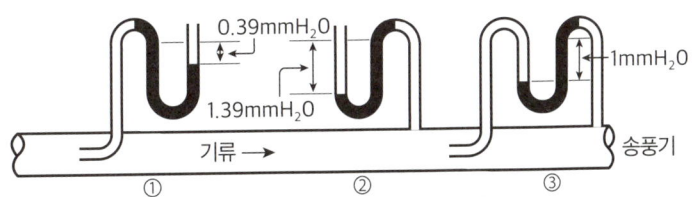

정답 ① 전압: -0.39[mmH₂O]
② 정압: -1.39[mmH₂O]
③ 동압: 1[mmH₂O]

10 표준공기가 흐르고 있는 덕트의 Reynolds수가 3.8×10^4일 때 덕트 속의 유속[m/sec]은? (단, 덕트 직경은 60[mm], 표준공기의 동점성계수는 1.5×10^{-5}[m²/sec]이다.) [4점]

정답 $Re = \dfrac{DV}{\nu}$

$$V = \dfrac{Re \times \nu}{D} = \dfrac{(3.8 \times 10^4) \times (1.5 \times 10^{-5} \text{m}^2/\text{sec})}{0.06\text{m}} = 9.5[\text{m/sec}]$$

11 기적이 1,500[m³]인 작업장이 메틸클로로포름 증기의 발생으로 인하여 작업장 공기 중 농도가 200[ppm] 상태로 오염되어 있다. 이 작업장의 유효환기량이 1.2[m³/s]일 때 작업장 공기의 농도를 25[ppm]까지 감소시키는 데 걸리는 시간[min]을 구하시오. (단, 메틸클로로포름 증기의 발생은 중지시켰다.) [6점]

정답 초기농도가 C_1이고 최종농도가 C_2일 때 환기에 의해 오염물질의 농도가 감소되는 시간 $\Delta t(=t_2-t_1)$는 다음과 같다.

$$\Delta t = -\dfrac{V}{Q'}\ln\left(\dfrac{C_2}{C_1}\right) = -\dfrac{1,500}{1.2}\ln\left(\dfrac{25}{200}\right) = 2,599.30\text{sec} \times \dfrac{\min}{60\text{sec}} = 43.32[\min]$$

여기서, V : 작업실 부피
C_2 : 시간 t_2에서의 유해물질 농도
Q' : 유효환기량
C_1 : 시간 t_1에서의 유해물질 농도

12 고체포집방법으로 공기 중 벤젠을 채취하기 위하여 활성탄관을 연결한 시료채취펌프의 유량을 비누거품법으로 보정하였다. 유량 보정을 할 때에 비누거품이 50[cc]를 통과하는 데 소요되는 시간은 시료채취 전 16.5[s], 시료채취 후 16.9[s]였으며, 작업장에서 시료를 채취한 시각은 1시 12분부터 4시 45분까지였다. 실험실에서 가스크로마토그래피를 이용하여 벤젠량을 분석한 결과 활성탄의 100[mg]층에서는 2.0[mg], 50[mg]층에는 0.1[mg]이 검출되었다. 이때 공기 중 벤젠농도[ppm]를 구하시오. (단, 주위 온도와 압력은 25[℃], 1[atm]이고 공시료 벤젠 분석량은 0.01[mg]이다.) [6점]

정답
- 비누거품미터 유량 계산

$$\text{평균 시료채취시간} = \dfrac{\text{시료채취 전 시간}+\text{시료채취 후 시간}}{2} = \dfrac{16.5+16.9}{2} = 16.7\text{초}$$

$$\text{비누거품미터 유량} = \dfrac{\text{통과부피}}{\text{평균시료채취시간}} = \dfrac{50\text{mL}}{16.7\text{sec}} \times \dfrac{L}{1,000\text{mL}} \times \dfrac{60\text{sec}}{\min} = 0.18[\text{L/min}]$$

- 벤젠 농도 계산

$$\text{mg/m}^3 = \dfrac{\text{앞층검출량}+\text{뒤층검출량}}{\text{시료채취유량}} = \dfrac{(2.0+0.1)\text{mg}}{0.18\text{L/min} \times 213\min \times \dfrac{\text{m}^3}{1,000\text{L}}} = 54.77[\text{mg/m}^3]$$

- [mg/m³] → [ppm] 변환

$$\text{ppm} = \dfrac{24.45 \times \text{mg/m}^3}{\text{분자량}} = \dfrac{24.45 \times 54.77}{(12 \times 6)+(1 \times 6)} = 17.17[\text{ppm}]$$

13 환기설비에서 공기공급시스템이 필요한 이유를 3가지 쓰시오. [3점]

정답 ① 국소배기장치의 원활한 작동
② 국소배기장치의 효율 유지
③ 에너지 절약
④ 작업장 내에 방해기류가 생기는 것을 방지
⑤ 정화되지 않은 외부공기가 작업장 내로 유입되는 것을 방지

14 150[℃], 700[mmHg] 상태의 배기가스 SO_2 100[m³]를 산업환기 표준상태인 21[℃], 1기압 상태로 환산하면 그 부피는 몇 [m³]가 되는지 계산하시오. (단, SO_2는 압축성 기체이다.) [5점]

정답 • 중량농도 계산

$$\frac{VP}{T} = \frac{V'P'}{T'}$$

여기서, V : 초기부피 V' : 최종부피
T : 초기온도 T' : 최종온도
P : 초기압력 P' : 최종압력

$$V' = V \times \frac{T'}{T} \times \frac{P}{P'}$$
$$= 100 \text{m}^3 \times \frac{273+21}{273+150} \times \frac{700}{760} = 64.02 [\text{m}^3]$$

15 음압실효치가 2.6[μbar]일 때 음압수준[dB]을 계산하시오. [6점]

정답 $P = 2.6 \mu\text{bar} \times \frac{\text{Pa}}{10 \mu\text{bar}} = 0.26 [\text{Pa}]$

$\text{SPL} = 20 \log\left(\frac{P}{P_o}\right) = 20 \log\left(\frac{0.26}{2 \times 10^{-5}}\right) = 82.28 \text{dB}$

여기서, SPL : 음압수준[dB] P : 음압[Pa] P_o : 기준음압(2×10^{-5}[Pa])

16 다음 [보기] 중 파과현상에 대한 설명으로 틀린 부분을 모두 고르고 바르게 고치시오. [6점]

> ─┤보기├─
> ㉠ 유해물질의 농도가 높을수록 파과가 일어나기 쉽다.
> ㉡ 파과현상이 발생할 경우 유해물질농도를 과소평가할 우려가 있다.
> ㉢ 흡착관 앞층의 5/10 이상이 뒤층으로 넘어가면 파과가 일어났다고 본다.
> ㉣ 모든 흡착은 발열반응이므로 온도가 높을수록 흡착에 좋은 조건인 것은 열역학적으로 분명하다.
> ㉤ 비극성 흡착제를 사용할 경우 습도가 높을수록 파과가 일어나기 쉽다.

정답 ㉢ 흡착관 앞층의 1/10 이상이 뒤층으로 넘어가면 파과가 일어났다고 본다.
㉣ 모든 흡착은 발열반응이므로 온도가 낮을수록 흡착에 좋은 조건인 것은 열역학적으로 분명하다.
㉤ 극성 흡착제를 사용할 경우 습도가 높을수록 파과가 일어나기 쉽다.

17 마노미터 및 피토관의 그림을 그리고 속도압 및 속도를 구하는 원리에 대해 설명하시오. [6점]

정답 ① 마노미터 : 유리관에 액체를 넣은 구조로, 압력 측정용 기구에 고무관을 연결하여 압력을 측정한다.

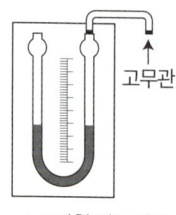

▲ U자형 마노미터

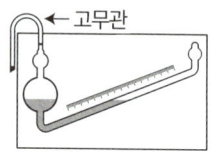

▲ 경사 마노미터

② 피토관 : 2개의 동심원으로 구성된 L자형 금속관의 형태로, 안쪽은 기류를 정면으로 받는 전압관, 바깥쪽은 정압관으로 구성되어 있다.

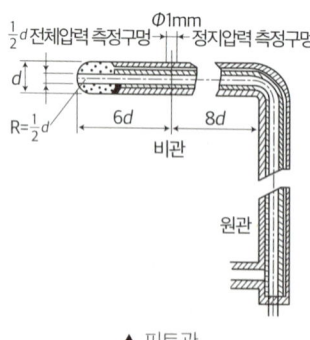

▲ 피토관

③ 속도압 및 속도를 구하는 원리 : 측정된 전압에서 정압을 제외한 값이 속도압이고 속도는 $V = 4.043\sqrt{VP}$로 계산한다.

18 사무실 용적이 5[m]×7[m]×2[m]이며 사무실 내로 환기를 시키고자 직경 20[cm]의 개구부를 통하여 1[m/sec]의 유속으로 공기를 공급할 경우 시간당 공기교환횟수(ACH)[회/hr]를 구하시오. [4점]

정답 • 시간당 환기량 계산

$$Q = AV = \left(\frac{\pi}{4} \times 0.2^2\right) \times 1\text{m/sec} = 0.0314\text{m}^3/\text{sec} \times \frac{3{,}600\text{sec}}{\text{hr}} = 113.04[\text{m}^3/\text{hr}]$$

여기서, Q : 유량[m³/sec]
A : 단면적[m²]
V : 유속[m/sec]

• 공기교환횟수(ACH) 계산

$$\text{ACH} = \frac{\text{시간당 환기량}}{\text{실내 체적}} = \frac{113.04\text{m}^3/\text{hr}}{(5 \times 7 \times 2)\text{m}^3} = 1.61\text{회/hr}$$

19 배기로 인하여 부족해진 공기를 작업장에 공급하는 공기의 명칭을 적으시오. [5점]

정답 보충용 공기

20 국소배기설비에서 필요송풍량을 최소화하기 위한 방법 4가지를 쓰시오. [4점]

정답 ① 후드는 가능한 한 오염물질 발생원에 가까이 설치한다.
② 제어풍속은 작업조건을 고려하여 적절하게 선정한다.
③ 되도록 공정이나 작업범위를 많이 포위한다.
④ 후드 개구면에서 기류가 균일하게 분포되도록 설계한다.
⑤ 오염물질의 발생특성을 고려하여 설계한다.
⑥ 공정에서 발생하는 오염물질의 절대량을 감소시킨다.

2017년 3회 기출문제

01 휘발성 유기용제 A, B의 포화증기농도 및 증기위험화지수(VHI)를 계산하시오. (단, 대기압은 760[mmHg]이다.) [4점]

휘발성 유기용제	TLV[ppm]	증기압[mmHg]
A물질	100	25
B물질	350	100

정답 ① 포화증기농도

$$포화증기농도[ppm] = \frac{증기압[mmHg]}{대기압[760mmHg]} \times 10^6$$

- A물질의 포화증기농도$[ppm] = \frac{25mmHg}{760mmHg} \times 10^6 = 32,894.74[ppm]$
- B물질의 포화증기농도$[ppm] = \frac{100mmHg}{760mmHg} \times 10^6 = 131,578.95[ppm]$

② 증기위험화지수

$$증기위험화지수(VHI) = \log\left(\frac{C}{TLV}\right)$$

- A물질의 증기위험화지수 $= \log\left(\frac{32,894.74}{100}\right) = 2.52$
- B물질의 증기위험화지수 $= \log\left(\frac{131,578.95}{350}\right) = 2.58$

02 공기의 조성비가 다음과 같을 때 이 공기의 밀도[kg/m³]를 계산하시오. (단, 21[℃], 1기압 기준이다.) [6점]

- 산소(분자량 32): 21[%]
- 수증기(분자량 18): 0.5[%]
- 이산화탄소(분자량 44): 0.3[%]
- 질소(분자량 28): 78.2[%]

정답 공기 평균분자량 $= (32 \times 0.21) + (18 \times 0.005) + (44 \times 0.003) + (28 \times 0.782) = 28.838$

21[℃], 1기압의 기체 1[mol]의 부피는 24.1[L]이므로

$$공기밀도 = \frac{질량}{부피} = \frac{28.838g}{24.1L} = 1.20g/L \times \frac{kg}{1,000g} \times \frac{1,000L}{m^3} = 1.20[kg/m^3]$$

03 작업장 내에서 용접을 할 때 발생하는 흄을 포집하기 위해 작업면 위에 플랜지가 붙은 외부식 후드를 설치하였을 경우와 자유공간에 플랜지가 없는 후드를 설치하였을 경우 각각의 필요송풍량[m³/min]을 계산하시오. (단, 포착점까지의 거리=0.25[m], 제어속도=0.5[m/sec], 후드 개구면적=0.5[m²]이다.) [6점]

정답 ① 필요송풍량(플랜지 부착, 반자유공간)

$$Q_1 = 0.5 V_c (10X^2 + A) = 0.5 \times 0.5 \times (10 \times 0.25^2 + 0.5) = 0.2813 \text{m}^3/\text{sec} \times \frac{60\text{sec}}{\text{min}} = 16.88 [\text{m}^3/\text{min}]$$

② 필요송풍량(플랜지 미부착, 자유공간)

$$Q_2 = V_c (10X^2 + A) = 0.5 \times (10 \times 0.25^2 + 0.5) = 0.5625 \text{m}^3/\text{sec} \times \frac{60\text{sec}}{\text{min}} = 33.75 [\text{m}^3/\text{min}]$$

04 기적이 4,000[m³]인 작업장이 벤젠 증기의 발생으로 인하여 작업장 공기 중 농도가 100[ppm] 상태로 오염되어 있다. 이 작업장의 유효환기량이 1.2[m³/s]일 때 작업장 공기의 농도를 25[ppm]까지 감소시키는 데 걸리는 시간[min]을 구하시오. (단, 벤젠 증기의 발생은 중지시켰다.) [6점]

정답 초기농도가 C_1이고 최종농도가 C_2일 때 환기에 의한 오염물질의 농도가 감소되는 시간 $\Delta t (= t_2 - t_1)$는 다음과 같다.

$$\Delta t = -\frac{V}{Q'} \ln\left(\frac{C_2}{C_1}\right)$$

여기서, Q': 유효환기량
V: 작업장 기적
C_1: 시간 t_1일 때의 농도
C_2: 시간 t_2일 때의 농도

$$\Delta t = -\frac{4,000 \text{m}^3}{1.2 \text{m}^3/\text{s}} \times \ln\left(\frac{25\text{ppm}}{100\text{ppm}}\right) = 4,620.98\text{s} \times \frac{\text{min}}{60\text{s}} = 77.02 [\text{min}]$$

05 입자상물질의 물리적(기하학적) 직경의 종류를 3가지 쓰고 간단히 설명하시오. [3점]

정답 ① 마틴 직경
  입자의 면적을 이등분하는 선을 직경으로 사용하는 방법으로, 실제 직경보다 과소평가되는 경향이 많다.
② 페렛 직경
  입자의 끝과 끝을 잇는 직선을 직경으로 사용하는 방법으로, 실제 직경보다 과대평가되는 경향이 많다.
③ 등면적 직경
  입자의 면적과 동일한 가상의 원의 직경을 사용하는 방법으로, 실제 직경과 거의 비슷하여 가장 적절한 방법이다.

06 산소부채에 대하여 설명하시오. [6점]

정답 작업 후 휴식에 필요한 산소량 이상으로 소비하는 산소량

관련이론

작업이 끝난 이후에도 산소가 소비되는 이유는 작업 중에 발생한 산소부채를 갚기 위함이다.
아래 그림에서 ①은 산소부채, ②는 산소부채 보상 구간을 나타낸다.

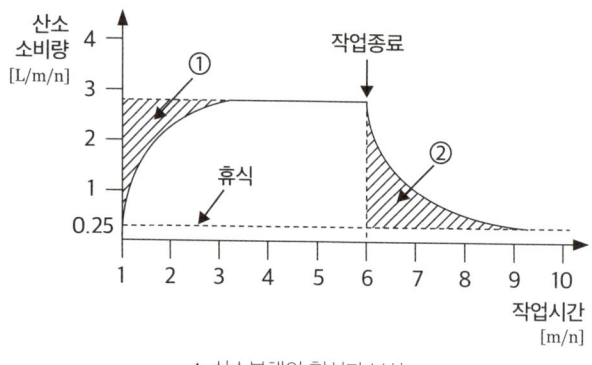

▲ 산소부채의 형성과 보상

07 작업환경측정 및 정도관리 등에 관한 고시상 다음 [보기]의 설명과 관련된 용어를 쓰시오. [5점]

| 보기 |

(1) 작업환경측정대상이 되는 작업장 또는 공정에서 정상적인 작업을 수행하는 동일 노출집단의 근로자가 작업을 하는 장소
(2) 분석치가 참값에 얼마나 접근하였는가 하는 수치상의 표현
(3) 일정한 물질에 대해 반복측정·분석을 했을 때 나타나는 자료 분석치의 변동크기가 얼마나 작은가 하는 수치상의 표현
(4) 시료채취기를 이용하여 가스·증기·분진·흄·미스트 등을 근로자의 작업행동 범위에서 호흡기 높이에 고정하여 채취하는 것
(5) 작업환경측정·분석 결과에 대한 정확성과 정밀도를 확보하기 위하여 작업환경측정기관의 측정·분석능력을 확인하고, 그 결과에 따라 지도·교육 등 측정·분석능력 향상을 위하여 행하는 모든 관리적 수단

정답 (1) 단위작업장소
(2) 정확도
(3) 정밀도
(4) 지역시료채취
(5) 정도관리

08 공기정화장치 중 흡착장치 설계 시 고려사항을 3가지 쓰시오. [3점]

> **정답** ① 흡착장치의 처리능력
> ② 체류속도
> ③ 흡착제의 교체 주기
> ④ 압력손실

09 석면에 관한 각 물음에 답하시오. [6점]

(1) 다음 [표]는 석면의 화학적 조성과 특성을 기재한 것이다. (   ) 안에 알맞은 석면의 종류를 써 넣으시오.

명 칭	화학식	특 성
(①)	$(FeMg)SiO_2$	취성, 고내열성 섬유
(②)	$NaFe(SiO_3)_2FeSiO_3H_2$	석면광물 중 가장 강함, 취성
(③)	$3MgO_2SiO_2 \cdot 2H_2O$	가늘고 부드러운 섬유, 가장 많이 사용

(2) 산업안전보건법에 따라 석면이 함유된 설비의 해체 및 제거 작업 시 수립해야 하는 석면해체, 제거 작업계획에 포함되어야 하는 사항을 3가지만 쓰시오.

> **정답** (1) ① 갈석면
> ② 청석면
> ③ 백석면
> (2) ① 석면해체·제거작업의 절차와 방법
> ② 석면 흩날림 방지 및 폐기방법
> ③ 근로자 보호조치

10 공기조화설비(HVAC)의 정의 및 HVAC 시스템의 TAB(Testing, Adjusting, Balancing)에 대해 간단히 설명하시오. [6점]

> **정답** ① 공기조화설비(HVAC)의 정의: 공기조화를 위해 건축물에 설치하는 기계설비를 말하며 실내공기의 온도, 습도, 청정도 및 기류를 목적에 맞는 조건으로 조정하는 설비이다.
> ② HVAC 시스템의 TAB: 공기조화설비에 대한 시험, 조정, 평가를 말하며 공기조화시스템과 관련한 장비의 효율저하를 방지하여 최소의 운전비 및 유지관리 비용으로 장기간 적절한 환경을 제공하는 것을 목적으로 이행하는 제반 활동을 말한다.

11 전체환기시설 설치의 기본원칙을 4가지 쓰시오. [4점]

정답 ① 오염물질 사용량에 따른 필요환기량을 계산한다.
② 배출공기를 보충하기 위하여 청정공기를 공급한다.
③ 공기배출구와 근로자 작업위치 사이에 오염원이 위치해야 한다.
④ 오염물질 배출구는 최대한 오염원에 가까이 설치하여 점환기의 효과를 얻는다.

12 다음 [표]를 보고 기하평균 및 기하표준편차를 구하시오. [4점]

누적분포[%]	해당 데이터
15.9	0.05
50	0.2
84.1	0.8

정답 ① 기하평균(GM)
　　기하평균＝누적분포에서 50[%]에 해당하는 값＝0.2
② 기하표준편차(GSD)
　　기하표준편차＝$\dfrac{누적분포\ 84.1[\%]에\ 해당하는\ 값}{누적분포\ 50[\%]에\ 해당하는\ 값}=\dfrac{0.8}{0.2}=4$

13 비중량이 1.203[kgf/m³], 중력가속도 9.8[m/sec²]일 때 베르누이 방정식을 이용하여 속도와 속도압의 관계를 간단한 수식으로 쓰시오. [6점]

정답 베르누이의 정리에서 $\dfrac{\gamma V^2}{2g}(=\text{VP})$ 항목은 유속과 속도압의 관계를 나타내는 것으로, 공기의 비중량(γ)을 1.203kgf/m³, g(중력가속도)를 9.8m/sec²이라 하면 다음과 같이 나타낼 수 있다.

$$V=\sqrt{\dfrac{2g\times \text{VP}}{\gamma}}=\sqrt{\dfrac{2\times 9.8}{1.203}}\times \sqrt{\text{VP}}\fallingdotseq 4.043\sqrt{\text{VP}}$$

여기서, V : 관 내 유속[m/sec]
　　　　VP : 속도압[mmH₂O]

14 소음 발생사업장에서 근로자가 95[dB] 1시간, 90[dB] 4시간, 100[dB] 1시간에 노출되었을 때 노출기준 초과 여부를 판정하시오. (단, 총 근로시간 8시간 중 나머지 2시간은 90[dB] 미만이다.) [6점]

정답 소음노출지수 = $\dfrac{C_1}{TLV_1} + \dfrac{C_2}{TLV_2} + \cdots + \dfrac{C_n}{TLV_n}$

$= \dfrac{1}{4} + \dfrac{4}{8} + \dfrac{1}{2} + 0 = 1.25$

여기서, C_n: 각 소음노출기준[hr]
TLV_n: 허용노출시간[hr]

노출지수가 1보다 크므로 노출기준을 초과한다.

관련이론 연속음의 허용기준(안전보건규칙)

1일 8시간 노출 시 노출기준은 90[dB]이고 5[dB] 증가할 때마다 노출시간은 반감된다.

1일 노출시간[hr]	8	4	2	1	1/2	1/4	115[dB(A)]을 초과해서는 안 된다.
음압수준[dB(A)]	90	95	100	105	110	115	

15 공기의 유량이 0.12[m³/sec], 덕트의 직경이 8.8[cm], 후드의 유입계수가 0.82일 때 후드의 정압[mmH₂O]을 구하시오. (단, 공기의 비중은 1.2) [6점]

정답 • VP(속도압) 계산

$V = \dfrac{Q}{A} = \dfrac{0.12 \text{m}^3/\text{sec}}{\dfrac{\pi \times (0.088\text{m})^2}{4}} = 19.73 [\text{m/sec}]$

$VP = \dfrac{\gamma V^2}{2g} = \dfrac{1.2 \times 19.73^2}{2 \times 9.8} = 23.83 [\text{mmH}_2\text{O}]$

여기서, VP: 속도압[mmH₂O]
V: 공기의 속도[m/sec]
g: 중력 가속도(9.8[m/sec²])
γ: 공기의 비중량[kgf/m³]

• 후드 유입손실계수 계산

$F_h = \dfrac{1}{C_e^2} - 1$

여기서, F_h: 후드 유입손실계수
C_e: 후드 유입계수

$F_h = \dfrac{1}{0.82^2} - 1 = 0.49$

• 후드정압 계산

$SP_h = VP(1 + F_h)$
$= 23.83 \times (1 + 0.49) = 35.51 [\text{mmH}_2\text{O}]$

여기서, VP: 속도압[mmH₂O]
SP_h: 후드정압[mmH₂O]

∴ $SP_h = -35.51 [\text{mmH}_2\text{O}]$

16 [보기]는 고용노동부 고시 사무실 공기관리 지침에 관한 내용이다. (   ) 안을 채우시오. [3점]

> ─ 보기 ─
> ① 공기정화시설을 갖춘 사무실에서 환기횟수는 시간당 (   )회 이상으로 한다.
> ② 공기의 측정시료는 사무실 안에서 공기질이 가장 나쁠 것으로 예상되는 (   )곳 이상에서 채취한다.
> ③ 일산화탄소(CO)는 연 1회 이상, 업무시작 후 1시간 전후 및 업무 종료 전 1시간 전후에 각각 (   ) 분간 측정을 실시한다.

정답 ① 4
　　　 ② 2
　　　 ③ 10

17 배기구 설치규칙 15-3-15의 의미를 설명하시오. [6점]

정답 ① 15: 배기구와 흡입구는 서로 15[m] 이상 떨어져야 한다.
　　　 ② 3: 배기구의 높이는 지붕 꼭대기나 공기 흡입구보다 3[m] 이상 높게 설치하여야 한다.
　　　 ③ 15: 배출되는 공기는 재유입되지 않도록 배출 속도를 15[m/sec] 이상으로 유지하여야 한다.

18 아래의 용어에 대해 간단히 설명하시오. [3점]

> ① 플래넘(충만실)
> ② 제어속도
> ③ 플랜지

정답 ① 슬롯후드의 뒤쪽에 위치하여 압력을 균일화시키는 공간
　　　 ② 오염공기를 후드 내로 유입시키기 위한 최소속도
　　　 ③ 흡인 시 후드 뒤에서 들어오는 공기의 흐름을 방지하고 흡인속도를 증가시키기 위해 후드 개구부에 부착하는 판

19 덕트 단면적이 0.038[m²]이고, 덕트 내 정압은 −64.5[mmH₂O], 전압은 −20.5[mmH₂O]이다. 덕트 내의 반송속도[m/sec]와 공기유량[m³/min]을 구하시오. (단, 공기의 비중량은 1.2[kgf/m³]이다.) [5점]

정답 ① 덕트 내 반송속도

$$VP(속도압) = TP(전압) - SP(정압)$$
$$= (-20.5\text{mmH}_2\text{O}) - (-64.5\text{mmH}_2\text{O}) = 44\text{mmH}_2\text{O}$$

$VP = \dfrac{\gamma V^2}{2g}$ 이므로 $V = \sqrt{\dfrac{2g VP}{\gamma}}$

$$V = \sqrt{\dfrac{2 \times 9.8\text{m/sec}^2 \times 44\text{mmH}_2\text{O}}{1.2\text{kgf/m}^3}} = 26.81[\text{m/sec}]$$

② 덕트 내 공기유량

$$Q = AV = 0.038\text{m}^2 \times 26.81\text{m/sec} = 1.02\text{m}^3/\text{sec} \times \dfrac{60\text{sec}}{\text{min}} = 61.2[\text{m}^3/\text{min}]$$

20 송풍기의 정압이 60[mmH₂O], 유속이 20[m/min], 송풍량이 240[m³/min], 소요동력이 5.5[HP]인 경우, 모터 회전수가 400[rpm]에서 500[rpm]으로 증가 시 송풍량[m³/min], 정압[mmH₂O], 소요동력[HP]의 변화를 계산하시오. [6점]

정답 ① 풍량은 회전수에 비례한다.

$$Q_2 = Q_1 \times \left(\dfrac{N_2}{N_1}\right)$$

여기서, Q_1: 회전수 변경 전 풍량[m³/min]
Q_2: 회전수 변경 후 풍량[m³/min]
N_1: 변경 전 회전수[rpm]
N_2: 변경 후 회전수[rpm]

$$Q_2 = 240 \times \left(\dfrac{500}{400}\right) = 300[\text{m}^3/\text{min}]$$

② 정압은 회전수의 제곱에 비례한다.

$$P_2 = P_1 \times \left(\dfrac{N_2}{N_1}\right)^2$$

여기서, P_1: 회전수 변경 전 풍압[mmH₂O]
P_2: 회전수 변경 후 풍압[mmH₂O]

$$P_2 = 60 \times \left(\dfrac{500}{400}\right)^2 = 93.75[\text{mmH}_2\text{O}]$$

③ 동력은 회전수의 세제곱에 비례한다.

$$W_2 = W_1 \times \left(\dfrac{N_2}{N_1}\right)^3$$

여기서, W_1: 회전수 변경 전 동력[HP]
W_2: 회전수 변경 후 동력[HP]

$$W_2 = 5.5 \times \left(\dfrac{500}{400}\right)^3 = 10.74[\text{HP}]$$

2016년 1회 기출문제

01 국소배기장치를 설치한 작업장에 대해 공기공급시스템을 설치해야 하는 이유를 5가지 쓰시오. [5점]

정답 ① 국소배기장치의 원활한 작동
② 국소배기장치의 효율 유지
③ 에너지 절약
④ 작업장 내에 방해기류가 생기는 것을 방지
⑤ 정화되지 않은 외부공기가 작업장 내로 유입되는 것을 방지

02 송풍기의 송풍량이 100[m³/min], 총 압력손실이 95[mmH₂O], 송풍기의 효율이 70[%]일 경우 송풍기의 소요동력[kW]을 계산하시오. (단, 여유율은 20[%]이다.) [6점]

정답 $kW = \dfrac{Q \times \Delta P}{6,120 \times \eta} \times \alpha = \dfrac{100 \text{m}^3/\text{min} \times 95 \text{mmH}_2\text{O}}{6,120 \times 0.70} \times 1.2 = 2.66[kW]$

여기서, Q: 송풍량[m³/min]
ΔP: 송풍기 유효정압(또는 전압)[mmH₂O]
η: 효율
α: 여유율

03 송풍량이 120[m³/min], 덕트의 직경이 350[mm]인 경우 속도압(동압)[mmH₂O]을 계산하시오. (단, 공기의 비중량은 1.2[kgf/m³]이다.) [6점]

정답 • 유속 계산
$Q = AV \rightarrow V = \dfrac{Q}{A}$

$V = \dfrac{120 \text{m}^3/\text{min}}{\dfrac{\pi \times (0.35\text{m})^2}{4}} = 1,247.26 \text{m/min} \times \dfrac{\text{min}}{60\text{s}} = 20.79[\text{m/s}]$

• 속도압 계산
$VP = \dfrac{\gamma V^2}{2g} = \dfrac{1.2 \times 20.79^2}{2 \times 9.8} = 26.46[\text{mmH}_2\text{O}]$

여기서, VP: 속도압[mmH₂O]
V: 유속[m/s]
γ: 비중량[kgf/m³]
g: 중력가속도[m/s²]

04 덕트 직경이 10[cm], 공기유속이 5[m/sec]일 때 20[℃]에서 Reynolds수를 계산하고 유체 흐름의 종류를 판단하시오. (단, 20[℃]에서 공기의 동점성계수는 1.2×10^{-5}[m²/sec]이고 공기밀도는 1.2[kg/m³]이다.) [6점]

정답 ① $Re = \dfrac{DV}{\nu}$

$= \dfrac{0.1 \text{m} \times 5 \text{m/sec}}{1.2 \times 10^{-5} \text{m}^2/\text{sec}} = 41,666.67$

② 레이놀즈수가 4,000 이상이므로 난류이다.

05 국소배기장치 성능시험 시 발연관의 사용으로 알 수 있는 내용에 대해 3가지 쓰시오. [3점]

정답 ① 통풍이나 환기상태 정도 인지 가능
② 오염물질의 이탈요인 규명 가능
③ 오염물질의 확산 이동 관찰 가능
④ 난기류 영향 평가 가능

06 다음 용어의 정의를 쓰시오. [6점]

(1) 단위작업장소
(2) 정확도
(3) 정밀도

정답 (1) 작업환경측정대상이 되는 작업장 또는 공정에서 정상적인 작업을 수행하는 동일 노출집단의 근로자가 작업을 하는 장소
(2) 분석치가 참값에 얼마나 접근하였는가 하는 수치상의 표현
(3) 일정한 물질에 대해 반복측정·분석을 했을 때 나타나는 자료 분석치의 변동 크기가 얼마나 작은가 하는 수치상의 표현

07 아래 안전보건표지의 의미를 알맞게 기술하시오. [6점]

①  ②  ③
④  ⑤  ⑥

정답
① 폭발성물질경고
② 인화성물질경고
③ 급성독성물질경고
④ 발암성·변이원성·생식독성·전신독성·호흡기과민성물질경고
⑤ 부식성물질경고
⑥ 산화성물질경고

08 생물학적 노출지수에서 호기는 일반적으로 정확히 구할 수 있어도 잘 사용하지 않는데, 그 이유를 2가지 쓰시오. [4점]

정답
① 수분 응축의 영향에 따라 농도가 변한다.
② 호기상태 및 채취시간에 따라 농도가 변한다.

09 산업피로 증상에서 혈액과 소변의 변화에 대해 간단히 쓰시오. [4점]

정답
① 혈액: 혈당치가 낮아지고 젖산과 탄산량이 증가하여 산혈증이 발생한다.
② 소변: 소변량이 줄고 진한 갈색을 나타내며 단백질 또는 교질물질의 배설량이 증가한다.

10 공기 중 혼합물로서 벤젠 0.25[ppm](TLV: 0.5[ppm]), 톨루엔 25[ppm](TLV: 50[ppm]), 크실렌 60[ppm](TLV: 100[ppm])이 서로 상가작용을 한다고 할 때 허용농도의 초과 여부를 평가하고, 혼합공기의 허용농도[ppm]를 구하시오. [6점]

정답 (1) 허용농도 초과여부

노출지수가 1을 초과하면 노출기준을 초과한다고 평가한다.

$$EI = \frac{C_1}{TLV_1} + \frac{C_2}{TLV_2} + \cdots + \frac{C_n}{TLV_n} = \frac{0.25}{0.5} + \frac{25}{50} + \frac{60}{100} = 1.6$$

여기서, EI: 노출지수
C_n: 각 물질의 농도[ppm]
TLV_n: 각 물질의 허용농도[ppm]

노출지수가 1을 초과하므로 이 혼합물은 노출기준을 초과한다.

(2) 혼합공기 허용농도 $= \dfrac{C_1 + \cdots + C_n}{\text{노출지수}} = \dfrac{0.25 + 25 + 60}{1.6} = 53.28[\text{ppm}]$

11 ACGIH의 입자상 물질이 침착하는 부위에 따라 입경별 분류 3가지를 기술하시오. [6점]

정답 ① 흡입성 입자상 물질(IPM)
② 흉곽성 입자상 물질(TPM)
③ 호흡성 입자상 물질(RPM)

12 다음 [보기]에서 후드의 선택 및 적용 시 유의할 사항으로 잘못된 것 3가지를 골라 옳은 내용으로 정정하시오. [6점]

┌ 보기 ┐
① 설계사양 추천을 따르도록 한다.
② 필요유량은 최대가 되도록 설계한다.
③ 작업자의 호흡영역을 보호하도록 한다.
④ 공정별로 국소적인 흡인방식을 취한다.
⑤ 비산방향을 고려하고 발생원에 가능한 한 가깝게 설치한다.
⑥ 마모성 분진의 경우 후드는 가능한 한 얇은 재료를 사용해야 한다.
⑦ 후드의 개구면적을 크게 하여 흡인 개구부의 포집속도를 높인다.

정답 ② 필요유량은 가급적 최소가 되도록 설계한다.
⑥ 마모성 분진의 경우 후드는 가능한 한 두꺼운 재료를 사용해야 한다.
⑦ 후드의 개구면적을 작게 하여 흡인 개구부의 포집속도를 높인다.

13 플랜지 미부착 자유공간에 설치된 후드 개구면에서 오염물질 발생지점까지의 거리가 기존 1[m]에서 2배로 증가하면 필요송풍량은 몇 배 증가하는지 계산하시오. (단, 후드 개구면의 면적은 0.5[m²]이며, 기타 다른 조건은 동일하다.) [6점]

정답 $Q = V_c(10X^2 + A)$

여기서 Q: 필요송풍량 V_c: 제어속도
X: 제어거리 A: 면적

$Q_1 = V_c(10 \times 1^2 + 0.5) = 10.5 V_c$
$Q_2 = V_c(10 \times 2^2 + 0.5) = 40.5 V_c$
$\dfrac{Q_2}{Q_1} = \dfrac{40.5}{10.5} = 3.86$

따라서, 3.86배 증가한다.

14 1기압, 21[℃]의 작업조건에서 어떤 물질이 시간당 1[kg]씩 완전히 증발한다. 이때 전체환기시설 설치 시 필요환기량[m³/min]을 구하시오. (단, 어떤 물질의 MW=92, TLV=50[ppm], 여유계수 K=6이다.) [6점]

정답 $Q = \dfrac{24.1 \times G_{kg} \times 10^6}{M \times \mathrm{TLV}} \times K$

여기서, Q: 작업시간 1시간당 필요환기량[m³/hr] G_{kg}: 유해물질의 시간당 중량사용량[kg/hr]
K: 안전계수 M: 분자량[g]
TLV: 유해물질의 노출기준[ppm]

$Q = \dfrac{24.1 \times 1\mathrm{kg/hr} \times 10^6}{92 \times 50} \times 6 = 31{,}434.78 \mathrm{m^3/hr} \times \dfrac{\mathrm{hr}}{60\mathrm{min}} = 523.91 [\mathrm{m^3/min}]$

15 유리 제조 작업장에서 작업자가 눈에 통증을 호소할 경우 원인 유해인자와 질병명을 쓰시오. [6점]

정답 ① 유해인자: 복사열
② 질병: 결막염, 각막염

16 직경 40[cm], 원형 직관 내 200[m³/min] 유량으로 공기가 흐를 때 관길이 10[m]당 압력손실[mmH₂O]은? (단, 마찰계수는 0.02이고, 공기 비중량은 1.2[kgf/m³]이다.) [6점]

정답 • 유속 계산

$$V = \frac{Q}{A} = \frac{200 \text{m}^3/\text{min}}{\frac{\pi \times (0.4\text{m})^2}{4}} = 1,591.55 \text{m/min} \times \frac{\text{min}}{60\text{sec}} = 26.53 [\text{m/sec}]$$

여기서, Q: 유량[m³/sec]
A: 덕트 단면적[m²]
V: 덕트 내 반송속도[m/sec]

• 압력손실 계산

$$\Delta P = \lambda \times \frac{l}{D} \times \frac{\gamma V^2}{2g} = 0.02 \times \frac{10\text{m}}{0.4\text{m}} \times \frac{1.2 \times 26.53^2}{2 \times 9.8} = 21.55 [\text{mmH}_2\text{O}]$$

여기서, ΔP: 압력손실
l: 관의 길이[m]
γ: 비중량[kgf/m³]
g: 중력가속도(9.8[m/sec²])
λ: 관마찰계수(달시마찰계수)
D: 관의 직경[m]
V: 유체의 속도[m/sec]

17 위상차 현미경을 사용하여 석면시료를 분석하여 [보기]와 같은 결과를 얻었다. 공기 중 석면농도[개/cc]를 계산하시오. [6점]

┤보기├
• 시료 1시야당 3.1개, 공시료 1시야당 0.05개
• 25[mm] 여과지(유효직경 22.14[mm]) 사용
• 2.4[L/min] 펌프로 1.5시간 시료 채취

정답 • 총 채취공기량 계산
  − 채취시간: 1.5[hr] = 90[min]
  − 총 채취공기량 = 90min × 2.4L/min = 216L
• 여과지 유효면적 및 시야면적 계산
  − 여과지 유효면적 = $\frac{\pi}{4} \times (22.14\text{mm})^2 = 384.99 \text{mm}^2$
  − 현미경 시야면적: 위상차 현미경 분석 시 표준 시야직경은 0.1[mm](= 100[μm])이다.
  $$= \frac{\pi}{4} \times (0.1\text{mm})^2 = 0.00785 [\text{mm}^2]$$
• 석면농도 계산

$$\text{석면농도[개/cc]} = \frac{(\text{시료1시야당 석면개수} - \text{공시료1시야당 석면개수}) \times \text{여과지유효면적[mm}^2\text{]}}{\text{1시야면적[mm}^2\text{]} \times \text{총채취공기량[L]} \times 1,000}$$

$$= \frac{(3.1 - 0.05) \times 384.99 \text{mm}^2}{0.00785 \text{mm}^2 \times 216\text{L} \times 1,000} = 0.69 [\text{개/cc}]$$

18 곡관의 압력손실에 영향을 주는 인자 3가지를 쓰시오. [3점]

정답 ① 곡률반경비
② 곡관의 연결 상태
③ 곡관의 크기, 모양

19 작업환경측정의 목적에 대하여 3가지를 쓰시오. [3점]

정답 ① 환기시설의 성능을 평가한다.
② 근로자의 노출이 법적 기준인 허용농도를 초과하는지 판단한다.
③ 과거의 노출농도가 타당한지 확인한다.

20 열평형 방정식을 쓰고 각각의 요소에 대해 설명하시오. [5점]

정답 열평형 방정식: $\Delta S = M \pm C \pm R - E$
여기서, ΔS: 생체 열용량의 변화
C: 대류에 의한 열교환
E: 증발에 의한 열손실
M: 작업대사량
R: 복사에 의한 열교환

관련이론
증발은 열손실만 발생시키므로 빼주고, 대류와 복사는 상황에 따라 열손실과 열획득 모두 발생 가능하므로 $\pm$를 사용한다.

2016년 2회 기출문제

01 ACGIH, NIOSH, TLV의 정식 영문명 및 한글명을 정확하게 쓰시오. [6점]

> **정답** ① ACGIH(American Conference of Governmental Industrial Hygienists): 미국정부산업위생전문가협의회
> ② NIOSH(National Institute for Occupational Safety and Health): 미국국립산업안전보건연구원
> ③ TLV(Threshold Limit Value): 허용기준

02 레시버식 후드에서 개구부에서의 흡입기류방향 및 흡인량을 확인할 수 있는 기기는 무엇인지 각각 쓰시오. [4점]

> **정답** ① 흡입기류방향 확인: 발연관
> ② 흡인량 확인: 열선풍속계

03 [보기]의 ( ) 안에 들어갈 알맞은 용어를 쓰시오. [6점]

> ┤보기├
> 자연환기는 작업장의 개구부를 통해 바람이나 작업장 내외의 (①)와 (②) 차이에 의한 (③)으로 행해지는 환기를 말한다.

> **정답** ① 온도
> ② 압력
> ③ 대류작용

04 전체환기의 적용조건을 5가지만 쓰시오. [5점]

정답
① 오염물질의 독성이 낮은 경우
② 오염물질의 발생량이 시간에 따라 균일한 경우
③ 한 작업장 내에 오염발생원이 분산되어 있는 경우
④ 오염발생원의 위치가 움직이는 경우
⑤ 발생하는 유해물질의 양이 적은 경우
⑥ 국소배기장치 설치가 불가능한 경우

05 환기장치의 보충용 공기의 정의를 간단히 쓰시오. [4점]

정답 보충용 공기는 환기장치를 통해 배출되는 공기의 양만큼 외부로부터 보충되는 공기이다.

06 슬롯후드의 유량이 90[m³/min]이고 슬롯의 크기가 길이 70[cm], 높이 10[cm]인 경우 속도압[mmH$_2$O]을 구하시오. [4점]

정답 $V = 4.043\sqrt{VP} \rightarrow VP = \left(\dfrac{V}{4.043}\right)^2 = \left(\dfrac{\frac{Q}{A}}{4.043}\right)^2$

$VP = \left(\dfrac{\dfrac{90\,\text{m}^3/\text{min} \times \dfrac{\text{min}}{60\,\text{sec}}}{0.7\,\text{m} \times 0.1\,\text{m}}}{4.043}\right)^2 = 28.09\,[\text{mmH}_2\text{O}]$

07 생물학적 모니터링 생체시료 3가지를 쓰시오. [6점]

정답
① 소변
② 혈액
③ 호기

08 Blow Down 효과에 대하여 쓰시오. [6점]

정답 블로다운 효과는 처리배기량의 5~10[%]를 재유입하여 유효원심력을 증가시켜 선회기류의 흐트러짐을 방지하는 방법으로, 입자의 재비산과 장치의 폐쇄현상을 방지한다.

09 TWA가 설정되어 있는 유해물질 중 STEL이 설정되어 있지 않은 경우 TWA 외에 단시간 허용농도 상한치를 설정하는데, 근로자 노출의 상한치와 노출시간을 쓰시오. (단, ACGIH 권고기준에 따른다.) [4점]

정답 ① TLV-TWA의 3배 이상인 경우: 노출시간 30분 이하 권고
② TLV-TWA의 5배 이상인 경우: 잠시라도 노출되어서는 안 됨

10 1기압, 21[℃]의 작업조건에서 어떤 물질이 시간당 1[kg]씩 완전히 증발한다. 이때 전체환기시설 설치 시 필요환기량[m³/min]을 구하시오. (단, 어떤 물질의 MW=92, TLV=50[ppm], 여유계수 K=6이다.) [6점]

정답 $Q = \dfrac{24.1 \times G_{kg} \times 10^6}{M \times TLV} \times K$

여기서, Q: 작업시간 1시간당 필요환기량[m³/hr] G_{kg}: 유해물질의 시간당 중량사용량[kg/hr]
K: 안전계수 M: 분자량[g]
TLV: 유해물질의 노출기준[ppm]

$Q = \dfrac{24.1 \times 1\text{kg/hr} \times 10^6}{92 \times 50} \times 6 = 31{,}434.78 \text{m}^3/\text{hr} \times \dfrac{\text{hr}}{60\text{min}} = 523.91 [\text{m}^3/\text{min}]$

11 환기시스템에서 속도압이 30[mmH₂O], 후드의 압력손실이 3.24[mmH₂O]일 때 후드의 유입계수를 계산하시오. [6점]

정답
- 후드 유입손실계수 계산
$$\Delta P = F_h \times VP$$

여기서, F_h: 후드 유입손실계수
VP: 속도압

$3.24 \text{mmH}_2\text{O} = F_h \times 30 \text{mmH}_2\text{O}$
$F_h = 0.108$

- 후드 유입계수 계산
$$F_h = \frac{1}{C_e^2} - 1$$

여기서, C_e: 유입계수

$$C_e = \sqrt{\frac{1}{1+F_h}} = \sqrt{\frac{1}{1+0.108}} = 0.95$$

12 다음 [표]는 석면에 노출되어 폐암이 발생되었던 환자 – 대조군의 연구결과이다. 다음 물음에 답하시오. [6점]

구분	환자군	대조군
노출	3	15
비노출	1	18

(1) 상대위험비(Relative Risk)에 대한 개념을 설명하시오.
(2) 위 [표]에서 상대위험비를 구하고 그 의미를 설명하시오.

정답 (1) 위험요인에 노출된 집단에서의 질병발생률을 비노출군의 질병발생률로 나눈 값이다.

(2) 상대위험비 = $\dfrac{\text{노출군에서의 발생률}}{\text{비노출군에서의 발생률}} = \dfrac{\frac{3}{3+15}}{\frac{1}{1+18}} = 3.17$

상대위험비가 1보다 크므로 위험의 증가를 의미한다. 즉, 노출환자군은 비노출환자군에 비하여 질병발생률이 3.17배 증가한다는 것을 의미한다.

관련이론 상대위험비의 해석
- 상대위험비 > 1 → 위험의 증가
- 상대위험비 = 1 → 노출과 질병 사이의 연관성 없음
- 상대위험비 < 1 → 질병에 대한 방어효과 있음

13 총 흡음량이 2,500[sabin]인 작업장에 흡음량 2,500[sabin]을 추가할 경우 소음저감량[dB]을 구하시오. [4점]

정답 $NR = 10\log\dfrac{A_2}{A_1} = 10\log\dfrac{2,500+2,500}{2,500} = 3.01[dB]$

여기서, NR : 소음저감량[dB]
A_1 : 흡음재 부착 전 흡음력[sabins]
A_2 : 흡음재 부착 후 흡음력[sabins]

14 다음 [보기]의 ( ) 안에 공통으로 들어갈 알맞은 용어를 쓰시오. [4점]

┌─ 보기 ───
│ 가스상 물질은 유해물질의 ( ) 정도에 따라 상기도점막 자극제, 폐조직 자극제, 폐포점막 자극제 등
│ 으로 구분한다. 암모니아, 아황산가스는 상기도에 침착, 이산화질소는 폐포 깊이 침투하는데 ( )가
│ 크고 작음에 의해 침착되는 부위가 달라진다.
└──

정답 용해도

15 덕트 내 공기의 유속을 피토관으로 측정한 결과 속도압이 15[mmH₂O]이었다. 덕트 내 온도가 270[℃]일 때의 유속[m/sec]을 구하시오. (단, 공기의 비중량은 1.3[kgf/m³], 피토계수는 0.96으로 한다.) [5점]

정답
- 비중량 온도보정

$$\gamma_2 = \gamma_1 \times \dfrac{273}{273+t} = 1.3 \times \dfrac{273}{273+270} = 0.6536[kgf/m^3]$$

- 유속 계산

$$V = C\sqrt{\dfrac{2g \times VP}{\gamma}}$$

여기서, VP : 속도압[mmH₂O]
V : 공기의 속도[m/sec]
C : 피토 계수
g : 중력가속도(9.8[m/sec²])
γ : 공기의 비중량[kgf/m³]

$$V = 0.96 \times \sqrt{\dfrac{2 \times 9.8 \times 15}{0.6536}} = 20.36[m/sec]$$

16 덕트 직경이 50[cm]이고, 전압은 102[mmH$_2$O], 정압은 −85[mmH$_2$O]일 때, 유량[m^3/sec]은? (단, 공기의 비중량은 1.2[kgf/m^3]이다.) [4점]

정답 • 반송속도 계산

$$VP = TP - SP = (102 mmH_2O) - (-85 mmH_2O) = 187[mmH_2O]$$

$$V = \sqrt{\frac{2g \times VP}{\gamma}} = \sqrt{\frac{2 \times 9.8 m/sec^2 \times 187 mmH_2O}{1.2 kgf/m^3}} = 55.27[m/sec]$$

여기서, VP: 속도압[mmH$_2$O]
V: 공기의 속도[m/sec]
g: 중력가속도(9.8[m/sec^2])
γ: 공기의 비중량[kgf/m^3]

• 유량 계산

$$A = \frac{\pi \times D^2}{4} = \frac{\pi \times 0.5^2}{4} = 0.20 m^2$$

$$Q = AV = 0.20 m^2 \times 55.27 m/sec = 11.05[m^3/sec]$$

여기서, Q: 유량[m^3/sec]
A: 덕트 단면적[m^2]
V: 덕트 내 반송속도[m/sec]

17 직경 100[mm], 길이 10[m]인 원형 덕트 내 6[m^3/min]로 표준상태의 공기가 흐르고 있을 때 아래의 [조건]을 참조하여 속도압 방법에 의한 압력손실[mmH$_2$O]을 계산하시오. [6점]

─┤ 조건 ├──
마찰손실계수(HF)를 계산할 때 상수 a는 0.0154, b는 0.532, c는 0.613으로 계산한다.

정답 • 마찰손실계수 계산

$$Q = 6 m^3/min \times \frac{min}{60 sec} = 0.1[m^3/sec]$$

$$V = \frac{0.1}{\frac{\pi \times 0.1^2}{4}} = 12.73[m/sec]$$

$$HF(마찰손실계수) = \frac{aV^b}{Q^c} = \frac{0.0154 \times 12.73^{0.532}}{0.1^{0.613}} = 0.24$$

여기서, V: 유속[m/sec] $\quad Q$: 유량[m^3/sec]

• 압력손실 계산

$$VP = \left(\frac{V}{4.043}\right)^2 = \left(\frac{12.73}{4.043}\right)^2 = 9.91[mmH_2O]$$

$$\Delta P = HF \times L \times VP = 0.24 \times 10 \times 9.91 = 23.78[mmH_2O]$$

여기서, ΔP: 압력손실[mmH$_2$O] $\quad L$: 관의 길이[m]

18 안전흡수량이 체중 kg당 0.35[mg], 평균체중이 70[kg]인 근로자가 경작업수준(폐환기율 1.20[m³/hr])으로 1일 8시간 작업 시 허용농도[mg/m³]는 얼마인지 계산하시오. (단, 체내 잔류율은 1.2) [5점]

정답 $SHD = C \times t \times V \times R$

여기서, SHD: 체내흡수량[mg]
C: 공기 중 유해물질 농도[mg/m³]
t: 노출시간[hr]
V: 폐환기율[m³/hr]
R: 체내 잔류율

$$C = \frac{SHD}{t \times V \times R} = \frac{0.35\text{mg/kg} \times 70\text{kg}}{8\text{hr} \times 1.20\text{m}^3/\text{hr} \times 1.2} = 2.13 [\text{mg/m}^3]$$

19 Null Point(무효점, 제로점)에 대해 설명하시오. [4점]

정답 무효점이란 발생원에서 배출된 유해물질이 초기 운동에너지를 상실하여 비산속도가 0이 되는 비산한계점을 의미한다.

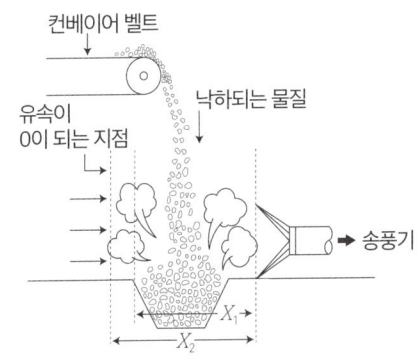

20 작업장에 설치된 3대의 기계에서 소음이 각각 94[dB], 95[dB], 98[dB]씩 발생할 때 소음원에서 발생하는 총 음압레벨[dB]을 구하시오. [5점]

정답 $L_\text{합} = 10\log\left(10^{\frac{SPL_1}{10}} + 10^{\frac{SPL_2}{10}} + \cdots + 10^{\frac{SPL_n}{10}}\right) = 10\log\left(10^{\frac{94}{10}} + 10^{\frac{95}{10}} + 10^{\frac{98}{10}}\right) = 100.79[\text{dB}]$

여기서, $L_\text{합}$: 합산소음[dB] SPL_n: 음압수준[dB]

2016년 3회 기출문제

01 귀마개의 장·단점을 2가지씩 기술하시오. [4점]

정답 (1) 귀마개의 장점
① 작아서 편리하다.
② 안경, 귀걸이, 머리카락, 모자 등에 의해 방해를 받지 않는다.
③ 고온에서 착용해도 불편함이 없다.
④ 좁은 공간에서도 고개를 움직이는 데 불편이 없다.
⑤ 가격이 귀덮개보다 저렴하다.
(2) 귀마개의 단점
① 귀에 맞도록 조절하는 데 많은 시간과 노력이 필요하다.
② 좋은 귀마개라도 차음효과가 귀덮개보다 떨어지고 사용자 간의 개인차가 크다.
③ 귀마개에 묻어 있는 오염물질이 귀에 들어갈 수 있다.
④ 잘 보이지 않아 귀마개의 사용 여부를 확인하는 데 어려움이 있다.
⑤ 귀가 건강한 사람만 사용할 수 있다.

02 작업장에서 에틸벤젠(TLV: 100[ppm]) 작업을 1일 10시간 사용한다. 이때 보정된 허용농도[ppm]를 구하시오. (단, Brief-Scala식을 적용한다.) [5점]

정답 $RF = \dfrac{8}{H} \times \dfrac{24-H}{16} = \dfrac{8}{10} \times \dfrac{24-10}{16} = 0.7$

여기서, RF: 노출수준 보정계수 H: 노출시간[hr/day]

보정된 노출수준 $= RF \times TLV = 0.7 \times 100\text{ppm} = 70\text{[ppm]}$

03 다음 [표]는 사무실 공기관리 지침상 사무실 오염물질에 대한 관리기준이다. 빈칸을 채우시오. [4점]

이산화탄소(CO_2)	(①)[ppm] 이하
이산화질소(NO_2)	(②)[ppm] 이하
라돈	(③)[Bq/m^3] 이하
일산화탄소(CO)	(④)[ppm] 이하

정답 ① 1,000 ② 0.1 ③ 148 ④ 10

관련이론 사무실 공기관리지침

오염물질	관리기준
미세먼지(PM10)	100[$\mu g/m^3$]
초미세먼지(PM2.5)	50[$\mu g/m^3$]
일산화탄소(CO)	10[ppm]
이산화탄소(CO_2)	1,000[ppm]
이산화질소(NO_2)	0.1[ppm]
포름알데히드(HCHO)	100[$\mu g/m^3$]
총 휘발성 유기화합물(TVOC)	500[$\mu g/m^3$]
라돈	148[Bq/m^3]
총부유세균	800[CFU/m^3]
곰팡이	500[CFU/m^3]

04 입자의 크기가 30[μm]이고 밀도가 1.3[g/cm^3]일 경우 입자의 침강속도[cm/sec]를 계산하시오. (단, 공기 점성계수는 1.78×10^{-4}[g/cm·sec], 중력가속도 980[cm/sec^2], 공기밀도 0.0012[g/cm^3]이다.) [5점]

정답 $V_g = \dfrac{d_p^2(\rho_p - \rho)g}{18\mu} = \dfrac{(30 \times 10^{-4}\text{cm})^2 \times (1.3 - 0.0012) \times 980\text{cm/sec}^2}{18 \times 1.78 \times 10^{-4}} = 3.58[\text{cm/sec}]$

여기서, V_g : 침강속도[cm/sec]
d_p : 입자상 물질의 직경[cm]
ρ_p : 입자상 물질의 밀도[g/cm^3]
ρ : 공기의 밀도[g/cm^3]
g : 중력가속도(980[cm/sec^2])
μ : 공기의 점성계수[g/cm·sec]

05 어떤 작업장에 입자의 직경이 5[μm], 비중 2.5인 입자상 물질이 있다. Lippman 공식을 사용하여 침강속도[cm/sec]를 계산하면 얼마인가? [4점]

정답 $V_g = 0.003 \times s_g \times d^2$

여기서, V_g: 입자의 침강속도[cm/sec]
s_g: 입자비중(밀도)
d: 입자직경[μm]

$V_g = 0.003 \times 2.5 \times 5^2 = 0.19 [\text{cm/sec}]$

06 면적이 10[m²]인 창문을 통과하는 음압수준이 90[dB]일 때 이 창문을 통과한 음파의 음향파워[W]를 계산하시오. [6점]

정답 $\text{SPL} = \text{PWL} - 10\log S$

여기서, SPL: 음압수준[dB]　　PWL: 음력수준[dB]　　S: 표면적[m²]

$\text{PWL} = \text{SPL} + 10\log 10 = 90 + 10 = 100[\text{dB}]$
$\text{PWL} = 10\log \dfrac{W}{10^{-12}} \rightarrow W = 10^{10} \times 10^{-12} = 0.01[\text{W}]$

관련이론 음력, 음력수준, SPL과 PWL의 관계

- 음력(음향출력)
$W = I \times S$

　　여기서, W: 음력[W]　　I: 음의 세기[W/m²]　　S: 면적[m²]

- 음력수준(PWL, Sound Power Level)
$\text{PWL} = 10\log \dfrac{W}{10^{-12}}$

　　여기서, PWL: 음력수준[dB]　　W: 측정음력[W]　　10^{-12}: 기준음력[W]

- SPL과 PWL의 관계
$\text{PWL} = 10\log \dfrac{W}{10^{-12}} = 10\log \dfrac{I \times S}{10^{-12}} = 10\log \dfrac{I}{10^{-12}} + 10\log S = \text{SPL} + 10\log S$

여기서, $10\log \dfrac{I}{10^{-12}}$은 원래 음의 세기레벨(SIL)이나, 대개 SPL과 거의 근사하므로 SPL을 사용한다.

07 고농도 분진작업에 대한 작업환경 관리대책을 4가지 쓰시오. [4점]

정답 ① 작업장소 밀폐
② 국소배기 및 전체환기
③ 작업공정 습식화
④ 개인보호구 지급, 착용

08 공기의 조성비가 다음과 같을 때 이 공기의 밀도[kg/m³]를 계산하시오. (단, 25[℃], 1기압 기준이다.) [6점]

- 산소(분자량 32): 21[%]
- 수증기(분자량 18): 0.5[%]
- 이산화탄소(분자량 44): 0.3[%]
- 질소(분자량 28): 78.2[%]

정답 공기 평균분자량 $= (32 \times 0.21) + (18 \times 0.005) + (44 \times 0.003) + (28 \times 0.782) = 28.838$

25[℃], 1기압의 기체 1[mol]의 부피는 24.45[L]이므로

공기밀도 $= \dfrac{질량}{부피} = \dfrac{28.838g}{24.45L} = 1.18 g/L \times \dfrac{kg}{1,000g} \times \dfrac{1,000L}{m^3} = 1.18[kg/m^3]$

09 작업환경 개선의 기본원칙 4가지를 쓰시오. [4점]

정답 ① 대치
② 격리
③ 환기
④ 교육

10 OSHA 허용농도는 정상작업에 종사하는 근로자를 보호하기 위해 설정되었으며 비정상작업을 위한 허용농도 보정에 2가지 방법을 사용하고 있다. OSHA에서는 허용농도에 대한 보정이 필요 없는 경우 3가지를 제시하고 있는데 이것이 무엇인지 모두 기술하시오. [6점]

정답 ① 천장값으로 되어 있는 노출기준
② 가벼운 자극을 유발하는 물질에 대한 노출기준
③ 기술적으로 타당하지 않은 노출기준

11 후드를 통해 20[m³/min]의 혼합공기가 덕트로 유입되도록 덕트의 직경[cm]을 정수로 계산하시오. (단, 시판되는 덕트의 직경은 1[cm] 간격으로 되어 있으며 덕트의 반송속도는 1,000[m/min]이다.) [5점]

정답 $Q = AV \rightarrow A = \dfrac{20\text{m}^3/\text{min}}{1,000\text{m}/\text{min}} = 0.02[\text{m}^2]$

$A = \dfrac{\pi D^2}{4}$

$D = \sqrt{\dfrac{0.08}{\pi}} = 0.1596\text{m} \times \dfrac{100\text{cm}}{\text{m}} = 15.96[\text{cm}]$

∴ 덕트의 직경을 정수로 요구하였으므로 직경이 16[cm]인 것을 사용한다.

12 중량물을 들어올리는 작업을 할 때 취하여 할 작업자세 2가지를 쓰시오. [4점]

정답 ① 무게중심을 낮춘다.
② 대상물에 몸을 밀착한다.

13 벤투리 스크러버의 원리에 대해 간단히 설명하시오. [6점]

정답 가스 입구에 벤투리관을 삽입하고 배기가스를 벤투리관의 목 부위에 유속 60~90[m/s]로 공급하여 목부 주변에 설치되어 있는 노즐로부터 세정액을 분사하여 포집하는 방식이다.

14 도금공장에서 발생하는 총 크롬 분석 시 채취여과지의 종류와 분석방법 한 가지를 쓰시오. 또한 도금 분진 측정 결과 여과지에 채취한 무게가 0.1090[μg], 공시료 여과지에서는 0.0010[μg] 검출되었고, 회수율 98[%], 공기채취량이 100[L]라면 공기 중 총 크롬 농도[mg/m³]를 계산하시오. (단, 소수 넷째자리까지 구하시오.) [6점]

정답 ① 여과지: MCE 여과지
② 분석법: 원자흡광광도법
③ 중량농도 = $\dfrac{\text{시료채취 후 여과지 무게} - \text{시료채취 전 여과지 무게(공시료분석량)}}{\text{시료공기 채취량} \times \text{회수율}}$

$= \dfrac{(0.1090 - 0.0010)\mu g}{100L \times 0.98} = 1.1 \times 10^{-3} \mu g/L \times \dfrac{mg}{10^3 \mu g} \times \dfrac{10^3 L}{m^3} = 0.0011 [mg/m^3]$

15 근로자가 벤젠을 취급하다가 실수로 작업장 바닥에 1.8[L]를 흘렸다. 작업장을 18[℃], 1기압이라고 가정한다면 공기 중으로 증발한 벤젠의 증기용량[L]을 구하시오. (단, 벤젠 분자량 78.11, 비중 0.87, 바닥의 벤젠은 모두 증발한다.) [5점]

정답 $G_g = 1.8L \times \dfrac{0.87g}{mL} \times \dfrac{1,000mL}{L} = 1.566[g]$

여기서, G_g: 중량사용량[g]

18[℃], 1기압에서 기체 1[mol]의 부피 $= 22.4L \times \dfrac{273+18}{273} = 23.88[L]$

증기용량 $= G_g \times \dfrac{\text{부피}}{\text{분자량}} = 1.566g \times \dfrac{23.88L}{78.11g} = 478.76[L]$

16 후드 정압이 감소하게 된 원인을 후드와 관련하여 2가지 쓰시오. [4점]

정답 ① 후드의 형식이 작업 조건에 부적합한 경우
② 외부 기류의 영향으로 후드 개구면에서의 기류제어가 불량인 경우
③ 후드 가까이에 장애물이 존재하는 경우

17 공기시료채취기를 사용하여 분진농도를 측정하였다. 시료채취 전·후의 여과지 무게는 각각 21.6[mg], 130.4[mg]이었으며, 채취기의 유량은 4.24[L/min]이었다. 240분 동안 시료를 채취하였을 때 분진의 농도[mg/m³]를 구하시오. [6점]

정답 중량농도 = $\dfrac{\text{채취 후 여과지 무게} - \text{채취 전 여과지 무게}}{\text{포집공기량}}$

$= \dfrac{(130.4 - 21.6)\text{mg}}{4.24\text{L/min} \times 240\text{min} \times \dfrac{\text{m}^3}{1,000\text{L}}} = 106.92[\text{mg/m}^3]$

18 97[℃] 건조로 내에서 톨루엔(비중 0.87, 분자량 92)이 시간당 0.24[L]씩 증발한다. LEL은 5[%]일 때 폭발방지를 위한 환기량[m³/min]은? (단, 안전계수는 4이고, 온도보정은 고려하지 않는다.) [5점]

정답 $Q = \dfrac{24.1 \times s \times G \times 100}{M \times \text{LEL} \times B} \times K$

여기서, Q: 화재 및 폭발방지를 위한 필요환기량[m³/hr] s: 비중
G: 시간당 사용량[L/hr] K: 안전계수
M: 분자량   LEL: 폭발하한계[%]
B: 상수(120[℃]까지 1)

$Q = \dfrac{24.1 \times 0.87 \times 0.24\text{L/hr} \times 100}{92 \times 5\% \times 1.0} \times 4 = 4.38\text{m}^3/\text{hr} \times \dfrac{\text{hr}}{60\text{min}} = 0.07[\text{m}^3/\text{min}]$

19 합류관에서는 합류관의 각도에 따라 유입손실이 발생한다. 합류관의 각도를 90°에서 30°로 바꿀 경우 합류관에서 발생하는 압력손실[mmH₂O]이 얼마나 감소하는지 계산하시오. (단, 속도압은 모두 20[mmH₂O]로 계산한다.) [6점]

합류관 각도	30°	90°
압력손실계수	0.18	1.00

정답 합류관의 압력손실

$\Delta P = \zeta \times \mathrm{VP}$

여기서, ΔP: 압력손실[mmH₂O]
ζ: 압력손실계수
VP: 속도압[mmH₂O]

- 90°일 경우 압력손실
$\Delta P_1 = \zeta_1 \times \mathrm{VP} = 1.0 \times 20 = 20[\mathrm{mmH_2O}]$
- 30°일 경우 압력손실
$\Delta P_2 = \zeta_2 \times \mathrm{VP} = 0.18 \times 20 = 3.6[\mathrm{mmH_2O}]$
- 압력손실 감소량
$\Delta P = \Delta P_1 - \Delta P_2 = 20 - 3.6 = 16.4[\mathrm{mmH_2O}]$

20 1[atm], 25[℃]인 2,000[m³]의 작업공간에 벤젠(분자량 78, 밀도 0.88[g/mL]) 4[L]를 혼입하려 할 때 벤젠의 농도[ppm]를 구하시오. [5점]

정답 중량농도 = $\dfrac{\text{작업장 내 벤젠의 총 중량}}{\text{작업장의 부피}} = \dfrac{4\mathrm{L} \times 0.88\mathrm{g/mL} \times \dfrac{1{,}000\mathrm{mL}}{\mathrm{L}} \times \dfrac{1{,}000\mathrm{mg}}{\mathrm{g}}}{2{,}000\mathrm{m^3}} = 1{,}760[\mathrm{mg/m^3}]$

$\mathrm{ppm} = \dfrac{24.45 \times \mathrm{mg/m^3}}{\text{분자량}} = \dfrac{24.45 \times 1{,}760}{78} = 551.69[\mathrm{ppm}]$

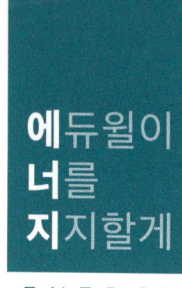

끝이 좋아야 시작이 빛난다.

— 마리아노 리베라(Mariano Rivera)

▶ 대표저자 **최창률**

한국교통대학교 대학원(안전공학) 공학박사

전기안전기술사

(전) 한국산업안전보건공단 32년 근무
- 한국산업안전보건공단 서비스재해예방실장 역임
- 한국산업안전보건공단 대구광역/인천광역 전문기술위원실장 역임
- 한국산업안전보건공단 경기동부/경북동부/경남동부지사장 역임

(전) 사단법인 안전보건진흥원 상임이사 역임

(전) KSR인증원 원장 역임

(전) 부산가톨릭대학교 안전보건학과 겸임교수 역임

(현) ㈜한국미래안전원 원장

(현) 법무법인 대륙아주 안전고문

(현) 한국광해광업공단 안전보건자문 및 안전경영위원회 위원

(현) 한국관광공사 안전보건자문

(현) 한국가스안전공사 안전보건자문

(현) 한국해양과학기술원 안전보건자문

(현) 서민금융진흥원 안전보건자문

(현) 전기안전기술사/화공안전기술사 저자

(현) 산업안전기사/산업안전산업기사 저자(1992년 최초 저자)

(현) 위험물산업기사/위험물기능사 저자

(현) 중대재해처벌법/안전보건경영시스템(ISO45001)/위험성평가 컨설팅

(현) 공공기관 안전활동수준평가 및 안전관리등급제 컨설팅

2026 에듀윌 산업위생관리기사 실기 2주끝장

발 행 일	2025년 9월 18일 초판
편 저 자	최창률
펴 낸 이	양형남
개발책임	목진재
개 발	한재성
I S B N	979-11-360-3905-7
펴 낸 곳	(주)에듀윌
등록번호	제25100-2002-000052호
주 소	08378 서울특별시 구로구 디지털로34길 55 코오롱싸이언스밸리 2차 3층

* 이 책의 무단 인용·전재·복제를 금합니다.

www.eduwill.net

대표전화 1600-6700

여러분의 작은 소리
에듀윌은 크게 듣겠습니다.

본 교재에 대한 여러분의 목소리를 들려주세요.
공부하시면서 어려웠던 점, 궁금한 점,
칭찬하고 싶은 점, 개선할 점, 어떤 것이라도 좋습니다.
에듀윌은 여러분께서 나누어 주신 의견을
통해 끊임없이 발전하고 있습니다.

에듀윌 도서몰 book.eduwill.net
- 부가학습자료 및 정오표: 에듀윌 도서몰 → 도서자료실
- 교재 문의: 에듀윌 도서몰 → 문의하기 → 교재(내용, 출간) / 주문 및 배송